도시재생 실천하라

부산의 경험과 교훈

김형균 외 27인 공저

美세움

추천사

부산의 속살을 다시 살리다

도시재생은 오늘날 세계적 화두입니다. 1970~80년대 고도 성장기에 팽창하고 성장했던 한국의 도시 역시 새로운 전환기를 맞고 있습니다. 부산도 예외는 아닙니다. 제가 2004년 부산시장에 취임했을 때, 도심재생은 기존 도시의 외곽개발 못지 않은 중요과제였습니다. 옛 도심공항 부지를 재생한 해운대 센텀시티, 미군부대 이전적지를 공원으로 재생한 부산시민공원, 항만지구를 재생한 북항재개발 사업 …, 부산 도심의 재개발과 재생문제는 부산의 지도와 미래를 바꿀 만큼 중요한 과제이자 새로운 도전이었습니다. 여러 가지 비판과 우려에도, 오늘날 센텀시티는 도심형 첨단산업지구로 거듭나 부산의 영상, IT 산업의 허브기능을 충실히 수행하고 있습니다. 부산시민공원은 아파트 개발의 유혹을 물리치고 17만여 평의 미군부대를 공원으로 조성한 시민적 결단의 산물이기도 합니다. 북항재개발 사업도 도심재생의 중요한 기폭제가 되리라고 확신합니다.

무엇보다 근 20년 동안 거주인구가 반 토막난 원도심 지역의 도시재생 문제 역시 매우 힘든 숙제였습니다. 연전 부산을 둘러본 한 외국 석학은 '바다와 산이 완벽한 조화를 이루는 성채(城砦)같다'는 소감을 남겼습니다. 그렇습니다. 부산은 바다를 둘러싼 산언덕, 그곳에 서민들이 삶의 터를 일구고 사는 공간구조를 가지고 있습니다. 실상 우리는 그동안 바다에 연한 산의 의미를 이방인의 눈에 비친 '성채' 만큼 느끼지 못했던 것도 사실입니다. 어쩌면 개발과 발전의 장애물로 여겨온 것은 아닌지 자문해봅니다.

부산이 세계적으로 자랑하는 산복도로 르네상스 프로젝트는 원도심을 비롯한 도심 곳곳의 '산동네'에 '성채'의 의미를 되살리고자 한 사업입니다. 행복마을 사업도 그렇습니다. 산비탈 혹은 개발의 틈새마을에 주목하고, 도시재생의 기법을 적극 활용하여 주민공동체의 부활에 의미를 둔 노력의 결실입니다. 지난 2009년도부터 시작한 산복도로 르네상스 사업은 원도심 주거재생의 세계적 대표사례로 기록해도 충분하다고 생각합니다. 박근혜 대통령도 지난 달 대한민국 지역희망 박람회에서, 이 사업을 한국의 대표적 도시재생 사례로 극찬하였습니다. 이 사업들을 제도적으로 뒷받침하기 위해, 정부에 '도시재생 특별법'의 제정을 강력히 요구하여 결실을 맺기도 했습니다.

이러한 과정이 순탄한 것만은 아니었습니다. 우리 행정도 도시재생의 새로운 흐름을 체득하는 데 여러 시행착오를 겪었습니다. 부산은 한국전쟁 당시 밀려드는 피난민을 받아들이느라 도시계획을 엄두도 내지 못한 채 포화상태에 이른 도시입니다. 부산은 산업화시기에 또 한 번 압축팽창이라는 힘든 시기를 겪은 도시입니다. 부산의 균형 잡힌 개발은 그만큼 힘든 상황이었습니다. 당연히 지역 간 불균형과 난개발 문제가 대두하고, 스마트한 도시디자인을 꾀하지 못해 아쉬운 부분이 한두 가지가 아닙니다. 부산이 어느 도시보다 먼저 도시재생이라는 데 눈을 뜨게 된 것은 이러한 열악한 여건 때문이라고 볼 수도 있습니다. 위기가 기회였다고 할까요.

이 책의 집필에 참여해 주신 부산지역 도시전문가들은 그동안 다양한 기회를 통해 도시재생 차원의 자문과 조언을 해주었습니다. 매우 유용하고 시의적절했음을 새삼 절감합니다. 이 분들의 전문적 식견과 비판적 고언은 부산의 도시재생정책을 운용할 금과옥조와도 같았다고 생각합니다. 마침 전문가 여러분이 협력하여 도시재생의 다양한 분야를 주제 삼아 책을 발간하게 되니, 정말 기쁜 일이 아닐 수 없습니다.

한 도시의 역사는 일상의 숨소리와 이를 성실히 기록하는 글소리가 어울려 발전한다고 합니다. 시민들의 작은 목소리까지 들어야 하는 건 행정의 몫이지만, 역사적 맥락에서 한 시대를 전문적으로 기록하는 것은 지성인의 몫인지도 모릅니다. 그런 의미에서 부산지역을 중심으로 최근 10여 년 간 진행해 왔던 도시재생의 실천기록을 전문가의 손에서 정리하고 조명한다는 것은 한 도시 차원에서도 매우 의미 있는 일입니다. 그동안 상채기 상태로 숨어 있던 부산의 속살을 다시 살린 느낌입니다. 저 또한 이 글들에 다시 한 번 귀기울이겠습니다. 단순한 글이 아니라, 전문가 여러분의 손으로 전해오는 시민들의 생생한 소리로 생각하겠습니다. 도시를 다시 살리는 재생을 함께 고민한 여러분의 지혜에 진심어린 감사의 말을 전하며, 이 책이 도시재생에 관심 있는 분에게 희망의 메시지가 되기를 기대합니다.

2013. 12

부산광역시장 허 남 식

서문

도시는 무엇으로 사는가?

이 질문에 대한 수많은 도시 학자들의 지혜와 통찰의 결론은 사람이다. 그러나 그동안 도시연구가 사람에 주목하지 못했다는 것은 아이러니다. 그러면 무엇에 주목하였던가? 건물, 시설, 도로, 자본, 패턴, 신도시...

그런데 사람도 생로병사가 있듯이 도시도 생로병사가 있다. 특히 도시의 물리적 조건도 생성과 쇠락의 과정이 있다.

산업화 이후 특히 최근의 후기 산업화기 도시들은 대부분 쇠락과 회생의 과정을 반복하고 있다. 그러면 최근 도시재생의 흐름은 근대 도시발전 과정에서 어떻게 이해해야 하는가?

전 세계 도시들이 2차 세계대전 이후 특히 1970~80년대의 경제적 팽창기에 걸맞는 공간적 도시팽창에 몰두하였다. 그러나 반복적인 경제위기와, 결정적으로 2008년 전 세계를 덮친 금융위기라는 상징적인 계기로 도시팽창은 더 이상 적합하지 않게 되었다. 자본의 투입이 여의치 않게 된 것이다. 또한 인구구성의 고령화도 거주인구의 이동을 줄여 도시확장에 제한요소로 대두하였다. 여기에 더해서 도심 내 직주근접형 생활유형의 정착도 도시팽창 억제요인으로 나타나고 있다. 이와 같은 도시팽창의 제약은 어떤 결과를 가져오고 있는가?

이는 곧 도시의 재발견으로 나타난다. 쇠락하던 원도심의 재발견, 쇠퇴한 도시 주거공간의 재조명, 버려진 도시시설에 대한 재활용, 단절된 도시공동체의 재탄생 등이 이러한 재발견의 과정에서 주목받는 현상이다. 그야말로 도시를 다시 살리는 도시재생의 현상이다. 이는 팽창기에서 수축기를 거쳐 퇴락을 거듭하다가 기생화되고 부패한 네크로폴리스(Nekropolis)를 언급한 무정부주의적 도시주의자 멈포드의 비관주의적 예언은 비록 현실화되지 않았다 할지라도, 교육받은 혁신적 인재에 의해 도시의 풍요는 지속될 것이라는 글레이저의 낙관주의적 도시관에 도취되기에는 우리의 도시들이 너무 위태로운 상황에 있다는 인식의 대응물이다. 이처럼 도시 발전은 단선적 진화 과정이라기보다는 나선형적인 변증법의 발전과정을 겪고 있다. 따라서 도시의 재발견에서 도시재생은 다양한 층위를 가지고 있다. 위기적 도시에 대한 긴급구호적인(relief) 측면의 절박한 단계에서부터 복원, 재활성화, 재창조 등의 다양한 질적 단계가 동시에 진행되고 있는 것이다.

도시재생은 또한 합리성과 낙관적 진보를 바탕으로 하는 근대주의적 도시관의 종언이자 대안이다. 도시공간을 공급하면 수요가 창출된다는 공급중심주의, 도시에 대한 기하학적 공간주의, 공간의 교환가치 중심의 진화주의 등의 쇠퇴가 바로 그 증좌다. 그런 의미에서 도시재생의 이념은 탈근대적이고 후기 구조주의적이다. 따라서 르페브르가 기존의 위계적인 체계 속에서 '공간의 생산'에 주목하고, 나아가 '기호와 이미지'로서 도시공간의 '함정'을 제기한 것은 도시의 구조주의적 접근이 벗어나야할 방향을 적절히 지적하고 있다고 하겠다.

나아가 '새로운 부족주의적 결사체의 장소'로서 도시공간을 이해하고 있는 마페졸리의 접근은 음미할 만하다. 우리가 바라보는 공간이 단순한 건축물의 집합이 아니라, 끊임없이 생성하는 사회관계의 발현이라는 것이다. 더욱이 근대의 개인주의를 극복하고 새로운 집합주의와 공동체로서 신부족주의를 공간 문제와 결부시켜 이해하는 것은 우리의 흥미를 자극한다.

결국 공간이라는 텅빈 물리적 덩어리에 시간이라는 역사적 내용물을 입힌 것이 장소라면, 도시재생의 지향점은 '공간 복원'에서 나아가 '장소 재창조'를 의미한다. 그러나 도시에서 장소를 발견한다는 것은, 그것도 의미있는 장소를 발견한다는 것은 쉬운 일이 아니다. 칼비노는 도시란 '기억으로 넘쳐흐르는 파도에 스펀지처럼 흠뻑 젖었다가 팽창'한다고 하였다. 그래서 그는 도시를 이해하고 바라보는 방식을 '도시는 과거를 스스로 말하지 않기 때문에, 거리 모퉁이, 창살, 계단 난간 등 소용돌이치는 모든 단편들'에 긁혀 있는 도시의 기억을 세심하게 주목하여야 한다는 문학적 수사법으로 알려준다. 이는 '오래된 것들은 다 아름답다'라는 기치 아래 터의 이야기와 '지문(地文)의 공간철학'에 대해 주목하는 승효상의 문제의식과 맞닿아 있다.

이처럼 도시재생은 곧 도시 디테일과 그 디테일에 새겨진 뭇사람들의 일상생활, 그리고 이를 실어오는 과거 흔적을 씨줄날줄로 엮어야 도시를 다시 살리는 일이 가능하다는 숙제를 우리에게 가져다준다.

부산에서의 창조적 경험

플로리다의 '창조적 계급'에 의한 이른바 창조적 공간의 생산과 재생산 구조는 우리에게 많은 시사점은 줄 수 있었지만 현실적용성(relevance)의 문제를 제기하였다. 그대로 부산에 적용하기에는 도시로 유입되는 창조적 계급의 제약, 그리고 소위 '핫'(hot)한 창조공간의 구조적 부재 등의 여건 하에서 '결과적'일 수는 있어도 '과정'의 문제는 심각하였다. 이러한 '확산형'(diffusive) 창조도시 모델만으로 부산을 접근하기에는 부산의 현실은 이와 너무 거리가 있었다. 이에 대한 부산 지역사회의 고민은 깊고 광범위하였다. 부산지역사회에서는 각종 포럼과 학술행사 등을 통해 이를 어떻게 극복하고 '부산형'의 창조도시 모델을 어떻게 만들 것인가 하는 논의가 확산되었다. 더군다나 전국의 도시쇠퇴 조사결과 부산의 쇠퇴정도가 매우 심각하다는 비공식적 결과는 매우 충격적이었다. 따라서 부산의 창조도시 모델은 이러한 쇠락한 공간을 바탕으로 하는 이른바 '포용형'(inclusive) 창조도시 모델의 실천이 필요하다는 것으로 자연스러운 공감대를 이루었다.

일제 식민지 시대 일본인의 묘비석을 그대로 구들장삼아 눌러앉은 아미동 마을의 기막힌 도시민속 실태조사보고, 한국전쟁의 역사적 애환의 기억을 고스란히 간직하고 있는 산복도로 마을 공동화장실 대한 안타까운 르포기사, 한국의 산업화를 이끈 사상공업단지의 출구 없는 비전에 대한 끊임없는 지역학자들의 문제제기 등은 도시재생의 필요성을 지역사회가 더 이상 방치하기 어려운 도시정의의 영역에서 논하고자 했던 지성적 노력이었다. 그러나 더 중요한 것은 서민들의 소소한 일상생활의 애환을 제도의 영역으로 중개하는 역할을 묵묵히 해 온 지역활동가들과 진정성을 가진 풀뿌리 정치인들의 노력이 쌓여져 왔다는 것이다.

이러한 사회적 흐름과 지역사회의 여망을 반영하여 부산시는 2010년 7월에 전국 최초로 창조도시본부라는 조직을 만들어 민간전문가를 본부장으로 영입하였으며, 마을만들기, 창조문화 업무 등에도 민간전문가를 배치하였다. 우선 본부는 민간자문 시스템을 확대하였으며, 지역사회의 각종 포럼과 소통을 강화하였다. 나아가 마을만들기 활성화를 위해 마을활동가를 선발하여 마을단위로 집중적으로 배치하였다. 그러나 처음부터 마을만들기 사업이 원활한 것은 아니었다. 마을주민, 마을활동가, 행정의 적절한 역할 구분이 마을마다 혼란스러워 상당한 시행착오를 겪기도 하였다. 또한 도시재생 사업의 내용을 두고 공간적, 사회적, 문화적, 경제적 복합재생의 가치를 내걸었지만, 어떻게 조화와 균형을 이루어야할지도 혼란스러웠다.

주민들의 의식변화도 무엇보다 시급한 과제였다. 이를 위해 주민리더 발굴과 주민교육을 병행했지만 제한된 예산과 기간으로 수십 년간의 관 의존적 인식을 바꾸기에는 역부족이었다. 또한 몇 몇 마을에서는 소위 '관변단체'의 입김이 너무 강해 보통주민들의 자발성과 충돌하는 일도 나타났다. 경제적 자립을 위하여 마을기업도 행정에서 지원하였지만 단기간에 자립하기에는 시간이 필요했다.

그러나 시간이 지나면서 재생과 자립은 창조로 연결되었다.

초기의 공간중심 재생사업의 한계를 극복하고 주민들의 자립의지는 생각지도 못했던 창조적 결과를 낳기 시작했다. 그동안 숨기려고만 했던 쇠락한 산복도로, 정책의 사각지대였던 틈새 마을, 발전비전이 부재한 쇠퇴공업지역, 재개발에만 매달렸던 쇠퇴마을. 이들을 역으로 부산의 창조공간으로 바꾸고자 하는 어쩌면 무모한 도전의 역사가 시작되고 있다. 비록 서구의 경험처럼 화끈한 창조공간 조성은 아닐지라도, 주민들이 자랑스러워하고, 을씨년스럽던 마을이 사람들이 드나드는 생기가 넘치는 마을로 바뀐다면 이를 무엇이라 부를 것인가? 나아가 서툴지만 주민의 손으로 만들어지는 문화공연이 넘쳐나고, 커뮤니티 비즈니스에 기반한 경제적 자립의 노력이 곳곳에서 이루어지는 마을을 우리는 창조도시라 부르지 않을 이유가 없다.

그동안 부산에서 이루어진 창조적 도시재생의 실천은 아마 한국 대부분의 도시가 겪고 있거나 겪게 될 도시재생의 복사판일 수도 있고, 시금석일 수도 있을 것이다. 그러나 한 가지 분명한 것은 부산이라는 도시만이 가지고 있는 도시재생의 특수성과, 쇠퇴기에 있는 한국 도시의 도시재생 보편성이 부산이라는 도시공간에 독특하고 유일한 하나의 '개별태'로 나타나고 있다는 점이다. 결국 부산에서의 도시재생 경험이 부산이라는 도시의 역사적 순환기에 대한 객관적인 진단, 인간에 대한 존중과 소소한 삶의 모습에 대한 세밀한 포착, 시간을 중시한 장소의 발견, 공동체의 회복이라는 시대적 명제를 얼마나 소화하고 있는가 하는 것이 그 성패의 기준이 된다고 하겠다.

도시재생 실천하라

이제 문제는 실천이다. 한국사회에서 특히 부산에서 도시재생의 과제는 이론적 논의 차원의 문제를 넘어 실천 영역의 문제로 나타나고 있다. 그동안 부산지역사회 전문가들은 부산형 도시재생 성공모델을 위해 각자의 역량을 쏟아 부었다. 부산지역 전문가들은 도시재생과 관련한 역량을 살려 단순히 이론적 논의에만 머무는 것이 아니라 다양한 방식으로, 전방위적으로 실천에 나섰다. 학술적인 성과물로, 각종 포럼이나 세미나발표를 통해, 부산시의 행정에 대한 적극적인 자문활동으로, 또 몇 몇 분은 직접 현장 활동가로 발로 뛰기도 하였다. 산복도로 르네상스 프로젝트에 발로 뛰었고, 행복마을 사업에 지혜를 보탰고, 강동권 창조도시 사업에 아이디어를 보탰고, 커뮤니티 뉴딜 사업에 땀을 쏟았고, 도시활력증진사업에 멋진 구상을 보탰으며, 국토환경디자인 사업에 주민들과 부대꼈으며, 공공디자인 사업의 품격을 높였다. 본서는 이와 같은 부산지역 사회에서 민관파트너십의 기치 아래 도시재생 사업을 구상하고 활동하고 실천한 내용들을 이론적 바탕 위에 각 분야별로 정리한 글을 모았다.

본서는 크게 5가지 장으로 구성하였다. 공간에 대한 1, 2장은 도시재생의 기본이 되는 공간설계와 건축, 디자인, 유산 등에 대한 부분을 공공 영역과 민간 영역을 포함하여 다양하게 다루고 있다. 3장은 도시재생과 공동체를 다루고 있다. 지역공동체의 복원이 중요한 수단이자 목표로 설정되는 도시재생과 공동체의 관계는 일상생활의 변화까지도 살핀다는 측면에서 입체성을 띤다. 4장은 도시재생과 문화에 관한 내용을 다루고 있다. 도시재생이 공공예술의 범위를 넘어서 도시브랜드와의 관련성까지 살피고 있다. 5장은 제도적이고 경제적인 측면을 다루고 있다. 창조도시의 담론구조를 분석하고 현실적인 공공정책의 실천사례를 다루고 있다.

이처럼 본서는 전체 5장으로 나누어 26편의 각 분야별 주제를 다루고 있다. 따라서 각 주제는 전체적인 연관성을 가지지만, 한편으로는 독자적으로 도시재생 분야별 전문가의 식견을 담은 글로 읽혀도 무방하리라 본다. 그러나 위에서 언급한대로 그동안 다양한 프로젝트의 개별 전문가들의 경험을 바탕으로 각 분야별 집필이 이루어지다보니, 전체적으로 일관성이 다소 부족한 면은 본서의 한계로 남는다 하겠다. 그럼에도 불구하고 한국의 대도시가 겪고 있는 도시쇠퇴에 대응하여 창조적 재생을 실천한 기록이라는 의미가 그 한계를 상쇄하리라고 본다.

본서가 나오기까지 많은 분들의 노고가 있었다. 어려운 가운데 본서의 출판을 감당해 준 도서출판 미세움의 용기에 감사를 드린다. 바쁜 가운데 기획편집을 함께 해준 우신구, 강동진 교수님의 노고가 컸다. 그리고 많은 필자들의 글을 모으고 마무리하는 번거로운 일을 수고해 준 김혜민 박사의 노력이 없었으면 진행이 불가능했을지도 모른다. 무엇보다 부산이라는 도시공간의 재생을 위해 혼신을 다해 노력한 주민, 전문가, 활동가, 행정의 수고를 생각하지 않을 수 없다. 어쩌면 전문가들의 글은 이러한 노력의 과정을 이론적 바탕 위에 체계적으로 정리한 것에 불과할 수 있다. 그러나 한 시대의 진보는 현장의 굵은 땀방울과 책상 위의 세심한 펜 끝이 영혼의 교감을 할 때 이루어질 수 있을 것이다. 그런 의미에서 여기에 엮은 글들이 회색이론서가 아니라 도시재생을 체계적으로 성찰하는 실천서가 되기를 바라면서, 모든 필자들의 마음을 모아 여기에 상재(上梓)한다.

2013. 12

필진들을 대표하여 씀

김형균

차 례

문 화 와 동 행 하 는 도 시 재 생

제 도 와 경 제 속 의 도 시 재 생

공간으로 바라본 도시재생 1

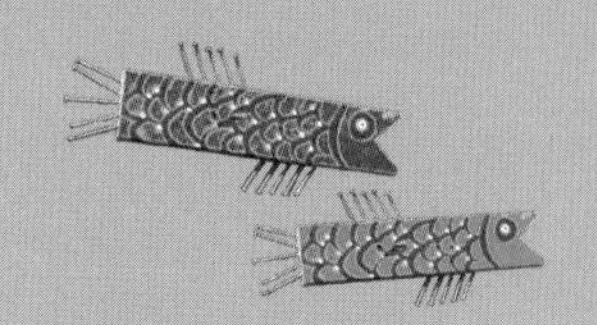

최근 기존의 물리적 환경의 정비를 중심으로 하는 재개발사업, 재건축사업, 재정비촉진사업이 가진 한계를 극복하면서 물리적, 사회적, 경제적 측면을 동시에 고려하는 통합적인 도시재생사업에 대한 관심이 뜨겁다. 특히 도시 활력을 지탱해 왔던 산업이 축소되고, 인구가 감소하며, 젊은 사람들은 떠나는 대신 고령인구의 비율이 증가하고, 마천루가 세워지는 신도시의 저편에서 구도심이 쇠퇴하는 상황에서, 공간을 통한 도시재생은 더 이상 사업성이라는 단일한 잣대로 판단할 수 없다.

그런 측면에서 '공간으로 바라본 도시재생1'에서는 공간을 중심으로 한 도시재생의 사례와 이론을 검토하고 동시에 지금까지 부산에서의 실천을 성찰해 보려고 한다. 우선 도시설계적 관점에서 도시재생의 지향점과 과제를 살펴본 후, 도시에 활기를 다시 불어넣는 대규모 도시건축 프로젝트들의 조건을 정리해 보고, 시민이 참여하는 공원의 실행과정과 그 공공적 의미와 가치를 평가하며, 기존의 노후 주거지 정비사업의 한계에 대한 인식의 바탕에서 통합적 주거지 재생의 가능성을 타진하고, 낡고 오래된 건축물의 재활용을 통해 상업적 성공뿐만 아니라 지역의 활기를 이끌어낸 귀중한 사례를 깊이 들여다 볼 것이다.

※ 감천문화마을 공공미술작품 '마을로 간 물고기'(진영섭 作)의 일부

01장

공정실현 도시설계

김 민 수

1. 생로병사하는 도시 : 재생이라는 진단과 처방

재생은 21세기 도시 공간관리에서 빼어놓을 수 없는 핵심 키워드다. 재개발·재건축과 같은 물리적 대안형 솔루션에서부터 다양한 유형의 마을만들기 사업이 전국에서 벌어지고 있는 것이 그 예다. 도시는 생성과 쇠퇴, 그리고 재생이 병존하는 생태계다. 어떤 형태가 되었든 재생이 존재해왔기에 도시재생이 최근의 새로운 개념이나 처방은 아니다. 그럼에도 관련 이론이나 법제도가 굳이 도시재생이라는 용어로 구별하는 데는 그만한 배경과 논거가 있을 것이다. 규범적으로 정의하자면, 도시재생은 글로벌 체제를 맞아 도시를 경쟁과 삶의 질의 기본 단위이자 주체로 인식하고 바람직한 기능과 구조를 되살려 도시 활력을 회복하고 경쟁력을 제고하려는 전략적 개념이라 할 수 있다. 우리의 도시 현실을 살펴볼 때 도시재생은 지난 한 세대 이상에 걸쳐 숨가쁘게 달려온 개발시대의 문제와 부작용[1]을 치유하는 종합 처방이어야 한다. 그렇지만 재생의 이름 아래 벌어지고 있는 현실은 그렇지 못한 경우가 많다. 주체의 자발적 기획에 의한 지역활성화는 찾아보기 어렵고, 행정이나 소수 이해관계자의 당면 관심사나 상업적 프로모션 성격의 키치적 재생이 넘쳐나고 있다. 삶터는 계획가나 디자이너 또는 행정의 재치 넘치는 개인기로 해결될 수 있는 대상이 아니다. 도시재생은 포퓰리즘과 베스트셀러 사회에 매몰되어 가는 일상세계를 지켜내려는 주체적 기획일 때 진정성이

1 지난 반세기동안 우리 사회가 겪은 변화의 '양과 속도'는 대단히 역동적이었다. 물량 중심의 직선적 성장을 최고의 가치로 여겨온 우리 도시는 속도를 선택한 대신에 일상의 풍경과 공동체적 가치와 같은 유무형의 관계적 질서를 상당부분 잃어버렸다.

드러난다. 재개발이 공간의 양식과 그 이용효율의 재생에 비중을 두었던데 반해, 재생은 하드웨어보다는 일상의 회복을 위한 지속적 메커니즘을 중시해야 한다.

안타깝게도 최근의 도시재생 사례들은 도시계획 및 계획이론과 같은 거시적 관점에서도, 미시적인 도시건축 현장 스케일에서도 미흡한 점이 많다. 대부분의 프로젝트들이 도시기능 회복이나 환경개선을 위한 공공디자인, 도시디자인을 앞세웠지만 그 속을 보면 대부분이 종합적 기획으로서의 '설계'가 아닌 단편적 연출로서의 '디자인'에 머물렀다. 도시설계는, 축적을 위한 이기적 메커니즘과 삶터가 지향해야 할 규범적 모습이 첨예하게 충돌하는 자본주의 도시에서 삶의 다양한 양식들이 균형과 조화의 접점을 찾아가는 체계적 조정 과정 내지는 창의적 공간기획이어야 한다. 이런 점에서 '도시설계'는 앞서 지적한 '디자인'과는 분명히 차별화된 개념이다. 같은 맥락에서 이제는 도시재생도 제도나 수법보다는 지역기반의 잠재력 계발 내지는 실행 메커니즘으로 접근할 필요가 있다. 그래서 도시재생이 창의적 공간기획으로서의 '도시설계'와 접목될 때 비로소 본연의 목표와 기능을 실현할 수 있다. 이 글은 최근의 도시재생 논의와 수법들을 도시설계적 관점에서 평가하고 새로운 지향성을 모색해보는 시론이다. 이와 같은 전제적 인식을 바탕으로, 전환기를 맞이한 우리 도시에서 일어나고 있는 재생 논의와 실태를 도시설계 관점에서 살펴본 후, '센텀시티' 사례를 통해 재생의 부산적 함의를 짚어보고, 도시재생의 과제와 지향성을 모색한다.

2. 전환기의 도시재생, 과제와 지향

도시에서 인구구조와 생활양식의 급격한 변화가 공간환경의 지속적 변화와 맞물리게 되면서 이제는 패러다임 전환이라는 용어가 보편적 표준이 되고 있다. 무한경쟁의 글로벌 지식경제 사회, 그에 반해 상대적으로 쇠퇴하는 지역 경제와 악화된 공간환경, 그리고 기후변화와 에너지 문제 등이 거시적 패러다임에서부터 구체적 실천 전략까지를 모두 바꿀 것을 요구하기 때문이다. '쇠퇴와 웰에이징(well-aging)'이 급격하게 '성장과 웰빙'을 대체해 가면서[2] '스마트한 도시쇠퇴(smart decline)'가 글로벌 화두가 되었다. 각종 공간계획과 도시건축을 둘러싼 계획수법과 관행, 관련 법제도의 지속적 혁신이 일어나고 있다. 근본적으로는 지금까지의 '선개발 후재생'의 시스템으로는 현대도시의 다중적이고 복합적인 미래가치를 실현할 수 없다. 이제는 재생의 가치를 사후의 증상 대응이 아닌 사전의 체질 개선적 적응에 두는 방향으로 전환해가야 한다. 이런 전제적 인식아래 재생 논의를 시작한다.

2 개발과 웰빙은 성장도시, 인구증가, 주택수요 증가, 부동산가격 상승 등으로 이어지는 확장적 연쇄를, 재생과 웰에이징은 쇠퇴도시, 인구감소, 주택수요 감축, 부동산가격 하락 등의 수축적 연쇄를 만들어낸다.

지난 한 세대는 과학적·기술적 진보에 대한 강력한 신념인 하이모더니즘과 권위주의적 국가체제, 그리고 '무능한 시민사회(Scott)'가 맞물려 돌아가는 상황이었다. 부산에서 도시재생의 주요 대상은 60년대 후반 이후 수출지향적 산업구조와 맞물리며 왜곡되었던 공간구조와 토지이용의 결과물이 대부분이다. 경제·산업적 정체성의 취약이 전통적인 노동집약적 산업구조로 이어지면서 유발된 과잉인구화와 체계적 공간관리의 부재에서 원인을 찾을 수 있다. 부산은 노후불량주거지를 대상으로 한 80년대 말의 반짝 합동재개발 이후, 2000년대를 전후해서 비로소 본격적인 재생 시대를 맞이했다고 볼 수 있다. 강력한 정치권력과 건설자본이 주도했던 산업단지와 아파트단지, 방치되었던 노후 단독주택지, 그리고 군부대 및 주요 시설의 이전적지 등이 주요 대상이 되었다. 그렇지만 도시재생이 아직도 개발과 성장이라는 전통적 발전론의 연장선에서 도입, 추진되고 있다 하겠다. 과거에 대한 반성, 그리고 치유와 회복이라는 기본적 통찰이 부족하다. 이는 도시재생의 상위 계획이자 개념이라 할 부산의 비전과 그랜드디자인에서도 드러난다. 많은 이들이 아직도 지난 세대의 압축 성장에 대한 경험과 기억을 떨쳐버리지 못하고 있다. 안타까운 점은 성장통으로 보기 어려울 만큼의 치명적 상황이 21세기인 지금에도 반복된다는 사실이다. 부산다움이라는 지역밀착의 정체성이나 창의성을 표방하는 새로운 기획들에서조차 부산의 입지 잠재력과 자산적 가치, 문화적 다양성이 외면 받고 있다. 도시재생이 공정한 가치나 목적보다는 외형 개선과 같은 합목적성이나 사업 타당성에 경도되는 측면이 없지 않다.

도시관리가 행정목표의 실천과 연계되어 절차적 표준까지 의식하게 되면 공간적 양식의 변화에서 벗어나기 어렵다. 도시와 삶터를 둘러싸고 있는 문화적 흐름을 읽어내지 못하고 경제적 관점에서 현재의 트렌드나 대중적 취향에 집착하게 된다. 삶터의 현실조건이 간과되어 지속가능한 변화 또는 진화로서의 재생이 아닌 급격한 단절이 일어나게 마련이다.[3] 도시라는 텍스트에서 역사성과 생활성, 문화성이 배제되게 되면 과거·현재·미래와의 공명이나 소통은 기대할 수 없다. 많은 이들이 창조도시를 이야기하지만 새로운 의미 창조는 불가능하다. 재생은 삶터가 삶터인 채로, 다시 도시와 그리고 세계와 소통해 갈 수 있는 작은 틈새를 벌려가는 일이다. 죽은 신경이 살아나고 혈관이 이어져 새살이 돋아나도록 해주는 일이어야 한다.[4] 쇠퇴한 텍스트가 다시 콘텍스트 속으로 다시 녹아들어갈 수 있도록 해주는 것

3 공공이 주도하는 단지스케일의 재개발·재건축·뉴타운사업이나 민간의 필지 단위의 리모델링이나 재건축 모두 저층주택 밀집시가지의 과밀화를 조장해왔다. 공공의 재정투자가 없이 빠르게 진행된 전통적 재생 수법의 결과라 할 과밀화로 인한 어메니티 훼손과 같은 부정적 외부효과(externalities)는 불특정 다수에게 부담을 준다. 이처럼 이익 사유와 손실 공유의 이기적 행태는, 사적 풍요와 공적 빈곤을 조장해 결과적으로 사회적·공간적 양극화의 요인이 되기도 했다.

4 특정 텍스트의 진정한 재생은 장기와 팔다리에 신경과 혈관을 이어주듯이 네트워킹을 통해 콘텍스트를 복원해주는 일에서 시작되어야 한다. 형식상 미흡하더라도 생명을 불어넣어주는 일이어야지 욕망을 자극하는 마네킹화는 절제되어야 한다. 예를 들어 근대건축자산 또는 생활문화근린 재생에서 구조물을 재현·복원해

이 재생이다. 또한 도시 재생은 쇠퇴 도시에 대한 창의적 해석과 상호 텍스트적 접근을 통해 새로운 텍스트로 만들어가는 프로세스여야 한다. 지금까지의 도시경영, 공간경영에 대한 비판적 되돌아보기이자 상호 텍스트성을 강화하는 텍스트의 복원이라 할 수 있다.

이와 같은 규범적 인식과 지향에도 불구하고, 현실적으로 도시재생은 다양한 이해관계들이 첨예하게 부딪치는 도시맥락 속에서 공간적 활력과 지역의 장소적 매력을 강화해야만 하는 매우 어려운 작업이다. 지구화라는 거대한 힘에 맞서서 우리 도시들이 지리적·경관적 특성을 지켜가고, 동시에 개성적 문화와 고유한 정서를 유지해 갈 수도 있어야 한다. 상호 유기적 관계가 있는 다양한 원칙들, 때로는 유기적으로 조화하고 때로는 충돌할 수밖에 없는 복잡한 이슈들을 하나의 전체로 엮어내야 한다. 제도 도시재생은 개발자본과 정치행정체제의 실천수단이었다. 향후의 도시재생은 우리 일상의 공간환경에 결핍되어 있는 공공성, 공동체성, 문화성을 구현해 공간 정의와 공간 복지를 실천해낼 수 있는 강력한 정책수단이자 실천 메커니즘이어야 한다. 산업화 시대의 부작용이나 역기능을 치유하는 수준을 넘어, 효율과 기능 위주로 재편되어버린 산업적 도시공간들을, 시민주체의 공공공간으로 바꾸어가는 쇄신의 장을 만들어내야 한다. 요약하자면 도시재생은, 압축 성장 시대의 졸속내지는 과잉 개발에 수반되었던 환경적 부담, 경관적 부담을 착한 방법(적은 비용으로 시민 주체적으로 함께)으로 해결하고 지속가능한 대안을 모색하는 프로세스라 할 수 있다. 재생은 과거 산업화의 상처를 치유하면서(속도에 희생된 풍경을 복원하는) 현재적 관계를 이어가고, 미래 사회에도 지속가능할 수 있는 대안을 모색하는 일이다. 도시재생이 이러한 역할에 충실하려면 지금까지와는 다른 프레임에서의 통합적 접근이 필요하다. 도시설계적 접근이 그 대안이 될 수 있을 것이다. 계획의 목적과 영역, 그리고 수법 등에서 다기화되어 있는 도시재생을 도시설계틀로 체계화하기 위해서는 재생을 둘러싸고 있는 다음과 같은 '불편한 진실'이 극복되어야 한다.

첫째는 재생을 이끌어가는 현실 동력의 한계다. 시장의 힘에 기댄 채 모든 비용을 개발자에게 부담 지우는 공공의 무임승차 관행이 초래한 '부동산주의'와, 공정으로서의 계획 이념이나 논리는 외면한 채 개발의 타당성과 합리화에만 경도된 '개발주의', 그리고 무능한 시민사회와 무책임한 전문가 집단이 맞물려서 참여와 협치가 취약한 행정 주도의 '성과주의' 등을[5] 극복하는 일이 쉽지 않다. 이러한 계획여건으로 인한 공간의 공급자와 소비자 간의 갈등이나 암묵적 동의와 같은 양극단을 지혜롭게 극복해낼 수 있는 참여나 협치는 절대적 시

전시기념관 등으로 사용하거나 리모델링하여 상업문화적 목적으로 활용하는 경우가 많다. 전문가나 행정가 관점에서 전형화된 독법 속에 가둔 채 하나의 대상으로 경화시키는 방식이 최선의 대안일 수 있는가에 대해서는 논의가 필요하다.

5 재생이 외형적 품격과 고부가가치에 초점이 맞추어지면 콘텐츠의 교체가 불가피해질 수밖에 없어 결과적으로는 신개발과 차별화되기 어렵다.

간과 경험이 필요한 문화적 문제이기 때문이다.

둘째는 법제도와 공공계획의 과잉이다. 법제도의 잦은 제·개정을 통해 형식적 틀을 계속 바꾸어가는 공공계획의 안정성 결여와, 공익적 관점의 투자 효율성보다는 행정 측의 경직된 예산집행 원칙에 얽매인 공공투자가 과연 소통과 참여의 협치를 중시하는 시대에도 효과적인 정책수단이 될 수 있는가의 문제다. 예를 들어 쇠퇴관리가 주요한 정책 목표가 된 시대 상황에서 재정비촉진계획이나 '도시 및 주거환경정비 기본계획'과 같은 재생 관련 공공계획이 공공계획의 비용-편익적 실효성을 지적할 수 있다. 한편으로는 다양한 도시재생 사업에 투자되는 재원의 상당 부분이 일회성 비용으로 그치는 경우가 많아 지렛대전략으로 활용되지 못한 채 재생을 '재생산'해내지 못한다는 사실이다.

셋째는 재생에 대한 개념 붕괴다. 도시재생이 행정 주도가 되면서 우리 사회에서는 재생이 빈곤층이 많은 도심주변의 정체지역을 활성화하여 여유계층 인구가 재이동하는 도시재활, 도시연출, 도심회귀 등의 재도심화를 의미하는 젠트리피케이션(gentrification)적 의미에 갇혀 있다. 내용적으로 지역성과 지속가능성보다 보편적 대안의 외형적 처방만 되풀이[6]함으로써 종전의 개발사업과 차별화되지 않아 도시재생이 '재개발2.0'으로 오용되고 있다.

3. 도시설계적 관점에서의 재생 논의

다양한 도시재생 과제들에 체계적으로 대응하기 위해서 '도시재생 활성화 및 지원에 관한 특별법'이 현재 입법 제정되었다. 공공정책을 위해서는 당연히 관련 법제도를 정비해야 하지만, 법제도가 현실여건이나 운용역량을 앞서가면 부작용이나 역기능이 발생할 수 있다. 모든 것을 법제도에 의존하는 '제도 도시재생'은 공간의 양식과 효율에 초점이 맞추어지기 쉽다. 삶터의 생생한 현실을 수용하고 재생의 이념과 가치를 극대화하는 데 한계가 있기 마련이다. 앞서 지적했듯이 도시재생은 자생적·창의적 기획에 가까울 때 성과를 높일 수 있다. '절차와 양'을 규정하는 법제화보다는 '내용과 질'을 담보하는 실질적 과정이 중요하다. 도시설계적 접근이 대안이 될 수 있다. 물론 제도 도시설계가 지배해온 우리 사회에서 도시재생을 도시설계와 접목하는 일이 쉽지는 않다.

우리의 '도시설계'[7]는 1980년대 이후에 건축과 도시 및 관련 디자인 분야를 연동한 물적

6 대부분의 재생계획이 양질의 공공공간이나 녹지를 충분히 확보하게 되면 사람들이 모여들고 결과적으로 지역이 활성화가 된다고 하는 식의 단선적 계획논리에 의지한다. 이러한 하이모더니즘적 발상과 접근은 오히려 도시에서 개성(original) 대신에 차별화되지 않는 보편적 트렌드의 유사품(generic)만 양산해 낼 수 있다.

7 현대 도시설계는 서구 도시에서도 1960년대 이후에야 비로소 학문적 분과영역으로 인식되기 시작했는데, 그

계획으로 등장한 분야다. 학문분과로서나 제도화의 시간이 짧고 도입 과정이나 운용에 크고 작은 문제가 있었기에, 아직도 형식과 내용, 개념과 실제, 그리고 목적과 수단, 공급자와 소비자 간에 혼란이 있다. 그 원인은 도시설계가 대체로 다음 세 가지 층위로 다루어지고 있기 때문으로 판단된다. 하나는 수법으로서의 도시설계, 즉 입체적 공간관리제도로서의 '지구단위계획'이고, 다른 하나는 개념으로서의 도시설계, 즉 공간환경의 심미적 기능성과 조형성에 포커싱하는 도시디자인이며, 마지막으로는 공간계획 스케일로서의 도시설계, 즉 건축과 도시의 중간 영역인 가구·단지·근린 단위의 계획이다. 어떤 형식이 되었든 공통적인 점은 도시설계가 통합적 솔루션으로서 인식되고 기능하지 못한 채 당면한 상황과 여건을 극복하기 위한 형식적 수단으로 오용 내지는 남용되었다는 사실이다. 즉, 상상과 기획, 그리고 실천 게임으로서의 역량을 발휘하기보다는, 법제도의 틈새나 허점을 찾아내려는 도구적 수단으로 전락되었던 것이다.[8] 행정주도의 도시미관 정비를 위한 계획규제적 도시설계나 특정 목적의 전시성 프로젝트, 그리고 단기 부동산 프로젝트들이 도시설계 시장을 지배해 온 상황 탓 일 수도 있다. 이런 점에서 도시재생은 거꾸로 도시설계를 둘러싼 지금까지의 계획여건과 상황을 반전시킬 수 있는 국면을 제공해줄 수 있다. 도시건축 스케일에서 삶터와 자산, 공동체 문화를 중시하며 다양한 영역이 협업해야 하는 '마을만들기'나 '역사문화재생'이 아직은 체계적인 도시설계적 처방은 아니지만 그 가능성을 보여주고 있기 때문이다.

도시설계의 기능과 잠재 역량이 재조명될 때, 비로소 뉴어버니즘, 압축도시, 스마트·유비쿼터스 시티, 녹색도시건축 및 역사, 문화보전 메인스트리트 프로그램 등등의 대안 개념들이 도시재생에 접목될 수 있다. 나아가서는 지구온난화와 에너지 문제, 사회적 이슈인 고령화와 양극화, 그리고 분야 간 융복합이라는 글로벌 이슈나 트렌드에도 유연하게 대응할 수 있다. 나아가 도시설계가 탄탄한 인문적 교양에 바탕한 문화적 상상력과 공간적 감수성 및 실천적 기획력을 하나로 엮어낼 수 있을 때, 도시설계는 자본주의 도시의 공간적·문화적 가능성과 잠재력을 극대화할 수 있는 디자인파워를 발휘할 수 있다. 도심부 재생에서는 물론, 재건축이나 뉴타운 같은 주거지 복합정비, 각종 공공디자인과 같은 다양한 유형의 도시재생 프로젝트에서 도시설계적 접근이 보여줄 수 있는 가능성은 대단히 넓을 수 있다.

이런 인식 아래 도시재생의 대상을 도시설계적 관점에서 구분하면, 도시기능의 회복과 성장동력 구축, 일상생활공간의 양과 질 개선(편안한 생활공간, 활기찬 생활가로, 안심도시건축), 정주

이후 이론 및 실무적으로 빠르게 진화하면서 건축·도시·부동산·경제·사회·문화 등을 아우르는 학제 간 영역으로 자리 잡았다.

8 목적 및 수법 유형과 관련해서 보면, 전반적으로 도시설계가 다음 두 갈래로 양극화되었고 사회적으로나 제도적으로도 그렇게 인식·오용되었다. 한 갈래는 특정 목적의 가로경관 개선 등을 위한 정비수단으로, 다른 갈래는 도시계획의 공간적 관리수단의 하나로 지구 및 가로 스케일에서 구조와 기능을 보완하는 절차 수단으로 운영되었다.

환경의 공동체성 제고와 역사문화의 일상화, 인구사회구조 변화에 대응한 다양한 공간창출, 기후변화에 대응한 공간환경 조성 등 다섯 가지로 나누어 볼 수 있다. 이를 다시 공간영역적 스케일에 따라서는 다음과 같이 '글로벌·국가적 의제'와 '도시적·지구적 의제'로 나눌 수 있다.

글로벌 의제 관련 과제 : 공간정의와 사회정의, 공간복지를 통해 '양극화(계층 및 소득의 사회적, 공간적)의 완화나 해소'에 기여하는 것과, 바람길 조성 및 열섬효과 차단 등과 같은 녹색 도시설계나 패시브 디자인의 에너지절약 건축을 통한 '에너지 문제와 기후변화 대응' 두 가지다.

도시적·지구적 스케일의 과제 : 다양한 주거지와 주변 생활상권을 대상으로 한 '정주근린의 지속가능한 재생'과 쇠퇴도심 및 산업집적지를 대상으로 한 '도시경제기반의 융복합적 재생' 두 가지다.

도시설계가 이와 같은 재생 과제들을 체계적으로 수행해내려면 지금까지의 '제도 도시설계'의 틀을 벗어내고 분과학문 내지는 전문영역의 한계를 극복해야 한다.[9] 이를 위해 도시설계는 다음 세 가지의 통합에 초점을 맞추어야 할 것이다.

인간과 자연의 통합 : 자연을 이용하고 대립해왔던 개발시대의 도시건축에서 탈피하여[10], 인간을 먼저 생각하고 자연과 화해하려는 '인문적' 접근이 이루어질 때 비로소 도시(입지와 지형, 도시조직, 프로그램)와의 통합이 가능해지기 때문이다.

경제·사회·문화 등 관련 영역의 통합[11] : 공간이 관련 영역을 통합하는 중심이 될 때, 공간은 사회갈등의 원인 제공자에서 완화 및 해소의 장이 될 수 있다. 공간이 지역경제 활력의

9 이는 어떤 면에서 도시설계의 영역과 범주의 재정의일 수도 있다. 한편으로는 도시재생을 체계적으로 이끌어갈 책무가 있는 도시설계가의 역할과 책임의 변화가 수반되어야 한다. 현장 메커니즘에 대한 실천적 이해를 바탕으로 한 깊고 넓은 전문지식, 그리고 소통과 융복합 역량을 갖춘 책임 있는 지식인으로 거듭나야 한다. 물론 도시설계가 성장과 분배를 조절하고 커뮤니티의 안정을 통한 사회자본 축적과 같은 공간사회적 이슈들을 해결하는데 한계는 있다. 그렇기에 21세기의 복합적 도시재생 과제를 다루어야 하는 도시설계 전문가는, 불확정하고 우연성이 많은 도시를 읽고 써나갈 수 있는 문명사적 교양을 겸비한 융복합 역량을 보완해야 한다.

10 도시와 자연, 인간 간의 왜곡된 관계를 바로 잡으려는 의지와 실행을 담아내야 한다. 자연은 도시를 이끌어가는 가장 보편적인 가치이자 공간 규범이다. 재생은 지난 산업화 시대에 경시했던 자연을 다시 보는 일이다. 도시의 용량이 자연이 감당해낼 수 있는 한계를 넘어서고 있다는 사실에 유념해야 한다. 자연에서 도시의 미래를 예감하는 자아준거적 시각을 찾아낼 수 있어야 한다.

11 도시를 문화복합체로 인식하는 일이 중요하다. 과거의 재생은 도시를 단순하게 물리적 실체로 접근했다. 진단도 처방이 단순하다 보니 오히려 부작용이 많았다. 현대도시는 다양한 현상의 작은 요소들이라 해도 거기에 수많은 변수가 유기적으로 작용하면 얼마든지 큰 결과가 만들어지는 일종의 복잡계에 비유할 수 있다. 미래의 재생은 도시를 복잡계의 문화복합체로 받아들이는 일에서 시작될 수 있다.

원천으로, 그리고 풀뿌리 공간문화의 토대를 강화하고, 나아가 모든 이를 위한 공간복지 구현의 긍정적 주체가 될 수 있기 때문이다.

기술 및 과학의 통합 : 기후변화와 에너지문제에 적극적으로 대응하기 위한 녹색 도시건축의 실천과 함께, 나아가 지식정보 기술 등 첨단 기술과학 영역과의 접목을 통해 새로운 영역을 확장해가야 하기 때문이다.

4. 센텀시티 : 재재생(再再生)의 손길이 필요한 재생 프로젝트

'센텀시티'는 도시설계 스케일의 재생 프로젝트다. 그렇다고 도시설계 관점으로 접근한 재생 프로젝트로 보기는 어렵다. 특수시설인 군공항의 이전적지를 재생한 센텀시티는, 21세기 부산의 새로운 성장 동력으로 설정된 IT·영상·전시컨벤션 산업의 거점육성과 함께, 동부산권과 해운대지역의 활성화와 수영강 주변의 워터프론트 정비, 지역간 도로 개설 등 다목적의 부도심조성 사업에 해당한다. 따라서 도입 프로그램이나 장소성 등에 대한 재생 전후의 비교 평가보다는, 도입프로그램의 타당성과 공간환경의 공공성, 그리고 복합도시적 모델 등을 규범적 차원에서 살펴보고, 향후의 유사 도시재생 사례에 대한 시사점과 교훈[12]에 초점을 맞춘다.

도심형 복합산업단지[13]인 센텀시티는 제3섹터 방식으로 추진되었는데 외부적 여건과 요인으로 인해 계획의 개념과 내용이 여러 번 바뀌면서 입체적 도시설계는 실종되고 평면적 부동산 개발사업으로 변질된 측면이 없지 않다. 즉 입지 잠재력이나 사회문화적 변화추이에 근거한 통합적 솔루션을 모색하려는 도시설계적 접근이 미흡했다. 일반 주거단지 개발과는 달리, 정보·영상산업 육성과 같은 특정 목적의 대형 개발사업에서 개발타당성이나 도입프로그램을 결정하는 일은 대단히 어려운 과제다. 센텀시티는 프로그램의 첫 단추가 잘못 꿰어졌다. 정보기술의 급속한 발전이나 시장 수요의 변화를 제대로 고려하지 못한 채 '텔레포트'라는 시설 중심의 '정보단지'를 공간비전으로 설정했던 첫 패착이 개발사업 마무리 단계

12 향후의 도시재생이 수용해가야 할 두 가지 보편적 가치인 '양극화와 녹색도시'라는 이슈에 향후 센텀시티가 어떻게 도시설계적으로 대응해야 하는가를 살펴본다.

13 센텀시티는 35만여 평의 대지에 해운대 부도심의 한 축으로, 부산광역시와 민간이 공동투자한 제3섹터형 특수목적법인(SPC)인 센텀시티주식회사가 '첨단형 복합소도시', '도심 속의 도시'를 표방하고 개발한 지방산업단지다. 센텀시티 개발사업에 소요된 총사업비는 2006년말 준공시점을 기준으로 8,000여억 원에 이른다. 부지보상비가 4,650억 원, 금융비용이 2,000억 원(토지매각 이전까지 소요되는 차입금 4,900억 원에 대한 이자 등), 단기기반조성 및 용역비가 1,260억으로 구성된다. 센텀시티 개발은 총수입과 총지출 대비 670억원의 개발이익을 남겼고, 23만여 평의 분양대상면적 중 6만 7500여 평을 부산시가 벡스코, 나루공원 등 정책사업부지로 확보했다는 점에서 개발사업 측면에서는 성공했다고 평가할 수도 있다.

센텀시티 전경

까지 걸림돌로 작용했다. 여기에 사업주체의 기획 및 관리역량 부족, 일반 부동산개발 수준의 마케팅과 투자유치의 어려움, 침체된 경제환경과 지역 부동산 시장의 한계, 단기간에 동시다발적으로 개발을 마무리해야 하는 사업기간의 압박, 그리고 사업내용의 잦은 변경으로 인한 특혜시비와 부정적 여론 등이 개발사업 내내 부담으로 작용했다. 어려웠던 개발여건 탓도 있지만, 무엇보다도 개발사업의 속성과 논리를 뛰어넘을 수 있는 도시설계적 프로그램과 전략이 빈약했다는 사실에 주목해야 한다. 이제 센텀시티는 외형적으로는 개발이 거의 마무리 단계에 이르렀다. 그렇지만 도시설계 관점에서 볼 때 계획개발 복합도심이 충족시켜야 할 기능적 복합성(다양성)이나 공간적 연계성(밀도감), 그리고 경관적 상징성(문화성) 중에서 어느 것 하나도 충실하지 못해 전체적 짜임새가 떨어지는 것이 사실이다.

도시설계의 영역과 수법은 프로젝트의 성격이나 개발의 주체·방식·여건 등에 따라 차이가 있을 수 있다. 그러나 어떤 형태가 되었든 도시설계의 요체는 사람과 경제활동을 위한 지속가능한 공간과 장소만들기에 두어져야 한다. 이런 관점에서 도시활력과 매력적인 공간문화가 살아있는 '지속가능한 센텀시티'를 위해서는 다음과 같은 도시설계적 보완이 지속적으로 이루어져야 한다.

공간문화 차원에서 다양한 기획의 통합적 모색 : 센텀시티에 입지한 건물의 용도나 규모는 국지적 교류활동이 아닌 탈장소적 교류활동과 관련한 프로그램이 대부분이다. 이와 같은 약점을 극복하고 복합도심으로서의 활력과 경쟁력을 유지해가기 위해서는 무미건조한 주요 가로와 주요 거점시설 및 수변공원 등의 외부공간을 대상으로 생활문화적 활력을 강화해야 한다. 부산영상센터, 초고층 주상복합건물, 대형쇼핑센터 등이 중심이 되어 공공적 장소성과 문화성을 실현해 가야하며, 공공도 문화경관 조성을 위한 행재정적 지원을 집중해야 한다. 한편 자칫 센텀시티가 부산의 공간적 양극화를 조장·상징하게 되는 배타적 장소로 인식되어서는 안된다. 이런 점에서 모두에게 열려있는 복합문화도심을 지향하는 사회문화적 처방이 뒤따라야 한다.

보행·오픈스페이스 체계(amenity structure)의 재구축 : 중심가로와 수영강 워터프론트·UEC(도심위락지구)·DMZ(산업시설지구)·IBC(국제업무지구) 등 핵심기능구역을 네트워킹할 수 있는 실핏줄과 같은 보행 및 오픈스페이스 체계를 가구 및 획지 단위에서 재구축해야 한다. 필요하다면 개별 대지 및 건물 단위에서 공공예술이나 디자인으로 참여하는 '공공미술 유보도(art promenade)'와 같은 다양한 형태의 거리 조성 등이 대안이 될 수 있을 것이다. 한편으로는 단지 내부의 네트워킹 강화와 함께 섬처럼 단절되어 있는 센텀시티를 '도시속의 도시'로 재생해가기 위해서 도시스케일에서의 연계도 필요하다.

가로활력 증진과 녹색도시 구현을 위한 도시건축 개선 : 가로의 활력과 공간문화적 다양함은 장소만들기의 전략과 디테일에 의해 좌우된다. 가로 레벨에서의 소통과 교감을 위해 시각적 투과성을 증진시키는 방안 등 도시건축 인터페이스를 지속적으로 개선해가야 한다. 가능하다면 가구 및 획지 단위에서 입체적으로 공공공간을 추가 확보한다거나, 입체 벽면녹화와 옥상조경 등과 같은 패시브 디자인의 녹색건축화 개선 등도 적극 도입해야 한다. 민간의 적극적 참여를 이끌어낼 수 있는 공공의 선도적 계획과 지원이 우선해야 한다.

재생 프로젝트는 그 속성상 '과거-현재-미래'를 추정하는 귀납적 접근의 계획방법이 일반적일 수 있다. 센텀시티는 재생 프로젝트이기는 하지만, 전략적 지구상(地區像)을 먼저 상정한 후 실현 가능한 방법과 대안을 찾아가는 가설연역적 기획 프로젝트에 가까웠다. 미래 비전과 전략의 수립 자체가 대단히 어려운 과정이었고, 더구나 비전을 현실화하는 실천 대안이 내외적 여건에 따라 영향을 받을 수밖에 없었던 것이 현실이었다. 이런 점에서 앞으로 진행되어야 할 부산의 초대형 재생사업들은 실패 가능성도 있는 일종의 모험이 될 수도 있다. 이런 점에서 센텀시티는 대규모 도시재생사업 도시설계에 몇 가지 시사점과 교훈을 제공한다.

첫째, 대규모 도심재생 계획시 공간구조는 가능한 중심축과 거점을 강화하고 이를 중심으로 공간적 짜임새를 높여야 한다. 공간적 밀도감과 상징성이 제고될 때 도시적 활력과 개성 넘치는 공간문화 육성이 가능하기 때문이다.

둘째, 계획과 운영에 있어 프로그램적 불가측성과 계획으로서의 구조적 한계를 사전에

주거 및 상업용지와 DMZ지구 현황　　　센텀파크와 중심대로 현황

고려해야 한다. 예를 들어 입체적 공간관리를 위한 지구단위계획은 초기단계의 '기본구조계획'과 활성화단계의 '상세계획'으로 이원화되어야만 사업의 원활한 추진과 일정 수준의 환경 질 담보라는 두 가지 목적을 달성할 수 있기 때문이다.[14]

셋째, 사회적 수요 변화에 대응할 수 있는 유보적 성격의 완충 공간을 최소한 배려해야 한다. 도시재생의 결과가 지속가능하고 안정적으로 작동하기 위해서는 다양한 형태의 여유 공지 또는 공간, 즉 일종의 시빌미니멈(civil minimum)[15] 확보가 필수적이다. 급격한 사회 변화가 만들어낸 새로운 공간수요에 유연하게 대응할 수 있는 대안적 완충장치가 반드시 필요하기 때문이다.

넷째, 계획의 공공목표와 안정성을 공유하고 실천하는 메커니즘을 강구해야 한다. 수많은 이해 주체가 관여하게 되는 재생사업은 계획의 공공성 내지는 공익이 개발여건의 변화에 흔들리기 쉽다. 따라서 최종 공간환경의 질과 양을 일관성 있게 담보[16]해낼 수 있는 원칙과 지침을 공급자와 소비자가 공감하고 지속적으로 공유해야하기 때문이다.

14　지구단위계획과 같은 입체적 관리계획은 계획 초기에 수립되는 것이 바람직하다. 그러나 지역 도시의 개발여건과 부동산시장 현실을 고려할 때 지구단위계획의 수립 시점과 계획 수준은 개발사업의 진척이나 성패에 직접적 영향을 끼칠 수밖에 없다. 따라서 센텀시티와 같은 대규모 복합단지에 대한 지구단위계획은 지구의 기본구조에 대한 계획은 초기단계에서 상세하게 규정하고, 개별 가구 및 획지 스케일에서의 상세 계획은 일종의 특별관리구역에 준하는 방식으로 유연하게 적용하는 등 절충적 기법의 보완되어야 할 것으로 판단된다.

15　도시에서 일정 수준의 시민생활 유지를 위한 최소한의 기준을 의미하는데, 1980년대 들어서는 양의 충족에서 질의 정비를 중심으로 새롭게 전개되고 있다.

16　지금까지와는 전혀 다른 목표체계와 실행체계로 구성된 계획론이 필요하다. 하드웨어와 소프트웨어, 프레임과 디테일 상호 간에 균형과 조화를 이루고 있는지? 그리고 부문 영역 간의 연계를 이루어내고, 이웃 지역이나 관련 계획 또는 사업의 변화를 유인해낼 수 있는지? 협치와 참여를 통해 사회적 통합과 연대를 실천해낼 수 있는 메커니즘이 작동될 수 있는지 등등이 중요하게 다루어져야 한다.

5. 재생의 부산적 지향과 과제 : 도시설계적 관점

도시입지와 공간구조 특성상 부산은 기준 미달 주거지를 중심으로 한 주거근린 정비와 도시경제기반 육성이라는 도시재생의 양대 축이 하나로 얽혀 있는 도시에 가깝다. 따라서 다른 도시와는 달리 개별 사업 간에 상호 연계성이나 영향도가 높고 민감할 수밖에 없다. 지금처럼 재생이 개별 지역, 개별 부문, 개별 사업으로 진행되어서는 시너지를 기대할 수 없을 뿐만 아니라, 경우에 따라서는 자칫 도시 전체의 균형에 부정적 영향을 끼칠 수도 있다. 특히 북항재개발처럼 새로운 성장 동력조성을 위한 '거점재생 프로젝트'는 원도심과 산복도로 일대는 물론 부산의 미래 위상을 결정할 만큼 중요한 도시재구조화 사업이다. 따라서 다양한 스케일의 도시재생 사업들을 이끌어갈 공간경영 비전을 설정하여, 개별 재생 프로젝트를 도시설계적 관점에서 총괄 기획 및 조정해가야 한다. 도시계획 스케일에서 접근한 종래의 '도시 비전과 전략'이 중장기적 지향성과 국가적·도시적 아젠다의 제시였다면, 도시설계적 관점의 도시재생을 위한 공간경영 비전은 개별 프로젝트 간의 상호조율을 통해 도시재생의 지향성을 분명히 하고 구체적 목표와 과제를 공유하는 장점을 발휘할 수 있다. 나아가서는 다양한 주체의 적극적 참여를 이끌어낼 수 있는 실천적 지침이 될 수도 있다.

부산은 도시 입지와 형국, 공간구조와 토지이용 특성상, 인공과 자연, 일터와 삶터, 노동과 휴식이 공간적으로나 사회문화적으로 긴밀하게 얽혀 있는 도시다. 인구 350만이 넘는 거대도시이지만 권역(圈域)으로 나누어 보면 일종의 '압축도시'에 가깝다. 부산의 이와 같은 '혼재적 압축성'은 시민의 눈높이에서 생산 및 재생산으로서의 '일상'과, 소비 및 휴식으로서의 '여가'의 일체적 통합을 가능케하는 강점이 있다. 바로 이러한 공간적·문화적 융복합이 부산의 매력과 활력의 원천이 될 수 있다는 사실에 포커싱해서, '트래바니즘(travanism)'[17]과 같은 공간경영 개념을 하나의 대안으로 제시할 필요가 있다. 환경과 에너지 문제가 절대적 가치가 되고 인구가 감소하는 도시쇠퇴는 사회전반의 안정과 긴축을 요구할 수밖에 없다. 우리의 일상·여가 행태도 이제는 팽창적·소모적 행태를 되풀이할 수도 없기에 라이프스타일을 도회적, 재생산적(re-creation) 패턴으로 바꾸어가야 한다. 이제는 지역에 대한 애정과 소속감, 그리고 공동체에 바탕한 정체성에서부터 다양한 형태의 공공서비스에 이르기까지 제공하는 주체와 이용하는 주체가 이분법적으로 구별되어서는 안 된다. 재생을 둘러싼 이와 같은 현실과 지향을 고려할 때, '투어버니즘'은 부산의 생래적 자산과 가치를 바탕으로 부산 사람

17 트래바니즘은 일상과 여가의 통합을 의도하는 '공간경영'이라는 의미로 사용하는 필자 개인의 조어(造語)다. 이는 도시공간관리가 이제는 개발에서 관리로 바뀌는 새로운 도시주의 또는 도시경영으로의 전환이라는 뜻에서 'To + Urbanism'의 의미일 수 있고, 동시에 여행(travel)과 도시(urban, urbanism)의 합성어라 해도 무방할 수 있다.

들의 일상을 자신들의 의지와 참여로 정상화시켜가기 위한 공간경영의 비전이자 실천적 지침이 될 수 있을 것이다. 동시에 부산에서 벌어지고 다양한 마을만들기, 산복도로 르네상스와 원도심재생, 시민공원과 중앙광장, 북항재개발 등 다양한 위계의 도시재생 프로젝트들을 관통하는 공통 지향의 메시지가 될 수도 있다.

도시쇠퇴의 메커니즘은 대단히 복합적이고 다중적이다. 지금과 같은 선형적 진단과 평면적·단편적 처방으로는 분명한 한계가 있다. 방아쇠 역할의 연결고리가 중요한데, 그 단초는 '동네'에서 찾을 수 있다. 동네가 살아야, 시민 삶이 즐거워지고 도시도 살아날 수 있다. 이런 점에서 주거지 재생의 패러다임과 제도·수법 등에서의 혁신이 필요하기에, 주거지 재생에 도시설계적 틀을 도입하는 일이 무엇보다 중요하다. 특히 부산의 도시경제적 잠재력과 정주지 여건을 고려할 때, 공간적·사회경제적 양극화는 향후 부산의 도시재생에 걸림돌이 될 수 있다는 사실에 주목해야 한다. 경제적 부담능력이나 신구(新舊)·대소(大小)·주거유형 등에 따른 주거 선호도, 그리고 주민참여 등이 충실히 반영된 '선택 가능하고 지불 가능한 재생(affordable regeneration)'에 대한 적정한 배려가 필요하다. 물론 이와 관련해 부산이라는 지역 스케일이 아닌 국가 스케일의 법제도적 뒷받침이라는 점에서 근거 법의 제정, 관련 법의 개정 등 제도화가 필요한 것도 사실이다. 그러나 쇠퇴 도심 또는 산업집적지를 활용한 도시경제기반 재생과, 쇠퇴하는 주거근린의 정주환경과 생활여건의 복합개선을 주내용으로 현재 입법 추진 중에 있는 '도시재생 활성화 및 지원에 관한 특별법'만으로는 한계가 있다. 가로주택정비를 위한 도시 및 주거환경정비법 개정과, 기존 토지소유관계를 유지해가면서 주민협력에 의한 점진적 주택정비를 위해 필지단위주택정비를 규정하기 위한 건축법 개정, 그리고 마을만들기와 도시관리수단의 결합을 통한 단독주택밀집지역의 보존과 관리 등 소단위 정비를 위한 거버넌스 구축 및 중간지원 조직구축, 각종 중간기술 육성 등이(김찬호·서수정) 함께 이루어져야 한다. 한편으로 다양한 마을만들기를 안정적으로 운용하기 위해 '마을단위 도시계획'이 '국토의 계획 및 이용에 관한 법률'에서 '제4의 도시계획'으로 법제화해야 한다는 주장도 나름대로 설득력은 있다. 그러나 행정 측의 전문성과 책임성 결여, 제도 운용의 경직된 관행 등에서 비롯되는 실무적 한계도 감안해야 한다. 자칫 섣부른 법제화는 오히려 약효를 과잉신뢰한 채 환자의 증상은 외면하고 일률적 처방을 되풀이해왔던 과거의 시행착오를 되풀이할 개연성이 높다. 마을만들기의 법제화에 앞서 전이적 단계로서 '도시설계적 접근'의 체계화를 위한 노력이 선행되어야 한다.

6. 만들기에서 공간복지로

도시는 현재라는 순간을 살아가는 동시에, 다양한 시대사조가 누적되는 역사와 문화를 기억하고 있는 유기체다. 때로는 논리보다는 우연이, 기획보다는 자생이, 스펙터클보다는 일상이 힘을 발휘하기도 한다. 그렇기에 도시재생의 대상과 방법에 다양한 시각차가 존재할 수밖에 없고, 시대정신이나 여건에 따라 강조점도 달라질 수도 있다. 지속가능한 재생은 다양한 요소와 요인들이 어울려서 스스로 작동해 갈 수 있는 울타리를 만들어주는 것이면 충분할 수 있다. 이제는 재생을 포함한 도시관리를 사후 처방에서 사전 예방의 현재진행형 개념으로 전환해가야 한다. 유기체처럼 생로병사하는 도시의 적응 주기나 템포는 앞으로 더욱 빨라질 것이다. 사후 처방으로의 재생은 실효력을 기대하기 어렵다. 순환과 적응이 가능한 체질로의 개선이 절실한 이유가 여기에 있다. 거듭 강조하지만 재생은 새로운 것으로 바꿔 끼우는 것이 아니라, 언제나 새살이 돋아날 수 있도록 체질을 바꾸어주는 것이다. 그렇지만 다소 역설적이기는 해도 도시건축이라는 하드웨어가 도회적 삶에서 여전히 중요하다. 예를 들어 우리 도시에서 고층고밀 공동주택이 일종의 애물단지처럼 취급되는 측면이 없지 않지만, 아파트는 도시성장 및 도시쇠퇴의 결과이자 원인이기도 한 엄연한 주체다. 우리 삶의 양과 질을 지배하는 결정적 인자인 것이다. 아파트와 같은 도시건축이 경제, 문화, 사회의 하위 수단으로 그 위상이 존재하는 한 우리의 삶과 공간환경은 여전히 후진적일 수밖에 없다. 도시건축이 도시조직과 공간문화와 함께 할 수 있을 때, 지역의 공동체도, 다양한 문화도 사회적 관계도 유지될 수 있기 때문이다. 도시건축이 하나의 수단이나 분야 또는 업역으로서가 삶의 중심에, 사고와 행동의 중심에서 솔루션이 될 수 있을 때, 문화도시로 성큼 다가설 수 있다. 도시재생에서 도시설계적 접근과 대응이 절실히 요청되는 이유가 바로 여기에 있다.

재생은 공간과 사람을 시간의 관점에서 '다시 다루는 일'이다. 이제는 '만들기'의 환상과 자만에서 벗어나야 한다. 사람과 삶을 도구화해서는 안 되며 경험을 존중하고 상황에 대한 고민에서 지속가능한 답을 도출해내야 한다. 이는 사회적 생태계를 유지하는 것이자, 도시라는 문명의 존재근거인 활력을 유지하는 것이기도 하다. 그러므로 재생은 물리적 환경의 노후화보다는 사람이 살아가는데 필요한 활력이 어떠한 양태로 존재하고 있는가에서 출발해야 한다. 보이지 않는 글루웨어라 할 수 있는 리좀적 잠재성이나 활력[18], 바로 그것이 진정한 삶이고 역사이자 문화다. 이런 리좀적 네트워크 생태계를 도외시한 외형만 번듯한 수

18 리좀적 잠재성 내지는 활력이란, 예를 들어 재래시장을 받쳐주고 있는 오토바이 택배나 지게꾼, 음식배달꾼, 뒷골목의 부속 공장 등을 말한다.

목형 구조의 기획상품식 재생 사례들이 오래 지속하지 못하고 있는 현실 사례들이 이런 주장을 반증해주고 있다. 도시의 오래된 뒷골목에서 느껴지는 활기와 긴장, 그것은 에너지의 교환과 환류가 일어나는 실핏줄의 탄력에 비유될 수 있다. 그것이 나비효과처럼 도시적 활력으로 이어지고 문화적 잠재력으로 강화될 수 있도록 해주는 것이 도시재생이다. '도시설계적 접근의 도시재생'이란 지금까지의 마을만들기처럼 '선별적·즉지적 복지' 형식의 재생을 '보편적·체계적 복지'로 전환하자는 것이다. 이는 도시공간 정책에 일종의 공간복지[19] 개념을 도입하자는 것이기도 하다.

19 공간복지의 구현과 관련해서는 도시재생의 근본적 목표와 지향, 과정과 결과를 되돌아봐야 한다. 현실적으로 사회 양극화 내지는 공간 양극화를 해소해야 할 도시재생이 오히려 심화시키는 기제로 작동하는 측면도 없지 않기 때문이다. 양극화라는 이슈는 우리 사회를 작동시키는 시스템과 관련되는 구조적 문제일 수 있다. 그렇기는 해도 양극화 문제는 향후의 재생에서 모두가 놓쳐서는 안 될 화두다. 건강한 도시재생의 정착을 위해서는 도시재생을 '또다른 개발'로 생각하는 사회 전반의 잘못된 인식, 특히 부산의 저변에 깔려 있는 사회심리적인 '개발의식 내지는 하고잽이 의식'이 고쳐져야 한다.

02장

복합창조 도시건축

우 신 구

1. 도시건축에 주목한다

도시재생이란 무엇일까? 재생(再生)은 '다시 살림'을 의미하므로 도시재생은 '도시를 다시 살리는 것', 즉 새로운 도시를 만드는 것이 아니라, 노후한 또는 쇠퇴한 도시에 활력을 불어 넣어 다시 활기 있는 도시로 되살리는 것을 의미한다.

도시재생이 필요한 쇠퇴지역에는 건축물 역시 쇠퇴하고 있다. 도시가 성장하고 번창할 때는 건축물마다 사람들이 가득 살고, 일하고, 먹고, 즐기면서 다양한 기능이 활기차게 영위된다. 하지만 쇠퇴지역의 건축물에는 사람들이 빠져나가서 빈 집이 증가하며, 가게나 회사가 문을 닫으면서 빈 건물이나 문을 닫은 공장들이 늘어난다. 한때 미국의 자동차 산업의 중심이었던 디트로이트 시에 가면 쇠퇴한 도시에서 종말을 맞은 건축의 비참한 운명을 목격할 수 있다. 한때는 대기업의 본사였던 건물이 텅 빈 채 유령의 건물이 되었고, 셔터를 내리거나 유리창이 깨진 건물들이 도시 곳곳에 방치되어 있다.

그런데, 이렇게 쇠퇴한 도시에 새로운 건축이 조성되거나, 비어 있던 건축물이 새로운 용도로 전환되면서 주변에 사람들이 모여들고, 새로운 문화가 꽃피우고, 새로운 비즈니스가 창출되는 사례가 최근 많이 등장하고 있다. 바로, 도시재생에 긍정적인 역할을 하는 성공적인 도시건축들이다.

도시건축(urban architecture)이란 무엇일까? 도시건축은 '도시 속에 세워진 건축'이라고 할 수 있다. 주변이 온통 자연적 환경인 시골에 세워진 건축과 도시적 상황 속에 세워진 건축은 본질적으로 다를 수밖에 없다. 특히, 오늘날 세계 인구의 절반이 도시에 살고 있다. 우리나라에서는 도시인구가 90%가 넘어섰다. 그러므로 도시라는 환경은 점점 더 인류와 밀접한 환경이 되고 있다. 시골과 달리 도시에는 좁은 면적에 수많은 사람들이 거주한다. 한 사람이 차지하는 공간이 좁기 때문에 사람들은 점점 더 가까이 거주한다. 도시에 있는 건축물은 그 많은 사람들이 거주하고, 일하고, 배우고, 여가를 보내면서, 문화를 즐기는 공간을 제공하기 위해 더 밀집되고 고층화되고 있다. 그렇다면 이러한 도시에서 지어지는 도시에 걸맞는, 도시다운, 도시와 어울리는 좋은 도시건축은 어떠한 것인가?

첫째, 도시적 차원에서 주변 맥락에 따른 역할을 하는 건축이다. 그 건물이 놓이는 공간은 도시 속에서의 역할이 있다. 시장과 주거지역은 서로 다른 역할을 부여받고 있으며, 건축의 성격이나 공간이 전혀 다르다. 도시의 관문에 있는 건축과 도시의 중심에 있는 건축은 서로 다른 역할을 해야 한다. 그러한 건축이 도시에 걸맞는 도시건축일 것이다.

둘째, 건축의 내적 기능이 도시적인 건축이다. 도시라는 공간의 탄생은 수많은 전문직업의 탄생과 밀접한 관계가 있다. 군인, 정치인, 장인, 상인 등 다양한 직업을 가진 사람들은 그 직업과 관련된 시설들을 도시 내에 만들었다. 그러므로 도시는 수많은 기능을 가진 건축이 있는 복합적인 공간이다. 하나의 건물이 하나의 기능만을 담당하는 전문적인 시설도 있지만, 하나의 건물 속에 다양한 기능이 들어 있는 복합용도의 건물들도 많다. 도시는 기본적으로 좁은 면적에 많은 사람과 건축이 밀집되어 있기 때문이다.

셋째, 도시공간과 적극적으로 결합하고 있는 건축이다. 건축이 도시와 어울리기 위해서는 도시를 향해 열린 구조를 가지고 있어야 한다. 길을 막아 통행을 방해하거나, 사람의 접근을 배제하거나, 시각적인 경관을 저해해서는 곤란하다. 이 도시에 있는 다른 건축을 존중하면서, 도시에 사는 사람을 배려하는 공간구조를 가지고 있어야 한다. 이처럼 도시를 향해 열려있고, 도시와 어울리는 건축이 공공성을 담고 있는 좋은 도시건축이다.

물론 도시건축은 규모의 문제가 아니다. 작은 건축이라도 도시에서 주변의 도시조직에 잘 적응하면서, 다양한 기능을 수행하면서, 도시에 사는 사람들을 배려하는 공공성의 아름다운 가치를 실천할 때 좋은 도시건축이 될 수 있다. 하지만, 도시와 적극적인 관계를 맺으면 도시가 원하는 기능을 수용하고, 주변 지역에 긍정적인 효과를 주기 위해 도시건축은 블록(block)단위 정도의 규모를 가지는 것이 좋다고 생각한다.

이 정도의 규모를 가지면 그 주변 지역이 원하는 다양한 기능을 담을 수 있고, 동시에 다양한 공공공간을 제공할 여유도 있으며, 또 때로는 그 지역의 랜드마크가 될 수 있는 규모의 건축물이 들어설 수 있는 용적율을 확보할 수 있다.

이런 관점에서 성공적인 도시재생을 이끈 도시건축프로젝트의 사례로는 일본 도쿄의 미드타운, 롯폰기힐스, 오사카의 난바파크, 호주 멜버른의 페더레이션 스퀘어 등을 들 수 있다. 이들 프로젝트들은 기능이 저하되거나 이전된 장소에 하나의 건축이 아니라 다양한 기능을 가진 여러 동의 건물을 통해 하나의 새롭고 활기 있는 도시적 구역을 형성함으로써 지역에 활기를 불어 넣고 있는 사례들이라고 할 수 있다.

2. 도쿄의 롯폰기힐스

롯폰기힐스는 도쿄의 미나토구 롯폰기 지역의 노후 시가지를 문화적 활기로 넘치는 도심복합용도지역으로 재개발한 대표적 도시재생사례로 꼽힌다. 원래 이 부지는 텔레비전아사히 방송국 주변으로 약 500세대가 살고 있던 노후 주택밀집지로서 좁은 도로로 인해 소방차의 접근이 어려울 정도였다.

1986년 재개발유도지구로 지정된 이후 15년이라는 오랜 시간 동안 토지소유자, 차지권자 등 주민들이 참여하여 '마치쯔쿠리협의회'를 결성하여 재개발방안에 대해 모리부동산과 같은 개발회사, 자치구 등과 협력과 협의를 통해 2000년 사업에 착공하여 2003년에 개업하였다. 전체적으로 17년이 소요된 셈이다. 이 기간 중 일본의 부동산버블이 붕괴되면서 개발사업이 어려워졌고, 재개발에 반대하는 주민들의 반발을 겪기도 하였다.

고층오피스인 〈롯폰기힐스 모리타워〉를 중심으로 집합주택 〈롯폰기힐스 레지던스〉, 호텔 〈그랜드하이아트 도쿄〉, 〈테레비아사히 본사〉, 영화관, 기타 상업시설로 구성된 롯폰기힐스는 전체 84,780㎡의 부지에 연면적 728,246㎡, 주차대수, 2,762대, 거주인구 약 2,000명, 취업인구 약 2만 명, 총사업비 2,700억 엔이 예상되었다. 설계는 미국의 KPF사가 모리타워와 그랜드하이아트 도쿄 등 고층건물을, 복합쇼핑센터 설계를 많이 하는 저드파트너십이 저층부의 상업시설을 담당했으며, 텔레비전아사히는 일본을 대표하는 건축가 후미히코 마키가 설계하였다.

재개발사업이 진행된 추진과정이나 모리부동산을 중심으로 특수목적회사를 설립한 사업방식 등도 흥미롭지만, 여기에서는 도시건축적인 특성을 중심으로 왜 롯폰기힐스가 준공되자마자 시민들이 즐겨 찾는 도심지역이 될 수 있었는지 살펴보고자 한다.

첫째, 도심복합용도로서 문화를 적극적으로 활용하였다는 점이다. 롯폰기힐스는 입주자들만을 위한 폐쇄적인 커뮤니티나, 상업시설만 있는 것이 아니라 다양한 문화시설이 있다. 54층의 모리타워에는 모리아트센터, 모리미술관이 있다. 텔레비전아사히 방송국은 그 자체로 문화시설이기도 하며, 복합영화관인 〈TOHO시네마즈〉도 있다. 뿐만 아니라 부지 가운데에는 대형 야외 공연시설인 롯폰기 아레나가 있어서 다양한 공연 및 행사가 진행된다. 특히 2009년 〈한일교류축제 2009〉는 한국의 서울광장과 일본의 롯폰기힐스 두 곳에서 동시에 개최되기도 했다.

롯폰기힐스는 문화예술시설을 유치하고 있을 뿐만 아니라, 프로젝트 전체에 문화와 예술을 잘 활용하고 있다. 그 중에서 대표적인 것이 뛰어난 공공미술작품들이다. 세계적인 미술가 루이스 부르주아의 유명한 거미 모양의 대형 조형물 〈마망(Maman)〉을 비롯하여 다양한 공공미술작품들이 있다. 또한 벤치와 같은 스트리트퍼니처도 국제적 디자이너의 작품을 설치하여 방문하는 사람들에게 시각적 즐거움을 제공한다. 미술뿐만 아니라 음악도 활용하고 있는데, 작곡가 사카모토 류이치는 롯폰기힐스의 탄생을 축하하는 〈The Landsong –music for Artelligent City–〉라는 곡을 작곡하여 롯폰기힐스의 테마곡으로 사용되고 있다.

둘째, 주변 도시와 적극적 관계를 맺고 있다는 점이다. 대규모의 재개발계획은 대부분 내부지향적인 폐쇄적인 계획이 되기 쉽다. 넓은 차도로 둘러싸인 블록 전체를 차지하면서 외부로는 거대한 벽만 보이고 내부에 들어가야만 비로소 상점과 광장 쇼핑스트리트를 이용할 수 있다. 그런 점에서 롯폰기힐스는 차별성을 가지는데, 주변의 도로체계와 연관되는 도시계획도로를 부지 중간으로 유입하여 부지를 두 개의 블록으로 구분하였다. 이 도로로 인해 나누어진 남측 블록에는 주거시설을 배치하고, 북측 블록에는 상업/업무존을 배치하여 자연스럽게 조닝을 나누고 있다. 롯폰기힐스 중간으로 도입한 약간 경사진 이 길은 게야키자카(けやき坂)로 불리는데 그 길 양편으로는 게야키자카 테라스와 게야키자카 콤플렉스 등 상점, 영화관 등이 포함된 저층 연도형 건물을 배치하여 보다 개방적인 새로운 도시적 거리를 형성하였다.

셋째, 롯폰기힐스는 다양한 공공공간을 제공한다는 점이다. 롯폰기힐스를 구성하는 주거, 업무, 상업, 교육, 문화시설들은 별개의 분절된 공간이 아니라, 그 사이에는 사람들을 자연스러운 동선으로 이어주는 다양한 공공공간이 제공되고 있다. 진입광장, 중앙광장, 공원, 정원, 보행로 등이다. 오야네(大屋根)플라자는 저층 상업시설의 최상부에 있는 유리 천정으로 덮인 넓은 광장이며 비오는 날에도 옥외 생활을 가능하게 한다. 모리(毛利)정원은 전통 일본식 정원을 재현해 놓은 곳으로서, 도심 한 가운데에서 일본의 전통 회유식 정원을 감상할 수 있다. 특히, 아레나(Arena)로 불리는 중앙광장은 롯폰기힐스를 대표하는 공공공간으로서 광장이자, 수경공간이자, 문화공연장으로서 많은 사람들로부터 사랑받고 있다.

이처럼 다양한 기능과 공간을 제공하는 모범적인 도시건축으로서 롯폰기힐스는 2003년 4월 준공 이후 매년 4,000만 명이 넘는 방문객이 찾아와 준공 5년째 누적 방문객 2억 명을 돌파하는 등 오늘날 도쿄의 도심명소로 확실하게 자리 잡았다.

공공디자인을 적용한 스트리트퍼니처(© 우신구)

저층상업시설 상부의 오야네플라자(© 우신구)

단지 내의 계획도로 케야키자카도리(© 우신구)

공공미술작품 부르주아의 〈마망〉(© 우신구)

보행자의 회유성을 높이는 공간디자인(© 우신구)

방문객의 휴식을 위한 모리정원(© 우신구)

중앙광장 아레나(© 우신구)

지하철역 등 대중교통과의 높은 접근성(© http://ja.wikipedia.org/wiki/%E3%83%95%E3%82%A1%E3%82%A4%E3%83%AB:Wellhole_Roppongi_Hills.jpg)

3. 멜버른 페더레이션 광장

페더레이션광장은 호주 빅토리아주의 주도인 멜버른을 대표하는 공공공간이며 문화시설이기도 하다. 부지면적 3.6ha에 연면적 44,000m²를 가진 9개의 개별 건물들이 하나의 도시블록을 차지하고 있는 이 건물은 원래 철도시설 위에 건설되었다.

멜버른의 원도심은 '호들 그리드(Hoddle Grid)'라고 불리는 격자형 패턴을 가진 1,600m × 800m 넓이의 CBD 지역이며, 남쪽으로는 멜버른의 젖줄이라고 할 수 있는 야라 강이 휘감아 흐르고 있고, 도심과 야라 강 사이의 좁은 부지에 철도시설과 기타 산업시설들이 자리잡고 있었다. 호들 그리드는 1837년 이 도심을 계획한 로버트 호들의 이름에서 유래한다. 그는 폭 30m의 도로로 201m × 201m 크기의 블록을 구분하였다. 흥미롭게도 큰 도로로 구분된 블록 내에는 좁은 골목들이 발달해 있다. 이 좁은 골목들은 쇼핑아케이드가 되기도 하고, 미식가들이 즐겨찾는 식당골목이 되기도 하고, 2004년 방영된 드라마 〈미안하다, 사랑한다〉의 배경이 되기도 했던 그래피티 골목이 되기도 한다. 이렇게 재미있는 골목은 발달해 있었지만, 구도심인 호들 그리드 내에는 시민들이 모일만한 넓은 공공광장이 없었기 때문에 멜버른은 오랫동안 도시를 대표할만한 광장을 조성하려는 계획을 가지고 있었다.

페더레이션 광장은 도시 외곽에서 야라 강(Yarra River)을 건너 이 원도심으로 들어가는 남쪽 입구에 자리잡고 있으며, 멜버른에서 가장 승객이 많은 플린더스스트리트(Flinders Street) 역 맞은편에 자리잡고 있다. 플린더스스트리트와 야라 강 사이에는 원래 가스회사와 프린세스 브리지 기차역(역이 생기기 전 19세기에는 시체안치소)이 있는 졸리몬트 야드(Jolimont Yard)가 있었다. 가스회사의 쌍둥이 고층건물은 이 도시에서 가장 큰 성바울성당을 포함하여 플린더스 거리에 면한 역사적인 건물들을 가리는 시각적 흉물이었다.

그러므로 페더레이션 광장은 도시의 남측 외곽에서 구도심으로 들어가는 관문에, 시각적 흉물인 산업시설을 대체하면서, 도시의 대표적인 공공공간을 조성하는 사업이었다.

페더레이션광장을 설계할 건축가는 1997년 국제현상공모로 선정되었다. 현상공모의 지침 중 중요 내용은 플린더스거리와 야라 강의 연결을 촉진하고 성바울성당과 플린더스스트리트 역을 포함한 주변의 역사적 건축물들을 부각시키고 상호보완하는 것이었다. 전세계의 쟁쟁한 건축가들이 제출한 177개 응모작들 가운데 영국의 Lab Architecture Studio와 멜버른 지역 건축가인 베이츠 스마트(Bates Smart)의 컨소시엄이 선정되었다.

당선작은 하나의 큰 건물이 아니라 여러 동으로 나누어진 5층 건물들이 중앙의 광장을 둘러싸고 있는 형태이며, 각 동 사이 공간으로 좁은 골목과 계단이 있어서 중앙의 광장을 매개로 플린더스스트리트와 야라 강을 연결하고 있다. 이러한 디자인 접근법은 멜버른의 원도심에 남아 있는 골목들을 수용하는 디자인수법으로 높이 평가되었다.

이안포터센터(National Gallery of Victoria), 갤러리, ACMI(Australian Centre for the Moving Image), SBS(호주 다문화 방송), 멜버른 방문객 인포메이션 센터, 상업시설, 주차장, 식당/카페가 입주한 9개의 크고 작은 건물들을 두 개의 새로운 공공공간 주위에 배치시킨 디자인이었다. 두 개의 공공공간 중 하나는 2만 5000명을 수용할 수 있는 야외광장이고 다른 하나는 수많은 유리판을 덮어 만든 '더 아트리움(The Atrium)이라고 불리는 실내 광장이다.

야외광장은 다양한 문화적 사회적 이벤트가 열리는 멜버른에서 가장 중요한 공공공간이다. 이 광장의 바닥은 편평하지 않고 광장 서남쪽의 무대를 향해 경사져 있어서 자연스럽게 무대가 전체 광장의 초점이 되고, 무대 위 벽에는 대형 전광판이 설치되어 있다. 야외광장 주변으로는 야외 카페와 식당이 있어서, 문화적 이벤트가 아니더라도 시민들이 일상적으로 식사와 휴식을 위해 광장을 찾는다.

유리 지붕을 덮은 광장인 아트리움은 남쪽과 북쪽 끝에는 문이 설치되어 있지 않은 채 외부공간을 향해 개방되어 있어서 플린더스 스트리트에서 강으로 가는 연결동선의 역할뿐만 아니라, 24시간 개방된 시민을 위한 통행로이면서 동시에 만남의 장소로 이용된다. 삼각형의 단위 유리 패널로 덮인 16m 높이의 아트리움 공간은 야외광장과 연결되어 있으면서 동시에 비가 내리거나 바람이 불 때는 실내 광장의 역할을 하기도 한다.

페더레이션광장은 2011년 기준 한 해 900만 명이 방문하는 성공적인 공간이지만 그 건축물은 오랫동안 시민들로부터 "세계에서 가장 추한 건물"이라고 폄하되기도 했었다. 그 이유는 얼핏 보면 질서 없이 혼란스러운 독특한 입면 때문인데, 페더레이션 스퀘어 건물의 마감은 징크(zinc)와 사암 그리고 유리 세 가지 종류의 재료를 사용하고 있지만, 그 패턴은 동일하다. 세 가지 재료 모두 삼각형의 타일을 기본으로 5장의 타일이 하나의 패널을 만들고, 5개의 패널이 하나의 메가패널을 구성하며, 이 메가패널이 전체 건물의 모듈로 사용되고 있다. 삼각형을 기본으로 하는 모듈을 사용함으로써 건물의 세 가지 재료가 자유롭게 섞여있는 자유로운 입면을 가진다. 사실 이 복잡한 재료의 혼란스러운 패턴은 페더레이션스퀘어라는 이름과 관련이 있다. 호주는 6개의 주(state)와 2개의 영토(territory)로 구성된 연방국가다. 중앙집권적 국가와 달리 연방국가는 각 주의 독자성과 자율성을 인정하면서 동시에 전체로서의 국가의 일부라는 이중적 정체성을 가지고 있다. 즉 다양성 속에서 통일성을 가진 국가 체제인 것이다. 자세히 들여다보면 광장의 바닥도 붉은색, 오렌지색, 노란색, 분홍색, 자주색, 회색 등 다양한 색채의 킴벌리 사암(Kimberley Sandstone)을 사고석 포장하였는데 광장 전체에 패턴이 생기도록 배치하였다.

광장 바닥의 다양한 색채를 가진 사암과 입면의 다양한 재료들은 연방광장의 의미를 가진 페더레이션스퀘어가 단순히 도시를 대표하는 광장을 넘어 어떤 국가적 의미를 가져야하는지를 잘 보여주고 있으며, 이제는 멜버른의 모든 시민들이 자랑스러워하고 즐겨 찾는 광장

페더레이션 스퀘어(© http://upload.wikimedia.org/wiki-pedia/commons/8/81/Fed_Square_August_2007.jpg)

졸리몬트 야드의 옛 모습(© http://en.wikipedia.org/wiki/File:Jolimont_Workshops_and_yard_overhead.jpg)

문이 없이 외부공간과 연결되는 아트리움(© 우신구)

호져레인(Hosier Lane)과 연결되는 아트리움(© 우신구)

징크, 사암, 유리를 사용한 건물 외부 마감(© 우신구)

야외광장 대형전광판을 지켜보는 시민들 (© http://en.wikipedia.org/wiki/File:RuddSorry.jpg)

다양한 색채의 사고석 포장된 야외광장(© http://commons.wikimedia.org/wiki/File:Fed_Square.jpg)

광장 바닥에 새겨진 공공미술작품(©우신구)

으로 사랑받고 있다. 이런 성공적 재생에 힘입어 페더레이션스퀘어는 2011년 미국 어틀랜틱 시티지에 의해 세계에서 가장 성공적인 10대 광장의 하나로 선정된 바 있다.

4. 부산의 도시건축

사실 부산에서는 블록 단위의 도시건축을 통한 도시재생 사례가 그리 많지 않다. 블록 단위 이상의 재개발 사례는 거의 대부분 아파트 단지에 집중되어 있기 때문이다. 낙후된 지역이 재개발되어 아파트 단지가 들어서면 인구가 증가하고, 주변 지역의 지가도 높아지고, 상점도 늘어나는 등 긍정적인 효과를 가져다준다. 하지만, 대부분의 아파트 단지들은 그 내부에 사는 주민들만을 위한 쾌적한 주거환경을 만들기 위해 주변 지역과 단절된 폐쇄적인 주거단지, 즉 '게이티드 커뮤니티(gated community)'로 만드는 경우가 많다. 원래 있었던 길도 없어지고, 주민이 아니면 단지 내를 통과하는 것이 허용되지 않는 경우도 많다. 뿐만 아니라, 우리나라 건축법 및 도시 관련 법의 한계로 인해 단독주택이 밀집한 주거지역에도 수 십 층높이의 고층 아파트 단지가 들어서면서 도시의 맥락이 파괴되는 경우가 대다수다. 그러므로 재개발 된 대규모, 고층 아파트단지는 내부의 주민들에게 좋은 거주환경을 제공하지만, 주변의 시민까지도 배려하는 좋은 도시건축이 되기 어렵다.

이 장에서 언급하고 있는 도시재생과 블록 단위의 도시건축의 사례를 부산에서 찾는다면 구 부산시청 자리에 들어선 부산롯데타운이 가장 적절한 사례일 것이다. 중구 중앙동 옛 부산시청이 있던 자리에 전체 대지면적은 40,054m², 연면적 580,698m²에 이르는 총공사비 2조 규모의 부산 역사상 가장 최대규모 사업이다. 높이 510m의 지상 107층 초고층건물을 포함하는 이 사업은 최상층인 104층에서 107층은 전망대가 들어설 예정이며, 고층부에는 콘도, 호텔, 호텔부대시설이 건립되고, 11-13층 규모의 저층부에는 판매시설, 멀티플렉스, 교육연구시설, F&B, 리테일숍, 영화관 등이 들어서는 원스톱(One-stop) 복합시설로 건설된다.

사업의 규모가 크다보니 주변에 끼치는 영향도 상당히 클 수밖에 없다. 특히, 부산롯데타운은 영도로 들어가는 주요 관문인 영도대교와 부산대교 사이 부지에 입지하고 있기 때문에 구도심과 영도의 교통에 큰 영향을 끼칠 것으로 우려되고 있다. 이에 따라 시지정문화재로 지정된 영도대교를 6차선으로 확장하고, 부지 주변으로 총길이 1.3km, 폭 20m 규모의 해안도로도 건설 중이다. 그 중에 롯데백화점 광복점은 2009년 12월 이미 완공되어 영업하고 있다. 서부산권에서는 유일한 대형백화점이라는 점에서 상업적으로 대단히 큰 성공을 거두어 개장 첫 해 3,300억 원의 매출을 올리기도 했다.

이 건물은 여러 가지 측면에서 도시재생과 관련된다.

첫째, 이전적지를 이용하여 새로운 도시기능을 부여했다는 점이다. 산업도시, 군사도시, 물류도시의 성격이 강했던 부산의 도심 근처에 위치했던 많은 공장, 군부대, 항만시설들이 최근 도시공간구조의 변화와 산업구조의 전환으로 도시 외곽으로, 또는 해외로 이전하면서 넓은 이전적지를 도시에 남겼다. 대부분의 이전적지들은 대규모 아파트단지로 재개발되었다. 부족한 주택을 공급하는 긍정적인 역할에도 불구하고, 주택 일변도의 재개발로 도시기능의 다양성이 줄어들었다. 부산롯데타운은 부산시청이라는 주요 공공시설의 이전적지에 상업과 위락, 문화 등의 다양한 도시기능을 이식한다는 점에서 긍정적으로 평가할 수 있다.

둘째, 침체한 원도심으로 사람들을 유인하는 앵커시설의 역할을 한다는 점이다. 원래 원도심은 부산의 대표적인 상업지역으로 미화당백화점으로 대표되는 상업시설이 있었으나, 90년대 이후 쇠퇴한 이후 원도심을 포함한 서부산 지역에는 백화점, 대형 유통시설, 특급호텔이 거의 전무했고, 이런 시설을 이용하려는 서부산권의 주민들은 서면, 동래, 해운대 지역으로 갔어야 했다. 앵커 상업시설에 대한 지역주민의 요구는 2009년 12월 17일, 롯데백화점 광복점의 개장 첫날, 20만 명이 넘는 방문객이 67억이 넘는 매출을 올려 세계 최대 백화점인 신세계 센텀시티점의 기록을 넘어섰다는 점에서도 잘 알 수 있다. 또한, 개장 100일만에 150만 고객이 방문해 1,000억 원이 넘는 매출을 올리면서 지역의 앵커 상업시설로 자리 잡고 있다. 롯데백화점 광복점이 끌어들인 사람들은 백화점에만 머무는 것이 아니라, 2008년에 시범가로사업이 완료된 광복로 일대로 흘러 나와 원도심에 새로운 활기를 불러 넣고 있는 긍정적인 역할을 부인할 수 없다.

셋째, 공공공간이 부족한 원도심에 새로운 공공공간을 제공한다는 점이다. 롯데타운이 들어서면서 자갈치시장과 연안터미널을 연결하는 해안도로가 새로 조성되며, 역사적 명물이 된 영도다리를 6차선으로 확장, 복원하여 새로운 관광명소로 만들어갈 예정이다. 또한, 기존에 완공된 롯데백화점 옥상에는 6,200㎡ 규모의 옥상정원이 조성되어 시민들의 휴식, 데이트, 산책, 문화행사 등 다양한 용도로 이용되고 있다. 특히 지상 70m 높이에서 영도대교와 부산항, 부산시내를 조망할 수 있는 전망대가 있어 부산을 즐기는 장소로 이용되고 있다. 또한, 향후 부산롯데타운의 107층 초고층 랜드마크가 완성되면 그 꼭대기에 전망대가 들어서서 부산을 조망하는 새로운 공간이 조성될 것이다.

원도심에 새로운 활기와 새로운 기능을 불어넣는 긍정적인 역할을 부정할 수 없지만, 부산롯데타운을 좋은 도시건축으로 분류하기는 어렵다. 많은 사람들이 이 시설들을 이용하고 있기는 하지만, 이 건물은 롯폰기힐스나 페더레이션 스퀘어와 같은 공공적 성격을 제대로 갖추지 못했다. 원도심의 가장 중요한 가로인 광복로, 중앙로, 구덕로와 면하는 지상1층의 외벽은 일부 출입구를 제외하고는 길고 지루한 벽으로 이어져 도시의 활기찬 가로를 만드는데 부정적인 영향을 끼치고 있다. 뿐만 아니라, 주변의 도시공간과 연결되는 광장이나 공공공간이 제공되지 않기 때문에 백화점의 구매 고객 이외에는 이 시설을 이용할 수 없다. 도시를 향해 개방되어 있기보다는 오히려, 사람들을 내부로 끌어들이고 바깥으로 나가지 않도록 만드는 폐쇄적인 도시건축이다. 또한, 복합영화관과 같은 문화시설은 있지만, 지역이나 도시를 대표할 만한 문화적 앵커시설은 계획되어 있지 않다.

뿐만 아니라, 옥상정원과 같은 공공공간을 조성했지만, 시민들이 24시간 자유롭게 접근할 수 있는 진정한 의미에서의 공공공간은 아니다. 현재 공사 중인 나머지 시설들이 완공되더라도 바다 쪽으로 일부 공간이 오픈되어 있을 뿐 시민들이 자유롭게 접근할 수 있는 공공공간은 거의 제공되지 않을 것으로 우려된다. 또한, 자갈치에서 연안부두를 잇는 새로운 해안도로도 롯데타운으로 접근하는 고객들의 차량도로의 역할을 할 수는 있겠지만, 시민들이 바다를 즐기는 친수형 해안보행가로의 성격은 제한적일 것으로 예상된다.

광복로 입구에서 본 롯데백화점(© 우신구)

롯데백화점 옥상정원(© http://blog.naver.com/springyhj?Redirect=Log&logNo=10121091996)

영도에서 바라본 부산롯데타운과 용두산공원 (© http://blog.naver.com/jihojang?Redirect=Log&logNo=20161951086)

고층부 전망대 투시도(© http://blog.naver.com/jihojang?Redirect=Log&logNo=20161951086)

부산롯데타운이 공공성과 상업성을 적절하게 조합하면서 시민들이 즐겨찾는 랜드마크적인 도시건축이 되는 것은 어쩌면 부산시를 위해서만이 아니라 부산롯데타운을 위해서도 바람직한 방향일 것이다.

03장

어메니티 공원녹지

윤 성 융

1. 도시재생의 의미

도시재생의 도입배경

1960년대 이후 우리나라는 급속한 산업화와 도시화를 겪으며 서울을 비롯한 대도시를 중심으로 도시공간구조의 급격한 변화가 일어나기 시작했다. 이러한 변화는 도시인구를 폭발적으로 증가시켰으며 이를 해결하기 위해 당장 개발이 손쉬운 도시외곽지 위주의 개발로 대응하여왔다. 한편으로 이러한 도시개발은 도시의 발전과 시민들의 생활편익을 증진시켜 준다는 긍정적인 측면도 있지만, 동전의 양면처럼 도시 고유의 자연경관을 훼손하고 도심지역의 도시 경쟁력이 저하되는 도심공동화 현상을 야기하기 시작했다. 게다가 도시외곽지역의 과도한 개발은 지역 간의 격차를 확대하는 도시공간구조의 왜곡현상을 낳게 하였으며, 기능의 중복과 다핵화에 따른 도시 서비스 관리기능들이 도시외곽으로 이동하면서 경제, 사회, 문화의 중추적 역할을 담당해왔던 도심의 정주인구와 경제활동이 감소되고 건축물과 기반시설의 노후화 등 도시기능이 약화되는 도심쇠퇴현상이 나타나게 되었다.

이러한 맥락에서 도시경쟁력 회복 전략으로 '도시재생'이라는 다양한 정책들이 등장하는데 이는 지역의 물리적 환경을 개선해줄 뿐만 아니라, 도시의 사회·경제·문화·생태적 환경에 활력을 제공해주고, 다양한 분야에서 이루어지며 오늘날 도시의 큰 패러다임으로 이슈화되고 있다.

최근에는 공원, 녹지, 광장 등 공공공지의 확충과 기존 공공공지의 재활성화가 도시 재생적 측면으로 활발하게 인식되면서 이전적지 및 폐부지의 공원화, 어린이공원 확충, 대형 공원 조성 등 도시공원이 도시재생의 새로운 실천영역으로 대두되었다. 특히 프랑스 파리의 라빌레트 공원과 캐나다 토론토의 다운스뷰 파크, 미국 캘리포니아의 오렌지 그레이트 파크 등은 기존공원의 기능을 넘어 도시 재생적 측면으로 계획 되어진 대규모 도시공원들이며, 이는 도시재생의 새로운 유형으로 기대효과와 함께 충분한 가능성을 보여주는 사례다. 또한 정수시설이었던 선유도 공원과 유원지였던 북서울 꿈의 숲, OB맥주공장을 공원화한 영등포공원 등 낙후지역과 도시기반시설의 리모델링과 공원화사업을 통하여 도시재생을 이루었던 한국의 사례를 견주어 보아도 도시재생전략으로서 공원만들기는 더 이상 새로운 일이 아니다.

도시재생의 의미

'도시재생(Urban Regeneration)'이란 도심부의 경제적 기반을 재구축하고 물리적 환경을 개선함으로써 도심부의 인구 및 경제의 회귀를 촉진하고 도심을 활성화시켜 도심부가 도시 활성화의 촉매제 역할을 하는데 목적이 있다. 다시 말하여 도시재생의 개념을 해석하면 산업구조 변화에 따라 쇠퇴한 도시에 새로운 기능을 집어넣거나 만들어 물리·사회·경제적으로 부흥시키는 것을 말한다. 이는 대도시 지역의 무분별한 외부확산을 억제하고 도심쇠퇴 현상을 방지하며 도심부의 재활성화를 도모함으로써 궁극적으로는 경제성장과 환경보전이 조화를 이루는 지속 가능한 도시개발을 추진하고자 하는 것이며, 해당지역의 경제적, 사회적, 환경적 상태를 지속적으로 개선하여 기존 시가지의 재활성화를 도모하는 것이다.

이러한 것을 도시 성장 관리 측면에서의 개념으로 볼 때 도시의 재활성화와 경제성장을 도모함으로써 환경보존이 조화를 이루는 차원에서 다음 표와 같이 세 가지 측면으로 분류할 수 있다.

표의 내용을 토대로 도시재생을 조경적 측면에서 바라보면 낙후된 기반시설을 공원 및 녹지커뮤니티 시설의 리모델링을 통하여 도시기능을 회복하고 쇠퇴한 기존 도시의 커뮤니티를 부활시키며, 도시의 활력과 매력을 창출하는 것을 조경의 도시재생 역할로 볼 수 있다.

조경에서의 참여 가능한 도시재생 유형

도시에서의 조경분야와 밀접한 관계가 있는 도시재생유형은 다양한 분야가 있겠지만 그 중에서도 적극적으로 참여 가능한 분야는 생활 및 문화적 재생의 측면을 꼽을 수 있다. 이러한 연유는 거시적 안목에서의 접근보다는 실생활에서 경험 가능한 녹지와 공원문화가

성장관리 측면의 도시재생 개념 (김영환, 최정무, 오덕성, 2003)

구분	목표 및 성격	기본방향
물리 환경적 측면	– 지속가능한 도시 공간 및 도시형태 추구 (압축도시) – 삶의 질이 보장되는 쾌적하고 활기찬 도시 공간 조성 – 토지이용의 고도화 복합화 방안 모색 – 용도지역제의 유연적 활용 및 제도적 기법의 모색	짜임새 있는 압축적 도심부 개발 자연과 공존하는 생태적 도심부 조성
사회 경제적 측면	– 도심부의 정체성회복 및 지역사회 복원 모색 – 균등한 기회제공등 사회적 형평성의 추구 – 기반시설 수용능력과 개발의 동시성 확보 – 소매업의 활성화 등 통한 도심부 경제활력의 회복	점진적이고 균형 있는 도심재생 도심부의 자족적인 경제기반 구축
정책 관리적 측면	– 도시기능 재생을 통한 인구 및 산업 도심회귀 촉진 – 지속가능한 도시개발 이념의 추구 – 도심부의 부흥목표 – 정부 간 역할 분담 및 주민참여 기회 확대	체계적이고 일관성 있는 도심부 정책 주민참여활성화를 통한 도시관리 효율성 강화

보다 실질적으로 다가오기 때문이다. 그 유형을 세분화하면 다음과 같이 네 가지로 분류할 수 있다.

도시기능의 집적 : 입지에 따라 파급효과가 큰 공공시설, 복지시설, 교육시설 등과 같은 도시의 중심적인 시설을 유치하여 대상지역의 도시기능과 토지이용의 효율화를 촉진하고 경제의 활성화를 도모하여야 한다.

이전적지 또는 폐부지 활용 : 도심의 이전적지 활용은 지역활성화의 성패를 좌우할 수 있다. 도시재생사업과 연계하여 폐부지 활용방안에 대해서 구체적인 대안을 모색하고 시민을 위한 공공의 녹지공간으로 활용하는 방안과 경제적 회생을 위한 상업시설 확충 등 지역환경을 반영한 적절한 대안을 설정하여 도심지 내 폐부지가 발생하지 않게 한다.

특화거리 조성 : 보행자 전용의 차 없는 거리, 노점상거리, 어패럴거리 같은 특화거리를 조성하거나 문화예술 공간을 확보하여 시민들의 여가활용 및 문화갈증을 해소할 수 있는 거리문화 이벤트를 활성화시킨다. 또한 이용자들이 문화를 쉽게 접할 수 있는 계기를 마련하고 이용의 편의성을 증진하여 상업적 재생과 도심거리의 활성화를 도모한다.

도시 유휴 녹지공간의 활용 : 도시적 총량에서 면적만 맞추기 위해 기능이 단순화되어 있는 녹지대나 제 기능을 하지 못하는 유휴녹지공간을 녹지대가 지니고 있는 기본적인 기능을 향상시키고 보다 시민들이 적극적으로 활용할 수 있는 방법과 참여의 기능을 부여하여 도시의 새로운 유휴 녹지공간으로 조성한다.

2. 시민 참여형 공원의 역할과 의미

우리나라의 공원은 도시계획법이 재정된 1961년, 고궁 등을 공원시설로 지정하면서 시민들의 일상적인 휴식과 대규모 국제행사에 따른 기념공원화 사업을 관의 주도 하에 조성되기 시작되었다(김영대, 1992). 그 이후로 제도적 변화 속에서 도시계획법으로부터 공원법이 분리·제정(1967)되면서 도시공원법에 의하여 수많은 공원들이 생겨났으며, 1990년 후반부터는 경제성장과 더불어 여가활동의 증가와 삶의 질 향상으로 다양한 성격의 공원들이 조성되었다. 그러나 우리나라는 구릉과 산지가 많은 지리적 특성으로 통계상의 도시공원면적은 많은 것으로 나타나지만 실제로 이용할 수 있는 공원녹지가 부족하기 때문에 생활권 공원의 확충과 필요성이 지속적으로 제기되어 왔다(박문호, 1996). 이러한 흐름 속에서 공원녹지 면적을 확보하기 위한 노력으로 이전적지와 자투리땅을 이용한 쌈지공원을 조성하여 공원녹지의 양적 확보를 위한 성과가 조금씩 나타나기 시작했다. 또한 활발한 주민자치운동으로 담장 허물기, 살기 좋은 마을만들기를 통해 개인 사유지를 공공녹색공간으로 만드는 자발적인 주민참여가 이루어졌으며, '생활권 녹지 100만평 늘리기' 정책으로 많은 생활권 공원이 조성되었다. 하지만 여전히 생활권 공원 면적을 늘리기는 상당한 어려움이 있었다. 그것은 과거 도시화와 산업화에 따른 무분별한 도시계획으로, 공원녹지를 조성할 가용지가 거의 없다는 것이다. 또한 정책에 따른 공원조성으로 대규모 공원에만 관심을 가진 탓에 자치구별 공원녹지의 불균형을 초래하게 되었다. 특히 새로운 공원만을 조성하기 위한 예산책정은 기존공원의 관리운영을 소홀하게 만들었고, 공원간의 단절과 기존공원의 노후화를 가져왔다. 그리하여 그 지역에 맞는 공간의 리모델링과 생활속에서 필요한 공간을 직접 찾아 공원과 녹지축을 늘리며, 공원을 연결하고 부족하게 느끼는 생활권 도시공원의 질적 만족을 스스로 느끼기 위해 시민 참여형 공원 조성이 일어나게 되었다.

시민 참여형 공원의 등장

시민참여형 공원은 도시개발사업에 민간의 역할을 염두에 두면서 공공과 더불어 도시를 만들어 간다는 개념으로 1970년대 미국에서 본격화되기 시작하였다. 1970년대 시장경제에 대한 신뢰와 민간의 활력, 지방의 주도권에 대한 신뢰 등이 사회적인 합의를 얻기 시작한 것이다. 그리고 1976년, 전국 주택재개발 담당자 회의에서 '민간과 공공의 파트너십'이 '도시활력의 기본'이라고 선언되었다. 당시 미국의 카터정부는 민간이익의 공공적인 활용을 가치로 관료조직은 민간부분을 컨트롤 할 수 있는 창조력과 방향성을 제시하지 못하고 있다며 비판하면서 민간과 공공의 파트너십을 강조한 것이다. 즉, 연방정부를 비롯하여 주정부와 지방자치단체 모두 독자적으로 복합적인 도시문제를 해결하는 데에는 한계가 있으며, 공공과 민간의 상호 불신을 뛰어넘어 새로운 형태의 민관파트너십을 강조하면서 '새로운 시대의 민관파트너십' 시대를 제안한 것이다. 미국의 각 도시에서 전개되고 있는 도시개발의 대부분은 이러한 민간과 공공의 파트너십의 형태로 전개되고 있다고 할 수 있다. 따라서 시민참여 공원이라는 것은 단순히 공공주도형 공원에서의 시민들이 그 역할의 일부를 하나 떼내어 참여한다는 것이 아니라, 파트너십에 의한 모든 분야를 함께 참여한다는 것을 의미한다.

공원조성에 있어서 시민참여의 의미

공원조성에 있어서 시민참여의 의미는 단순히 정부 주도의 공공사업에 시민이 참여한다는 의미보다는 함께 만들어 나간다는 '공공과 민간의 파트너십'에 가깝다. 공공과 민간의 파트너십은 'Public-Private Partnership'의 번역어인데, 여기서의 파트너십이란 '복수의 개인이 이익의 획득을 목적으로 자본과 노동, 기술을 서로 제공하기로 약속한 법적 관계'를 의미한다. 또한 '민간'이란 공공 혹은 정부에 대응하는 민간부문을 가리키는 용어로, 미국에서는 민간기업 뿐만 아니라 민간비영리단체(NPO), 시민단체나 커뮤니티단체 등도 포함하고 있다. 따라서 '민관파트너십'이란 '다양한 차원의 정부, 민간기업, 시민단체, 커뮤니티단체, 커뮤니티 개개인(시민)이 합의를 형성해 상호 자금, 노동, 기술 등의 다양한 자원을 서로 제공하는 것'을 의미한다. 민관파트너십의 특징으로는, 첫째 공공부문과 민간부문이 참가하여, 둘째 공유의 목표와 합의를 형성하고, 셋째 상호 자금과 노동, 기술 등의 자원을 제공하는 것의 세 가지 특성으로 요약할 수 있다.(김성익, 2012)

시민참여의 형태는 크게 '프로그램 참여'와 '프로젝트 참여'의 2가지로 구분된다. 프로그램 참여란 지역전체의 넓은 지역을 대상으로 공공과 민간이 다수를 참여시켜 공공성 있는 장기적인 프로그램을 책정해 그에 따라 개발 사업을 실시하는 것을 말한다. 다음으로 프로젝트 참여란 공공과 민간이 공동으로 사업계획을 작성하여 사업을 진행하는 것을 의미한다.

3. 시민참여 유형 공공 프로젝트

지자체와 민간개발자에 의한 공공사업

민간과 개발자의 경우 프로젝트 참여가 많은데, 이때 필요한 경우에는 시민단체도 참여하게 된다. 파트너십의 형태로는 민간 사업자가 사업에 협조하는 초보적 단계와 각 구성원이 공동으로 정비계획을 작성하여 추진조직이나 제도를 설립하는 단계, 각 구성원이 공동으로 도시재생의 개발조직을 설립하는 단계 등 다양한 형태가 있다. 그 중에서도 프로젝트 참여의 가장 일반적인 개발방식은 지자체가 도시재개발사업에 의해 토지를 취득하고 기존 건물을 철거한 뒤 민간개발업자가 건물을 정비하는 형태로, 이를 '공동개발'이라고 한다. 즉 계획단계에서부터 민간개발업자와 협의하면서 개발계획을 작성하고 지자체는 토지를 제공하고 민간이 시설을 건설하는 형태다.

초기단계에서 민간개발사업자의 선정이 중요한 요소가 되는데, 이러한 선정 방법에는 다양한 방법이 행하여지는데 그 중에서도 보편적으로 시행되는 선정방법으로는 사업 입찰서를 통한 방법과 사업제안서에 의한 제안경쟁방식이 있다. 지자체는 민간개발사업자가 선정되면 민간과 프로젝트의 가능성과 문제점을 검토하여 재원, 투자계획, 건축디자인, 공공과 민간의 역할분담, 스케줄 등을 협의하여 개발계획을 책정한다. 이때 지자체는 자금, 시설, 법률적인 인센티브를 민간에게 제공하고 그 대가로 민간에게 어메니티, 용도, 커뮤니티 대책, 이익의 분배 등에 대해 협력하게 된다. 이러한 민간개발자와 지자체와의 균형과 감시의 역할로 시민단체 및 각계 전문가집단이 함께 하여 공공성 및 이해관계의 투명성을 높이는 역할을 한다.

지자체와 비영리단체(NPO)에 의한 공공사업

지자체와 비영리단체와의 파트너십은 대부분 커뮤니티재생의 시민참여의 일환으로 전환된다. 미국의 경우 커뮤니티 개발법인과 이를 지원하는 주정부, 지자체, 민간기업, 비영리단체 등과의 민관파트너십에 의한 커뮤니티개발이 1980년대 중반부터 활발하게 전개되었으며, 우리나라에서도 최근 다양한 시민단체의 참여가 이루어지고 있다. 이는 프로그램 참여의 경우가 대부분으로 지역 커뮤니티의 장기적인 관리계획 프로그램을 작성하고 커뮤니티주민이 주체가 되는 커뮤니티의 물적, 사회적 개선방안을 제시하게 되는데, 특히 주택 등 물리적인 개선활동뿐만 아니라 건강, 교육, 복지서비스, 고용훈련, 교통 등 사회 전반적인 개선활동을 포괄하고 있다. 공원조성과 같은 공공성이 함께 수반되어야 하는 프로젝트의 경우 대부분이 다음과 같은 유형이다. 이러한 경우 민간기업들은 민간개발업자와는 다르게 기업이윤 등은 배제하고 기부금과 공익성을 가지고 참여하면서 민간참여의 자금부분을 책임지게 된다.

4. 도시재생을 위한 시민참여공원 사례

외국사례 – 하이라인파크(High-Line Park)

뉴욕의 맨해튼에는 오랫동안 버려진 고가철도가 있었다. 웨스트사이드 다운타운부터 34가로 연결되는 고가철도는 영어로는 '하이라인(High Line)'이라고 불렸다. '하이라인'은 1934년에 완성되었고, 1960년대 이후에는 거의 사용하지 않았지만 1980년까지 간헐적으로 사용되었다. 그 이후 철로는 폐허로 남게 되었다. 당시 하이라인은 창고, 빌딩, 공장 등과 바로 연결될 수 있도록 디자인되어 육류와 우유, 가공되지 않은 제품들이 쉽게 운송될 수 있는 편이를 제공했다.

근 25년 동안 하이라인은 전혀 사용되지 않는 가운데, 1980년대 중반 하이라인 주변으로 건물을 소유하던 사람들이 하이라인을 철거하기 위해 뉴욕 시 측에 로비를 시도했다. 그러나 광적으로 기차를 좋아했던 피터 오블레츠(Peter Obletz)는 다시 예전처럼 기차를 달리게 하려고 직접 고가 철로를 구입해, 콘레일(Conrail)로부터 10달러에 '하이라인'을 이수했다. 오블레츠의 법적 소유권은 이후 소송에 걸려 5년 동안의 법적 공방 끝에 결국에는 패소하고 말았다. 어찌 보면 기인과도 같았던 오블레츠의 행보는 뉴욕 시와 부동산 업자들이 개발이라는 명목으로 철거했을지도 모를 '하이라인'을 안전하게 지켜주고 보존해준 인물이었다. 그러나 그는 1996년에 50세로 사망하면서 하이라인은 철거될 상황에 처하게 되었다.

그로부터 오랫동안 사람들이 접근하지 않아 '하이라인'은 온갖 종류의 잡초가 무성하게 자라기 시작했지만, 폐쇄된 고가철도였기에 사람들의 일상생활이나 교통을 방해하지 않았다. 오히려 철거를 할 경우 드는 천문학적인 경비로 인해 시민들은 오랫동안 '하이라인'을 방치했고, 이는 그 누구도 갈 수 없는 뉴욕판 '비무장지대(DMZ)'로 남겨졌다. 그 덕분에 2.33km에 달하는 폐선 부지는 하늘 속에 부유하는 왕나비와 야생화로 그려진 자연생태계였다. 게다가 많은 뉴욕 시민들은 폐쇄된 '고가 철로'가 도심 한복판에 있는지도 몰랐다. '하이라인' 주변에는 임대주택이 있었고, 웨스트사이드 14가를 중심으로 소시지 공장, 소위 '미트패킹지구(Meatpacking District)'가 있었기 때문에, 이 지역은 자연스럽게 발전가능성이 없는 곳으로 인식되었기 때문이다.

이러한 까닭에 1999년 이전의 하이라인은 뉴욕 시민들에게 '흉물'이었다. 부동산 개발업자들은 폐허가 된 고가 철로를 도시 재생(혹은 재개발)을 가로막는 장애물로 간주했고, 뉴욕 시로부터 이러한 고가 철로를 철거해 줄 것을 끊임없이 요구하였다. 그리고 1999년 뉴욕 시장이었던 루디 줄리아니(Rudy Giuliani)는 급기야 그들의 철거요구를 받아들였다. 하지만 이 시기에 로버트 해몬드(Robert Hammond)와 조수아 데이비드(Joshua David)는 '하이라인의 친구들(Friends of the

High Line)'이라는 시민단체를 만들어 하이라인을 보호하는 민간차원의 운동을 시작했다. 그들은 지역주민 뿐만 아니라 사업가들, 특히 앤디 워홀의 작품 속에 등장하는 유명인사이자 현재는 패션디자이너로 유명세를 타고 있는 다이안 폰 펀스텐버그(Diane von Furstenberg)등과 함께 하이라인 철거 반대 운동을 벌여나갔다. 여기에는 케빈 베이컨(Kevin Bacon)과 같은 유명 인사들도 함께 있었다. 그리고 그들은 하이라인을 '공원'으로 바꾸려는 해몬드와 데이비드의 아이디어를 실질적으로 추진하는데 견인차 역할을 했다.

줄리아니 시장이 철거 승인을 했던 '하이라인'을 구하기 위해 '하이라인의 친구들'은 새 뉴욕 시장인 마이클 블룸버그(Michael Bloomberg)를 설득하기 시작했다. 블룸버그는 사업가로 유명했지만, 예술애호가이자 미술 컬렉터로서도 저명했다. 그리하여 그는 뉴욕의 문화·예술 정책을 그 어느 뉴욕 시장보다도 적극적으로 옹호했으며 그 결과 많은 뉴욕 시민들은 예술에 대한 블룸버그의 진지한 태도를 높이 평가했다. 블룸버그는 결국 '하이라인' 철거반대를 받아들였고, 하이라인 시민단체는 뉴욕 시의 후원과 개인 자산가들, 시민들의 후원으로 총 1,700억원(1억 7천만 달러, 2009년 6월 시점)에 달하는 기금을 마련하였다. 특히, 2004년 뉴욕 시는 하이라인 옹호자들의 제안을 적극적으로 수용하여 총 500억원(5천만 달러)이 넘는 재원을 마련해 주었다. 그리하여 2006년 4월 10일부터 공식적으로 하이라인은 도시재생 프로젝트에 돌입했고 그로부터 만 3년이 지난 2009년, 세 개의 마스터플랜 가운데 첫 구간이 공개되어 시민들이 이용할 수 있는 '공원'으로 탈바꿈했다.

하이라인 공원(출처: 하이라인 공원 홈페이지)

사실 '하이라인의 친구들'은 폐허가 된 고가철로를 일괄적으로 공원화하는 방식을 채택하지 않았다. 그들은 가능하면 철로의 기본 골격은 그대로 두면서도 주변의 아파트와 시장, 갤러리, 차로, 허드슨 강변의 전망 등과 어울릴 수 있도록 구역마다 특별한 개성을 살릴 수 있는 방법을 모색했다. 그리하여 공모를 통해 당선된 계획안은 일차적으로 간스보어트(Gansevoort) 거리에서 20가(20th street)까지만 완성하기로 했다. 그리고 2009년 6월, 이 구간은 일반인에게 공개된 '하이라인'의 첫 모습이었다.

'하이라인'의 디자인은 공식 공모를 통해 결정되었다. 하이라인의 공식 자료에 따르면,

2004년 3월부터 52개의 팀이 참여하였고, 심사기간은 6개월이 소요되었다. 최종적으로 7개의 팀이 선정되었고, 이후 4개의 팀이 프레젠테이션을 통해 디자인을 소개하였다. 네 팀의 디자인은 2004년 여름 일반인들에게 공개, 전시되었지만, 최종 결과물이 아니라 자신들이 선정되면 어떤 방향으로 작업할지 비전을 공개했다. 2004년 10월 최종 심의에서 JCFO가 조경을 스코피디오와 렌프로는 건축을 맡기로 결정되었다.

2004년도 공모를 통해 선정된 그룹은 제임스 코너 오브 필드 오퍼레이션즈(James Corner of Field Operations, 이하 JCFO라 칭함)와 딜러 스코피디오+렌프로(Diller Scofidio+Renfro)이며 이들은 조경 디자이너인 피엣 우돌프(Piet Oudolf)와의 긴밀한 협조 하에 프로젝트를 진행해왔다. 1961년생의 제임스 코너는 조경 건축가로 도시환경과 조경, 건축 등을 통합적으로 보며, 그가 이끄는 JCFO는 뉴욕과 필라델파이를 거점으로 활동한다. 코너는 폐철로를 공원으로 변모시키며 산책로와 이벤트 장소 등 공적인 공간을 중요하게 생각하였다. 딜러 스코피디오+렌프로는 뉴욕을 거점으로 활동하는 디자인 스튜디오로, 엘리자베스 딜러(Elizabeth Diller)와 리카르도 스코피디오(Ricardo Scofidio)라는 두 사람이 1979년에 설립한 회사다. 디자인, 건축, 시각예술, 공연예술 등을 통합적으로 다루는 디자인으로 유명하다. 그들은 최근 뉴욕 링컨센터의 재디자인을 했을 정도로 대형 프로젝트를 많이 맡아왔고, 2006년에는 보스턴에 위치한 ICA(the Institute of Contemporary Art)라는 현대미술관 디자인을 완성했다.

하이라인 공원(출처: 하이라인 공원 홈페이지)

뉴요커들은 센트럴파크에 비해 훨씬 사이즈가 작은 하이라인을 반기는 분위기였다. 특히, 찜통같이 더운 뉴욕의 여름 날씨에도 불구하고 저녁이 되면 시원해지는 순간, 뉴욕시민들은 이곳을 찾아 일광욕을 즐기고, 석양을 바라보며, 하이라인에서 일상의 휴식을 취했다. 어떤 구간은 건물과 직접 연결되어있어 건물의 엘리베이터를 타고 2층으로 올라오면 바로 하이라인으로 진입할 수 있다.

2011년 봄에는 '하이라인'의 두 번째 구간이 마무리 되어, 20가부터 30가까지 완성되었다. 30가부터 34가에 걸친 하이라인은 CSX 운송회사의 소유였는데, 2011년도에 이 회사가 하이라인을 뉴욕 시에 기증하기로 결정하면서 세 번째 구간이 형성될 수 있었다. 공사금액이 총 900억원(9천만 달러, 2012년 3월 기준)에 달하는 이 구간은 2013년 말쯤에 완공될 예정이며, 이듬해 봄에 일반인에게 공개될 계획이다.

총 세 구간에 걸쳐 완공 될 하이라인은 도심 속에 설치된 단순한 공원이 아니다. 모든 것이 유기적으로 연결되어있고, 건축적으로 기능적이며, 비원과도 같은 풍경을 보여주었다. 최소한의 변형을 통해 과거 철로가 지닌 아름다운 선형은 다채로운 꽃과 나무가 어우러질 수 있도록 디자인되었다. 특히 하이라인은 도심 속에서 휴식을 즐길 수 있는 숲이자 일광욕을 만끽할 수 있는 훌륭한 공원이기도 하고, 걸으면서 사람들은 바쁘게 살아가는 도시 속의 일상을 다시 여유롭게, 느리게 생각할 수 있는 여유를 가지게 한다. 하이라인은 더 이상 버려진 흉물이 아니라 문화와 휴식을 동시에 즐길 수 있는 시민참여형 공원인 셈이다. 이렇게 아름다운 풍경을 감상할 수 있는 연유는 시정부가 단순히 도시재개발 측면으로 대응하지 않고 시민들의 자발적인 참여와 하이라인의 친구들이 있었기에 가능할 수 있었다. 그러한 치열한 과정이 있었기에 이곳을 방문하는 사람들은 마천루로 가득한 도심 한복판에서 여유로움을 느낄 수 있는 것이다.

국내사례 – 시민단체가 주도한 도시재생 : 하야리아 부산시민공원 조성사업

부산시 부산진구 범전동 및 연지동 일대에 위치하고 있는 하야리아 부산시민공원(52만 7636㎡)은 인디언들의 말로 '아름다운 초원'이라는 의미를 지니고 있다. 하지만 이러한 의미가 무색할 정도로 1910년대 일제가 토지조사사업을 빌미로 수탈해간 것을 시작으로 2006년 8월 10일까지 경마장으로, 일본군 훈련지로서 그리고, 56년간 주한미군부산기지 사령부가 주둔했던 아픈 기억을 간직한 땅이다. 이곳은 부산의 문화와 경제의 중심인 부산 서면로터리에서 1.2km 정도, 부산시청에서는 약 2km 떨어진 부산의 중심부에 위치하고 있다.

부산시는 2002년 3월 말 군부대 이전적지의 활용방안에 대한 기본방침을 수립한 이래 2004년 8월 제11차 한미 미래동맹정책회의에서 기지폐쇄가 결정되자 이듬해 3월 부지에 대한 도시계획시설 결정을 완료하고 본격적으로 공원조성에 나서기 시작했다.

2007년 5월에는 부지 주변지역을 도시재정비 촉진지구로 지정하여 공원과 주변지역을 함께 개발하고 있다. 하지만 도시재생의 관점에서 바라볼 때 현재 하야리아 부대 이전지에 추진 중인 부산시민공원 조성사업은 '전문가와 시민들의 역할'이란 측면에서 또 다른 중요한 과정을 겪고 있다.

부산시민공원 조성사업은 일제강점기부터 미군을 거쳐 간 금단의 땅을 시민들의 노력으로 돌려받고 그곳에 공원을 조성한 사례로, 그 자체만으로도 의미가 있는 시민참여형 도시개발 사업이었다. 하지만 문제는 '어렵게 반환받은 이 땅을 바람직한 방법으로 시민들의 품으로 되돌려주는가?'에 대한 과제였다. 여러 가지 정치적 상황들로 대지에 대한 조사도 제대로 못한 채 실시설계까지 완료해버린 사업 초기단계에는 기존의 도시개발과 별다를 것이 없는 관 중심의 일방적인 전면철거 개발로 사업이 추진되고 있었다. 백 년에 가까운 도시의 흔적을 고스란히 간직한 부지를 계획하면서도 기존의 수려한 자연과 역사적 가치 및 장소성은 무시되고, 시민과의 소통과 교감을 결여했으며, 그 어떤 조사와 연구조차 선행되지 않은 채 계획안이 완성되었고, 유명 외국 계획가의 백지 계획 하나로 세계적인 공원을 꿈꾸고 있었다.

이러한 관 주도 사업에 대하여 공원조성사업의 주요 이슈들을 재점검하고 공원의 활성화를 위한 구체적인 방안을 찾으며, 나아가 시민들이 참여하는 공원문화를 만들어 나가는데 기여하기 위해 여러 분야의 전문가들이 힘을 합쳐 만든 하야리아 공원포럼을 비롯한 일련의 시민과 시민단체들이 자발적으로 연합하여 대지와 역사에 대한 조사와 연구를 하고, 시민들과 함께 공원조성을 위한 소통의 장을 만들었으며, 일련의 과정을 지역신문을 통하여 홍보하였다.

그리고 근대문화유산 보존 단체인 도코모모 코리아가 주관하는 공모전을 통하여 다양한 아이디어와 보다 광역적인 전문가 및 시민들의 관심을 모았고, 이 땅에 대한 가치 제공의 필요성을 인식시키는 작업과 공원문화를 만드는 작업을 진행하였다.

이러한 노력 끝에 시민들이 참여하는 라운드 테이블이 결성되었고, 일련의 합의 과정 속에서 대지의 역사성을 담고 있는 건축물과 가로, 나무와 시설물을 근대문화유산의 일부로 보존하며 활용하는 방향으로 계획안을 수정하기에 이르렀다.

이렇게 하기 위해서는 많은 시민과 시민단체들이 노력하였다. 대표적으로 2004년 9월 6일 부산시 72개 시민단체들이 모여 발족한 '하야리아부지 시민공원화추진범시민운동본부'가 있는데 부지전체를 다른 용도로 사용하지 않고 공원으로 만들어야 함을 지속적으로 주장하여 현재와 같이 전체 부지가 공원으로 조성되게 하는데 큰 기여를 하였다. 그리고 2005년 5월 20일 국회의원, 시의회, 시민단체, 경제계, 법조계 인사 300여명이 모여 '캠프 하야리아 시민공원조성범시민협의회'를 설립하여 정부의 지원을 촉구하였다. 2005년 10월에는 캠프 하야리아 이전부지에 대한 무상양여 추진을 위하여 152만명의 시민으로부터 서명을 받아 국무조정실에 전달하기도 하였다. 그결과 '주한미군공여구역주변지역등 지원특별법'이 제정되어 공원 조성비용의 일부를 정부가 지원하게 되었다.

그러나, 이러한 시민들의 노력에도 불구하고 도시재생과 시민참여적 측면에서 큰 의미를 가지고 있는 역사적인 공원을 단 몇 년 만에 조성한다는 이해하기 어려운 완공일정으로 진행하고 있다. 그로 인해 당초 목표했던 이 땅의 자연성을 회복하고 역사적 건축물을 보존한

부산시민공원 초기안(출처: 부산시민공원 홈페이지)　　부산시민공원 변경안(출처: 부산시민공원 홈페이지)

채 활용하며 서서히 성장하고 변해가는 도시재생 공원조성과 시민 모두가 주인이 되는 시민거버넌스 공원을 향한 소망을 이루기에는 미흡하지만, 하야리아 부산시민공원은 부산 도시재생의 역사에서 전문가와 시민들의 자발적 참여에 의해 공간을 바라보는 가치와 계획안이 재고된 의미있는 사례로 기억될 것이다.

국내사례 – 민관산학이 함께하는 도시재생 : 휴메트로1004파크 조성사업

"매일매일 오고가고 이용하는 지하철역 출입구가 공원이라면…"이라는 생각에서 시작하여 부산교통공사, 부산그린트러스트, 백만평문화공원조성범시민협의회, 동아대학교 조경학과, 조경전문업체가 함께 만들어 오고 있는 '휴메트로1004파크'는 2011년에 시작하여 현재 제2호공원을 개장하기 위해 진행 중에 있다. 지하철 출입구에 1004개의 공원을 만들겠다고 시작했으니 목표대로 하면 아직 1002개를 다 만들어야지 끝나는 사업이다. 그리고 언제나 계획에 비하여 적은 사업비로 초기에는 과연 가능할까? 라는 의문으로 시작하여 시민참여와 민관산학의 역할분담으로 결국 가능하게 만들어 내는 유사사례를 찾기 힘든 부산의 시

〈민관산학의 역할 및 비용 분담〉

(민) 시민 : 전체기획, 행사 및 인력지원, 기금모집
　– 부산그린트러스트, 백만평문화공원조성범시민협의회
(관) 행정 : 보도블럭 철거 및 폐기물처리, 유지관리 및 기타 행정지원,
　– 관할구청 및 부산시청
(산) 기업 : 자재 등 시설물 지원, 전문인력지원, 설계분야 재능기부
　– 전문조경설계업체 및 관련시설물업체
(학) 대학 : 설계 및 아이디어 제공, 대학생 실습 프로그램을 통한 시공참여 및 자원봉사
　– 부산 동아대학교 조경학과

당리역 쌈지공원 조성 사진

민참여형 도시재생 쌈지공원조성사업이다.

"휴메트로1004파크"의 전신은 2010년 부산시 사하구 당리역 지하철 입구에 만들어진 '당리쌈지공원'이다. 이 사업은 NGO인 사단법인 백만평문화공원조성범시민협의회가 내사랑부산운동추진협의회의 공모사업으로 지하철역 입구공간의 쌈지공원 조성사업을 제안한 것으로 시작하였다. 하지만, 공원사업 제안을 통해 200만원의 공원 조성비용은 마련하였지만, 실제로 쌈지공원을 만들기는 터무니 없는 비용이었다. 그래서 이 적은 비용으로 어떻게 과연 쌈지공원을 만들것인가에 대해 의논하였고, 결국 파트너십을 형성하여 다음과 같이 역할 분담하여 실행하였다.

100만평문화공원조성 범시민협의회는 전체과정을 기획, 진행하였고, 여기에 행정(사하구청)이 공원조성상의 행정적 지원과 폐기물처리, 유지관리를 맡았다. 기업은 시공지도와 함께 점토벽돌, 수목, 벤치 등의 조경자재를 무료로 지원하였고 동아대학교 조경학과의 학생들은 설계에서부터 보도블럭 철거, 보도블럭 깔기, 식재공사 등 시공에 이르기까지 전 과정에서 자원봉사자로 참여하여 파트너십에 의한 주민참여형 도시소공원인 쌈지공원 모델을 완성하였다.

이 사업의 성공적인 실천에 힘입어 '휴메트로 커뮤니티1004파크'는 부산교통공사와 "녹생성장 업무협약"을 시작으로 2011년 7월에 고품격 도시철도 쌈지공원 조성을 위한 '제1회 도시철도 대학생 조경 설계공모' 개최하여 부산 신평역 부근 철조망에 가려진 부산교통공사 소유의 철도변 녹지대를 제 1차년도 사업으로 선정하였다.(대상: 장용준·김수린·최민화–경성대 도시공학과)

이를 기초로 부산그린트러스트를 포함한 시민단체·지자체·전문 업체·학계가 공동으로 실시설계에 참여해 시민과 함께 만들어가는 '북적북적 담장공원' 계획하였다.

휴메트로 커뮤니티1004파크 제1호인 '북적북적 담장공원'은 현대판 담장인 철조망에 의

공사 전 전경

공사 후 전경

녹색갤러리 담장 준공사진

랜드마크 담장 준공사진

(출처: 서호엔지니어링(주))

해 경계 지어진 철도부지 녹지대를 디자인펜스를 이용하여 경관적 향상 및 휴게공간으로 탈바꿈시키고, 단절의 담장이 아닌 소통과 모임의 랜드마크로 활용할 수 있도록 계획되었다.

이렇게 2011년 12월에 준공식을 가진 500㎡ 규모의 쌈지공원 내에는 느티나무, 둥근소나무 등 다양한 수목이 식재되고 꽃화단이 조성됐으며 커뮤니티 담장, 랜드마크 담장, 녹색갤러리 담장 등 테마를 가진 시설 및 체육운동기구까지 설치되어 지역 주민들의 사랑을 한몸에 받고 있다.

또한 2013년 현재는 한걸음 더 나아가 2012년도에 동아대학교 조경학과 학생들과 함께 부산도시전철역 1호선의 240여개의 전 출입구 현황조사를 통하여 대상지를 선정함에 있어서 객관성을 더하고, 이를 바탕으로 남포동지하철역 5번-7번 출구 사이에 신개념 도시재생형 쌈지공원을 조성하였다.

이번에 조성된 제2호 공원은 제1호공원이 부산교통공사가 가지고 있는 유휴 녹지대에 쌈지공원을 조성한 것에 비하여 공공이 이용하는 지하철 출입구 보행가로와 쌈지공원을 접목시켰다는 측면에서 더욱 공공적 의미와 도시기반시설의 재정비적 측면이 강조되었다.

쌈지공원 조성 전

쌈지공원 조성 후

쌈지공원 내 휴게공간

LID기법-우수재활용

(출처: 서호엔지니어링(주))

또한 제 1호에 비하여 더욱 체계화 된 역할 부담으로 부산광역시청 및 중구청의 행정적 지원, 부산그린트러스트, 백만평문화공원조성범시민협의회의 기부금 모집, 동아대학교 조경학과의 조성계획안 참여 및 학생들의 자원봉사, 서호엔지니어링의 설계 및 감리지원 등을 통해 民, 官, 産, 學이 함께 만들어가는 녹색 조성 패러다임을 구현할 신개념 도시재생형 쌈지공원을 완성하였다.

남포동역사 5번출구와 7번 출구 사이의 보도공간은 롯데백화점, 영도다리, 남포동을 접하고 있어 도시적 지리위치상 중요한 부분을 차지하고 있다. 그러나 도로시설물과 지하 환풍구 구조물 등으로 가리어져 도심 속의 낙후된 공간으로 방치되고 있었다. 이러한 곳을 포장면의 빗물을 재활용하여 녹지대 관수로 재활용하는 LID시스템과 도심에서 흔히 볼 수 있는 지하철역 환기구 등의 지상노출구조물을 디자인경관 휴게시설물로 재 디자인하는 조성기법 등은 도시 재생적 측면에서의 중요한 의미를 가진다.

04장

살기좋은 주택개발

이 석 환

1. 주거지 재생의 기본가치

요즘 도시재생이 중요한 화두가 되고 있다. 건축, 도시, 조경, 공공디자인, 경제, 사회복지 등 다양한 분야의 전문가들 중 많은 사람들이 도시재생에 관심을 가지고 있는 듯하다. 그러나 아쉬운 것은 도시재생의 기본적인 철학과 원칙보다는 적용방법이나 사례에 경도되고 있다는 생각이 든다. 도시재생의 기본적 가치는 지속가능성과 시민의 행복이다. 주거지개발과 관련해서는 지속가능한 주거환경의 조성과 주민의 행복이라 하겠다.

특히 시민의 삶의 주된 장소인 주거지는 도시라는 정주지에서 가장 중요한 도시기능의 담당하는 그릇 중하나이다. 그럼에도 불구하고 그동안 우리의 주거지개발은 주민의 삶의 터전이라는 태도보다는 부동산 가치의 증식에 기대하는 경향이 컸었던 것도 사실이다. 최근 들어 주거지개발에서도 도시재생적 접근의 필요성에 대한 인식의 증대와 제도적 실천방안에 대한 노력이 함께 이루어지고 있다.

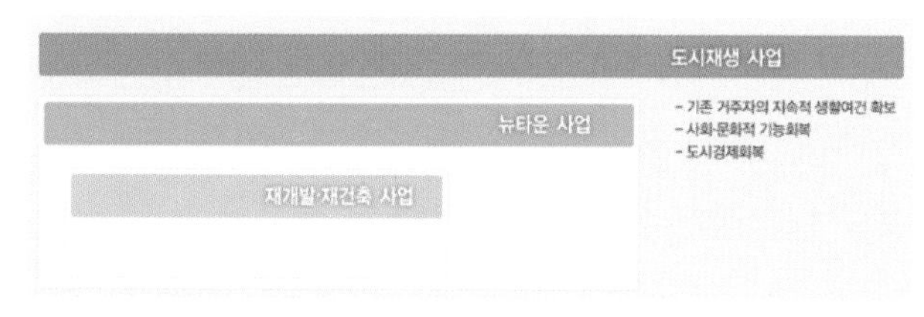

도시재생과 주택개발의 관계
(© 국토해양부 도시재생사업단, http://kourc.or.kr/tb/jsp/intro/intro03.jsp?lCnt=m1&mCnt=m3)

2. 주거지개발의 흐름과 도시재생

재개발사업과 재건축사업

기존에 우리나라에서 주거지 개발하면, 주택재개발사업, 주택재건축사업, 주거환경개선사업(현지개량방식, 공동주택방식)을 들 수 있으며, 그 특징을 비교하면 아래와 같다.

재개발사업과 재건축사업의 특징

	재개발사업	재건축사업
대상	단독주택밀집	공동주택
지정요건	정비기반시설이 열악하고 노후 불량건축물이 밀집한 지역에서 주거환경을 개선하기 위하여 시행하는 사업	정비기반시설은 양호하나 노후불량건축물이 밀집한 지역에서 주거환경을 개선하기 위하여 시행하는 사업
시행자	–조합(단독) –LH(단독)토지소유자1/2이상 요구시 –조합+지자체+LH 등,건설업자 또는 등록사업자 공동	–좌동 –좌동 –조합+지자체 또는 LH 등 공동
주택규모	–국토부 고시 85㎡ 이하 : 80% 이상 ·임대주택 : 17% *수도권 이외지역: 임대주택 50% 내 완화	–국토부 고시 85㎡ 이하 : 60% 이상 법정상한용적률 허용하되, 완화용적률의 30~50%를 소형주택(60㎡이하)으로 건설
시행절차	–기본계획 수립→정비계획 수립 및 구역지정→추진위원회 승인→조합설립→시공자 선정→사업시행인가→관리처분계획인가→분양→공사→준공 및 이전	–좌동 *재개발 사업의 정비계획 수립단계에 안전진단 절차 추가
공급대상	–토지등소유자, –세입자 : 임대주택, –잔여분 : 일반분양	–조합원(건물 및 부속토지), –잔여분 : 일반분양
주민동의	–조합 시행 방식 ·추진위원회 인가 : 토지등소유자의 과반수 ·조합인가 : 토지등소유자의 3/4 이상+1/2 이상의 토지소자 동의 –LH등 시행 방식 ·주민대표회의 인가 :토지등소유자의 과반수 ·시행자 지정 : 토지등소유자의 2/3 이상	조합 시행 방식 ·추진위원회 인가 : 토지등소유자의 과반수 ·조합인가 : 동별 구분소유자의 2/3 이상+ 1/2 이상의 토지소유자의 동의+ 전체 구분소유자 3/4 및 토지면적 3/4 이상 토지소유자 동의 –좌동
미동의자토지	수용(시행인가 이후)	매도청구(조합설립 이후)

이 두 가지 사업의 공통점은 그것이 물리적 환경개선 위주로 진행된다는 점이다. 특히 문제가 되는 것은 재개발 혹은 재건축 사업이 사업성에 기대하는 민간자본에 의존한다는 것, 기존의 장소적 특성을 배제한 백지식 개발, 실질적인 주민참여 미흡, 낮은 주민 재정착율과 공동체 파괴, 세입자 배제, 단순히 용적률 증대 등 공간규모 확대를 통한 이익 및 미래 부동산 가치 증식 기대 등의 문제점을 안고 있다.

뉴타운 사업(재정비촉진사업)

재개발사업과 재건축 사업이 가진 문제점들이 개별적으로 이루어 질 경우, 도시 기능적 차원의 불균형, 특히 도시기반시설의 부족 및 비체계화로 도시기능이 제대로 발휘될 수 없다는 문제점을 해결하기 위하여, 즉 기존의 도시 및 주거환경정비법의 한계를 극복하기 위하여 보다 광범위한 범위에서 선계획 후 개발을 유도하기 위하여 재정비촉진계획 사업, 일명 뉴타운 사업을 위하여 재정비촉진 지구 지정 및 계획이 이루어진 바 있다. 정치권에서는 열악한 서민 주거지의 환경을 도로, 공원, 학교 등 도시기반시설을 총체적으로 개선할 수 있다는 기대 속에 전국적으로 선거공약화 하였으며 뉴타운 사업의 법적 근거를 확보하기 위하여 '도시재정비촉진을 위한 특별법'이 2005년에 제정되어 2007년 7월부터 시행되었다. 도시 및주거환경정비법과 더불어 도시재정비촉진을위한특별법도 선계획 후 개발이라는 공통된 특징을 지니고 있다. 특히 뉴타운사업은 생활권단위의 선계획 후 개발이라는 가치를 추구하고 있다. 도촉법은 공공에 의한 도시재정비 촉진 지구 지정 및 도시재정비 촉진계획을 수립함으로써 공공이 계획주체가 되고 민간이 개별사업의 주체가 되는 구조이다. 도시계획적 측면에서 보면 공간적 범위를 기존의 주택관련 개발사업보다 광역적으로 하고, 다루는 내용을 도시 시스템의 구축을 강조함으로서 체계적이고 효율적인 기반시설로서의 도시계획시설(도로, 공원, 녹지, 교육시설, 종교시설 등)을 체계적이고 효율적으로 확보하고자하는 의도를 지니고 있다. 이는 기존에 개별단위로 이루어져 왔던 재개발·재건축 사업으로 인해 나타나는 부정적인 문제들을 해결하고자 하는 시도라고도 볼 수 있다. 특히 열악한 주거지의 경우 각종 도시계획시설이 규모나 시스템에서 불합리하게 배분되고 있는 현실적 문제를 이 뉴타운 사업을 통해 해결하고자 하였던 것이다. 그러나 이것 또한 기존의 물리적 환경을 개선하는데 치중했던 기존의 개발 사업에 의거하고 있기 때문에 근본적인 한계를 지닐 수밖에 없었다.

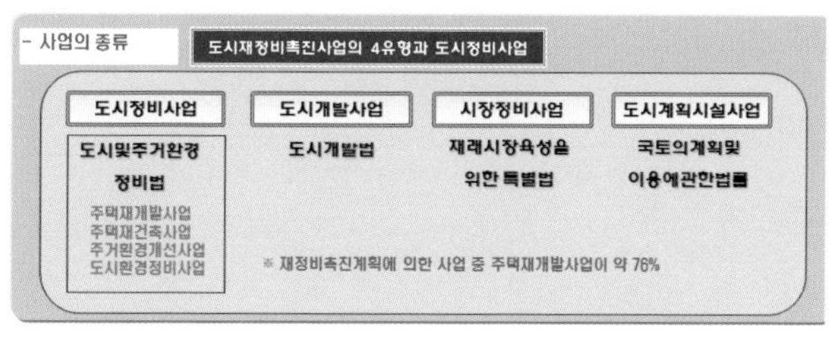

도시재정비촉진사업의 유형과 도시정비사업

주거환경개선사업

저소득 집단 주거지를 대상으로 하는 주거환경개선사업은 현지개량방식과 공동주택개발방식으로 이루어져왔다. 현지개량방식으로 경우 주로 부족한 주차공간 확보 등이 주를 이루고 있으며 공동주택건설방식은 기존의 높은 건폐율과 용적률 그리고 높은 세입자 비율로 인해 그 효과 가 한계가 있었다. 주민의 재정착율을 높이고 공동체 유지를 위한 또다른 대안으로 거점확산형 방식을 도입하고 있는 것은 기존에 물리적 환경개선에 치중했던 방식에서 진일보하여 사회적 환경을 개선하려는 시도라 하겠다. 사업방식의 특징 혹은 장단점은 아래와 같다.

주거환경개선사업의 유형

현지개량방식	주택의 노후도 및 밀집도가 상대적으로 낮아 주민이 개별적으로 주택개량이 가능한 지구에서 지자체에서 도로, 주차장, 공원 등 정비기반시설을 설치하고 주민은 스스로 개량자금을 융자받아 낡은 주택을 증축, 개축 또는 신축하는 방식
공동주택건설방식	주택의 노후도 및 밀집도가 높고 저지대 상습침수, 화재등 집단재해가 우려되는 지구 등에서 지자체나 한국토지주택공사등이 기존의 낡고 오래된 주택을 철거하고 아파트 및 도로, 공원 등 정비기반시설을 건설하여 주민에게 재분양하는 방식
혼합방식 (거점확산형방식)	구역의 일정부분을 임시이주용 순환주택·주민 공동이용시설을 건립하여 거점을 개발하고 도로, 상하수도 등 기반시설 설치와 함께 주민은 지자체에 설치된 코디네이터의 지원 하에 주택을 자력으로 증축, 개축 또는 신축하는 방식

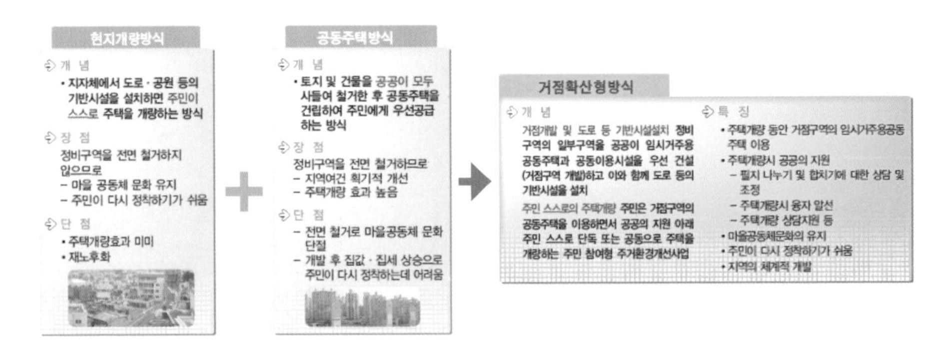

주거완경개선사업의 특징 및 장점(© 한국토지주택공사, http://www.lh.or.kr/lh_html/lh_citycont/pdf/04_거점개발카다록.pdf)

주거환경개선사업의 특징

대상	저소득자집단거주
지정요건	도시 저소득주민이 집단으로 거주하는 지역으로서 정비기반시설이 열악하고 노후불량건축물이 과도하게 밀집된 지역
시행자	–현지개량 : 시장군수 등, 공공: 정비기반시설정비, 주민 : 주택개량 –수용방식 : 지자체장 등
주택규모	–국토부 고시 ·85㎡ 이하 : 90% 이상, ·임대주택 : 20% 이상
시행절차	–기본계획 수립→정비계획 수립 및 구역지정→사업시행인가→분양→공사→준공 및 이전

주거환경개선사업의 특징

공급대상	–토지등소유자, –세입자 : 임대주택, –잔여분 : 일반분양
주민동의	–토지등소유자의 2/3 이상 + 세입자 세대수 과반수
미동의자토지	수용(시행인가이후)

가로주택정비사업과 주거환경관리사업

기존에 정비사업은 재개발사업, 재건축 사업, 주거환경개선사업, 도시환경정비사업 등 4가지 형태로 추진됐다. 도시정비법 개정으로 2012년 8월 2일부터 주거환경관리사업과 가로주택정비사업이 새롭게 도입됐다. 가로주택정비사업은 노후·불량건축물이 밀집한 가로구역에서 종전의 가로를 유지하면서 소규모로 주거환경을 개선하는 사업이며, 주거환경관리사업은 주거환경관리사업은 단독주택과 다세대주택 등이 밀집된 지역에서 주거환경을 개선하기 위해 시행하는 사업으로 사업시행자가 정비기반시설과 공동이용시설을 설치하고 주민 스스로 주택을 보전·정비·개량하는 방식을 말한다. 기존의 대규모 전면 철거방식 대신 기존 도시구조를 최대한 유지하고 사업을 진행하는 것이다. 그 대상과 지정요건, 규모, 절차 등 자세한 내용은 아래 표와 같다.

가로주택정비사업과 주거환경관리사업의 특징

	가로주택정비사업	주거환경관리사업
대상	단독주택및 공동주택	단독주택 및 다세대 밀집지역
지정요건	1만제곱미터 미만 통과도로가 설치되어 있지 않을것. 노후불량건축물수가 2/3이상. 20호 이상일 것.	주거지역중 단독주택및 다세대 밀집지역, 해제된 정비구역및 정비예정구역, 재정비촉진지구가 해제된 지역.
시행자	조합 조합+시장,군수,주택공사등 공동: 조합원과반수 동의	시장,군수 주택공사 : 토지등소유자과반수 동의
주택규모	기존세대수 이상의 주택을 공급 –건축물의 층수는 7층 이하	정비기반시설과 공동이용시설의 확충
시행절차	추진위원회 구성→조합설립→시공자 선정→사업시행인가→관리처분계획인가→분양→공사→준공 및 이전	사업대상구역신청→대상지역요건적합여부검토→선정위원회개최 및 선정→선정통보
공급대상	–토지등소유자, –잔여분 : 일반분양	–
주민동의	조합인가: 토지등소유자의 9/10 이상 및 토지면적 2/3 이상	시장군수직접시행. 주택공사등 사업시행자 시행시 : 토지등 소유자 과반수동의 기존재건축및 주택재개발사업의 전환 : 토지등 소유자의 50%이상 동의
미동의자토지	매도청구	수용

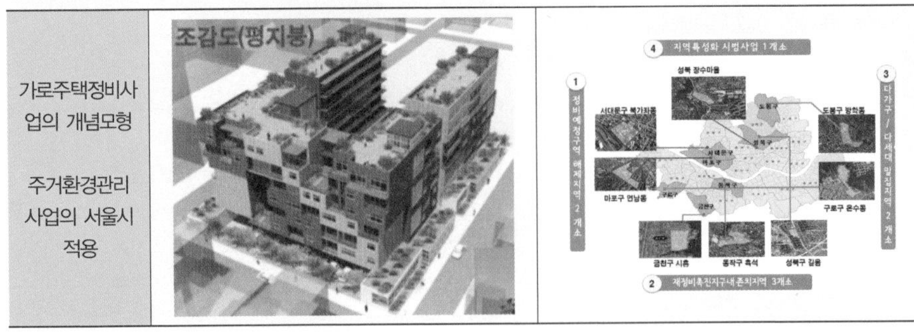

ⓒ 박미경, 2012

우리나라의 주거지 개발방식으로 흐름을 보면 기존의 전면철거지 개발에서 기존의 도시 구조를 유지하는 방식과 공동체 유지를 고려하는 방식으로 전환하고 있음을 알 수 있다. 그러나 낙후된 주거지에 대한 도시재생적 접근에서 아직도 경제적 환경을 개선하기 위한 실천 방법에 대해서는 미흡한 실정이다.

3. 부산의 사례 : 부산의 재정비촉진계획 수립과 해제

부산시는 2007년에 재정비 촉진지구로 네 곳을, 2008년에 한 곳을 지정하여 총 다섯 곳을 지정한바 있다. 그러나 전반적인 건설경기 위축으로 사업추진이 부진 등 수요창출의 어려움 발생, 저소득층의 재정부담 과다로 청산자 다수(90% 이상) 발생 등 원주민 재정착률 저조, 초기 재정부담 가중과 PF자금(대출자금) 조성난 및 분양부담, 사업성 부족 등으로 시공사 참여 기피, 그리고 높은 분양가로 지역 주민의 재정착 부담과 주거유형의 획일화 및 주민커뮤니티 와해 등 아파트 위주의 개발 한계 현실로 드러나게 되었다. 그 결과 2011년에는 괴정재정비촉진지구, 2012년에는 충무재정비촉진지구가 해제되었다. 2010년 7월 28일 사하구청에서

부산의 재정비촉진지구(2008년5월)

괴정뉴타운 조감도

괴정뉴타운 촉진계획을 위한 공청회가 열렸고 2011년 4월 지구지정 해제를 발표하였다. 이것은 부산만의 현상이 아닌 것으로서, 경기도(4개 지구)와 인천시(3개 지구)에서 재정비촉진지구 지정을 해제하였다. 이는 부동산 경기 침체와 더불어 대규모 주거환경정비사업의 현실성 부족 등 다양한 원인에 기인한 것으로 볼 수 있다. 부산보다 재정비촉진사업의 조건이 양호한 서울조차도 31개 지구 내 237개 촉진구역에서 18구역만 착공이 완료(착공률 13.5%)된 것은 재정비촉진사업의 실현성이 매우 어렵다는 것을 반증하는 것이다.

부산시 재정비촉진사업 지구지정 및 사업추진 현황(2011년 2월 현재)

지구명	위치(면적)	지구지정 일자	촉진계획 수립일자	정비사업방식
충무 재정비촉진사업	서구 충무동·초장동·남부민동·암남동 일원(1,006,397㎡)	'07.5.23	'08.12.31	주거지형 (재개발사업 5, 도시환경정비사업 2)
서·금사 재정비촉진사업	금정구 서동·금사동·부곡동·회동동 일원(1,524,456㎡)	'07.5.23	'09.5.27	주거지형 (재개발사업 12, 도시환경정비사업 3)
영도제1 재정비촉진사업	영도구 영선동·봉래동·신선동 일원 (1,345,985㎡)	'07.5.23	'09.6.10	주거지형 (재개발사업 5, 도시개발사업 1)
괴정 재정비촉진사업	사하구 괴정동·당리동 일원(871,610㎢)	'08.5.21	'11.5월 예정	주거지형 (재개발사업 8 재건축사업 2)
시민공원주변 재정비촉진사업	부산진구 범전동·연지동·양정1동·부암1동·부전1동 일원(895,970㎡)	'07.5.23	'08.04.23	주거지형 (재개발사업 2, 도시환경정비사업 2)

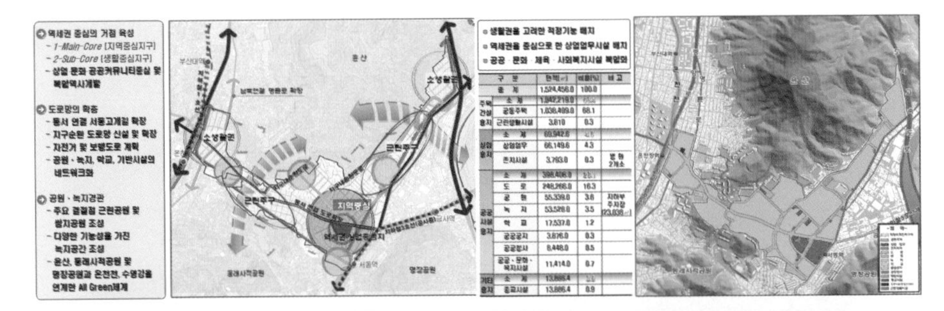

구 분		면적(㎡)	비율(%)	비 고
총 계		1,524,456.0	100.0	
주택건설용지	소 계	1,042,219.0	[illegible]	
	공동주택	1,038,409.0	68.1	
	근린생활시설	3,810	0.3	
상업용지	소 계	69,942.6	[illegible]	
	상업업무	66,149.6	4.3	
	존치시설	3,793.0	0.3	병 원 2개소
공공시설용지	소 계	398,406.0	[illegible]	
	도 로	248,266.0	16.3	
	공 원	55,339.0	3.6	지하부 주차장 (23,038㎡)
	녹 지	53,528.0	3.5	
	학 교	17,537.0	1.2	
	공공공지	3,876.0	0.3	
	공공청사	8,448.0	0.5	
	공공 · 문화 · 복지시설	11,414.0	0.7	
기타용지	소 계	13,886.4	[illegible]	
	종교시설	13,886.4	0.9	

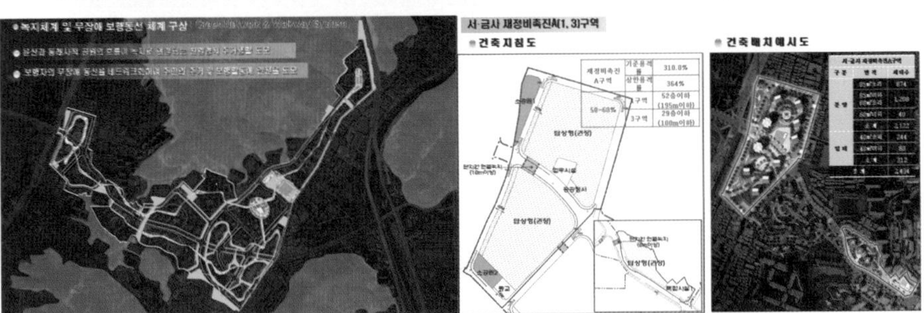

서금사 재정비 촉진계획(ⓒ부산시, 2008)

4. 창원의 사례 : 창원 노산동 통합적 주거지재생 과정

도시재생차원의 통합적 접근 사례 중 대표적인 주거지 재생 사업 중 하나인 창원시 마산 합포구의 노산동은 국토해양부 도시재생사업단의 테스트베드 사업지구로서 2011년부터 시작되었다. 이 노산동의 주거지 현황과 주거지 재생 시스템과 과정은 다음과 같다.

노후주거지구 현황

- 사업대상지 : 창원시 마산 합포구 노산동 일대
- 면 적 : 148,820m²

용도지역	면적	세대수	인구수	쇠퇴현황		
				호수밀도	노후 불량률	과소 필지율
제2.3종 일반주거지역 일반상업지역	148,820m²	1,105세대	2,709명	53.4호/ha	79.6%	51.1%

(ⓒ이석환, 2012.2)

• 주요사업 : 테마가로 조성 / 지구단위계획 / 마을만들기 학교 / 도시텃밭 조성 / 순환형임대주택 조성

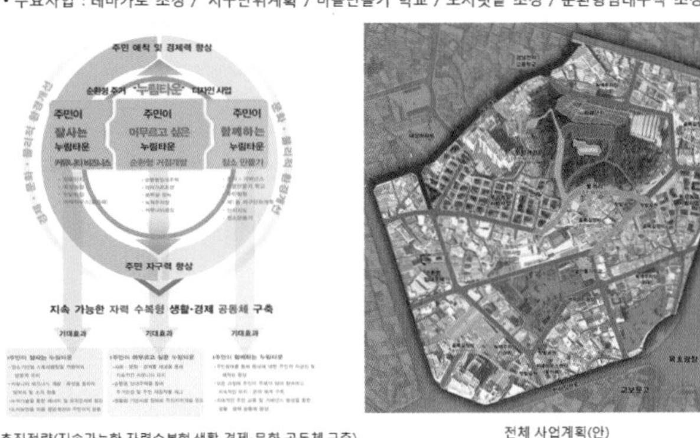

추진전략(지속가능한 자력수복형 생활·경제·문화 공동체 구축)

전체 사업계획(안)

창원 노산동의 통합적 주거지 재생 사례(ⓒ 이석환, 2012.7)

노산동의 사례는 물리적 환경 개선, 사회적 환경 개선, 경제적 환경 개선을 통합적으로 시도한 사례이다. 노산동의 장소자산을 주민과 함께 발굴하는 일, 이를 바탕으로 주민교육을 통해 주민의 생각을 바꾸고 참여 유도하는 일, 노산동의 장소자산을 기반으로 스토리텔링 기법을 적용하여 주거지 환경을 개선하는 일, 또한 이것을 활용하여 마을기업을 운영하여 일자리를 창출하는 동시에 주거지 경관을 주민과 함께 개선하는 일 등이 별개로 진행되는 것이 아니라 주민과 비전을 공유함으로써 상향식 혹은 라운드 테이블(round table) 방식으로, 점진적으로, 그리고 통합적으로 주거지를 개선함으로써 지속가능성을 담보하기 위해 시도된 사례로서 2013년 현재도 진행 중인 사업이다.

5. 살기좋은 주택개발을 위한 과제

도시재생차원에서 접근하는 주거지 개발은 다음과 같은 사항을 신중하게 고려하여야 한다. 첫째, 통합적 접근을 하여야 한다. 즉 사회적 통합, 물리적 환경개선, 경제적 기회 창출을 동시에 고려한 주택 개발을 도모하여야 한다. 둘째, 지역주민과 지역 업체의 참여가 중요하다. 이를 통해 주인의식, 소속감, 일자리 창출 등을 동시에 이룰 수 있다. 셋째, 주민참여를 위한 전략이 필요하다. 거기에는 다양한 기술 교육 및 훈련, 이벤트 등이 포함된다. 넷째, 단순히 물리적 시설의 개선만으로는 커뮤니티 재생을 달성할 수 없다는 주민 스스로의 자각을 이끌어내야 한다. 다섯째, 거버넌스체계를 구축하여야한다. 즉 다양한 참여 주체의 네트워크(주민, 시행정 담당자, 전문가, 민간기업: 사회적 기업)를 제대로 구축하는 것이 중요하다. 여섯째, 분산된 예산지원 항목들(지차제 보조금)에 대하여 통합적으로 지원할 수 있는 방안 모색함으로써 중

복예산으로 인한 예산 낭비를 줄이고 사업의 효과를 극대화하여야 한다. 일곱째, 천면철거 방식의 재개발재건축에서 수복형 개발방식 등 다양한 점진적 개선 방법을 발굴하고 적용함으로써 주민의 재정착률을 높여야 한다. 이것이 공동체를 훼손하지 않고 주택을 개발할 수 있는 방법이다. 여덟째, 사업단위에서 장소 단위(place based)와 지역주민 단위로 사회문제 해결하도록 함으로써 사업효과를 극대화하도록 하여야 한다.

결국 주거지를 단순한 공간으로 보는 물리적 자본중심의 개발방식에서 벗어나 사회적 자본과 장소중심의 가꾸기를 통해 장소가치를 재창조하는 방향으로 개발의 방향을 전환하여 각각의 주거지에 맞는 실천방안을 모색하여야 할 것이다.

05장

활력있는 상업건축

안 용 대

1. 도시재생과 상업건축

부산의 도시재생과 관련한 상업건축은 지역이 광범위하고 그 사례도 매우 다양하다. 그것은 그 지역의 개발여건뿐만 아니라 우리나라의 경제상황, 건물주의 여건, 건축물이 처한 물리적 상태, 관련법규 등에 따라서 달리 나타나며 시기별로도 달라질 수가 있는 것이다. 따라서 경제적인 여건이나 물리적인 공간구조 측면에서 어느 하나의 이론적 기준을 가지고 적용하기는 어렵고 현실정과도 잘 맞지 않을 수 있다. 이러한 경우에는 오히려 실제 나타나는 도시공간의 물리적 현상으로 접근해 보는 것이 적절할 것으로 여겨져 대략 세 가지 경우로 분류해 본다.

첫 번째는 건축된 지 오래되어 제 기능을 발휘하지 못하는 기존 상업건물을 리모델링하는 가장 기초적인 재생이다. 단위건물뿐만 아니라 중구 광복로와 같은 가로재생도 이에 해당된다. 이것은 상업적으로 비교적 활기를 띠고 있고, 리모델링 비용을 임대수익으로 감당할 수 있는 지역을 중심으로 나타난다. 부산의 대표적인 지역으로는 광복로 주변의 원도심 상업지구, 부산대, 경성대 등 대학가 주변지역, 지하철 서면역, 동래역, 연산역, 덕천역 등 역세권 주변지역을 들 수 있다. 개별건물인 경우는 건물주나 개발 자본에 의해서 진행되며, 대체적으로 엘리베이터 설치 등의 기능적 개선과 외관재료를 바꾸는 수준에서 이루어지고 부가성이 높은 업종으로 교체된다. 가로재생의 경우는 지자체나 정부의 지원으로 거리 개선과 간판정비 등을 중심으로 개별건물에 대한 리모델링이 동반되기도 한다. 부산의 주요가로에서 진행되거나 계획되고 있는 테마거리가 이에 해당되며 지역 주민들의 참여가 성패의 관건이 된다. 도시재생 차원은 주로 가로개선의 경우이며 부산의 각 지자체가 많은 관심을 가지고 진행하고 있다.

두 번째는 원래 다른 용도이나 도시공간의 흐름이나 개발의 압력에 의해서 상업건축으로 바뀌는 경우이다. 주로 상업지역과 인접한 단독주택지역이 상업공간으로 변하는 경우로서 소규모 개발은 부산 전역의 상가 활성지역 주변에서 나타난다. 부산에서는 경성대 '문화골목'이 대표적인 사례다. 이는 단독주거지가 상업시설로 바뀌게 됨으로서 단독주택이 줄어들고 주거 환경을 악화시키며, 이로 인해 지역주민이 결국 떠나게 됨으로서 지속적인 도시재생이 못되는 문제점이 있다. 보다 큰 단위로는 공장이나 군부대이전지역의 주거복합개발, 북항재개발처럼 워터프런트 지역이 재생수법을 통하여 상업공간으로 개발하는 것 등을 들 수 있다. 이 경우 민간자본의 지나친 사업성 추구로 인해 분양이 비교적 용이한 주거 위주로 개발됨으로서 공공의 용지가 사유화되는 것이 문제점으로 지적된다.

세 번째의 경우는 직접적인 해당건물의 재생은 아닐지라도 그 건물이 긍정적인 영향을 미쳐서 점차 주변지역이 바뀌어가는 경우다. 혹은 도시공간의 흐름이나 특징을 건축에 반영함으로서 건물이 활성화되고 결국에는 주변에까지 영향을 미치는 경우가 있다. 서울 인사동의 '쌈지길'이 이에 해당될 것이며. 부산에서는 명확히 구분되는 사례를 찾기가 어렵다. 하지만 도시재생이 단순히 기존 건물을 바꾸는 것에 목적이 있는 것이 아니라 지역을 재생하는 것에 그 목적이 있으므로 여기서 거론해 보고자 한다. 이러한 세 가지 분류는 매우 거친 것이나 부산의 도시재생과 상업건축의 상황을 대략적으로 이해할 수는 있을 것이다. 도시재생 영역에서의 상업건축은 이처럼 규모와 상황이 다양하므로 여기서는 주로 비교적 소규모로서 단독주택지역이 상업건축으로 변화하는 경우와 관련지어 유의할 점들과 바람직한 세 가지 사례들을 살펴보고자 한다.

최근 부산에서는 도시재생정책의 활발한 움직임에도 불구하고 한편으로는 도시재생의 주된 대상이 되는 단독주택이 줄고 있다. 이러한 현상은 그동안 재개발을 통한 아파트가 주원인이었던 것이 최근에는 도시형생활주택인 원룸이 거들고 있는 것이다. 정부지원에 힘입은 원룸들이 단독주거지 깊숙이 파고들어 도시공간의 모습을 급속히 바꾸고 있다. 하지만 단시간의 과도한 공급은 곧 수익률을 약화시키고 도시환경마저 악화시킬 것이 분명하다. 게다가 원룸을 공급해서 1인 가구의 확대를 조장하는 정부정책은 정당하지 않다. 사회 현상적으로 1인 가구의 증가는 가족의 분화를 의미하는 것이기에 그리 바람직한 현상은 아니다. 따라서 부산시는 수요충족에 집중할 것이 아니라 그러한 현상의 원인을 진단해서 1인가구의 발생을 억제하는 정책을 제시해야 할 것이다. 그래야 건강한 사회다. 이러한 원룸공급정책과 더불어 한편으로는 마을만들기를 통한 도시재생정책도 동시에 추진하고 있다. 물리적으로는 모순된 정책들이다. 어쩌면 단독주택 없애기와 지키기가 동시에 이루어지고 있는 것이다. 정책의 조율이 반드시 필요하다.[1] 주민들의 삶에 필요한 필요와 실재를 찾을 수 있도록 도와주는 역할이 부산시의 재생정책이 해야 할 일이다.

한편 상업건축에 대한 도시재생의 관점은 긍정적인 면이 있는 반면에 부정적인 부분도 있다. 긍정적인 면은 낙후된 도시환경의 정비와 수익성이 확대되는 측면을 들 수 있다. 이것은 노후화되고 쇠퇴한 원도심지역이나 재래시장, 단독주택 등을 도시재생을 통해 개선하는 것이다. 그러나 부동산의 경제적인 가치와 밀접한 관계로 인하여 부정적인 현상이 나타나기도 한다. 그것은 재생으로 인한 지역 활성화가 부동산의 가치를 상승시킴으로써 기존의 주민들이 그 지역을 떠날 수밖에 없는 여건이 형성되는 경우다. 지가의 상승이 주거의 기능이나 영세자영업을 감당하기 힘들게 하고, 커뮤니티를 해체하는 것이다. 심지어 도시재생이 시행되는 대부분의 지역들에서 나타나는 현상은 주택가격의 상승으로 차액이 생긴다면 언제든지 이사 갈 준비가 되어있는 것을 볼 수 있다. 이러한 의식 앞에서는 주거공간의 기능이나 마을의 개념은 그리 중요한 역할을 못한다.

그리고 도시재생이 지역의 관광지화, 고급화를 부추기는 것으로 나타나기도 한다. 이 경우 장소와 공공성의 확보를 재생의 가치기준으로 하는 것이 아니라 장소를 산업화하는데 목적을 두었기 때문이다. 따라서 도시재생의 목적이 어느 곳에, 누구를 위해서, 왜 하는가에 대한 반성적이고 세심한 접근방식이 필요하다. 그리고 단순히 정비차원의 디자인적 접근이 가져오는 우려도 있다. 그것은 정형화된 조형이나 외장재료, 지붕의 모양, 간판 등을 규정함으로서 상업건축이 가지는 다양함과 풍부한 표정을 잃어버리게 한다. 도시의 풍경이 무질서가 되어서는 안 되겠지만, 오히려 자발적이고 자유로운 의사에 의해서 다양하게 변화하고 적응해가는 것이 상업건축에 대한 도시재생의 디자인 방향이 되어야 바람직할 것이다.

그리고 상업건축의 재생 프로그램은 문화를 바탕으로 하는 것이 좋고, 상업공간과 도시가 만날 때 그 만남의 주체는 사람이어야 한다. 건축은 필요에 따라 적극적으로 그 만남에 개입하여 얼굴을 들이밀 때도 있겠지만 어떤 경우는 비켜있을 때도 있고, 아예 불필요할 때도 있을 것이다. 상업공간은 어떻게든 도시와 만나게 되어 있다. 그 만남이 건강한 만남이 될지 불편한 만남이 될지는 그 만남을 주선하는 현명함에 달려있다. 어떤 건축적 행위도 없이 그저 사람들이 모여 길과 가게를 만들 수도 있다. 공간이 만들어지면 사람들이 모이기 시작한다. 물론 어느 공간에나 사람들이 모이는 것은 아니다. 볼거리나 먹거리, 이야기 거리든 제대로 된 프로그램이나 공간적 관계가 사람들을 불러 모을 것이다. 콘텐츠가 건강하고 지루하지 않아야 한다. 공공장소의 차분하고 고급스런 문화가 아니라도 상행위를 매개로 대중들과 쉽게 결합할 수 있는 문화가 필요하다.[2]

1 안용대, "단독주택에서 살고 싶다", 「공감 그리고」 2012 겨울호, p.71~73

2 오호근, "건축, 도시, 사-람-문화와 만나다", 『건축문화』 2007.12, p.143

이러한 역할을 비교적 잘 담당하고 있는 소규모 상업건축의 도시재생에 대한 국내사례를 살펴보자. 먼저 기존 주택을 개조하여 재생한 경우로서 부산 대연동의 '문화골목'을, 기존의 단독주택과 소규모 상가 중심의 가로가 활발한 상업건축 지역으로 변모해 가는 사례로서 서울의 '삼청동 카페거리'를 살펴본다. 다음은 새로운 형식의 건축물 하나가 지역에 활기를 불어 넣는 사례로서 서울 인사동 '쌈지길'을 살펴보고자 한다.

2. 대연동 문화골목

부산 대연동 문화골목은 경성대와 부경대 대학가의 골목에 위치한다. 이 지역은 원래 단독주택 밀집지역이나 길에 면한 대부분의 주택들이 카페나 음식점으로 이미 그 모습이 바뀌었으며 골목 안으로도 깊숙이 파고든다. 그 골목은 낮과 밤의 풍경이 확연히 다른 밤의 골목이다. 낮에는 비교적 한가하나 어두워지면 늦은 시간까지도 사람들로 활기가 넘치며, 좁은 골목길은 차와 사람이 뒤섞인다. 이 골목 안쪽에 위치한 문화골목은 갤러리, 소극장, 카페 등의 복합시설이다. 그것은 인근 주택 다섯 채와 막다른 골목 3개, 통과도로 1개로 총 4개의 골목을 엮어서 만들어졌다. 네 채는 폭2m, 길이12m의 막다른 골목 안쪽에, 한 채는 6m 도로를 사이에 두고 마주한다.

문화골목의 기획은 건축가 최윤식이 2004년 주변의 주택 1채를 매입해 라이브 카페 '노가다(老歌多)'를 열면서 시작되었다. 단순히 카페의 상업적인 운영보다는 문화적인 욕구가 강했던 그는 문화가 있는 복합시설을 꿈꾸게 된다. 그래서 카페의 위치를 인근 블록으로 옮기고, 맞은편 주택 네 채를 함께 사들이면서 단독주택을 카페와 문화의 복합시설로 재생하는 문화골목 프로젝트를 본격화하였다. 그는 건축주로, 설계자이자 시공자로서 전체적인 기획에서부터 아주 섬세한 장식과 소품에 이르기까지 전 과정을 직접 관여하였다. 이제 그가 공간을 직접 운영하고 있으니 공간의 쓰임새도 그의 손을 그치는 셈이다. 당초에 기획했던 결과물을 얻을 수 있었던 것은 이처럼 그가 직접 기획에서 설계, 시공, 인테리어, 운영까지 주도했기 때문일 것이다.

그는 1층과 2층이었던 단독주택을 기존 주택의 구조는 최대한 살리면서 2~3층으로 증

문화골목의 건축개요

대지위치	부산시 남구 대연3동 52-4 번지외 4필지			지역지구	제3종일반주거지역
대지면적	937.2㎡	건축면적	419.12㎡	연 면 적	805.43㎡
건 폐 율	44.72%	용 적 율	85.94%	규 모	지상2~3층
용 도	근린생활시설	구 조	조적,철골,목재	높 이	9.6m

축하고 리모델링했다. 주택들 사이의 담장은 허물고 마당을 합쳐 골목길을 조성하였으며, 조경과 수목들도 기존의 것들을 최대한 유지하고 있다. 문화골목의 상업시설은 이 골목길 형태의 마당을 중심으로 9개의 공간으로 나누어져 있다. 그 공간은 갤러리 '석류원', 소극장 '용천지랄'을 비롯해 라이브 카페 '노가다', 주점 '고방', 와인바 '다반', 째즈바 '색계', 노래방 '풍금', 게스트하우스 '선무당', 설계사무소 '가산' 등으로서 골목 바깥에 음식점 '델리시오소'을 합치면 전체 10개의 공간으로 구성된 셈이다. 여기서 '노가다(老歌多)'는 한자로 풀어보면 '오래된 음악이 많은 곳'이란 뜻이다. 집주인이 음악을 즐겨 듣다보니 자연스레 많은 LP판을 소유하게 되면서 붙여진 것이다. 이처럼 특색 있는 이름들은 공간의 성격과 집주인의 취향에 의한 것이다.

문화골목의 공간구성을 살펴보면 주변과 소통하고 각 공간이 연계되어 있어 동선의 흐름이 자유롭다. 주변과 소통하기 위해 기존의 막다른 골목 3곳을 유지하고 있으며, 이는 골목 안에 조성된 입지적 불리함을 극복하는 상업적인 장치이기도 하다. 또한 각 공간들은 계단과 연결 브리지로 엮어져 있어 공간이 서로 소통한다. 그 공간들은 성격에 따라 제 각각의 마감 재료나 오래된 소품들로 인해서 곳곳에 7~80년대 골목길의 향수가 묻어나고 시간의 흔적을 느낄 수 있다. 주요 재료는 목재, 벽돌, 시멘트몰탈, 수성페인트, 철재 등을 사용하고 있으며 폐자재를 재활용한 흔적이 곳곳에 보인다.

여기에 사용된 다양한 소품들은 보는 재미가 있다. 먼저 눈에 띄는 것은 음식점 델리시오소에 설치된 오래된 자동차. 최초의 주택과 시간을 같이하는 것이다. 골목 안으로 들어서면 소극장 연결 브리지 아래에 매달려 있는 목어와 물탱크 기능을 가진 종탑이 눈에 들어온

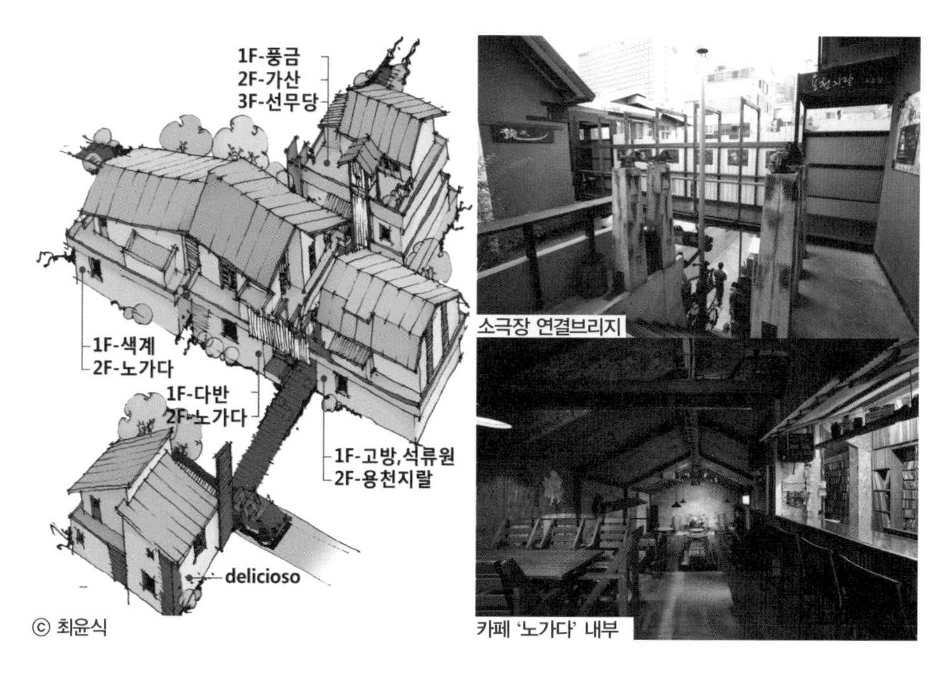

ⓒ 최윤식

소극장 연결브리지

카페 '노가다' 내부

다. 종탑은 마당과 함께 이 집의 중심이 된다. 2층의 노가다로 올라가는 계단의 난간을 대신하여 설치된 자전거는 뜬금없을 수도 있지만 그것이 주변의 골동품과 뒤섞여 있어 묘한 분위기를 연출한다. 이처럼 자신의 건축 곳곳에 오래된 수많은 소품들을 설치하는 태도는 건축가로서는 상당히 파격적이다. 자신의 건축언어를 흐리게 할 수 있기에 대개는 선호하지 않을 것이다. 하지만 문화골목에 사용된 물건들은 공간에 성격을 부여하고 시간의 흔적을 느끼게 하는 매력이 있다. 또한 그 소품들은 장식을 넘어 각기 다른 성격의 공간들을 묘하게 뒤섞고, 하나로 소통하는 장치가 되고 있음이 분명하다.

이런 점에서 문화골목은 낡고 오래된 것은 당연히 새것으로 바꾸어야 한다는 우리네 문화에 새로운 가능성을 제시하고 있다. 그것은 기존의 오래된 건축물이 리모델링을 통해서 현재의 쓰임새와 맞물려 공존할 수 있는 도시재생의 한 방법으로서 좋은 사례가 될 것이다. 이는 "도시는 기존 질서를 바탕으로 발전되어야한다. 낡고 오래된 건축물을 허물고 부수는 아파트 일색의 도시형성은 지양되어야 하며, 과거의 기억을 바탕으로 현재를 수용하고 미래를 바라보는 것이 진정한 도심의 재생이고 건축문화를 계승하는 길이다"라는 건축가 최윤식의 말에서 그 의미를 찾을 수 있다.[3] 그가 도시재생 측면에 초점을 두지 않았다면 그 결과는 매우 달라질 수 있었을 것이다. 문화골목은 오래된 것들이 주는 힘이 있고 문화적으로나 상업적으로도 매우 가치가 있음을 느끼게 한다.

3. 인사동 쌈지길

서울 인사동 쌈지길은 경성대 문화골목이나 삼청동 카페거리처럼 건축의 원형보존과 관련된 재생은 아니다. 하지만 기존의 건물을 없애고 새로운 건축물을 짓는다할지라도 기존 가로의 공간구성을 유지함으로서, 지역에 활기를 불러오는 재생의 또 다른 사례다. 쌈지길은 인사동을 방문하는 많은 방문객들에게 필수 관광지가 되는 성과를 이루어냈으며, 어찌보면 어려울 것도 같은 자본과 문화의 교집합을 성공적으로 끌어내고 있다. 이러한 계획방법은 상업성이라는 것이 결코 높은 용적률에만 있지 않고, 지역의 특성을 잘 해석하는 것에서도 얼마든지 찾을 수 있음을 보여준다. 또한 쌈지길은 골목길, 작은 상가들, 마당을 재해석하여 건축화 함으로서 전통이 박제되고 고정적인 것이 아니라 사람들이 적응하여 새롭게 만들어 가는 것이라는 것을 느끼게 한다. 쌈지길의 추진 과정을 살펴보자.

쌈지길은 2001년 화재로 소실된 음식점 영빈가든을 포함해서 그 일대에 지어진 복합상가 건물이다. 450평 부지에 대규모 상업시설이 계획되었고, 이를 위해 이 자리에 있던 열두

3 부산건축사신문, 기존 주택 5채 엮어 '문화골목' 조성, 2008.11.07일자

인사동의 흐름을 받아들이는 쌈지길 / 기존 구성을 유지하는 1층 점포

가게가 철거 위기에 놓이게 된다. 쌈지길은 대형 상업건물이 들어선다는 것만으로도 기존의 도시조직을 훼손하는 공간이 될 우려가 있었다. 이를 염려하는 시민단체의 반대가 이어지고, 그들의 요청을 쌈지가 수용함으로서 쌈지길이 특별계획구역으로 지정되었다. 지침에는 몇 가지 규정이 있는데, 첫째는 저층부는 단층으로 할 것. 둘째, 대지면적의 20% 이상을 오픈스페이스로 할애할 것. 셋째는 인사동 길의 상징성을 보여줄 것 등이다.[4] 기업의 입장에서는 공간을 그냥 내놓기는 쉬운 것은 아니어서 수익성과 공공성을 결합시켜야 하는 계획이 필요하였다.

이를 해결하기 위해 건축가 최문규는 설계방향을 인사동 길의 도시맥락에서 접근하였다. 인사동 길은 과거 고미술과 순수 미술의 중심지였던 곳이 공예와 문화상품, 음식점들이 주류를 이루고 있다. 사실상 인사동 길은 전통건축물 보다는 오히려 개성 있는 골목길이 특징이라 할 수 있다. 골목길마다 이야기가 있고 맛있는 음식점, 다양한 가게에서 사람들을 만나는 재미가 인사동의 멋이다. 사실상 인사동 길이라 해봐야 주도로는 종로2가에서 안국동까지 1㎞를 넘지 않고, 골목은 깊이가 얕고 막다른 곳이 많다. 하지만 인사동의 진짜 매력은 바로 이 좁은 골목에 있다. 즉 큰 길에서 미로처럼 연결되어 있는 작은 골목길, 작은 한옥들과 벽돌건물들, 작은 문화공간들이 만들어내는 공간체험과 시간이 주는 기억들, 그 사이를 움직이는 사람들이 매력인 것이다.

건축가가 주목한 것은 바로 이러한 인사동 길을 건축화 하는 것. 쌈지길은 인사동의 골목길을 수직적으로 연장한 개념이다. 쌈지길은 말 그대로 길이다. “사람과 사람이 만나는 길이 인사동다움이라면 여기에 건물을 만들기 보다는 길을 연장하자는 생각을 했고 결과적으로 인사동 길에서 연결된 아주 완만한 쌈지길이 설계되었다.” 설계자인 건축가 최문규의 말이다. 이 길은 도로에서 연장되어 70여개 상점들을 연결한다. 이로서 상층부의 상점들이 도로와 직접 연결되어 상업성이 높아지게 되는 것이다. 쌈지길의 경사로는 전체길이가 인사동 길의 절반에 해당하는 500m에 달한다. 경사로는 두 세 사람이 다닐 수 있는 폭 2m를 유

4　이정선, “쌈지길”, 「건축과 환경 C3」, 2005.6, p.35

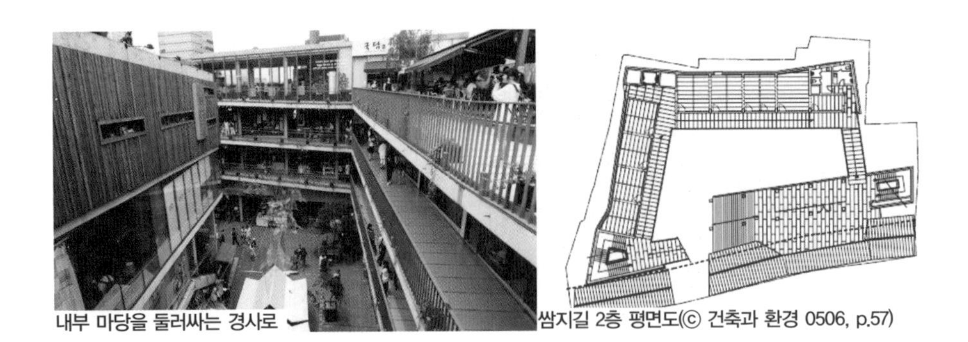

내부 마당을 둘러싸는 경사로 / 쌈지길 2층 평면도(ⓒ 건축과 환경 0506, p.57)

지하면서 2.4m에서 1.8m까지 넓이가 변화한다. 이 경사로는 상업성과도 밀접한 관련이 있다. 대부분의 상업건물은 위층으로 올라갈수록 상품의 구매력이 떨어지는데 그 이유는 보통 계단을 이용해야하는 번거로움 때문이다. 쌈지길은 매우 낮은 1/25 경사로 계획되었으며 층의 개념이 없어 모든 층이 1층과 같은 접근성을 가진다. 또한 경사로를 따라 두면은 인사동 길에 열려있고, 다른 두면은 내부마당을 바라보게 되어 있다.[5] 4층까지 올라가면 마지막 공간은 계단을 통해 다시 1층으로 내려오게 된다. 강제적인 일방향의 동선을 수직 코어를 통해 끊임없이 순환되고 있는 구조다.

1층의 점포 12개는 원래 그 자리에 있던 가게와 유사한 스케일로 계획되었으며, 이 가게들 사이로 마당이 열려있어 사람들을 건물 안으로 끌어들인다. 경사로는 마당을 끼고 안과 밖으로 돌아서 올라간다. 마당은 경사로와 함께 건물과 사람, 가게가 소통하는 장치다. 이러한 공간의 흐름을 통해서 쌈지는 미술과 상품을 연계시킨다. 건축의 주재료도 전벽돌, 화강석, 콘크리트, 목재, 회벽 등의 무채색의 중성 색조를 사용함으로서 상품들을 포함하여 모든 색채를 받아들인다. 이러한 재료들은 인사동에서 흔히 만날 수 있는 재료이며 시간이 지나도 그 자체가 물성을 간직하는 것들이기에 인사동과 서로 어울린다. 쌈지길에서 살펴보았듯이 건축행위에 대한 관심이 개별건물 자체에서 벗어나, 도시환경과 반응하고 사람과 문화의 결합으로 확대되고 있다. 따라서 도시재생에서의 건축은 도시, 사람, 문화 이들의 반응 그 자체에서부터 출발할 필요가 있고 건축행위는 그 반응을 도와주는 매개체가 되어야 바람직할 것이다.

4. 삼청동 카페거리

서울의 삼청동 카페거리는 단일 건축물이 아니라 카페와 음식점, 주택들이 있는 거리의 재생 사례다. 삼청동이란 이름은 도교의 태청·상청·옥청 3위를 모신 삼청전이 있었던 데서

5 이정선, "쌈지길", 「건축과 환경 C3」, 2005.6, p.36

유래됐다고 한다. 다른 유래로는 산과 물이 맑고, 인심 또한 맑고 좋아 삼청이라고 전해졌다는 설도 있다. 삼청동 카페거리는 경복궁 북동방면의 삼청동, 팔판동, 안국동, 소격동, 화동, 사간동, 송현동을 아우르는 곳이다. 북악산으로 연결되는 한적한 도로를 따라 예술가들의 공방이 자리하던 이곳은 북촌 가꾸기 사업 이후로 유동인구가 늘어나면서 서울을 대표하는 카페와 음식점, 문화의 거리가 되었다.

현대도시의 편리성과 거친 환경은 도시민들이 걸을 필요가 없게 만들었다. 하지만 종로구 삼청동 일대의 거리는 여전히 걸어서 도시를 경험하는 즐거움을 제공한다. 어느 도시라도 그 도시를 제대로 알려면 걸어서 보아야 할 것이다. 재래식 한옥과 주택, 최근의 개발 분위기를 타고 신축된 상업건물이 뒤섞여 있는 삼청동에서 걸어보기는 다른 지역에서 느끼는 것과는 분명히 다른 경험을 제공한다. 아마도 삼청동을 특별하게 만드는 것은 온갖 잡다한 것이 골목과 골목 사이에서 벌어진다는 데에 있을 것이다. 우리나라의 대도시치고 골목길 문화가 없는 곳이 없겠지만 삼청동의 골목이 주는 공간적인 스케일감은 확실히 다르다. 좁은 골목이 만들어 내는 절묘한 공간. 그 사이로 부대끼는 사람들과 소리와 냄새들의 즐거움. 그래서 삼청동은 매력적이다.

크고 작은 10여 곳의 화랑들이 모인 소격동 갤러리거리를 지나면 개성 있는 음식점과 찻집, 액세서리 숍이 어우러지는 카페거리가 이어진다. 삼청동 카페거리는 옛 추억을 기억하는 사람도, 오래된 시간 속에서 새로움을 느끼는 젊은이도 함께한다. 이 거리를 더욱 풍부하게 만드는 것은 세계장신구박물관, 장난감박물관, 실크로드박물관, 부엉이박물관, 북촌생활사박물관 등 10여 곳의 특색 있는 박물관들이다. 딱히 어느 골목이 아니라 어쩌다 골목을 빠져 나오면 갤러리와 박물관이 등장한다. 이러한 삼청동의 거리는 자유롭다. 길의 너비는 다르나 더 중요한 곳도, 덜 중요한 골목도 없다. 사람들도 각양각색이다. 그 좁은 골목에 차도 사람도 함께 한다. 길이기도 하고 카페이기도 한 곳. 이것이 삼청동의 골목문화다. 이곳에는 얼핏 형태도 경계도 없는 듯이 흐름만이 존재하는 도시의 매력이 있다. 한가하게 카페거리를 걸어보자. 이 골목은 활력이 있기에 아름답다. 여러 가지 풍경들이 어우러져 새로운 느낌을 주는 골목과 골목들이 거미줄처럼 연결되어져 있는 것이다. 골목에 펼쳐지는 아기자기한 카페와 음식점, 눈으로 즐길 수 있는 갤러리까지 있어 오감을 만족시키는 삼청동은 남녀노소 누구에게나 편안한 거리다.

부산의 경우 이곳과는 다른 방식으로 개발함으로서 실패한 사례가 있어 비교가 된다. 장전동 부산대학교 앞의 '라퓨타'를 비롯한 몇 건물들인데 폐업했거나 공사 중에 부도가 나서 방치되어 있는 경우다. 그것은 거리의 개념을 적용하지 못하고 백화점식으로 개발되었기 때문이다. 상업공간을 개발하면서 대학가의 문화와 흐름을 읽어 내지 못한 것이다. 적어도 부산대학교 앞에 들어서는 건물은 수직적으로 쌓은 박스가 아니라 거리의 흐름을 받아들여

카페거리 풍경

변해가는 카페거리

서 그것을 담아내는 건물. 즉 골목을 쌓아놓은 건물이어야 성공할 것이다. 골목은 길이고 마당이면서 좌판이기도 한 곳이어야 한다. 이곳의 골목은 흐르는 시장이며, 무질서가 아니라 삶의 에너지가 되어야 한다.

그러던 삼청동 카페거리가 최근에 환경이 바뀌고 있다. 고전적인 운치의 아기자기한 카페와 매장들은 점차 밀려나고, 대형 브랜드와 프랜차이즈 매장들이 서서히 들어서는 모습이다. 얼핏 보면 거리의 분위기가 강남역이나 신사동 가로수길이 연상될 정도다. 삼청동 길에 들어서면 많은 차들과 각종 매장들로 몸살을 앓고 있는 느낌이 든다. 주차장이 부족하여 여기저기 주차 요원들의 분주한 모습이 쉽게 눈에 들어온다. 걷기에 좋은 거리가 차들로 넘치고 있는 모습이다. 예쁘게 보이고자 건물들은 밖에 화장도 새로 했다. 건물은 깨끗해졌지만 오히려 얼굴은 무표정하다. 건물의 표면보다 중요한 것은 건물이 담아내는 삶의 모습일 것이다. 이로 인해 삼청동 카페거리가 가진 도시공간의 특색도 함께 사라지고 있는 것 같다. 사람들이 많이 찾는 만큼 거리가 더욱 활기차지고 변화를 보이는 점은 좋지만 거리의 특색은 보존하고 남겨야 할 것이다. 아마도 인사동 쌈지길이 이를 해결한 좋은 사례가 될 수 있을 것이다.

어찌 보면 삼청동의 지나친 상업화는 자본의 시장잠식 능력을 단적으로 보여주고 있는 것이다. 여기서 전통건축은 판매를 위한 포장에 불과하다. 그것은 주민들의 일상과는 유리된 외부 소비자의 선호에 적합하도록 이미지를 개발해 장소의 상품가치를 높이는 전략이다. 이러한 장소 마케팅은 장소를 상품화하기 위해서 장소를 이미지화하며, 장소 이미지를 홍보하여 많은 사람들이 소비하도록 장소를 판매한다.[6] 고가의 지가는 임대료 상승과 소비업종으로 전환하는 구조로 악순환 되고, 지역의 특색을 없앨 것이다. 이런 곳의 장소는 공공성을 잃어버리게 된다. 그러지 않기 위해서는 단체나 주민들의 비판을 통해서 지속가능한 도시재생정책이 되어야 한다. 그것은 기존의 건축과 거리가 가진 구조를 유지하면서, 도시재생이 상업적인 가치로서만 아니라 삶의 장소로서 받아들여야 가능한 일이다.

6 정기황, 전통문화지구 보존정책의 장소산업적 접근에 대한 비판적 고찰, 서울학연구, 2011.02, p199

공간으로 바라본 도시재생 2

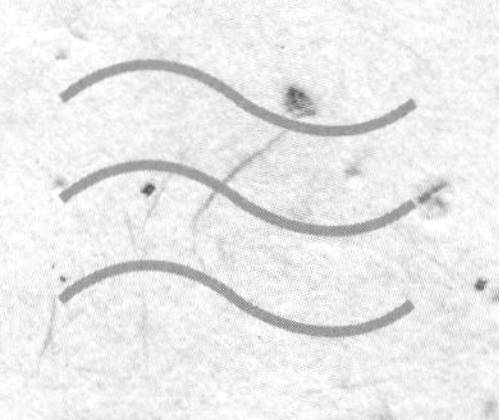

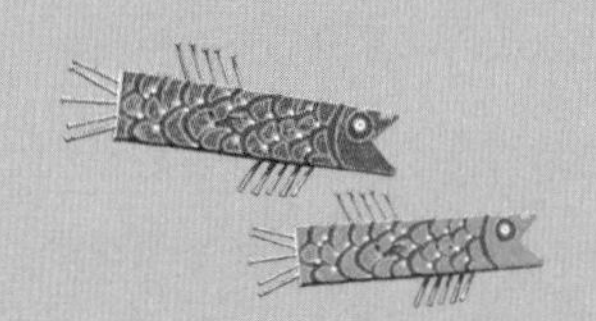

부산의 도시공간은 다양성이 생명이다. 굴곡이 심한 해안선, 이를 따라 발달한 높고 낮은 산들, 이들과 어우러진 변화무쌍한 지형지세는 부산 고유의 상징 아닌 상징이다. 3면을 둘러싼 바다와 낙동강과 수십 개소의 소하천들이 엮고 있는 땅의 모양과 패턴 또한 부산만이 가진 독특한 속성이다. 이와 함께 부산은 우리나라의 끝점에 입지하여 물자들이 모여들고 퍼져가는 항구로서의 고유기능은 물론 전 국민의 애환과 사연들이 모여들어 층층이 쌓여 누적된 이야기의 도시이기도 하다.

이런 시각 속에서, '공간으로 바라본 도시재생2'에서는 1편(공간으로 바라본 도시재생1)에 이어 부산의 공간이 가진 각론적인 특징들에 근거한 도시재생의 이야기를 다루려 한다. 근대 이후의 부산표 산업의 흔적들, 부산의 최대 잠재력인 바다와 강, 도시고속도로에서 작은 골목길에 이르는 부산의 다양한 길들, 해양도시이자 산록도시인 부산미(美)의 준거가 되는 색과 조명, 도시개발의 장애를 넘어 부산의 신(新) 매력의 보고로 여겨지는 사면부, 부산의 특화된 경제조건과 연계된 상업건축 등이 창조적인 도시재생의 결과물로 전환되어가는 살아있는 현장과 비전을 제시한다.

06장

되살리는 근대유산

김 기 수

1. 지속가능한 도시와 건축

도시부산은 1876년 근대 무역항으로 개항하면서 무역·상공업 중심지로 발전하여, 급격한 경제 성장과 더불어 1980년에는 315만(432.32㎢), 1990년에는 379만(525.25㎢)까지 인구가 늘면서 도시의 영역도 함께 팽창해 왔었다. 하지만 1992년 이후 인구증가 추세가 둔화되면서 2000년대에 접어들어 매년 1% 정도씩 확연한 감소세로 돌아섰다. 이러한 인구감소는 과거 국가 산업공간으로 사용되어 왔던 도시의 공간들을 새롭게 재활용하려는 움직임으로 나타나고 있다. 이제 쇠퇴한 도시기능과 침체된 도심을 활성화시키기 위해 기존공간을 새롭게 개발하려는 움직임은 이미 세계적 추세이기도 하다. 이를 일반적으로 도시재생(再生-Restoration) 작업이라 부르며 쇠퇴 혹은 노후화된 기존의 것을 회복시켜 사용하는 일련의 작업을 의미한다. 최근 부산에서도 많은 도시재생 프로젝트들이 시행되고 있는데, 각종 재건축, 재개발, 뉴타운(재 정비촉진), 해양 및 연안개발(연안정비, 항만재개발)이 그 대표적인 프로젝트들이다.

기존의 도시재생 사업은 물리적 환경정비를 중심으로 한 도시정비 사업에 주목하였지만, 최근의 도시재생사업은 지속가능한 커뮤니티 건설에 목표를 두고 도시의 기능을 강화하고 매력을 창출하는데 의의를 두고 있다. 이미 새로운 도시의 개발보다는 기존도시를 재생하려는 경향에 있으며 이들 도시재생 작업에는 아래와 같은 4가지 키워드가 논의되고 있다.

- 경제적 요인: 과거 산업중심의 사회가 정보중심 혹은 서비스산업 중심의 사회로 변화함에 따라 산업의 공동화현상으로 나타난 공간의 재활용문제다.

– 사회적 요인: 시민들의 휴식과 레저 활동을 위해 더 많은 공공 공간이 필요하게 됨에 따라, 고급화 된 레저시설, 복합적 상업시설(상가, 카페, 식당)이 일부 공공적 성격을 겸하면서 문화적 매력을 선사하고 있다.

– 환경적 요인: 1970년대 이후 세계적으로 환경파괴를 동반한 경제성장보다는 건강, 복지, 깨끗한 환경에 대해 관심을 두게 된 점이다.

– 지역 정체성 요인: 지역의 역사·문화적 유물을 보존하고 재활용하려는 움직임으로 문화관광 산업이 활성화됨에 따라 역사적인 건물이나 경관을 보존하고 복구하는 것이 경제적 가치를 갖게 됨을 인식하게 된 것이다.

경제개발 논의가 한창이었던 시대는 모든 가치관을 경제성장과 개발에 두면서 우리 삶의 흔적을 담고 있었던 많은 역사문화 자산들을 낡고 불편한 것으로 간주하며 새로운 것으로 대체하였다. 성장 절정기에는 경제적 가치와 편리함을 추구하는 편의주의에 편승하여 또 다시 많은 자원들이 수난을 당하면서 역사라고는 찾아볼 수 없는 도시공간으로 균질화되었다. 돌이켜보면 지난 시절 발전이라는 근대적 사고의 틀 속에 갇혀 우리 사회는 정체성이 담겨 있는 추억의 장소나 건축물을 돌아 볼 여유도 없이 새로운 것을 찾아 앞만 보고 달려왔다.

최근 부산에서 시행되고 있는 일부 도시재생 사업의 경우에도 장밋빛 청사진에만 의존하여 경제성과 물리적 성과만을 강조한 근대적 속도전에서 벗어나지 못하고 있는 경우를 종종 목격하고 있다. 특히 대형사업의 경우 도시의 정체성과 지속성을 염두에 둔 진정한 가치 혹은 의미를 살리기 보다는 여전히 관광문화자원이니 혹은 지역재생이니 하는 경제성을 앞세운 사업의 방패막이 정도로 이용되고 있는 형편이다. 이로 인해 도시재생 사업의 주체가 되어야 할 주민은 재생의 대상으로 전락하여 사업이 종료된 이후 지역을 떠나는 사태가 발생하기도 하고 물리적 환경이 개선된 지역이 삶의 터전이 되기보다 관광지로 탈바꿈하는 현상이 나타나곤 한다. 그러나 아무리 부유하고 풍부한 자원을 갖고 있는 국가라 해도 경제적 이득과 편리성, 기능성을 내세워 자신의 정체성이 담겨있는 도시적 자산들을 없애버리지는 않는다. 한 국가 혹은 도시가 지녀야 할 역사문화의 연속성과 지속적 성장은 2001년 유네스코의 세계문화다양성 선언(The Universal Declaration on Cultural Diversity, 2001)을 굳이 언급하지 않더라도, 우리의 지적, 감정적, 정신적인 삶을 윤택하게 할 수 있다. 따라서 지속가능한 도시의 재생에서 인간의 공동성, 공통감각의 기억이 쌓여있는 장소와 건축물에 의해 그 도시의 정체성이 유지됨을 기억할 필요가 있다. 때문에 도시재생 사업에 있어 우리 주위에 존재하는 역사문화 유산들을 소중하게 그리고 지속적으로 관리하여야 하며, 이들은 문명과 인간 활동 즉 사회를 구성하는 모든 곳에 영향을 미친다는 사실을 기억할 필요가 있다. 그러므로 기능적,

경제적 판단에 의한 도시재생도 중요하지만 역사적, 문화적 혹은 사회적인 의미에 주목한 도시재생 사업 또한 간과할 수 없는 요인이다.

2. 근대유산의 보존과 활용가치

도시의 역사문화자산을 보존하고 활용하기 위한 논의들은 유럽에서는 1904년의「마드리드 헌장」, 1931년의 「아테네 헌장」, 1964년의 「베니스 헌장」을 통해 진행되어 왔다. 역사문화 자산 수리보존에 대한 최초의 선언인 「마드리드 헌장」(1904년)은 기념물(monuments)보존과 수리기준, 수리원칙을 규정함과 동시에 수리과정에서 건축가의 역할을 강조하였다. 나아가 이들에 대한 철저한 관리감독의 필요성을 주장하며 보존협회 설립과 활동을 강조하여 역사문화 자산의 가치(Authenticity)를 지키면서 후세에 전해줄 필요성을 주장하였으며, 「아테네 헌장」(1931년)에서는 기본적인 보존계획과 법규, 근대재료의 활용 등을 통한 복원원칙을 규정한 바 있다.

하지만 근대유산이 갖는 가치에 대한 본격적인 논의는 1994년 11월에 열린 이코모스(ICOMOS) 회의에서 시작되었다고 볼 수 있다. 기존의 보존방법만 아니라 형태(form)와 의장(design), 재료(material)와 재질(substance), 용도(use)와 기능(function), 전통(traditions)과 기술(techniques), 입지(location)와 환경(setting), 정신(spirit)과 감성(feeling), 그 밖에 내·외적 요인을 포함한 다양한 보존개념들이 제시되었다. 특히 이코모스 회의에서는 보존가치에 대한 새로운 정의를 포함하여 다양한 활용 가능성을 제공하였다. 역사적으로 의미가 있는 건축물을 주변 환경과 연관시키며 전시위주의 교육목적으로 활용하는 등, 기존의 복원 보존 개념과는 다른 새로운 활용방법에 대한 논의들이 진행되었다. 최근에는 새로운 활용방법이 가져야 할 가치(Authenticity)로 기존의 보존가치와 새로운 기능, 이미지, 형태 등의 조화로운 방법이 모색되기도 한다. 의장(Design), 재료(Material), 기법(Workmanship), 환경(Setting)을 통해 얻어지는 가치(Authenticity)창출로 인해 건축가의 역할이 강조되고 있다.

한편 1994년 나라헌장[1]에는 각 문화와 유산이 갖는 다양성을 존중하고 이에 맞는 보존방법과 수단이 담겨 있다. 상대적 문화(소수문화)의 가치를 인정하는 동시에 형태와 역사적 시기의 문화유산(원형과 변형과정)가치까지 그 대상과 폭을 넓혀 놓았다. 이는 근대유산의 보존과 가치인정에 있어 중요한 점을 시사하고 있는데, 일반적으로 문화유산의 역사성과 예술적 가치뿐 만아니라 일상적 가치, 지역적 가치를 갖는 근대유산도 보존의 가치가 있다는 인

1 나라 헌장은 베니스헌장과 관련한 보존방법의 내용보완과 함께 보편적 가치 평가에 대한 진정성문제가 검토된 헌장이다.

식이 가능하게 된 것이다. 따라서 보존은 근대유산을 이해하고 그 역사와 의미를 알고 이들에 대한 물질적인 보호와 필요시 복원과 향상을 도모하는 노력이 동시에 이루어져야 하는 것이다.

1999년 멕시코 국제문화관광 헌장은 지역의 문화유산, 다양성의 보호와 보존을 소개하여 문화유산의 보존과 관광이라는 두 관점이 동시에 존재할 수 있음을 보여주고 있다. 유산관리의 목적이 유산의 중요성과 보존 필요성을 해당 공동체와 방문객에게 전달하기 위한 보존방법과 활용가능성에 두고 있다. 여기에는 토속건조유산으로 지역사회의 역사적 기록과 문화적 가치를 주목하고 역사적 목구조물 부분의 보호와 보존을 위한 기본적 보편적 원칙과 질서를 구체적으로 적시하고 있다.

이밖에 2001년 헬싱키에서 개최된 "도심지 모더니즘의 보존위기(Dangerous liaisons, Preserving post-war modernism in city centers)"[2] 주제 발표에서는 도시적 맥락의 보존과 개발 문제를 다루고 있다. 지금까지 보존과 개발이라는 이분법적 대립적 측면에서만 고려되었던 근대유산이 도시적 맥락 속에서 협동적 공존가능성을 보여준다. 따라서 보존을 주장했던 역사가와 개발주의자인 도시계획가, 건축가의 역할 또한 도시라는 맥락에서 통합된 보존과 지속가능한 개발의 필요성을 인식하게 되었다.

한편 우리나라에서 근대유산에 대한 보존문제는 1980년 독립문 이전이 계기가 되었고, 1995년에 단행된 구)총독부청사 해체를 둘러싼 논란으로 본격화되기 시작되었다. 전통과 현대를 잇는 가교역할을 하는 근대기의 문화유산들은 현대 사회의 역사·사회·문화의 중요한 척도로 민족의 정체성과 정통성을 이해하는 데 있어 중요한 자산임에 틀림없지만, 급격한 산업화와 도시화 등으로 인하여 많은 근대기 문화유산들이 가치를 평가받지 못한 채 사라졌다.

근대유산을 보호하기 위해 문화재청은 2001년 7월부터 기존의 지정문화재 제도와는 구분하여 등록문화재 제도를 시행하고 있으며 나아가 예비문화유산 제도시행을 위한 준비가 진행하고 있다. 지정문화재의 경우 대상물을 엄선해서 극히 가치가 높은 것을 규제와 함께 강력한 보호제도로 영구적으로 보존하고 있지만, 등록문화제의 경우 보존 및 활용조치가 필요한 것을 지정 보호하고 있다. 이 제도는 근·현대기에 생성된 모든 역사적 문화적 유산을 보존하고 자유로운 활용이 가능하며 지역사회 활성화에 기여하는 다양한 보존 활용을 위한 지원제도를 포함하고 있다.[3] 특히 일상생활과 밀접한 근대기의 전통적 의장, 기술, 공법 등을 계승한 건축물과 함께 건조물, 기념물, 미술, 역사자료 뿐만 아니라 경관, 공원, 도시계획까지도 보존범주에 포함시키고 있으며 도시 경관적 측면에서 지역사회의 정체성을 반영

2 www. icomos. org/ charte adopted by the grneral assembly of ICOMOS/ICOMOS Seminar on 20th Heritage –Natalia Dushkina "'Architecture" and "Conservation" in urban context: confrontation or collaboration?

한 보존방법도 허용하고 있다. 제도의 가장 큰 특징은 무엇보다 소유자 자신의 희망과 필요성에 따라 보존과 활용이 가능한 점으로 강제성보다는 근대문화재가 갖고 있는 가능성과 자율성을 인정하여 상업시설, 전시 공공시설 등 사회적, 경제적 가치의 활용이 가능하도록 고려한 새로운 보존방법이다. 2012년 8월 현재 등록문화재로 등록되어 보호받는 전국의 근대문화유산은 총 504개가 있으며, 부산지역의 근대문화유산 가운데 문화재로 지정되어 보호받고 있는 것으로는 시도지정문화재로 유형문화재 1건, 기념물(記念物) 5건이, 등록문화재로

부산지역 근대문화자산의 문화재 지정현황

시지정문화재				
	종목	지정일	명칭	위치
1	유형문화재 제50호	2003.09.16	가덕도등대(加德島燈臺)	강서구 대항동 산13-2
2	시도기념물 제49호	2001.05.16	근대역사관 (舊 東洋拓植株式會社釜山支店)	중구 대청동 2가 24-2,8,9,10
3	시도기념물 제51호	2001.10.17	부산지방기상청(釜山地方氣象廳)	중구 대청동 1가 9-305
4	시도기념물 제53호	2002.05.06	임시수도대통령관저 (臨時首都大統領官邸)	서구 부민동 3가 22번지
5	시도기념물 제55호	2003.05.02	부산진일신여학교(釜山鎭日新女學校)	동구 좌천동 768-1번지
6	시도기념물 제56호	2006.11.25	영도대교(影島大橋)	영도구 대교동
등록문화재				
	종목	지정일	명칭	위치
1	등록문화재제41호	2002.09.13	부산 임시수도 정부청사 (釜山 臨時首都 政府廳舍)	서구 부민동 2가
2	등록문화재제302호	2006.12.04	부산 송정역(釜山 松亭驛)	해운대구해운송정동 외299-2
3	등록문화재제327호	2007.07.03	부산 복병산배수지 (釜山 伏兵山配水池)	중구 대청동 1가 6-4
4	등록문화재제328호	2007.07.03	구 경남상업고등학교본관 (舊 慶南商業高等學校本館)	서구 서대신동 3가 521
5	등록문화재제329호	2007.07.03	한국전력공사 중부산지점 (구 남선전기) 사옥 (韓國電力公社 中釜山支店 (舊 南鮮電氣)社屋)	서구 토성동 1가 23-1
6	등록문화재제330호	2007.07.03	부산 정란각(釜山 貞蘭閣)	동구 수정1동 1010
7	등록문화재제349호	2007.09.21	부산 초량동 일식가옥 (釜産 草梁洞 日式家屋)	동구 초량3동 81-1
8	등록문화재제359호	2007.10.24	재한유엔(UN) 기념공원(在韓유엔(UN) 紀念公園)	남구 대연4동 779-1 외
9	등록문화재제376호	2008.07.03	구 성지곡수원지(舊 聖知谷水源池)	부산진구 초읍동 43번지 외
10	등록문화재제416호	2008.10.17	디젤전기기관차 2001호 (디젤電氣機關車 2001號)	부산진구 범천동 1210
11	등록문화재제494호	2012.04.18	부산 전차	서구 구덕로 동아대학교박 물관

자료 : 문화재청홈페이지(http://www.cha.go.kr/)참조, 문화재검색, 2012.04.3

3 문화재청, 등록문화재 제도, 2005.10, pp.3-9

부산대학교 인문관 / 동아대학교 석당 기념관 / 구)백제병원 / 구)미군장교 클럽

부산시지정 근대건조물(© 김기수)

는 임시정부청사를 비롯하여 총 11건이 등록되어 보호를 받고 있다.(표 1. 참고)

한편 등록문화재 제도가 시행되고 있었던 2007년에도 부산 최초의 유치원으로 1897년 건립되었던 '부산유치원'이 철거되었고, 부산의 대표적인 근대식 창고였던 '남선창고' 역시 2009년 철거되었다. 또한 부산지역 서민문화 쉼터로 1944년 개관한 삼일극장, 1959년 개관한 삼성극장은 2007년과 2011년 연달아 철거되는 등 부산지역의 근대문화유산들이 기존의 제도로는 보호받지 못하고 철거되고 말았다. 이에 대해 최근 부산시, 서울시를 비롯한 지방정부에서도 근대유산 보호를 위해 다양한 노력들을 기울이고 있다. 현재 서울시의 경우 미래자산이란 이름으로 등록문화재제도의 보호를 받지 못하는 근대유산에 대한 보호조례 제정을 서두르고 있으며, 이미 부산시는 2010년 7월 7일'부산광역시 근대건조물 보호에 관한 조례'를 제정한 바 있다. 2012년 5월에는 이미 조사된 219개의 건조물을 대상으로 '부산시 근대건조물'을 지정하기 위하여 문화재로 지정된 14개를 제외하고 총 3단계에 걸쳐 평가작업을 시행한 바 있으며 지정후보 113개를 선정하였다. 지난 2012년 7월 17일에는 근대건조물 보호위원회를 개최하여 6곳을 최초로 '부산시 근대건조물'로 지정한 바 있다.(그림 1. 참고)

3. 근대유산의 재생사례

유럽과 미국지역의 재생

유럽과 미주지역의 경우 근대유산들을 다양한 방법으로 활용하며 보존하고 있다. 2000년 이전의 경우는 단일 건축물을 위주로 보존하였으나 최근에는 지역적, 지구단위별 계획에 의해 보존과 활용을 병행하는 경우가 증가하고 있다. 우리에게도 잘 알려진 프랑스 파리의 오르세 미술관의 경우 1908년 최고재판소 오르세궁 전소된 후 만국박람회를 위한 철도역사로 사용되었으나 현재는 미술관으로 사용되고 있다. 특히 오르세의 경우 옛 기차역에서 벨샤크 광장까지 이어지는 출구를 새로이 설계하였지만, 역사의 주요구조인 7개의 원

형천창은 그대로 유지한 채 미술관이라는 새로운 시설로 활용하고 있다. 이처럼 개발보다는 건축물이 가진 건축적(구조, 공간형태 등), 예술적(양식), 디테일을 최대한 살리면서 현대적 기능으로 교체하여 근대유산이 갖는 역사적 의미와 특성을 보존하면서 활용하고 있는 사례로 세계적인 주목을 받은 바 있다. 또한 벨기에의 베타구두공장의 경우 1825년 건립된 구두공장을 mac's 현대미술관으로 활용한 경우로 신고전주의 양식과 재료의 디테일을 살린 사례다. 광부와 관리자를 위한 집, 병원들과 편의시설(1982) 등으로 사용되었던 이 건물은 까만 벽돌 그리고 마모된 빨간 벽돌을 사용하여 건축사적 가치와 예술적 가치를 살려 활용한 사례다. 특히 붉은 벽돌과 추가된 흰 회반죽이 대조적으로 건축물의 재료적 특징과 디테일이 잘 표현되어 있다.

유럽 및 미국의 근대문화유산 보존 및 활용사례

구분	근대 문화유산 명칭	활용 이전		활용 이후		비 고
		년대	종류	년대	종류	
유럽과 미국	미국 샌프란시스코 Ghirardelli Square	1856	공장	1964	쇼핑센터, 위락시설	기능교체+지역의 역사
	미국 시카고 상공회의소	1930	사무소	1983	사무소	원형보존
	뉴욕 브룩클린 뮤지엄	1898	연구소	1986	박물관	기존+상부돔, 정면부 개조
	프랑스 오르세미술관	1900	철도역사	1986	미술관	공간,양식디테일+기능교체
	독일 IBA엠셔파크	1909	철강회사제철소	1994	산업공원	저장탱크-전망대, 도시랜드마크
	영국 테이트 모던 미술관	1947	화력발전소	2000	미술관	굴뚝보존, 테이트지구 문화구역 확대
	독일 졸페라인 광산	1847	광산제조소	2001	산업단지	산업기술문화재 활용 구역 테마시설
	독일 나치의사당	1933	의사당	2001	나치관련전시관	나치에 대한 거부감, 상징적 표현
	독일 함부르크 재개발	1920	곡물저장소	2002	아파트,사무실, 상점	기존+건물위 박스형, 삽입브리지 연결
	벨기에 베타구두공장	1825	구두공장	2002	미술관	신고전주의 양식 재료의 대비
	영국 리버풀 알버트독	1884	도크,창고	2003	전시,사무 공간, 호텔	도크를 이용한 주변 항만개방
	영국 글래스고우 예술학교	1898	미술학교	2003	전시공간	건축가 매킨토시 상징아르테코 양식
	이탈리아 스칼라 극장	1778	오페라극장	2004	극장부대시설	원형보존+부대공간 확보
	미국 샌프란시스코 페리빌딩	1903	선착장	2004	대합실,프라자	기존의 건축기능 회복
	스페인 중앙전력발전소	1899	전력발전소	2008	전시공간 레스토랑	벽돌이용 지역의 맥락 고려

오르세미술관 – 문화시설 재생활용　베타구두공장 – 역사성 보존　의사당– 역사적 의미 보존

함부르크 하펜시티 – 항만지역재생

유럽지역의 재생사례(© 홍순연)

독일의 나치의사당은 세계 제 2차 대전이라는 역사적 사실을 기억하고 나치에 대한 거부감을 상징적으로 표현하기 위해 날카로운 형태가 갖는 역동성을 표현하고 있다. 이 전시관의 경우 기존의 흔적은 보존하고 있지만 새로운 형태와 기존의 것이 충돌하여 독창적인 형태를 갖고 있다. 이 밖에도 영국의 테이트 모던 미술관은 템스 강 유역의 재개발을 통해 보존된 예이며, 샌프란시스코의 페리빌딩은 지진으로 소실되어 방치된 건축물을 기존의 아케이드와 철골구조물을 이용하여 주변의 수변공간에 마켓과 전망시설 등을 추가하여 재개발된 지구단위 계획이었다. 특히 이 건물은 연속된 내부공간의 일체감을 주는 동시에 기존의 시설과 기능을 재활용함으로써 지역의 새로운 관광명소로 활용되고 있다.

동아시아 지역의 재생

한국과 중국에 앞서 근대유산에 관심을 가졌던 일본은 지역에 필요한 공공시설인 도서관, 전시실, 박물관, 강연장 등으로 근대유산을 활용하면서 지역 활성화는 물론 관광자원으로서 활용하고 있다. 기타큐슈시의 모지세관의 경우 기존의 건축물 중 파손이 심각한 일부분을 철거하고 새로운 재료와 공법으로 신축하여 옛 세관의 모습을 재현하는 동시에 전시기능을 수용하였다. 외관은 완전복원을 시도하고 있지만 내부는 새로운 재료와 철골구조를 도입하여 현대적 전시장 공간으로 재구성하고 있다. 특히 이 건축물이 자리하고 있는 모지항 주변은 1870년대 개항이전 염전이 있던 지역으로 1898년 모지축항 회사가 설립되면서 항만매립 및 시가지계획이 실시되었다. 이로 인해 이 지역에는 항구 기능을 위한 철도, 은행, 세관 등 근대건축물이 모여 장소성을 만들면서 지역의 이미지를 살리며 이를 관광자원으로

모지세관 주변 – 지역의 역사성 보존 동경 도쥰칸 – 도심지 재생 활용

상해조각공원 – 도시공원 활용 상해 신천지 – 도시 어메니티 활용

동아시아 지역의 재생사례(© 홍순연)

활용하고 있다. 한편 동경의 중심가인 오모테산도(表參道)에는 도쥰칸이라는 집합주거 시설을 지역 재개발에 의해 기존의 주거 공간이 갖는 공간적 특성을 살리는 동시에 외관의 형식을 현대적 의미로 되살려 상업적 공간으로 변화시켜 침체했던 지역을 활성화하고 있다. 이 경우는 물질적인 가치(건축사적, 양식적 의미)의 보존은 형식적인 면에 지나지 않지만 역사적 가치인 장소성을 적극 활용함으로써 지역의 중요한 건축물로 인식되고 있는 사례다.

중국의 경우는 근대유산에 대하여 아직 보존을 위한 제도적 장치가 마련되지 않은 탓도 있지만 상해조각공원의 경우 기존창고 및 공장외부의 파사드를 활용하고 사무실 및 공용 공간 등을 추가하여 공원화 된 임대형 문화공간으로 만들었다. 특히 중국은 경제성장과 더불어 근대유산에 대한 보존보다는 미래지향적인 가치에 편중되어 활용되고 있는 특징을 보이고 있으며, 상해조각공원의 경우는 근대문화유산으로서의 가치인식보다는 경제적인 원리에 따라 관광산업에 활용한 사례다. 상하이의 신천지의 경우 역시 이와 유사한 사례로 1921년대 주거시설을 레스토랑 및 상업시설로 변모시켰다. 이 건축물의 경우 최근에 만들어진 세계도시의 독특한 공간, 예를 들어 뉴욕의 소호, 일본의 록본기 힐, 파리의 몽마르트와 같은 공간을 축약해 놓은 스타일로 도시의 랜드마크적 공간을 창출하고 있다. 이는 기존의 건축물이 갖는 물질적 가치를 지나치게 축소하고 비물질 가치를 이미지화하는 방법을 통해 관광자원으로 활용한 사례다.

부산지역의 재생사례

1929년 구)동양척식주식회사로 건립되어 해방이후 미문화원으로 사용되었던 부산근대역사관의 경우 2001년 부산지역의 근대역사를 홍보하는 전시시설로 활용하려는 계획이 발표되면서 보존과 활용문제가 지역사회의 관심사로 부각되기도 하였다. 2002년에는 구)경남도지사관사(1926)를 임시수도 기념관으로 활용하기 위하여 보수공사를 실시한 바 있으며, 부산지역 최초의 근대교육기관이었던 일신여학교(1905)를 기념관으로 활용하기 위하여 2006년 보수공사를 실시하였다. 이들 근대유산은 외형적 형태와 내부에 이르기까지 원형 보존을 우선으로 새로운 기능을 수용하여 보존 및 활용한 경우다. 문화재라는 특성을 감안하면 당연하다고 볼 수도 있지만 종래와 같이 물리적 가치에 치중한 보존 활용의 사례였다. 하지만, 최근 철거문제가 사회적 문제가 되어 보존운동으로 이어진 영도대교의 경우 이들과는 전혀 다른 보존 및 활용방법이 시도되고 있다. 2006년 부산시 지정문화재로 지정된 영도대교는 기존 4차선이었던 교량 폭을 도시의 활용측면을 고려하여 6차선으로 확대하지만 외형은 원형으로 복원하는 방식을 취하고 지금까지 활용되지 않고 있었던 도개기능을 회복시킴으로 역사적 사건을 관광과 연계하여 활용하는 방향으로 검토되고 있다.

1923년 당시 병원으로 설계되었으나 경남도청(1925)으로 사용되었던 부산임시수도정부청사의 경우는 그 보존과 활용방법에 있어 차이를 보인다. 2002년 외관의 훼손이 심한 일부분을 철거하고 등록문화재로 등록한 바 있는 임시수도정부청사의 경우 동아대학교 박물관으

경남도지사관사 – 임시수도기념관 재활용

영도대교 복원활용

임시수도정부청부청사 – 박물관 재활용

부산지방기상청 – 보존활용

부산지역의 재생사례(© 김기수)

로 활용하기 위하여 보수공사를 실시하였다. 이 경우 외부의 형태와 디테일(포치부분과 굴뚝 도머창 등)은 원형수리 및 복원을 실시하지만 내부와 구조를 변경하고 있다. 특히 건물자체도 등록문화재이지만 또 다른 문화재를 전시하는 박물관으로 활용하기 위하여 조적조가 갖는 구조적 취약성을 철골조로 보강하는 등 적극적 활용방법을 적용한 사례다. 이들 두 근대유산의 경우 원형보존의 기존 방법에서는 벗어나 있지만 문화재가 갖는 가치를 지키면서 미래의 활용가능성을 최대한 수용하고 있는 활용사례다. 한편 최근 훼손된 지붕과 외벽을 수리한 가덕도 등대의 경우 등대기능은 인접지역에 신축된 새로운 등대로 옮겨가 건물만이 보존되고 있는 상태이며, 부산지방기상청, 송정역, 구)경남상업고등학교 본관, 남선전기 등 대부분의 문화유산은 원형 보존 상태를 유지하고 있지만 대부분은 건축물이 노후화 될수록 보존 및 활용방법에 많은 고민을 갖고 있다. 특히 옛 기능이 그대로 유지되는 경우는 별개이지만, 이미 그 기능이 다한 근대유산의 경우에는 문제가 보다 심각한 상태다.

4. 지속가능한 부산의 도시재생

부산의 경우 근대도시임에도 불구하고 역사적 가치가 배제된 채 도시화가 급격히 진행되고 있다. 하지만 도시의 정체성을 유지하며 노후화된 도시를 재생하기 위해서는 시대적 변화를 적극 수용하면서 근대유산을 보존 활용하기 위한 다양한 방법들이 시급히 정리되어야 할 것이다. 지금까지 부산지역 근대유산의 대부분은 원형보존 방식을 취하고 있었지만 최근 도시재생 사업에 의한 재개발, 재건축과 함께 도시적 차원에서의 보존 및 활용문제가 이슈화되고 있다. 최근 보존 및 활용 경향은 물질적 가치에 의한 보존뿐만 아니라 공동체, 지역사회의 소속감, 결속력, 공통적 관심을 유도하는 커뮤니티적 가치가 주목 받고 있다. 또한 문화, 역사적 의미를 간직한 장소적 가치를 활용한 이벤트적 혹은 도시의 랜드마크적 이미지 형성을 통하여 관광사업과 연결되기도 한다.

하지만 근대유산을 보존하고 활용함에 있어 섣부른 접근과 계획으로 인하여 오히려 근대유산이 갖고 있는 가치와 의미를 해치고 있는 사례들이 빈번하다. 도시의 기억적 적층을 활용하여 세계적인 명품도시의 공원을 만들고자 하였던 시민공원, 북항재개발 사업 등 부산에서 시행되고 있는 수많은 재개발 사업들도 역사적 장소의 보존과 활용은커녕 거대한 토목공사로 인하여 그나마 남아있던 근대유산들이 훼손될 처지에 놓여있다. 특히 도시에서 실시되는 대형사업의 경우 역사문화 자산이 갖는 진정한 가치 혹은 의미를 살리기 보다는 여전히 관광문화자원이니 혹은 지역활성화니 하는 경제성을 앞세운 사업의 방패막이 정도로 이용되고 있는 형편이다. 이를 보면서 있는 것도 제대로 보존하고 지키지 못할 바에는 차라리

활용이니 재생사업이니 요란만 떨지 말고 그냥 두는 편이 나을 수 있다는 생각도 든다.

근대유산의 경우 한번 그 가치가 훼손되면 다시 되돌릴 수 없다는 치명적 약점을 갖고 있다. 따라서 경제적, 기능적 관점으로 도시의 역사문화 자산을 바라보는 시각을 바꾸어야 하며 이를 다루는 방법 또한 변해야 할 것이다. 이를 위해서는 무엇보다 '빨리 빨리'라는 방법에서 '느리게 천천히' 도시의 역사 문화자산들이 갖고 있는 가치에 대하여 정확한 평가작업을 선행하여야 하며, 나아가 새로이 수용하게 될 프로그램과 기능에 대한 세밀한 점검이 필요할 것이다. 특히 국내의 경우 역사문화 자원을 활용하는 사업은 너무나 많은 제약조건들이 산재해 있으며 일반적인 건축공사와는 전혀 다른 프로세스를 갖고 있다는 점을 상기해야 할 것이다.

※ 본 원고는 2008년 9월 대한건축학회연합논문집에 발표한「부산지역 근대문화유산의 보존과 활용사례에 나타난 특성에 관한 고찰」(김기수, 홍순연) 내용을 토대로 재구성한 글임.

07장

살아있는 산업유산

강 동 진

1. 산업유산의 잠재력과 기본특성

산업(産業)과 유산(遺産)이라는 말은 사실 전혀 관계없는 말이다. '산업'은 새로운 것을 생산하고 효율을 높이기 위한 하드웨어와 소프트웨어를 총칭하는 말이고, '유산'은 지키고 보존하여야 하는 문화재를 넓게 지칭하는 말이다. 뜻만 놓고 보면 분명 상극이다. 하나는 새로운 것을 계속 만들 때만이 가치가 생겨나고, 또 다른 하나는 옛 것에 매달려야 만이 그 의미를 가질 수 있는 것이다.

이처럼 전혀 다른 뜻을 가지는 두 단어가 만난 산업+유산(産業遺産, industrial heritage)은 '산업적

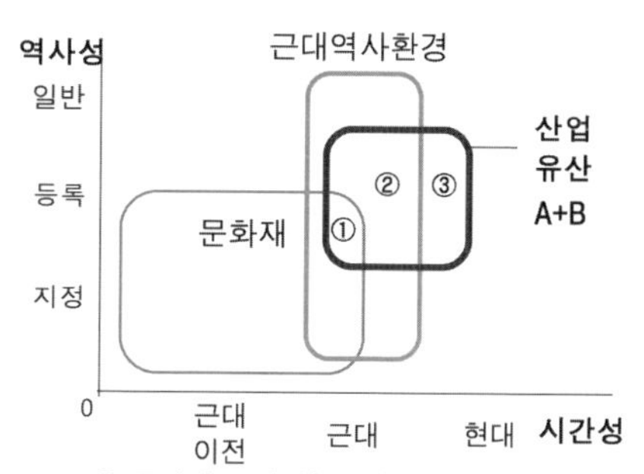

산업유산의 논의 범역(© 강동진)

으로 퇴락하였으나 역사적으로 국가(지역) 산업의 발전과정에 있어 큰 의미를 가지는 산업지(industrial sites)나 산업시설(industrial facilities)'이라 정의된다.

산업유산은 단순한 고철덩어리, 비어 있는 공장이나 창고를 지칭하진 않는다. 산업유산에 대한 진정한 가치 판단은 폐산업지나 폐산업시설들이 선조들이 땀 흘리며 일구었던 삶의 터전이자 근거였고, 그곳에서 작동했던 산업(시설)으로 인해 오늘날의 자신이 존재한다는 인식에서 출발되며, 그런 의미에서 산업유산은 '모두가 지나온 삶의 진정성이 강하게 스며있는 생활유산'이라 정의된다.

산업유산은 각 국가의 산업정책과 구조에 따라 다른 패턴을 보인다. 우리나라의 경우, 농임업, 수산업, 광업 등의 1차 산업, 제조업, 철강금속업, 전기에너지업, 조선업 등의 2차 산업, 물류운송업과 산업서비스업 등의 3차 산업이 산업유산과 연관된다.

2000년대 들면서, 낙후된 산업시설을 지역재생의 새로운 매개체로 바라보는 시각이 급증하고 있다. 이는 산업유산이 가진 다음과 같은 독특하고 무한한 잠재력 때문이다.

첫째는 '산업유산이 가지는 다층성(多層性)'이다. 산업유산은 대부분의 경우 해당 지역에서 번성했던 지역산업과 맥을 같이 하며 지역민의 생산구조 및 생활양식과 깊은 연관성을 가진다. 또 산업유산은 근대의 기억과 현대적 삶의 공존을 함께 담는 지역문화의 전달매개체적 성격을 보유하고 있다. 이러한 산업유산의 속성이 지역문화의 융합적 발상을 요구하는 시대적 트렌드와 일치하기 때문이다.

둘째는 '활용성(活用性)'이다. 산업유산은 어느 정도 과감한 변화를 도모할 수 있는 등록문화재이거나 비(非)문화재인 경우가 대부분이다. 따라서 창의적인 아이디어에 따라 변형이 가능하며, 산업시설의 거친 인공미와 세련된 현대적 디자인이 결합되면서 다양한 형태를 갖춘 공간 창출의 새로운 장르를 열고 있기 때문이다.

셋째는 '재생성(再生性)'이다. 크게 보면 산업유산은 기능이 쇠퇴된 후 버려진 땅을 칭하는 브라운 필즈(brown fields)에 속한다. 특히 산업유산은 원도심이나 항만에 입지하는 경우가 많아 지역재생의 새로운 가능성을 열수 있는 무한한 잠재력을 보유하고 있어, 낙후되고 소외 대상이었던 옛 산업지대와 공간(시설)을 기회자산으로 전환시킬 수 있는 가능성을 강하게 보유하는 도시자산으로 평가할 수 있다.

지난 2008년에 당인리발전소에 대한 관심이 집중되면서 산업유산 재활용에 대한 논의가 공식적으로 시작되었다. 이후 5개소의 시범사업이 시작되었지만, 이들은 성공적인 산업유산 재활용의 기본 요건들을 갖추지 못한 채 여러 차원에서 어려움을 겪고 있다.

이의 근원적인 원인은 산업유산 재활용이 가진 진정성에 대한 이해 부족이 제공한다. 또

2009년도에 시작된 우리나라 최초 근대산업유산 예술창작벨트 조성사업(시범사업)

지역	사업대상	특화영역	주요 사업내용	
군산	내항의 근대 유산(군)	근대사, 공연	내항부두 및 일제시대 건물을 활용한 문화공간화 - 부잔교 등 내항 공연 공간 및 공원조성 등 - 조선은행, 나가사키18은행 등 문화공간 조성	
신안	(폐)염전, 소금창고(군)	소금, 체험	소금을 소재로한 문화체험공간 조성 - 염전체험장, 염생식물관찰원, 염전전망대 조성 - 소금집, 조각 놀이터, 야외전시공간 조성 등	
포천	폐채석장	조각	폐체석장을 활용한 문화공간 조성 - 교육·전시 관련 창작스트듀오 및 문화예술카페 조성 - 공연·전시 운영프로그램 개발보급 등	
대구	구 KT&G 연초창	예술창작	대구문화창작발전소 조성, 예술창작 프로그램 - 예술창작 공간조성 - 예술창작 프로그램 운영	
아산	구 장항선 및 주변부	공연, 전시	폐철도를 활용한 문화공간 조성 - 도고온천역 등 구 역사의 문화공간화 - 농협창고를 활용한 공연예술극장 조성 - 폐교를 활용한 공연 창작스투디오 조성 등	

한 시범사업을 추진하면서 국가적 차원에서 검토했던 영국, 독일, 일본 등의 성공 사례들이 갖추고 있는 소프트웨어와 휴먼웨어에 대한 실천성 결여가 맥을 같이 한다. 늘 그래 왔듯이 산업유산을 다루는 일을 하향적으로 또 급하게 진행되는 의사결정과정과 관광을 앞세우는 성과주의로 다룬 결과라 할 수 있다.

이러한 시각에서 산업유산을 통한 도시재생의 성공 사례로 손꼽히는 영국 런던의 테이터모던 미술관의 시사점을 찾아보고, 워터프런트로 재개발이 진행 중인 부산의 북항에서의 가능성을 탐색해 본다.

우리나라 최초로 산업유산 논의를 촉발시킨 당인리발전소(© 강동진)

2. 진정한 산업유산, 런던의 테이트 모던 미술관

'템스 강 르네상스'. 어디서 많이 들어 본 문구다. 최근 '르네상스'라는 말을 우리는 유행처럼 사용하고 있는데, '템스 강 르네상스'는 이의 원조격인 셈이다. 영국에서는 21세기로 넘어가던 2000년을 기다리며 런던을 중심으로 전국 곳곳에 '밀레니엄 프로젝트'를 시작했다. 이 프로젝트는 과거 산업혁명 후 번영했던 영국의 위상을 회복하고 새로운 시대에 창조산업과 문화산업에 있어 주도적인 역할을 선점하기 위한 전략 중의 하나였다.

가장 핵심은 템스 강을 새로운 분위기로 바꾸고, 새로운 에너지를 불어 넣는 일! 그래서 그들이 선택한 것은 세계 최대 규모(높이 135m)의 런던 아이(London Eye), 밀레니엄 브리지(Millennium Bridge), 밀레니엄 돔(Millennium Dome) 등 템스 강 변에 늘어선 독특한 구조물이자 건축물들이었다.

런던 아이 : (1999년 영국항공(British Airways)이 새천년을 기념하여 건축한 세계에서 가장 높은 순수 관람용 건축물로서, 밀레니엄 휠(Millennium Wheel)라고도 불리움

밀레니엄 브리지 : 세인트폴 대성당과 테이트 모던 미술관을 잇는 템스 강의 다리(370m)이며, 1894년 타워교 이래 처음으로 만든 보행자용 다리(2000년 건설)임

밀레니엄 돔 : 그리니치에 있는 돔형 건축물로 2만 3000명을 수용하는 복합건물(전시/공연)임. 높이 100m의 기둥 12개와 직경 365m의 막구조이며, 기둥은 12달을, 직경은 365일을 상징함

그러나 이것은 외형적인 결과일 뿐, 밀레니엄 프로젝트 속에는 보이지 않는 그들만의 준비와 노력이 무수히 많이 있었다. 예를 들어, 토니 블레어 전 영국 총리가 '새로운 영국'을 꿈꾸며 1997년에 주창했던 '쿨 브리타니아(Cool Britannia)' 캠페인[1]. 이 운동의 결과로 번창하기 시작한 문화산업과 정보산업은 '창조산업'으로 통합되며 수십조 원의 무역 흑자는 물론, 영국

템스 강변의 새로운 명물이 된 런던 아이(© 강동진)
세인트폴 성당에서 뻗어나오는 밀레니엄 브리지(© 강동진)

의 창조산업(디자인과 소프트웨어를 포괄)이 GDP에서 차지하는 비중은 8%를 넘어섰다고 한다. 이러한 과정 속에서 '텔레토비'와 '해리포터'는 쿨 브리타니아의 상징이 되었다고 한다.

1950년대 뱅크사이드 화력 발전소

테이트 모던 미술관(Tate Modern Museum, 이하 테이트 모던)을 살펴보기 전에 굳이 '밀레니엄 프로젝트'와 '템스 강 르네상스' 얘기를 꺼낸 것은 '테이트 모던'에 있어 영국이 1990년대부터 추구했던 문화예술에 기반 한 창조산업에 대한 얘기가 빠지면 의미가 없기 때문이다.

'테이트 모던'은 한낱 낡고 오래되어 버려야 하는 산업시설이 아니었다. 21세기의 창의 영국을 만들어 가기 위한 하나의 핵심요소이자, '쿨 브리타니아'의 실천 장(場)이었던 것이다.

2000년 5월 12일에 개관한 테이트 모던은 테이트 브리튼(Tate Britain), 테이트 리버풀(Tate Liverpool), 테이트 세인트이브(Tate st.Ives) 등과 함께 '테이트 재단'이 보유한 4대 미술관 중의 하나다. 그런데 이곳은 원래 2차 세계대전 직후부터 런던 중심부에 전력을 공급하다 1981년에 문을 닫은 '뱅크사이드(Bankside) 화력발전소'였다.

어찌된 일일까? 유명한 영국의 건축가였던 길버트 스코트(Giles Gilbert Scott)가 설계를 했다고는 하나 우리 정서상 오염덩어리였던 화력발전소를 미술관으로 둔갑시키는 것은 쉽게 상상할 수 없는 일이다. 테이트 모던이 있는 '사우스워크(Southwark)' 지역(템스 강의 남쪽 둑을 따라 형성된 사우스뱅크(SouthBank)와 연접)은 예로부터 산업지대였고, 지금은 슬럼화 된 공장들이 즐비하고 시끄러운 철도가 관통하고, 노동인구가 주로 거주하는 런던의 쇠퇴지역에 해당한다. 그러나 영국 정부와 테이트 재단은 템스 강변에 자리하고 있으면서 넓은 건물면적과 지하철역에서도 가까우며 미래 발전의 잠재력이 큰 이 발전소 부지를 현대미술관을 지을 장소로 낙점하였다. 제대로 멀리 내다 본 것이었다.

1989년에 발족된 '테이트 모던 추진위(Date Modern Trustee)'는 전격적으로 국제현상공모를 결정한다. 공모 준비과정에서 그들이 주목한 것은 발전소의 입지 조건만이 아니었다. 발전소의 3면이 거대한 정교한 창문을 보유하고 있고, 건물 모서리부의 정교한 벽돌 장식, 그리고 거대한 터빈실(turbine hall)과 보일러실(boiler hall)을 보유하고 있고, 철기둥에 의한 공간 구분과 계단과 중간층이 없는 독특한 구조 등도 그들의 관심이었다.

1 '아이디어와 감수성이 반짝이는 사회, 독창성과 개성이 어우러진 활기찬 사회, 그것을 원동력으로 경제가 발전하는 사회'를 만들겠다고 한 것이었다. 영국의 바탕인 역사와 전통을 넘어서는 새로운 것, 공약했다. 영화 〈풀 몬티〉와 'e-브리타니아' 슬로건에 발맞춘 영국 IT산업의 발전을 도모한다.

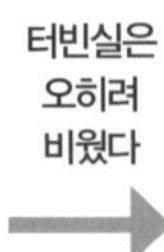

출처: Tate Modern Handbook, 2006

이처럼 단순하면서도 무한한 가능성을 가진 산업시설의 변신을 위한 국제공모가 150팀의 참가 속에 시작되었다. 6개의 최종작에는 유명함을 넘어 이젠 존경하는 건축가가 되어 버린 '안도 다다오'와 '렘 쿨하스', 그리고 '렌조 피아노'의 안도 있었다. 그러나 당선작은 엉뚱하게 스위스의 신예 건축회사인 '헤르초크 & 드 뫼롱'(Herzog & de Meuron)에 돌아갔다.

심사평을 보니 나머지 5개 작품은 자신이 설계한 새로운 건물 속에 뱅크사이드 발전소를 넣는 개념인데 반해, 당선작은 현존 건물의 형태, 재료, 산업 건축적 특성을 최우선적으로 반영한 점이 높게 평가되었다. 즉, 옛 발전소의 디자인적 가치를 제대로 승화시켰고, 테이트 모던 추진위가 주목했던 발전소의 내·외형적 가치를 잘 살린 작품을 선택한 것이었다. 당선작의 핵심적 개념은 '개방성(openness)', '융통성(flexibility)', 그리고 '실용성(pragmatic)'이었다.

약 8년여 간의 공사 후 테이트 모던은 런던에 엄청난 선물보따리를 제공했다. 기존 외관은 최대한 손대지 않았고(80% 이상 원형 보존), 내부는 미술관의 기능에 맞춘 완전히 새로운 구조가 되었다. 직육면체 박스형의 7층으로 변신한 웅장한 테이트 모던을 정확히 수직으로 양분하는 높이 99m의 굴뚝은 반투명 패널을 사용하여 밤이면 등대처럼 빛을 내게 했다. 이 굴뚝은 테이트 모던의 랜드마크는 물론 런던의 상징이 되었다.

테이트 모던에서 눈여겨보아야 할 것이 있다. '테이트 모던 추진위'가 주목했던 점. 바로 입지적 장점에 대한 재해석이었다.

단순하고 강직해 보이는 테이트 모던은 영국의 또 다른 상징이 되었다(© 강동진)

밀레니엄 브리지가 하나로 묶어 버렸다(© 강동진)

테이터 모던 7층에서 바라봄(런던시민들은 그림이 아니라 마음을 스케치하고 있었다)(© 강동진)

그들은 밀레니엄 브리지를 통해 강 건너의 세인트폴성당~밀레니엄브리지~테이트 모던을 하나로 묶었고, 이로 인해 세인트폴을 찾는 관광객을 강 너머까지 이끌어 오는 것은 물론, 템스 강의 새로운 경관축이자 런던의 새로운 상징축을 만들어 냈다.

세인트폴성당은 1897년 빅토리아 여왕의 재위 60주년 기념식과 1981년 찰스왕세자와 다이애나비의 결혼식이 열렸던 런던사람들의 소중한 기억이 담겨 있는 곳이다. 이곳을 오염덩어리였던 화력발전소와 묶은 것이다. 창의적인 발상이라 하지 않을 수 없다. 이 다리 하나 때문에 주변의 바디칸센터, 런던박물관, 런던성(월), 멀리는 도크랜드가 하나로 움직이게 되었다. 런던의 '도심문화관광(downtown cultural tourism)'이 '빅벤(Big Ben)'과 '피카델리 서커스(Picadelli Circus)'를 넘어 새로운 곳을 추가한 순간이었다.

또 하나가 있다. 페리를 통한 연계다. 템스 강을 따라 움직이는 페리(이름도 Date SUN이다)가 '테이트 브리튼 미술관'과 '테이트 모던 미술관'을 40분 간격으로 오고 간다. 이 배를 탄 사람들은 르네상스부터 현대기까지의 미술 세계의 감상은 물론, 템스 강변에서 펼쳐지는 다채로운 런던 풍경을 느끼는 기회도 가지게 된다. 센 강에서는 파리가 가진 외면적 도시풍경의 아름다움에 취한다면, 템스 강에서는 런던의 보이지 않는 문화적 힘과 에너지에 감동하는 것이다.

테이트 모던을 찾는 방문객이 년 400만이 넘는다고 한다. 놀라운 숫자다. 최우수 공공건물수상 및 프리츠커상 등도 수상했다고 한다. 2000년 4월까지는 이런 결과를 전혀 기대하지 못했었고, 1990년까지는 버려진 폐산업시설이었고, 1980년까지는 분명 런던의 오염덩어리였던 곳이 이렇게 대변신을 한 것이다.

버려졌던 발전소 하나가 오염지대였던 사우드워크 일대를 완전히 바꾸어 놓았고, 템스 강에 새로운 활력을 제공하고 있으며, 그리고 런던에 새로운 문화적 에너지를 매일 매일 공급하고 있다.

3. 북항의 산업유산 : 미지의 미래자원

북항의 구체적인 역사는 임진왜란 이후 북항이 일본과 교류를 시작했을 때(두모포왜관 설치 시점)인 1607년을 기점으로 초량왜관의 시대(1678~1875)를 거쳐, 부산이 개항장이 된 이후 100여년이 지난 지금까지 계속되고 있다. 수차례의 대규모 매립과 부두 축조와 개축공사가 확장, 반복되어 왔다. 즉, 북항은 짧게는 100여 년, 길게는 300여 년의 역사를 가진 도시유산(都市遺産)이자 근대기 대한민국의 물류(여객 포함)산업의 변천을 보여주는 산업유산(産業遺産)인 것이다.

특히 북항은 대한민국의 파란만장했던 20세기 근대역사가 오롯이 담겨 있는 역사의 현장이며, 일제강점과 6.25전쟁, 월남파병, 수출혁명 등의 과정 속에서 내재되어 있는 부산의 상흔(傷痕)과 북항에서 삶을 영위했던 다양한 북항 사람2의 시대적 역할이 스며있는 삶의 현장이다. 즉, 부산 북항은 대한민국 근대사의 살아있는 현장이라 정의할 수 있다.

그럼에도 불구하고, 10여 년 전부터 시작된 북항재개발사업은 북항이 가진 유산적(遺産的) 의미와 장소적 가치에 대한 관심도가 매우 낮았다. 북항을 단순히 비게 될 땅, 개발잠재력이 풍부한 평지, 경제적 가치가 높은 바다에 접한 토지로만 바라보았다. 이러한 좁고, 짧은 시각에서 북항을 판단하다 보니, 북항이 가진 잠재력의 반(半)도 파악하지 못한 채 난개발에 가까운 접근을 취해 왔다.

미래가 없는 도시에서의 과거 시간은 망각의 대상이고, 과거 사건은 청산의 대상이며, 과거의 환경은 재개발의 대상일 뿐이다. 이런 도시에서는 과거로부터 살아남은 것들(역사문화의 잔재물)은 지워지거나 해체될 확률이 매우 높다. 지난 4~50여 년 동안 전국 곳곳에서 보아온 현상들이다. 또한 역설적으로 미래에 대한 비전이 상실된 도시의 과거는 화석화된 단순한

매립이 진행 중인 북항(© naver map(2011))

2 북항 일원에서 해양관련 산업과 산업서비스업에 종사했던 사람, 북항의 간접 영향권 내에 속하며 삶을 영위했던 사람, 북항 일원에 살았던(살고 있는) 지역민을 포함

사실에 불과하다.

도시의 과거는 미래와 지속적으로 연동해야 한다. 즉, 제대로 된 도시가 되려면 역사적 과거 사실에 기반 한 상상과 스토리의 구축을 통해 이를 '미래유산' 바라보는 일이 필수적이다.

최초의 해외선원
조남해

최초의 선장
신순성

최초의 여자선원
정해심

최초 여성 관제사
김인숙

북항의 역사적인 사람들

북항은 지난 100여 년 동안 사통팔달 계속 움직여 왔다. 북항은 입지적으로 볼 때, 산과 강, 물류와 경제, 철도와 도시 등과 접하고 있다. 그래서 물자와 에너지, 그리고 사람들이 쉴 사이 없이 흘러 들어오고 모여들었고, 북항을 기점으로 출발하거나 퍼져나갔다. 그래서 북항은 끊임없이 움직여 왔고 지금도 움직이고 있고, 또 미래에도 계속 움직여 갈 것이다. 북항의 최고 가치는 '정지하지 않음'과 '변화의 추구'였다.

하지만 아무리 좋은 변화라 한들, 기반과 뿌리가 부실할 때에는 더 큰 문제를 유발시킬 수 있다. 북항의 뿌리는 지금의 북항에 이르게 한 물류산업의 기반이 된 부두 자체, 물류관련 산업시스템과 동력체, 이를 움직여 갔던 북항사람들이 핵심이다.

북항의 과거, 즉 미래유산은 실체가 드러나는 하드웨어를 기본으로 눈에 보이지 않는 소프트웨어와 휴먼웨어를 포함해야 한다. 하드웨어도 기반이 되는 토목구조체(안벽 등)에서부터 부두노동자의 필수품이었던 갈고리(수동식 안전장치)와 작업 공정[3]에 이르기까지, 또 그들의 기억에 남아있는 부두의 애환과 자긍심까지 두루 두루 포함해야 한다.

특히 1부두는 우리나라 근대사에 큰 획을 그을 수 있는 역사성을 담고 있다. 예를 들어

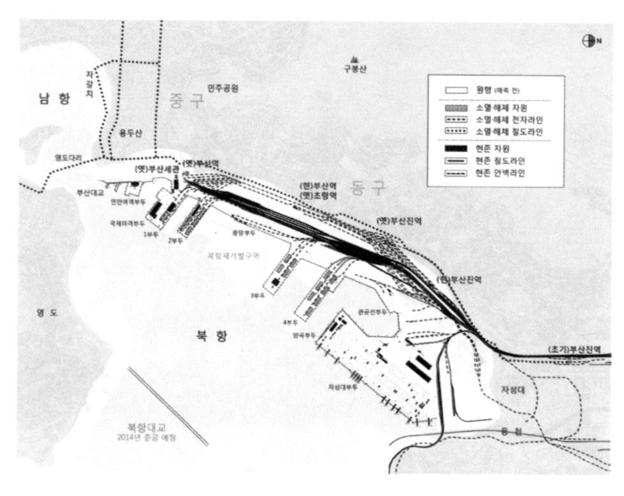

북항의 역사문화 잠재자원
(하드웨어 측면)

3 입출항지원시스템 기능, 하역시스템 기능, 이송 시스템 기능, 보관 시스템 기능, 내륙연계운송 시스템 기능, 기타지원 시스템 기능(검역, 안전, 정비, 행정) 등이 해당된다.

최초 화물선 고려호의 출항식(1952년 1부두) 30만 파월장병의 가슴 속에 남아있는 3부두

1952년 우리나라 최초 화물수출선인 고려호, 1957년 최초 참치잡이 원양어선인 지남호가 출항한 곳이다. 또한 이 곳은 한국과 일본을 오갔던 수많은 선각자들과 독립운동가, 그리고 여러 이유를 가진 동포들의 출입국장이었고, 6.25 전쟁기에는 바다를 통해 부산으로 들어왔던 피난민들의 유입구였다. 3부두는 1965년 해병대 청룡부대가 월남으로 출발 이래 1972년 해병대 청룡부대 철군본부 주력부대가 마지막으로 개선할 때 까지 8년 동안 30만 명의 파월장병들의 애환과 함께 했다.

3, 4부두에 이어 1944년 중앙부두가 완공된 이래 1~4부두 체제가 유지되어 오던 북항이 1978년에 들어 역사적인 변화를 맞게 된다. 1978년 제5부두 준공되면서 우리나라 최초의 컨테이너 부두 시대가 개장된 것이다. 최초 컨테이너 크레인 4대(30.5톤급)가 5부두에 설치되었고, 이어 1982년 최초 국산(삼성중공업) 컨테이너 크레인 4대(40톤급)가 6부두에 설치되면서 우리 기술 중심의 무역시대를 본격화하게 되었다.[4]

결론적으로 북항은 일반적인 물류항구가 아니다. 말로 설명이 불가능한 파란만장한 대한민국 근대사의 살아있는 현장이다. 어떻게 이런 곳을 그냥 어디서 가져왔는지도 모르는 흙으로 덮어 버릴 수가 있는가?

지금의 그림(마스터플랜)으로 그냥 진행된다면 과거의 역사는 물론 미래조차도 담보할 수 없는 평범 이하의 워터프런트로 전락할 것은 명백한 사실이다. 요철형으로 생긴 북항의 해안선을 지켜 온 안벽들, 북항의 3,4부두와 중앙부두 아래에서 60여 년 간 바다 속을 메우고 있던 멍텅구리블록들, 불야성을 이루었던 수출항의 흔적

자성대부두에 남아있는 역사적인 컨테이너 크레인
(앞 1982년 제작, 뒤 1978년 제작)(© 강동진)

4 신항만을 포함한 부산항의 물류 규모가 2011년 누계기준 1천만 TEU를 돌파했다.

배와 땅을 묶어 주는 북항의 계선주들(© 강동진)　　랜드마크로 활용가능한 양곡부두의 사일로(© 강동진)

인 조명탑들, 벌크화물을 화물선에서 내려 이동과 저장의 과정에서 노동자들의 생명을 지켜주었던 갈고리들, 5부두와 6부두에서 쉴 틈 없이 움직여 온 30살이 넘은 크레인들, 컨테이너선의 자리 잡기를 도와주는 터그보트(예인선)들과 선박 항로, 배와 땅을 하나로 묶어 주던 다양한 계선주들. 이 모든 것들이 북항의 유산들임에도 현재의 플랜에는 제자리조차 확인되지 못하고 있다. 그림을 바꾸어도 크게 바꾸어야 한다.

산업유산의 관점에서 북항을 바라보면 크게 세 가지의 이슈를 찾을 수 있다.

첫째는 '북항의 차별성은 무엇이어야 하는가'다. 도심과 보행권으로 결속된 고속철도 종점역이라는 점, 국제페리터미널과 오페라하우스를 가진 활력의 거점이라는 점도 있겠지만 가장 큰 차별성은 100여년의 역사를 가진 물류부두였다는 점이다. 이는 결국 무엇을 남기느냐 하는 문제와 직결된다. 현재 북항의 랜드마크는 크고 높은 빌딩들로 판단하는 것 같다. 그렇다면 5부두(양곡부두)의 싸일로나 5, 6부두의 크레인들(19만 7830톤급 1개, 19만 8240톤급 2개)은 어떨까. 이외에 북항의 각종 공간, 시설, 요소(기계류, 소품, 기록물 등)들과 소프트웨어로 정리되는 물류기능과 시스템, 관련인(부두노동자, 파월장병 등)의 기억, 풍경 등도 해당될 것이다.

두 번째 이슈는 잠재자원들을 어떤 방법으로 활용할 것인가의 문제다. 잠재자원을 보존하는 방법은 현장 보존(존치), 이전 보존(활용), 변화를 통한 창의 보존, 기록화(디지털작업), 스토리텔링화 등으로 구분이 가능하다. 문제는 고착되어 가는 마스터플랜과의 정합성의 문제다. 잠재자원을 활용하려면 상당부분을 변경해야 한다. 또 전체를 조율할 수 있는 강력한 시스템도 요구된다. 시간적으로 얼마의 여유를 가질 수 있느냐와 조율의 시스템을 어떻게 확보하느냐다.

세 번째 이슈는 북항과 주변부, 특히 옛 도심부(광복동, 남포동, 중앙동, 초량동, 영주동 일원)와의 연계성을 어떻게 확보할 것인가다. 단순히 데크 구조물을 통해 상호 입체 연결의 문제를 넘어 토지이용적으로 융합 효과를 유발할 수 있는 방안 마련이 요청된다. 이 또한 기존 마스터플랜의 혁신적인 전환이 있어야 한다.

4. 산업유산의 재활용은 선택이 아닌 필수

21세기의 시선(視線)은 분명 새 것, 남의 것, 그리고 큰 것은 아닌 듯하다. '창의적 발상'과 '그 땅의 내면적 가치를 읽어 내는 힘', 그리고 '그 지역을 사랑하고 맥을 이어가려는 지역민들의 마음'이 핵심이다.

이런 관점에서 산업유산 재활용에 관련된 우리의 상황은 이제 시작 단계다. 따라서 성공적인 산업유산 재활용의 사례나 이를 통해 지역이 재생되었다는 경우는 발견하기가 쉽지 않다. 진행되고 있거나 관심을 기우리고 있는 유산들은 제법 많지만, 실질적인 결과물로 판단할 수 있는 곳은 태백 철암의 탄광지대의 시민활동, 정수장을 재활용한 선유도공원이나 서서울호수공원, 항만부의 창고시설들을 중심으로 한 인천의 아트플랫폼 등에 불과하다. 이러한 정황을 고려해 볼 때, 지금 시점은 산업유산 전반에 대한 보다 폭넓은 논의와 우리 주변에 산재한 폐산업시설(아직 움직이는 노후 산업시설 포함)들을 찾아 상세한 목록을 만들고, 이를 산업유산으로 전환할 수 있다는 확신을 가지기 위한 실험적인 재생 노력들이 추진되어야 한다.

'신개발'과 '재개발'만이 우리의 살길임을 주장하는 시대는 분명 지나가고 있다. 쇠퇴되었거나 쇠퇴 중인 전국의 산업공간(시설)들은 대부분의 경우 재개발의 최적지로 전락하고 있다. 사실 누구의 잘못도 아니다. 이럴 수밖에 없는 것은 산업유산 재활용이 신개발보다 훨씬 큰 경제 이익을 가져오는 '황금알 낳는 거위라는 사실'을 모르고 있기 때문이다.

2007년 4월, 일본 경제산업성에서는 근대문화재 중 지역사와 산업사에 있어 의미 있는 문화유산을 그룹으로 연계시켜 지역 활성화를 위한 '근대화 산업유산군 33(33 Heritage Constellations of Industrial Modernization)'이라는 목록을 완성하였다. 13인의 전문가로 구성된 산업유산활용위원회를 설치하여 전국의 근대기의 산업유산을 현장에 조사한 후, 산업사·지역사에 근거하는 33개의 산업유산군에 대한 역사적 가치와 상세 목록을 작성한 것이다.
이를 바탕으로 근대화 산업유산군을 활용한 수익형 비지니스 모델의 등을 고안을 위한 조사연구 사업을 진행하고 있다. 결국, 산업유산이라는 지역경제의 수익모델을 제시함과 동시에 지역성과 연계한 지역 경쟁력 강화를 위한 다각도의 정책을 발굴·추진하고 있는 것이다. 이러한 일본의 '근대화 산업유산군 33' 목록화 사업은 분산되어있던 '산업유산'들을 면(面) 개념인 '산업유산군'으로 형성함으로써 지역의 장소성을 살림과 동시에 유산군이 갖는 특성을 강화하는 효과를 기대하고 있다. 즉, 산업유산의 형성 배경과 관련 작동 시스템을 규명함으로써 개발의 틈새에서 산업유산이 살아남을 수 있는 이론적 근거를 제공하고 있다.

이제는 산업유산의 재활용이 도시 발전과정에 있어 '상식'이 될 수 있어야 한다.

산업유산은 오늘날의 국가산업과 경제 발전의 모태가 되었고, 지역생산의 핵심이자 우리 삶을 지탱해준 '산업 문화재'다. 그냥 가만히 두거나 지키기만 하자는 것이 아니다. 맘에 들게 고쳐서 다른 용도로 적절하게 치환하여 생각지 못하던 '다양한 혜택을 뽑아내자는 것'이다.

우리 주변에 널 부러져 쇠퇴의 상징이 되어가고 있는 많은 산업공간(시설)들을 다시 바라보아야 한다. 산업유산의 재활용은 어쩌다 한번 우연히 선택하는 일이 아니라, 이젠 너무나 '당연한 일'이 되어야 하고 또 '필수'가 되어야 한다.

08장

조화로운 가로환경

박 부 미

1. 가로환경의 구성과 개념

우선 가로환경에 대한 그 의미와 정의를 알기 위한 수순으로 오늘날에도 도시연구의 귀감이며 필독서라 할 수 있는 케빈 린치의 '도시의 이미지'(Image of City, Kevin Lynch(1960))를 언급하지 않을 수 없다. 케빈 린치는 도시의 요소들을 분류하고 좋은 도시 이미지를 만들기 위한 정의들을 명쾌하게 정리하였는데, 그의 이론은 많은 변화와 진화를 거쳐 온 오늘날에도 도시계획의 기본적인 지침이 된다.

우선 도시의 가장 근원적인 요소는 사람이다. 그래서 도시 이미지는 사람들의 행위에 의한 움직이는 요소들과 인위적으로 형성된 움직이지 않는 요소들로 이루어지며, 다시 이들은 관찰하는 측면과 관찰되어지는 측면으로 나누어져 오랜 기간을 거쳐서 형성된다고 한다.

뿐만 아니라 근원적인 요소인 사람에 의해 형성되는 도시 이미지는 여러 측면의 환경적 요소들에 의해 영향을 받게 되는데, 대표적으로 물리적 차원과 사회적 차원으로 나눌 수가 있다. 물리적 차원은 장소의 스케일, 시점, 시간, 계절들의 요소에 의해 영향을 받는 것이고, 사회적 차원은 지역에 부여된 역사, 기능, 이름을 포함한 공공Public의 요소에 의해 영향을 받는다고 한다. 특히 물리적 차원의 자연적요소와 계절적인 요소는 파괴되어가는 지구의 생태적 환경요인에 의해 오늘날 더욱 중요하게 부각되고 있다. 따라서 도시 이미지는 사람만이 아닌 사람과 오랜 시간 더불어서 공유하고 소통하며 공생하는 자연에 의해서도 중요한 영향을 받으므로 사람과 자연은 함께 도시 이미지 형성의 근원적인 개념에 적용되어야 한다.

사람과 자연을 근원으로 하는 도시 이미지는 정체성을 비롯한 연속성, 방향성, 스케일에

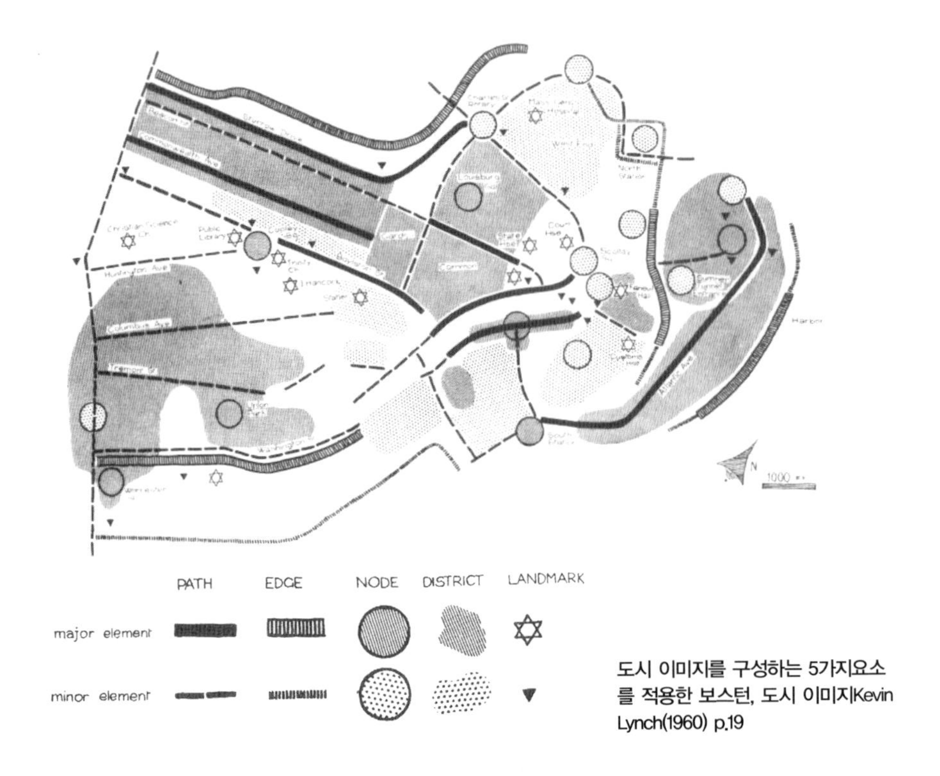

도시 이미지를 구성하는 5가지요소를 적용한 보스턴, 도시 이미지Kevin Lynch(1960) p.19

의해 구분되는데, 특히 정체성은 사람들의 네트워크, 도시를 통과하는 움직임의 잠재된 선들, 특별한 용도와 행위들, 특이한 개성이 넘치는 파사드, 다양한 텍스처들의 보도, 조명 패턴, 특정의 냄새와 소리들, 그 밖의 디테일 성향들, 그리고 식물들의 군집 등에 의해서도 형성되거나 고착된다.

뿐만 아니라 각층의 도시구성원들이 요구하는 다양한 목적을 공유하고 해결해가야 하며, 도시 이미지의 물리적, 사회적 차원의 요소들이 서로 연계되고 융합되어야 한다. 그래서 요소들 간의 긴 기간 동안의 진화과정을 거쳐서 이루어진 융화되고 공유되는 정체성이 바로 좋은 도시 이미지라고 할 수 있다.

오랜 기간을 거쳐서 형성되어가는 우리의 도시 이미지는 의식적이든 무의식적이든 사람들이 도시환경 속에서 지각되고 경험되는 것들로, 가장 먼저 사람들에게 지각되고 경험되고 인식됨으로써 이미지나 추억으로 자리 잡게 되는 것이고, 추억은 도시 이미지로 기억되고, 기억된 도시 이미지는 그 도시만의 정체성으로 자리 잡게 되는 것이다. 따라서 우리는 디자인을 통하여 사람들의 의식·무의식적 경험들을 도시의 정체성으로의 표출에 매진할 필요가 있는 것이다.

도시는 일반적으로 거리(Paths), 가장자리(Edges), 단위(Districts), 랜드마크(Landmarks), 교차점(Nodes) 등의 다섯 가지 요소들로 분류되고 있다. 이러한 요소들은 서로 밀접하게 연계되어있고 서로의 영향을 주고받으며 도시 이미지를 형성하게 된다. 도시속의 요소 중 하나인 가로환경을 알아보기 위해 우선 유사하게 상용되고 있는 길, 길거리, 그리고 거리의 의미와 차이점을 사전적 의미와 통념적인 의미로 알아보자.

길의 사전적 의미는 사람이 다닐 수 있도록 만들어진 곳, 시간이나 공간을 거치는 과정, 방법이나 수단이라고 정의된다. 한편 도시적인 측면에서 길의 통념적 의미는 거리(street), 보도(walkway), 교차로(transit line), 그리고 운하 철도 등을 포함하고, 거리의 폭, 블록의 길이, 건물의 전면부, 거리의 이름으로 이루어지는 행위의 기능 등에 의해서 정체성을 완성한다. 거리는 길거리의 준말이다. 길거리의 사전적 의미는 길과 비슷하며 사람이나 자동차가 많이 다니는 길이다. 가로의 사전적 의미는 도시의 넓은 길을 의미한다. 따라서 통념적으로 길과 거리는 도시의 모든 가로에 해당된다고 정리할 수 있다.

가로환경은 도시의 가장 기본적인 공공의 장소다. 가로환경은 사람들의 동선, 거리의 주된 사용목적, 공공의 소망과 즐거움, 사람들의 센스에 의한 신선함 등이 결합되어 이루어지는 장소다. 그리고 사람들의 거리에 대한 공감각, 문자나 심벌과 같은 상징적인 커뮤니케이션에 대한 시감각, 그리고 사물에 대한 접촉감각 등 사람들의 생물학적이고 관습적인 행위에 의해 긴 기간에 걸쳐서 형성된 공간이며 공유하는 장소다.

이 외에도 가로환경의 구성요소들은 분류해 보면 유형적요소와 무형적요소로 나뉜다. 유형적인 요소는 건물, 파사드, 간판 바닥 천장의 1차원적 요소와 가로시설물, 예술요소, 가로수, 물 돌등의 2차원적 요소로 나누어지고, 무형적인 요소는 자연적인 요소, 인위적인 요소, 그리고 행위적인 요소들이 있다. 이처럼 도시속의 장소로서 가로환경에는 그 속에 살아있는 무형적인 요소뿐만 아니라 시설물, 구조물, 그리고 건축물 등 유형적인요소에 대한 관점도 중요하므로, 1차와 2차의 유형적인 요소들은 오브제적인 관점의 창의성으로부터 구조와 디테일에 대한 기능성과 전문성에 이르는 총체적인 관점으로 접근하고 진행되고 관리되어야 한다.

우리나라는 지방자치제 실시와 더불어 1990년대부터 실시해온 많은 도시개발 정책사업의 하나로 문화거리를 추진해 오고 있다. 이는 가로환경에 대한 본래적 기능회복에 대한 시대적 요청과 개개인의 적극적인 문화 창조자로서 욕구가 증대되면서 시민이 직접 참여하고 경험할 수 있는 최소의 문화공간을 가로환경에 조성하고자 한 것이었다. 그럼 지금부터 우리의 가로환경을 세 가지 관점에서 짚어보고자 한다.

2. 가로환경은 무엇에 의해 형성되는가?: 사람에 의한 거리 / 정체성, 행위성

가로 혹은 거리에서 일어나는 모든 행위와 이야기들의 주체는 사람이므로 사람을 중심으로 형성된다. 여기서 사람은 사용자, 관리자, 설치자....인 우리 모두다. 뉴욕의 새로운 예술 문화의 소호거리(Soho Street), 세계금융의 중심인 월스트리트(Wall Street), 영국의 디자인 계획거리 브리스톨(Bristol), 요코하마의 보행자 중심의 쇼핑거리인 모토마치(Motomachi), 오사카의 자연과 공생하는 생태거리 고베(Kobe) 등에서 우리는 거리의 이름과 함께 그곳에서 어떠한 패턴의 행위가 이루어지는지 쉽게 알 수가 있다. 이는 그 거리의 정체성이 명확하다는 뜻이며 요즘 말하는 명품거리라고 할 수 있다. 심지어 이러한 명품거리들은 그 지역의 랜드마크가 되어 관광의 명소로서 지역경제의 큰 일익을 담당하고 있다.

이러한 명품거리들도 거리만으로는 그 기능을 살리기가 힘들다. 도시 속의 네트워크가 잘 되어 있을 때 그 진가는 빛을 발한다. 많은 여러 국가나 지역들은 오래 전부터 도로명 중심의 주소체제를 실시해 왔다. 필자가 30년 전에 거주하였던 미국에서의 기억을 되살펴보기로 하자. 당시 처음 찾아가는 장소를 쪽지에 적어준 거리명과 숫자만으로 운전을 하면서도 수월하게 찾을 수 있었던 도로명 체계가 아주 편리하여 필자의 인상에 남았었다. 이는 광활한 대지를 빠르게 이동하면서 주소를 인식해야 하는 서양도시의 특성이며 그러한 체계에 적응되어온 진화의 결과일 것이다. 그 당시 LA에는 명품 프래그쉽 상점들이 즐비한 로데오거리(Rodeo Dr.), 영화배우들을 볼 수 있는 헐리우드의 선셋거리(Sunset Blvd.), LA 중심가를 관통하는 대형사무실들이 즐비한 윌셔거리(Wilshire Blvd). 등으로 거리의 특성에 따른 정체성이 명확하여 이방인이라도 쉽게 거리에 대한 이미지를 떠올리도록 하였다. 지금도 국내에는 이들 거리명을 딴 거리들이나 지역들이 인기를 끌고 있다.

우리나라도 몇 년 전부터 주소에 거리명을 도입한 도로명 주소전환이 실시되고 있다. 전

민락수변로의 해파랑길(© 박부미)

국의 모든 거리를 대로, 중로, 소로로 나누어서 각 지역의 특성을 담은 이름들을 도입하여 거리의 정체성을 부여하고 있다. 이는 도시의 기본 단위를 구획의 단위에서 거리의 단위로 접근하는 것으로, 우리나라의 마을개념에서 시작된 동 단위, 구 단위의 면적인 개념에서 다양한 이동수단에 의해서 형성된 도로나 거리, 즉 선적인 개념으로 도시에 대한 발상이 전환된 것이다.

우리나라 명품거리는 어디이며 이들을 활용한 도로명은 어떨까. 젊은이들이 선호하는 서울의 가로수길, 전통적인 문화가 숨 쉬는 인사동 길, 우리나라 최초의 쇼핑 테마거리인 일산의 라페스타거리 등. 부산의 대표적인 명품거리와 주소명은 무엇인가. 우선 2007년 대한민국 공공디자인대상을 받았으며 지역의 상권에 활력을 불어넣은 광복로, 천혜의 자연을 끼고 많은 이들의 건강을 책임지는 해운대의 동백로, 영화의 전당을 끼고 계획된 센텀주변의 수영강변로, 대학의 부지를 둘러싼 담벼락을 헐고 지역과 소통의 장을 열어준 대연동의 대학로 등 이름만 들어도 거리의 정체성을 알 수 있는 장소로서의 명품거리들이 생겨나고 있다.

그런데 앞으로 부산의 대표되는 거리들도 인사동처럼 정감이 있는 **길이라는 명칭을 고려해보면 어떨까. 골목길이란 단어를 떠올리면 한국인의 정서가 느껴지는 것은 필자만의 생각일까.

사람들이 모여서 사람의 행위에 의해서 형성된 거리 그래서 사람에 의한 거리라고 할 수 있는 장소로서 부산을 대표하는 명품거리를 알아보자. 부산은 해양을 끼고 한반도의 끝자락에 자리 잡은 수변도시다. 따라서 대표적인 장소는 단연 해운대다. 하지만 해운대는 부산의 관광특구로서 거리 개념이 아닌 공간 개념에서 접근해야 하므로 다음으로 유력한 장소인 광안리를 살펴보자.

광안리는 반원형으로 휘어진 1.4km의 백사장을 가지고 있다. 인근 남천동 주거단지는 80년도 이전에는 갯벌이었던 곳을 매립하여 인공적인 단지로 형성한 곳으로, 단지를 중심으

광안 해변로(© 박부미)

로 형성된 상권은 부산의 대표적인 주거복합문화의 중심이 되어왔다. 그러나 난개발에 의해 해변의 모래 공간은 줄어들었으며 모호하게 구분되어진 길과 거리는 차량과 행인들에 의해 혼란스러운 거리의 이미지를 만들게 되어 정체성 연속성, 방향성, 스케일이 부재하는 거리가 되었다.

그러나 최근 조성된 보행자 중심의 테마거리(1,250m)에는 다양한 조형물과 벤치, 녹지대가 꾸며져 부산시민의 최고 휴식공간으로 자리 잡고 있다. 테마거리는 '낭만의 거리', '해맞이거리', '젊음의 거리', '축제광장' 등 구간별로 서로 다른 분위기를 연출하고 있고 이제는 부산의 랜드마크가 된 광안대교(7.42㎞)를 감상할 수 있는 가장 좋은 조망장소가 되었다. 광안대교는 국내 최대의 해상 복층 교량으로 첨단 조명시설을 구축해 10만 가지 이상의 야간경관을 연출하고, 밤이면 주변 경관과 어우러져 광안리 전체를 빛과 영상의 미술관으로 변모시킨다. 실제 광안리는 3차원의 빛 미술관이다. 2005년 APEC행사 개최를 축하하기 위해 시작한 부산불꽃축제는 매년 10월 마지막 주 금~토요일에 개최되어 부산시민 뿐 아니라 해외관광객, 사진작가 등 100만 명이 넘는 인파가 몰린다.

이러한 파격적인 변신을 가지게 된 광안리의 주소명도 2012년부터 광안해변로라는 정식 주소명으로 사용되게 되었다. 일본의 모토마치거리가 2차 양방향도로를 1차 일방도로로 변경하여 보행자중심도로로 전환한 것처럼 광안해변로도 현재 여름 휴가철 특정 기간에 차량의 출입을 제한하여 차로를 일반인들이 걸을 수 있는 보도환경으로 만들었다. 이후 이곳을 찾는 많은 가족들과 관광객들에게 차도 위에서 느끼는 새로운 경험과 해방감으로 일상에서 느끼지 못하는 색다른 즐거움을 제공하게 되었다.

이와 같이 사람에 의해 형성되는 거리를 통한 지역주민과 방문객들의 공감각적인 행복감과 정서 교류는 미시적으로는 그 지역 상권에도 긍정적인 영향을 주게 되었고 거시적으로는 부산의 정체성과 위상을 올리게 된다.

3. 가로환경은 무엇을 위해 형성되는가?: 사람을 위한 거리/쾌적성/안정성

가로는 인류의 보행에서부터 유래된다. 말하자면 보행환경이 그 시초라 할 수 있다. 직립원인인 인류에게 보행은 살기위한 가장 근원적인 기본행위였으며 오랜 보행의 흔적에 의해 길이 생겨나고 거리가 분류되고, 그리고 가로가 형성된 것이다. 가로는 사람이 다니는 보행길, 차량이나 바퀴에 의한 주행 길, 전철이나 기차에 위한 선로길 등으로 세분화되거나 구분되어 있으며 그나마 일부 보행 길은 주행 길과 공유되기도 한다. 건물 군들과 교통수단들에 의해 이루어진 현대적 가로환경은 과연 지역 거주민들에게 어떠한 역할을 하고 있는가.

기원전 고대 그리스시대 시민들은 거리에서 고대문화를 꽃피웠다. 거리를 이루는 길이나 보도, 그리고 광장이나 아고라 등을 전이공간으로서 활용하였을 뿐만 아니라 공공회합 장소로서 활용하며 집회나 토론 등을 펼치기도 하였다. 이처럼 거리는 흩어진 도시들끼리의 연결수단을 통한 유형적인 연결장소였으며, 인류 최초의 민주주의가 태동할 수 있도록 시민들의 정신적 네트워트를 결성시키는 역할까지 하였던 무형적인 연결 장소였다.

고대도시로 부터 중세와 봉건사회 그리고 근대사회까지 이어지는 긴 시간동안 거리는 개인의 거주지에서 나와 처음 접하게 되는 공공 장소였으며, 그 지역의 이웃들이 마주치고 소통하는 마당이었고 지역주민들의 정서와 의식을 공유하는 뜰이었다.

20세기 산업사회로 도래하면서 거리환경은 많은 변화를 가져오게 되었다. 다양한 이동수단의 발달은 인간의 이동이 보행에서 주행으로, 그리고 비행으로까지 가능하도록 하였고, 첨단과학의 발달에 의한 이동수단의 발달은 다양한 교통수단과 매체의 양산을 촉진시켰다. 하지만 산업사회 이 후의 인류는 문명의 이기에 의해 발생하는 많은 사고들과 재해, 환경오염, 그리고 사람들의 보행기피에 따른 운동부족, 성인병, 정신적 스트레스 등으로 득(得)보다 많은 실(實)이 있었다. 이러한 현상은 거리환경을 이전의 정서나 공감대를 공유하는 유.무형적인 장소에서 단순한 전이공간인 유형적인 요소로만 인식하게 되었기 때문이다.

하지만 이러한 과거의 과오를 개선하고자 선진 대도시들은 slow-tech을 추진해 오고 있다. 그 중 대표적인 것은 환경오염을 감소시키고, 교통체증도 완화시키며, 시민의 건강증진에도 도움이 되는 자전거 거리조성이라 할 수 있다. 대한민국 서울시 홈페이지에는 자전거거리에 대한 홍보와 이용자의 편의성을 위하여 서울시 자전거도로 멥과 한강 자전거도로 맵을 탑재하여 누구나 정보를 다운 받아서 활용 할 수 있도록 하고 있다.

이제부터 우리는 가로를 단순한 전이공간이 아닌 시민들의 정서나 문화를 교류하고 공유하는 공공의 장소로 전환시켜 나가야한다. 이러한 노력을 뒷받침하기 위해서는 새로운 정책이나 시도도 중요하지만 이를 규제하고 관리해야 할 법제도나 장치들도 중요하다. 기본적으로 우리나라는 광역도시계획. 도시기본계획, 도시관리계획, 경관법, 도시개발법, 건축법, 도로법, 도로교통법, 옥외광고물 등 관리법, 자전거 이용화 활성화에 관한 법, 도로표지규칙, 도로의 구조.시설 기준에 관한 규칙들을 제정하고 이를 준수하고 있다. 이러한 법들은 가로환경의 유형적인 면과 무형적인면을 골고루 발전시켜나가기 위해 필요한 제재장치이며, 시민들의 성숙된 공공의식을 통한 진정한 의미의 가로환경을 위해 적절하게 적용되어야 한다.

가로환경에서 보행환경은 점·선·면에 의한 조형적인 요소와 간판, 가로시설물, 환경그래픽의 매체적인 요소들에 의해 이루어지며, 보행자의 보행과 활동에 영향을 미치는 물리적, 감각적, 정신적인 측면과 이에 관련된 제도 등을 포함한 총체적인 환경을 의미한다.

2007년 이후 경관법이 제정된 이후 가로간판사업, 옹벽벽화사업, 가로공공시설물, 도로

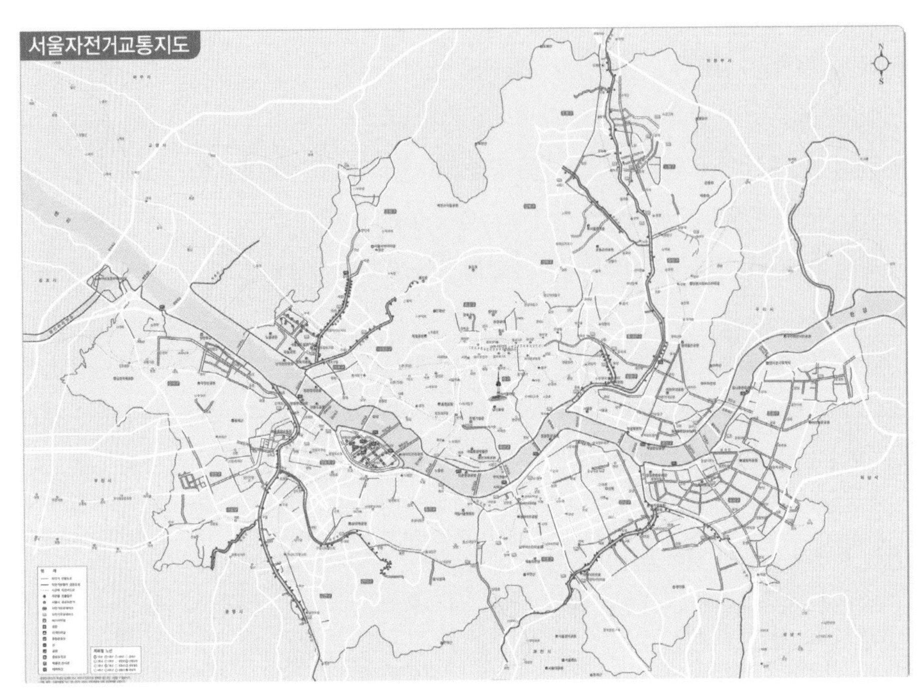

서울시 자전거 map

한강 자전거 map

정비사업 등의 다양한 사업들이 활발하게 진행되고 있다. 하지만 사업시행 후 긴 시간이 경과되지 않았음에도 일부에서는 벌써 무용지물이 되거나 오히려 흉물화 되어가는 가로들을 보게 된다. 보행을 위주로 이루어진 가로환경에 억지로 끼어 넣은 거리시설물들은 보행자의 진로를 방해하며 방치되고 있으며, 제한된 면적에 억지로 끼어 넣은 자전거 길은 주행과 보행을 모두 불편하게 하거나 사람들을 위험한 환경으로 내몰고 있다. 예를 들어 가다가 좁아지거나 없어지는 자전거 길은 보행자들을 위협하며 보행환경에서 지켜야 하는 기본까지 무시하고 있다.

이와 같은 현상은 법의 일괄적인 잣대에 의해 융통성 없이 진행된 무지의 결과이며, 보행자의 기본권리인 안전성과 쾌적성을 무시한 사례들이다.

사람들의 통행에 방해가 되는 가로시설물들, 개인 매대, 지주간판들...
사람들의 통행에 방해가 되는 자동차들, 자전거들
사람들의 통행에 위험요소가 되는 가로시설물들, 자동차들, 자전거들
사람들의 소통에 방해가 되는 거리의 정보물, 간판들
사람들의 소통에 정체성을 보이지 않는 가로시설물들, 보도블록들

사람들의 통행에 방해가 되는 가로의 시설물들(© 박부미)

4. 가로환경은 무엇과 함께 형성되어 가는가?: 사람과 함께하는 거리/연속성/역사성

가로환경의 요소들 중에서 자연적요소와 계절적인 요인은 거리환경에서 가장 뚜렷한 변화를 주는 요소로서 영원. 임시. 찰나에 의한 시간성과 과거 현재 미래의 연속되는 과정에

의해 형성된다.

가로변의 우람하고 큰 가로수는 오랜 시간 누려온 도시의 번영과 역사를 상징하며 그 지역의 자긍심을 느끼게 한다. 건물을 뒤덮고 있는 담쟁이의 초록은 계절에 따라 다양한 톤의 변화를 보여줌으로써 살아있는 표정을 가로의 파사드를 통해 사람들에게 전달하며, 이끼긴 보도의 블록들과 옹벽의 틈 사이로 비집고 나온 풀 들은 생명의 강인함과 신선함을 전해준다. 뿐만 아니라 그 지역마다의 전통적이고 풍토적인 재료와 형태를 통한 가로의 물리적 요소들은 고향의 따뜻함을 느끼게 한다.

이처럼 우리는 살아있는 자연과 유기적인 것들로부터 매일 생명력을 확인하게 되고 계절에 따라 보여주는 변화를 통하여 정서적인 교감과 내면적 치유를 받게 된다. 긴 세월동안 행해지는 사람들의 행위들과 자연의 주기와 변화에 따라 달라져가는 거리의 표정은 거리의 흔적들을 통해 고유한 스토리를 만들고 사람들에게 치유(healing) 장소로서 가로환경을 제공한다.

괄목할 경제성장을 이루고 1인당 국민소득이 2만불 시대의 선진국 시대가 도래되었으나, 단기간 동안 진행된 난개발에 의한 실수와 파괴들을 피할 수 없게 되었다. 일부 가로환경 사업에서 시야에 가리거나 통행에 방해된다는 이유로 가로수들을 뽑아 버리거나, 물웅덩이를 덮어버리거나 심지어 숲까지 없애버린다. 오랜 기간 함께 해왔던 자연물들은 새로운 택지 개발을 위해 하루아침에 없어지고 있다. 이처럼 오랫동안 그 지역의 사람들을 위해 존재해온 유기체들은 사람들에 의해 제거되며, 그 자리에는 편의를 가장한 인공적인 것들로 대체되고 있다. 이는 오랜 시간 생성된 지역의 정서나 공감대를 하루아침에 단절시키고 우리에게서 온기를 앗아가는 파괴적인 행위라고 볼 수 있다.

이러한 지난 잘못들을 반복하지 않기 위하여 우리는 지역의 자연 요소를 이해하고 보호하며 함께 할 수 있는 공생의 스토리를 거리에 이식해야 한다. 거리의 스토리는 역사이며 사회적 차원의 진정한 의미의 무형의 요소다. 역사와 함께 정립된 거리의 살아있는 요소들은 지역의 문화이며 상징이 되고 진정한 거리의 정체성이 된다. 지역민이 공유하는 정서를 위하여, 우리의 정서를 다독거려 주는 거리를 위하여, 스토리가 살아 있는 거리를 위하여, 사람과 함께 하는 거리의 자연적 요소 들을 불편하다고 당장의 이익을 위해서라고 없애버려서는 안 된다.

예를 들어 본다. 부산 남구청에서는 경성대학교 앞에서 영남제분 자리까지 이어지는 대학로거리 조성을 위하여 부경대학교의 오래된 담벼락을 헐어버리고자 하였다. 여러 번 계획안의 심사에 참가했던 필자를 비롯한 몇몇 위원들은 인위적인 개발을 위해 기존의 수목을 없애지 말아야 한다고 의견을 제시하였고, 지금은 교내의 자연적 환경을 지역의 주민들과 공유하는 차원에서 오랜 시간 대학과 지역의 정서를 함께 했던 메타세쿼이아들을 보존하고

부경대 앞 대학로거리(메타세쿼이아)(© 박부미)

공유하게 되었다. 따라서 담벼락 안에서만 감춰져 왔던 큰 수목들이 위용을 드러내며 지역의 산소 역할을 할 수 있게 되었다. 이는 역사를 함께 해오고 앞으로도 함께 할 우리의 동반자인 소중한 자연요소에 대한 기본적인 의무로써 당연하고도 탁월한 선택이었다.

이처럼 시간의 흐름에 따라 재탄생되고 성장하고 함께하는 거리의 요소들, 우리가 생성하기 전부터 우리가 존재하는 지금, 그리고 우리가 존재하지 않는 미래에 까지 함께 할 수 있는 요소들, 긴 시간 끊임없이 자가적으로 확장할 수 있으며 생존 할 수 있는 유기적인 요소들, 우리 인간과 오랜 시간 공존해오며 우리 주변에 항상 존재해왔던 요소들, 그것은 바로 살아있는 자연과 유기체들일 것이다.

태초에서 지금까지 그리고 앞으로도 자연은 존재할 것이며 우리는 자연의 일부다. 가장 위대한 작품은 자연이라고 하며, 가장 아름다움의 찬사는 자연스러움이라고 한다. 그러면 사람과 함께 시간성을 초월하며 함께 공유할 수 있는 가로환경과 거리는 자연환경이거나 혹은 자연과 같은 환경이어야 하지 않을까.

지난 2007년 아름답고 쾌적하며 지역특성을 나타내는 국토환경 및 지역환경 조성을 목적으로 경관법이 제정되었다. 이후 부산시는 창조도시본부를 중심으로 산복도로 르네상스 마을만들기, 경관디자인과를 중심으로 구도심 지역 내에서 문화의 거리, 특화거리, 간판이 아름다운 거리 조성사업 등 관련된 가로환경사업들을 활발히 추진하고 있다. 가로환경의 지속되는 발전을 위하여 필요한 것은 사업시행 이후에도 지속적인 가로환경의 관리를 위한 평가제도의 도입이다. 타당한 평가제도는 평가주체, 평가의도와 관점, 평가시점과 여건이 고려되어야 하며, 체계화된 평가체제는 다양한 계층 간의 관점을 조율하여 공통의 가치기반을 형성하고 공공의 소통 과정의 일환으로 정착되어야 한다.

이 외에도 다양한 계층의 평가결과를 토대로 한 행정관리 측면의 자세도 재검토되어야 한다. 근시안적이고 전시적인 사업의 진행을 지양하고, 관련법들을 체계적으로 해석하여 시행하여야 한다. 가로공공물 관련법(도로본체/도로 교량 엘리베이터), 도로부속물(교통안전 시설류, 교통관리시설류, 버스정류장), 도로점용물(옥외광고물, 공중전화부스, 전주, 노점류), 도로 외 공공물(사유지의 자동판매기, 오락시설, 특판용 매대)등의 법규에 대한 깊은 이해를 통해 사람을 중심으로 한 가로환경이 이루어지도록 노력해야 한다.

실제 관계법규들은 가로환경이 사유공간의 성격을 띨수록 공권력의 규제나 제재가 약해져 관리에 있어서 많은 어려움이 있다고 한다. 즉 도로점용물이나 도로외 공공물에 대한 여러 사업을 펼치는 과정에서 부서 담당자들 간에 맡은 대상이 다르거나, 원활한 커뮤니케이션의 부재, 가로환경 요소에 대한 전문성의 결여 등으로 여러 사업들을 성공적으로 관철하기가 어렵다고 하는데 이를 개선하기 위해서는 지속적이고 강력한 제도적 지침이나 시스템 구축이 반드시 필요하다.

가로환경이란 거시적인 관점에서 사람에 의한 사람을 위한 그리고 사람과 함께 공존해 가는 공간이다. 그러므로 후대에 물려줄 수 있는 부끄럽지 않은 가로환경을 위해 사용하는 사람, 만드는 사람, 관리하는 사람, 평가하는 사람 모두가 함께 의지와 사고를 공유해 가야 하며, 부산의 조화로운 가로환경은 정체성, 쾌적성, 연속성을 가진 부산만의 스토리가 녹아 있는 장소가 되어야 할 것이다.

09장

매력적인 공공디자인

윤 지 영

1. 공공디자인의 개념과 분류

서구에는 공공디자인(Public Design)이라는 용어가 없다. 우리가 말하는 공공디자인을 미국에서는 일반적으로 커머셜(commercial) 디자인이라고 부른다. 국민의 세금으로 기획, 설계, 구축되는 많은 공적 공간에도 상업 공간과 사적인 운영이 포함될 수 있으므로, 커머셜 디자인이라는 표현도 적합하다고 할 수 있다. 그 명칭이 공공디자인이던, 커머셜 디자인이던 '공공에 의한, 공공을 위한 디자인' 이란 사실은 변함이 없다고 생각된다.

공공디자인이란 명칭에 대해 부정적 의견도 있으나, 공공의 이름으로 이루어지는 많은 물리적 시설과 디자인을 통괄하여 정의, 분류해 보고, 나아가야 할 방향에 대해 숙고해 보는 것은 매우 필요하다고 여겨진다. 문화체육관광부는 공공디자인을 '국가 및 지방자치단체가 제작, 설치, 운영 관리하는 것으로 국가나 국민이 직접 사용하는 공간, 시설, 용품, 정보 등의 심미적, 기능적 가치를 높이기 위한 창조적 행위'라고 정의하고 있다.

거시적 의미에서 공공디자인이 필요한 이유는 공공디자인을 통해 지역주민의 삶의 질이 높아지고 지역의 이미지가 향상되기 때문이다. 공공디자인 정책과 개발을 통해 지역 주민들에게는 쾌적하고 문화적으로 풍요로운 환경을 제공하고, 지역의 문화적, 역사적 가치를 보전, 발전시킴으로서 긍정적인 지역 브랜드 이미지를 구축하도록 한다. 또한 관광문화 산업과 관련하여 도시나 지역의 경쟁력을 향상시킴으로서, 글로벌 시대에 걸맞는 경제적 가치를 창출할 수 있다. 로마는 2000여년 전에 선조들이 만들어 놓은 공공건축과 디자인 자산으로 아직까지 유럽 최고의 관광도시라는 명성을 유지하고 있다. 로마의 예는 명품 공공디자인이

백년대계가 아니라 천년대계임을 보여준다. 한 도시의 공공디자인은 그 도시의 경제, 문화, 시민들의 삶의 질을 좌우하는 결정적 요소다.

또한 공공디자인은 넛지(Nudge)의 역할을 할 수 있다. 넛지(nudge)는 마케팅에서 사람들이 바른 선택을 할 수 있도록 은근슬쩍 도와주는 것을 의미한다. 강요에 의해서가 아니라 자연스럽게 똑똑한 선택을 하도록 이끌어 내는 힘이라고 할 수 있다. 암스테르담 스키폴 공항의 남자화장실 소변기 중앙에는 파리가 한 마리 그려져 있다. 그 결과 소변기 이용자의 조준율(?)이 급격히 상승해서 바닥이 깨끗한, 아주 쾌적한 화장실이 되었다고 한다. 이처럼 도시의 공공디자인은 사람들이 시각적, 정서적, 사회적, 문화적으로 보다 나은 삶을 살아갈 수 있도록 물리적 환경을 기획하고 구현하는 것이다. 낙후된 마을에 주민들을 위한 작은 쌈지 공원을 만들게 되면, 이 공원은 '넛지'의 역할을 할 수 있다. 공원을 중심으로 커뮤니티가 형성되고, 이 커뮤니티를 통해 한 동네 식구라는 의식이 생겨나고, 낮에는 체육시설을 이용해 운동을 하고, 밤에는 가로등 아래 평상에 모여 도란도란 이야기를 나누며 이 지역을 범죄로부터 예방할 수 있다. 따라서 공공디자인은 단순한 '도시 미화'가 아니라 도시민의 삶과 직결되는 '문화의 기표'라고 할 수 있다.

공공디자인은 크게 공공공간 디자인, 공공시설물 디자인, 공공용품 및 매체 디자인, 공공디자인 정책의 네 분야로 분류할 수 있으며, 공공디자인 정책을 제외한 내용은 다음의 표와 같다.

공공공간 영역

구 분			내 용
공공 공간 디자인	도시 환경	야외공공 공간	공원, 운동장, 묘지, 공공기관 부속용지, 광장, 놀이터, 보도, 쌈지공원 혹은 기타 유사기능의 공간디자인
		기반시설 공간	도로, 주차장, 터널, 철로, 고가도로, 교얄, 관개배수시설, 상하수도시설, 하수처리장, 발전소 혹은 기타 유사기능의 공간디자인
	공공 건축 및 실내 환경	행정 공간	공공안내소, 마을회관, 파출소, 소방서, 우체국, 전화국, 동사무소, 군사공간, 교도소, 국가 또는 지방자치단체 청사, 정부행정부처 건물, 외국공관 건축물 등
		문화·복지 공간	시민회관, 역사공간, 체육관, 경기장, 공연장, 국공립 복지시설, 국공립 의료시설, 보육원, 기념관, 박물관, 미술관, 휴게소 등
		역사·시설 공간	여객자동차터미널, 화물터미널, 철도역사, 지하철역, 공항, 항만, 고속도로 휴게실 등
		교육·연구 공간	국공립 초·중·고등학교 및 대학교, 유아원, 교육원, 훈련원, 연구소, 도서관, 연수원, 혹은 기타 유사기능의 공간디자인

공공시설물 영역

구 분			내 용
공공 시설 디자인	교통 시설	보행시설물	도로, 터널, 철로, 고가도로, 교량, 보행신호등, 펜스, 볼라드, 가드레일, 가로 표식, 에스컬레이터, 정류장, 자전거 정차대, 육교, 지하도, 보행유도등
		운송시설물	신호등, 교통차단물, 속도 억제물, 주차시설, 주차요금징수기, 톨게이트, 공공기관 소유차량 등과 같은 시설물
	편의 시설	휴게시설물	벤치, 의자, 쉘터, 옥외용 테이블 등과 같은 시설물
		위생시설물	휴지통, 음수대, 재떨이, 화장실, 세면장 등과 같은 시설물
		판매시설물	매점, 무인 키오스크, 자동판매기, 신문가판대 등과 같은 시설물
	공급 시설	관리시설물	하수처리장, 관개/배수시설, 상하수도 시설, 맨홀, 발전소, 전신주, 보행등, 신호개폐기, 전력구, 분전반, 환기구, 우체통, 소화전, 방재시설, 범죄예방장치, 신원 확인 장치, 공중전화, 풍향계, 시계, 온습도계, 안내 부스, 관광안내시설, 지역안내도, 교통 정보판, 무인 민원처리기 등
		정보시설물	
		행정시설물	

공공용품 및 정보 영역

구 분			내 용
공공용품 디자인			각종 집기와 도구, 제복, 가구, 문구류 등
공공 매체 디자인	정보 매체	지시 유도	이정표, 교통표지판, 지역/관광안내도, 버스노선도, 지하철 노선도, 방향유도 사인, 규제사인, 자동차번호판, 각종 픽토그램, 신호체계 등
		광고 홍보	광고판, 현수막, 포스터, 게시판, 간판, 배너, 깃발, 홍보영상, 전광판
	상징 매체	행정 기능	각종증명서, 공문서 서식, 각종 출판물 표지, 각 기관 홈페이지, 표찰, 각종 신분증 등
		유통 기능	여권, 교통카드, 채권, 기념주화, 우표 등
		환경 연출	벽화, 수퍼그래픽, 미디어아트 등 시각매체 디자인이나 공공미술

2. 공공디자인의 모델: 시카고 밀레니엄 공원(Chicago Millenium Park)

시카고 시장이었던 리차드 M. 델리(Richard M. Daley)는 19세기 중반에서 1997년까지 산업폐기장이었던 장소를 시카고 주민을 위한 공공장소로 변화시키고자 하는 비전을 갖게 되었다. 건축가 프랭크 게리가 합류하면서 세계적 예술가, 건축가, 디자이너들이 참여하는 공공 프로젝트로 성장하였다. 시카고 중심지인 Michigan Avenue와 Columbus Avenue 사이에 위치한 25.4에이커의 이 대형 공원은 공공기관과 일반 회사들이 공동으로 유지, 운영하고 있다. 2004년 7월 개장한 이래 매해 500여개의 무료 이벤트를 제공하고 다양한 콘서트, 투어, 음악 페스티발, 전시, 가족놀이체험 등의 프로그램이 이루어져 시카고 시민과 방문객들의 사랑을 한 몸에 받고 있다.

밀레니엄 공원은 공원 자체가 세계적인 예술가 및 건축가들의 작품으로 이루어진 옥외 박물관이다. 일반적인 박물관 실내공간에서는 전시가 불가능한 거대한 규모의 조형 상징물인 크라우드 게이트(Cloud Gate), 시카고 시내와 미시간 강을 모두 바라보며 산책할 수 있는 BP

브리지(BP Bridge), 시카고 시민들의 얼굴로 이루어진 영상의 입에서 분수를 뿜는 크라운 파운틴(Crown Fountain), 옥외 공연장인 프리츠커 파빌리온(Pritzker Pavillion) 잔디 광장 등은 다른 곳에서는 경험할 수 없는 현대적 예술 작품들을 체험하고 즐길 수 있게 한다. 이와 같이 산업폐기장을 도심 내 공원으로 재탄생시키고, 시카고 시민들로 하여금 자부심을 갖게 하는 문화와 예술의 장을 제공하였다는 점에서 도시 재생의 최고 사례라고 할 수 있다. 또한 방문객들에게 다양한 무료 이벤트와 공연 등을 제공하여, 공공 문화의 새로운 장을 열어가고 있다.

크라운 파운틴(Crown Fountain by Jaume Plensa)은 새 천년을 기념하기 위해 밀레니엄 공원 내에 설치된 영상 분수다. 설치 예술가 하우메 플렌사의 대표작으로 2004년 완성하였다. 크라운 분수라는 이름은 제작을 위해 천만 달러를 기부한 레스터 크라운(Lester Crown)의 이름을 따른 것이다.

크라운 파운틴은 유리블록으로 만들어진 15.2m 높이의 기둥 두 개로 이루어져 있다. 이 직육면체의 유리 기둥은 뒤에 배경처럼 보이는 시카고 시내의 고층 건물들과 잘 조화를 이루고 있다. 각 기둥의 앞면에는 LED(Light-Emitting Diodes) 스크린이 설치되어 있다. 스크린에서는 1,000여 명의 시카고(Chicago) 시민의 표정 애니메이션과 자연 경치가 나온다. 화강석으로 마감된 광장에서는 물이 흐르고, 화면 속 인물의 입에서는 물이 분수처럼 나오도록 하였다. 크라운 파운틴은 21세기 기술 문화의 상징이라고 할 수 있는 빛과 영상, 그리고 분수가 복합적으로 디자인되었다. 또한 다양한 인종의 시카고 시민들의 얼굴로 이루어졌다는 점에서 21세기 공공 문화와 디자인이 나아가야 할 '참여의 방향'을 새롭게 제안하였다.

BP 브리지(BP Pedestrian Bridge by Frank O. Gehry)는 시카고 지역의 커뮤니티를 연결하기 위한 거더 형식의 보행교로 2004년 오픈하였다. 콜럼버스 드라이브에서 데일리 바이센테니얼 프라자(Daley Bicentennial Plaza)에 이르며, 프릿츠커상을 수상한 세계적 건축가 프랭크 게리가 디자인하였다. 구조적 문제가 생기지 않으면서 무게를 지탱할 수 있게 하기 위해 가벼운 메탈 시트를 사용하였다. 생물적(biomorphic) 은유를 지닌 형태가 스테인레스 스틸 판과 어우러지는 게리 특유의 스타일로 매우 아름다운 다리로 평가받고 있다.

하우메 플렌사의 크라운 파운틴의 영상(© 윤지영)

프랭크 게리(Frank O. Gerhy)의 BP 브리지와 공원의 프롬나드(© 윤지영)

이 보행교는 기능 측면에서는 콜럼버스 드라이브길의 교통 소음을 차단하고, 밀레니엄 공원과 인근 미시간 호수나 그랜트 공원을 연결시키는 링크 역할을 한다. 콘크리트 기초를 한 거더교지만 다리의 바닥을 목재로 마감하여 콘크리트가 보이지 않는다. 또한 다리의 손잡이를 별도로 설치하지 않고, 바닥과 일체화된 스테인레스 난간벽을 디자인하였다. 전체 길이는 285M이고 바닥은 5도 정도의 슬로프로 휠체어 사용자의 사용에도 문제가 없도록 유니버설 디자인이 적용되었다. 다만 한겨울에는 얼음이 어는 위험 때문에 다리가 폐쇄된다.

3. 북경 다싼스(大山子) 798 예술지구의 공공디자인

21세기의 가장 중요한 화두는 '지속가능한 개발'이다. 그 의미는 경제적 영역에서부터 출발하여 매우 광범위하다. 도시디자인의 측면에서는 도시의 낡은 공간이나 버려진 것들을 재생하여 사용함으로서, 건축 폐기물이나 쓰레기를 줄이고 생태적으로 건강하고 지속가능한 디자인을 만들어가자는 개념을 담고 있다. 이 점에서 북경 다싼스 798 예술지구는 매우 중요한 의미를 지니고 있다.

다싼스 798의 재생 개념을 보여주는 전시 안내물/ 안내맵(© 윤지영)

원래 798 예술지구는 20세기 초까지 전자설비 군수공장이었으며, 이 공장 주소의 번호에서 798의 이름이 유래되었다. 1950년대 들어와 군수공장이 철수하고, 소련의 원조로 무선통신기기 공장이 일부 설립되었으나, 2001년에 폐쇄되었다. 가동이 중단된 빈 공장들에 중앙미술학원이 이전해 오면서 예술가들의 아지트로 거듭나게 되었다. 798예술지구가 시작되는 골목은 넓지도 화려하지도 않지만 공장지대가 갤러리와 문화공간으로 변화되면서 다른 지역에서는 볼 수 없는 독특한 분위기를 자아내고 있다. 또한 수많은 갤러리와 외부에 전시된 거대한 예술 작품들, 낡은 건물 틈사이로 나무가 즐비한 산책로 등은 798을 새로운 문화의 거리로 거듭나게 하였다.

798 예술지구는 현대 예술, 건축적 공간, 문화 산업과 역사적 자취, 그리고 현대적인 도시생활 환경이 유기적으로 결합되어 있다. 중국의 지식인과 젊은 예술가들에게 새로운 라이프스타일을 제시하며, 창의적 문화와 유행을 만들어가고 있다. 국제화에 걸맞는 특색있는 "Soho형식 예술지구"와 "Loft 생활 방식" 은 디자인과 삶이 일체화된 새로운 트랜드로 국내외의 광범위한 관심을 받고 있다. 처음 시작되었을 때는 예술가의 스튜디오와 갤러리, 예술 작품의 전시 등이 중심이었으나, 점차 상업화되면서 예술가들이 많이 떠나고 카페, 기프트샵, 가구샵을 비롯한 상업 공간이 많은 비중을 차지하게 되었다. 이는 상업화로의 변질이라는 비난을 받기도 하였으나, 그럼에도 불구하고 예술 문화의 장소성을 새롭게 창조한 성공적인 지역 재생 사례로 예술가, 건축가, 도시디자인 전문가 뿐 아니라 일반인들의 발

낡은 것을 재창조한 798 스타일의 상징조형물과 문화공간(© 윤지영)

북경의 새로운 문화를 만들어가는 카페테리아(© 윤지영)

길도 끊이지 않고 있다.

멋진 전시안내판 뒤로 붉은 벽돌로 된 군사산업시설이 보인다. 얼핏 보면 가치없다고 생각되는 낡은 역사의 흔적들이 문화 예술과 어우러져 재생의 공간으로 탄생할 수 있다는 것을 증명했다. 798의 전시 안내판은 모두 낡은 재생 철제를 기본 재료로 하고 있다.

다싼스 798의 스트리트 퍼니처는 디자이너의 이름을 알기가 어렵다. 다양한 영역의 예술가, 디자이너들이 낡고 병든 것들을 창의적 방법으로 재생시킨다. 재생의 재료, 형태, 방법은 다르지만 스트리트 퍼니처를 통해 예술성과 생태성을 지닌 강력한 장소성을 창조한다. 다리가 부러진 낡은 나무 벤치를 어떻게 할까? 이름을 알 수 없는 무명의 디자이너는 이 벤치를 콘크리트 자갈 속에 묻어버린다. 버려질 운명의 벤치는 멋진 예술품으로, 또 다른 의미로 부활한다. 버려진 군수공장의 내부는 설치미술가에 의해 역동적이고 매력적인 전시 공간으로 탄생한다.

다싼스 798 거리에는 많은 카페테리아가 있다. 이 카페들은 낡은 목재나 철제 화분에 나무나 꽃을 일렬로 심어 영역을 구분하고 녹색의 거리를 만든다. 야외 테라스에서의 식사라는 새로운 공공 문화와 재생된 스트리트 퍼니처의 멋진 궁합을 볼 수 있다. 이렇듯 새로운 공공 문화를 창출하면서 다싼스 798 지구는 문화예술적 측면이나 상업적 측면에서 모두 성공을 거두고 있다.

4. 부산 공공디자인의 현실과 비전

부산은 최근에 많은 개발이 이루어졌고 여전히 진행 중이다. 특히 센텀은 그 출발이 산업지구로 시작되었으나 현재는 수영강을 끼고 다른 지역과는 차별화되는 고급 문화, 상업, 주거 지역이 형성되었다. 롯데 및 신세계 백화점, 부산영상센터, 부산문화콘텐츠컴플렉스, 고

센텀 신세계백화점 입구 광장 및 휴게공간 디자인(© 윤지영)

급 주상복합 아파트, 나루공원에 이르기 매우 복합적으로 개발되었다.

이러한 고급화, 차별화에도 불구하고 센텀 지역의 공공디자인에 대해서는 이야기가 분분하다. 서울의 강남 지역을 본받아(?) 최고급으로 개발된 센텀은 공공디자인이 잘 된 사례인가에 대한 답은 모호하다. 일단은 신세계와 롯데백화점이 한 덩어리로 거대한 규모로 가로막고 있어 백화점을 가지 않는 사람은 걷기가 매우 불편하다. 그 정도 규모라면 신세계와 롯데백화점 건물 사이를 지금보다 5배 이상 띄우던지, 백화점 1층의 일부를 비워서 사람들이 지나다니는 아케이드공간으로 만드는 등 보행자의 편의를 고려했어야 한다고 생각된다. 또한 백화점, 부산영상센터 등 센텀 상업지역에서 나루공원으로의 도보 진입도 문제가 되고 있으며, 나루 공원의 활성화를 위한 프로그램과 그에 따른 공공시설물 등의 개선도 필요하다.

이러한 문제점에도 불구하고 신세계 백화점이 제공하고 있는 공공 공간은 좋은 공공디자인 사례가 되고 있다. 백화점 입구의 대형 광장공간은 곡선의 파고라와 돌고래를 연상시키는 돌 벤치와 함께 시민들에게 휴게 공간을 제공한다. 여름에는 어린 아이들에게 즐거운 바닥 분수를 뿜어 주고, 크리스마스 시즌에는 멋진 조명과 함께 포토 존이 되기도 한다. 한편으로 백스코 방향의 동쪽 광장은 녹화나 휴게 시설도 거의 없이 썰렁하게 비워져 있어 아쉽게 느껴지기도 한다.

공공 공간의 디자인이 기업 이미지와 직결되며 판매를 위한 전략이라고 할지라도 시민들에게 문화와 휴게 공간을 제공하고, 다른 지역과 차별화되는 멋진 디자인으로 지역의 브랜드 가치를 높인다면, 이는 매우 바람직하다고 할 수 있다. 공공디자인은 지자체와 같은 공공이 주체가 되는 것이 일반적이나, 주체에 관계없이 공공의 공간이 공공디자인, 문화디자인의 이름으로 시민에게 제공되는 일은 더욱 활발히 이루어져야 한다. 특히 도시재생에 있어서는 광장, 공원과 같은 공공의 공간이 문화와 상업, 주거 공간과 같이 어우러졌을 때 강력한 흡입력을 갖게 된다. 문화터미널, 문화프랫폼, 문화클러스터의 개념으로 복합적 공간을 형성하고 이를 지역별로 그루핑하여 도시재생을 성공적으로 추진한 네덜란드의 사례에서 배워야 할 부분이다.

공공디자인은 오랜 세월에 거쳐 그 지역 사람들이 빚어온 삶의 이야기들이 시각적, 공간적으로 표현되는 문화 그 자체다. 공공디자인을 단순한 '도시 치장하기'라고 생각한다면 시민의 세금을 낭비하는 문제를 초래할 수 있다. 불필요한 곳에 과도하게 벽화가 그려져 있거나 지나치게 많은 LED 조명이 장식되어 있는 것이 그 예라고 할 수 있다. 도시재생에서 공공디자인의 가치는 시민들의 삶의 질을 물리적, 사회적, 문화적, 생태적 측면에서 어떻게 지원하는가로 판단되어야 할 것이다.

10장

아름다운 색채·조명

김 정 아

1. 도시재생과 색채·조명과의 관계

도시재생과 색채·조명의 관계는 어떻게 설명할 수 있을까? 도시재생과 색채·조명이 서로 쉽게 연결되지 않는 것이 사실이며, 색채·조명을 통한 도시재생이든 도시재생에서의 색채·조명이든 개념화 또한 그다지 쉽지 않다. 그 까닭은 도시재생의 주된 관심이 색채·조명이 아니고 색채·조명디자인이 도시재생의 핵심적인 도구로 사용된 경우가 별로 없기 때문이다. 그렇다면 색채·조명은 도시재생과 그렇게 큰 관계가 없는 것일까? 하지만 자연환경이건 인공환경이건 색채와 빛이 각각 낮과 밤의 중요한 구성요소이며 인간이 살아가는 여건에서 색채와 빛이 삶의 주제가 되지 않는다고 하더라도 큰 영향을 미치고 있음에는 틀림이 없다. 그렇다면 도시재생도 도시에서 사람들이 살아가는 환경을 문제로 삼기 때문에 색채 및 조명과 무관할 수 없을 것이다. 이런 점에서 우리는 도시재생과 색채·조명의 관계를 말할 수 있다. 색채·조명은 실상 도시재생에서 보조적인 역할을 맡고 있기는 하지만 약방의 감초처럼 빠뜨릴 수 없는 요소인 것이다. 여기에서는 도시재생의 개념에 대한 분석과, 도시재생에서도 통용되는 일반적인 색채와 빛의 특성과 색채·조명 디자인의 일반적인 원리와 디자인 과정에 대해서 검토해 볼 필요가 있다. 나아가서 색채·조명이 도시 재생과 어떤 연관을 맺는지, 색채·조명을 통한 도시재생이 무엇인지, 또 어떻게 이루어져야 하는지를 이론과 구체적인 사례를 통해 검토해 보도록 하겠다.

2. 도시재생과 색채·조명디자인

도시 발전 전략에서 기존의 건물들을 부수고 불도저로 밀어 버린 뒤 새로운 건물과 시설을 짓는 방식이 당연한 것처럼 받아들여지던 시절이 있었다. 이러한 방식은 개발되는 장소가 가지고 있던 장소성과 역사까지 없애버리는 결과를 가져오기 때문에 이제는 이 방법보다는 도시 가꾸기에서 장소성을 살리는 도시재생의 전략이 널리 받아들여지고 있다. 그러나 장소성을 살리는 데 있어서 장소성을 어떻게 파악할 것이냐, 그 장소가 지니는 정체성을 어떻게 구성할 것이냐에 따라서 구체적인 도시재생의 성격이 달라질 수 있다.

흔히 성격에 따라 도시재생을 공간재생, 생활재생, 문화재생으로 나누기도 한다.[1] 공간재생이 지역의 공간적 가치를 높이기 위해 물리적 환경개선에 초점을 맞추는 것이라고 한다면, 생활재생은 사회경제적 차원에서 주민들이 자립할 수 있는 여건 마련을 중시하는 것이고, 문화재생은 주민들이 지역의 문화적 전통에 대한 자부심을 갖게 하고 문화유산을 보존하고 가꾸면서 관광 인프라로 활용될 수 있도록 함으로써 그 지역의 역사성과 정체성을 살리는 데 중점을 둔다. 이렇게 세 가지 도시재생의 유형의 지향점이 다르지만, 실상은 서로 긴밀한 관계를 갖고 있다. 예컨대, 문화재생의 일환으로 이루어진 박물관 건립이 관광객들을 끌어 모아 음식점 등 주위의 상권에 영향을 미칠 수 있으며 이는 지역의 일자리 창출로 연결되는 생활재생으로 이어질 수 있다. 그리고 박물관 건립은 곧바로 인공환경의 구축을 필연적으로 수반하므로 그 자체로 공간재생을 내포하고 있다. 다른 한편으로 생활재생으로 출발한 사업과 그 결과물이 그 지역에서만 누릴 수 있는 그 지역의 고유한 자산으로 인식되고 이러한 인식이 확산된다면 이제 문화자원으로 가치를 지니게 된다. 아울러 지역공동체의 경제적 자립을 위해 마을기업을 세우게 되면 역시 작업장이나 판매장 혹은 사무실 등의 물리적 공간을 필요로 하게 된다. 어찌 되었든지 동네 혹은 도시에 활력을 불어넣기 위한 도시재생은 대부분 공간재생의 형태로 나타날 수밖에 없는 것이다.

이제 공간재생의 형태로 도시재생이 나타난다는 것을 전제로 이 문제를 좀 다른 각도에서 살펴보기로 하자. 기존 건물과 공간과 시설들을 어떻게 할 것인가의 관점에서 몇 가지 유형을 나누어 볼 수 있을 것이다. 기존의 건물을 허물고 이전 건물과는 전혀 다른 용도의 건물을 지을 수도 있고 이전 건물이 지니던 것과 동일한 용도에 쓰이는 전혀 새로운 건물을 지을 수도 있을 것이다. 전자의 사례가 스페인 빌바오의 구겐하임 박물관이라면, 후자의 사례는 부산의 자갈치 시장의 수산센터가 될 것이다. 혹은 기존의 건물을 리모델링하여 이전과는 전혀 다른 용도로 사용될 수도 있겠다. 이러한 사례로는 공장 건물을 미술관으로 개장

1 부산광역시에서 시행하고 있는 산복도로 르네상스 사업은 도시재생 사업의 유형을 이처럼 셋으로 구분하여 시행하고 있다. 『산복도로 르네상스 마스터플랜』(2011.2) 109~370쪽.

한 레드 닷 디자인 뮤지엄 등이 있다. 혹은 기존의 건물을 리모델링하여 이전의 용도와 동일하게 사용하되 새로운 부가적인 기능을 추가할 수도 있을 것이다. 혹은 기존의 건물을 그대로 두고 용도의 변화도 없지만 새로이 채색을 하거나 벽화를 그리거나 경관 조명을 설치하여 전혀 다른 분위기를 연출하는 경우도 있을 것이다.

다른 한편으로는 적용되는 공간의 범위라는 차원에서 도시재생을 나누어 볼 수도 있을 것이다. 가장 넓게는 도시 전체의 차원에서 이루어지는 도시재생을 생각해 볼 수 있다. 그리고 마을이나 구역 차원에서 행해지는 도시재생과 규모가 작은 사이트 차원에서 이루어지는 도시재생을 생각해 볼 수 있다. 이렇게 도시재생의 구체적인 내용이 다르고 기존의 건물과 시설에 대한 해체의 정도가 다르더라도 빠질 수 없는 요소가 색채와 조명에 대한 배려다.

도시재생과 공간재생 그리고 색채·조명디자인 간의 관계가 위와 같다면, 도시재생이 갖추어야 할 주민주도성, 내발확산성, 장소성 등의 특성은 색채·조명을 배려한 공간재생사업도 견지되어야 하며, 적어도 그러한 방향으로 나가도록 목적지향적으로 추구되어야 한다.

색채와 조명은 공간의 주요한 구성성분으로 각기 주간과 야간의 분위기를 좌우한다. 색의 본질은 빛에 대한 인간의 지각에 있다. 빛은 감마선에서 전파에 이르는 다양한 파장의 전자기파 가운데 인간의 눈에 지각되는 가시광선을 일컫는다. 그런데 인간은 이러한 외부의 자극을 그대로 지각하지 않는다. 우리가 같은 색으로 지각하는 전자기파의 스펙트럼이 실제로는 그 분포가 판이하게 다를 수 있다. 왜냐하면 인간의 눈과 뇌는 각 파장의 스펙트럼 각각을 그대로 받아들이는 것이 아니라 간상체와 세 종류의 추상체에 대한 자극치로 색을 인식하기 때문이다. 또한 동일한 빛이라고 하더라도 시야에 들어오는 전체 빛과의 관계 속에서 지각이 되기 때문에 환경에 따라 다른 색으로 지각될 수 있다. 따라서 우리가 문제 삼는 것은 객관적 실체로서의 빛이 아니라 인간의 지각 방식으로서의 빛, 곧 색이다.

수많은 색은 색상, 명도, 채도라는 세 가지 측면에서 구별된다. 색상은 우리가 흔히 무지개 색을 말할 때 흔히 이야기하는 빨강, 주황, 노랑, 초록(녹색), 파랑, 남색, 보라 등의 경우처럼 색 자체가 갖는 고유 특성이다. 또한 명도는 색의 밝기를 말하며, 채도는 색이 선명한 정도를 말한다. 순색에 하양을 더하게 되면 명도가 오르고 검정을 더하면 명도가 내려가나 이 두 경우에 모두 채도는 떨어진다.

이러한 색은 인간의 눈에 지각되기까지의 과정에 따라 광원색과 물체색으로 나뉜다. 광원색은 빛을 내는 원천으로부터 직접 인간의 눈에 들어오는 빛이 인간에게 느껴지는 색을 말한다면, 물체색은 이렇게 빛을 내는 원천에서 나온 빛이 물체에 반사되어 인간의 눈에 들어오게 될 때 느끼는 색이다. 조명 디자인에서는 광원색이 더 중요하다면, 색채 디자인에서는 물체색이 더 중요하게 다루어진다.

한편, 색에 대한 인간의 반응은 여러 가지 차원을 지닌다. 먼저 개인적 특성이 있다. 색채에 대한 개인의 경험 색채에 대한 반응에 영향을 미칠 수 있다. 그래서 선호하는 색이 사람마다 제각각이다. 또 다른 차원은 유행의 차원이다. 색에 대한 선호도가 유행에 따라 변하는 것을 말한다. 그 다음으로는 문화적 차원이 있다. 즉 문화가 다르면 색에 대한 선호도가 다르고 동일한 색이 서로 다른 것에 대한 상징이 되는 경우, 바꿔 말하면 문화에 따라 동일한 것이 다른 색으로 상징되는 경우가 많다. 예컨대, '왕족', '권력' 등을 상징하는 색이 유럽에서는 자주색이라면, 중국과 우리나라에서는 노랑이고 인도에서는 파랑이다. 마지막으로 인간의 보편성에 바탕을 둔 색채 반응이 있다. 이것은 오랜 진화 과정의 산물로서 인간에게 공통된 생리적, 심리적 반응과 결부된다. 개인차, 유행의 변화, 문화적 차이를 넘어서서 널리 인간에게 나타나는 것이다. 파랑이 차갑게 느껴진다든가 빨강이 따뜻하게 느껴지는 경우가 그 한 예가 된다.

색/빛이 공간과 갖는 관계 및 상호작용이 중요하다. 색채와 조명 자체가 목적이 아니지만, 환경 디자인의 모든 요소들이 조화를 이루어야 하기 때문에 색채와 조명을 무시할 수는 없으며, 도시재생에 대해서도 마찬가지다. 환경 디자인에서 색이 중요한 이유는 색이 생리적, 심리적으로 인간에게 영향을 미치며, 연상 작용에 의해 상징적 의미를 갖기 때문이다. 도시재생을 넘어서서 환경 디자인이라면 갖추어야 할 요소들을 간략히 살펴보자.

인간의 생리적 반응을 고려해야

색과 빛이 우리 눈과 우리의 몸에 대한 부정적 영향을 줄이기 위한 목적으로 일차적으로 시각 생리학과 시각적 인체공학에 초점을 맞춰야 한다. 눈부심과 반사, 어두운 대비, 넓은 영역에 걸친 강렬한 색 자극 등은 시각적 혼란과 피로를 야기할 있으므로 색채·조명 디자인에서 가능한 한 이를 피해야 한다. 특히 조명 디자인은 적절한 조도, 시감 농도의 균형 잡힌 분포와 자연스런 음영, 적절한 색도, 고연색성 등의 확보에 유념해야 한다.

공감각에 기반한 색의 생리적·심리적 효과 활용

인간은 환경 속에서 시각, 촉각, 후각, 미각, 온도, 무게감 등 모든 감각을 동원한 총체적인 연관 속에서 사물을 지각한다. 이러한 경험의 총체성 속에 공감각(synesthesia)이 뿌리를 두고 있다. 우리가 물을 경험할 때 단순히 시각에만 의존하는 것이 아니라 다른 감각들도 동원한다. 따라서 우리가 파랑을 볼 때 물을 연상하고 차갑다는 촉감을 느끼게 된다. 바로 이것이 공감각이다. 환경에 대한 총체적 경험으로 인한 서로 다른 감각들 간의 연결이 바로 공감각인 것이다.

첫째로, 색은 경우에 따라 차갑거나 따뜻하게 느껴진다. 녹색과 파랑, 자주색 등은 차갑게 느껴지는 데 반해서 빨강과 주황, 그리고 노랑은 따뜻하게 느껴진다. 이렇게 색이 주는 차가움과 따뜻함의 정도는 일차로 색상에 의해 결정되지만, 빨강과 동일한 색상을 지니는 연분홍이 빨강보다는 차갑게 느껴지는 것처럼 색조에 의해 영향을 받기도 한다.

둘째로, 서로 다른 색은 서로 다른 무게감을 준다. 밝은 색상은 가볍게 어두운 색상은 무겁게 느껴진다. 그리고 녹색, 파랑, 자주색 등의 차가운 색은 더 가볍게 느껴지며, 빨강, 노랑 등은 더 무겁게 느껴진다. 그리고 같은 색상일 때에는 밝은 색조가 채도가 높은 색조보다 더 가볍게 느껴진다. 예컨대, 빨강이 무겁게 느껴진다면, 분홍은 가볍다고 느껴진다. 또한 명도가 높은 색이 낮은 색보다 가볍게 느껴진다.

셋째로, 색은 또한 퍼스펙티브 효과를 주어 색에 따라 깊이감이 다르다. 따뜻한 색, 고채도, 고명도의 색(주황색, 황토색, 모래색 등)은 전경으로 진출하는 성향이 있는데 비해서, 녹색이나 보라, 자주색 등과 같이 차갑지도 따뜻하지도 않은 색은 중경에 위치하며, 암갈색이나 암청색처럼 어둡고 따뜻한 색과 어둡고 차가운 색뿐만 아니라 흐린 파랑이나 밝은 노란 연두처럼 차갑고 밝은 색은 배경으로 후퇴한다. 이러한 색의 퍼스펙티브 효과를 활용하여 대상(figure)과 배경(ground) 간의 관계에 활용할 수 있다.

색채 상징

색채는 위에서 살펴본 바처럼 시각이 아닌 다른 것과 연관이 된다. 바로 이렇게 색을 통해 다른 무엇인가를 가리키거나 의미하는 것을 색채 상징이라고 할 수 있는데, 색채 상징은 단순히 공감각이라는 감각의 차원을 넘어서서 문화와 유행의 차원에까지 미치는 것을 포괄하는 의미로 사용될 수 있다. 좋은 디자인은 건물, 공간, 시설이 지닌 특정한 기능에 적합한 틀을 만들어내는 것이다. 그 상징적 의미와 연상적 효과에 의거해서 색은 기능을 상징할 수 있으며, 그럼으로써 각 건물이나 공간의 사용 목적에 알맞은 분위기를 제공할 수 있다. 색채가 갖는 상징성은 특히 인상과 연상을 우리의 색에 대한 직관적 개념들과 결부시킴으로써 어떤 메시지를 전달하는 데 있어 효율적으로 작용한다. 이렇게 색은 사용자와 그들의 활동이 건물, 공간, 시설 등과 관계를 만드는 데 도움을 주며 이를 통해서 하나의 정체성을 만들어낸다. 색은 우리의 몸과 마음에 큰 영향을 끼쳐 심리적 안정과 육체의 건강에 긍정적으로 작용한다. 또한 색이 만드는 분위기는 일종의 신호가 되어 우리의 행동을 일정한 방향으로 이끈다.

조화와 리듬의 일반 디자인 원리와 배색

조화와 리듬이라는 일반 디자인 원리는 색채·조명 디자인에서도 그대로 적용되며, 특히 색채 디자인에서 배색계획과 조닝계획을 통해 나타난다. 즉 색 혹은 빛 요소들이 서로 조화를 이루되 지루하지 않게 하기 위해서는 공간 속에서 색이 차지하는 표면적의 크기와 상대적인 양이 고려되어야 한다는 것이다. 동일한 배색이라도 하더라도 적용 비율에 따라 상이한 공간적 효과와 인상을 창출할 수 있다. 전체 표면적에서 차지하는 비율에 따라 주조색, 보조색, 강조색 등으로 구분한다. 주조색은 비율의 측면에서 전체 면적의 60~70%를 차지하는 우세한 색으로 공간의 기본적인 분위기를 만든다. 주조색은 눈에 지나친 스트레스를 주지 않아야 하며 컬러 스킴은 중간 정도 비율의 밝은 색상을 지녀야 한다. 보조색은 전체 면적의 20~30%를 차지하며 주조색과 조화를 이루되 대비로 작용한다. 강조색은 전체 면적의 5~10%를 차지하며 전체의 기조를 해치지 않는 범위 안에서 주조색, 보조색과 뚜렷이 대비되어야 한다. 그래서 강조색은 주목을 끌며 반응을 야기하고 사람들을 고무시키고 생명력을 불어넣는 색이어야 한다.

3. 사례를 통해 본 환경색채 및 야간경관·조명디자인의 과정

도시에 활력을 불러일으키는 색채·조명 계획은 어떻게 이루어져야 할까? 환경색채 디자인 혹은 경관조명 디자인은 위에서 검토한 색채 및 조명 디자인 도구를 활용하여 일반적으로 기능과의 조화, 형태와의 조화, 주변 건물·공간·시설과의 조화, 자연과의 조화를 목표로 몇 단계의 절차를 거쳐 이루어진다. 도시재생의 관점에서 이루어지는 색채·조명 계획도 이러한 계획과 디자인 과정의 큰 줄기에서는 변함이 없겠지만, 그 구체적인 내용에서는 차이를 가질 수 있다. 이를 고려하여 환경색채 분야에서는 부산시 도시색채계획과 색채시범마을사업, 경관조명 분야에서는 부산시 산복도로 야간경관 기본계획과 서울 염리동 CPTED 사업 등을 예로 들을 수 있을 것이다. 이 가운데 부산시 도시색채계획과 부산시 산복도로 야간경관 기본계획은 전체 도시나 광범위한 지역을 대상으로 기본계획 차원에서 이루어진 것이고 부산의 색채시범마을 사업이나 서울의 염리동 CPTED 사업의 경우에는 실시계획과 시공으로 이루어진 실행사업이었다. 이를 대상으로 단계별로 검토하면 다음과 같다.

프로젝트 분석

프로젝트의 목표와 시간적 공간적 대상 범위를 명확히 인식해야 한다. 그래야만 프로젝트의 성격을 분명히 인식하고 거기에 맞는 방법과 계획을 세울 수 있다. 수행하는 계획의 목표실현 시기를 명확히 인식하지 못할 때 얼마 안 있어 낡은 것이 되어 버리거나 비현실적인 페이퍼워크로 끝나 버릴 수 있다. 부산시 도시색채분석의 경우에 목표 연도가 2020년이며 산복도로 야간경관 기본계획도 마찬가지로 2020년도가 계획 목표 연도다. 이때 또한 재정적인 여건도 고려해야 실현가능한 계획이 될 수 있다. 하나의 도시 전체에 걸친 사업인지 지구단위 성격의 것인지 아니면 하나의 대지에 적용되는 사업인지 하는 사업대상지의 공간적 범위 또한 고려되어야 한다. 공간적 범위에 따라서 계획의 수준이 달라질 수 있기 때문이다. 도시 전체 혹은 광범위한 지역에 걸친 부산시 도시색채계획과 부산시 산복도로 야간경관 기본계획 같은 경우와 동네 수준의 색채시범마을사업이나 염리동 CPTED사업이 같을 수가 없기 때문이다. 그리고 색채 및 조명 디자인 계획이 재개발 혹은 개발 사업의 부분으로서 행해지는 아니면 리모델링의 차원에서 이루어지는 것인지 아니면 기존의 공간과 건물 시설 등을 내버려둔 채 색채나 조명 차원에서만 이루어지는 것인지에 따라서도 과제의 내용과 폭과 깊이가 달라질 수 있다. 마지막으로 사업이 기본계획인지 실시계획과 시공인지도 명확히 해야 한다. 이에 따라서도 작업의 내용과 폭과 범위가 달라질 수 있다.

현황 조사 분석

프로젝트 분석에 의해 현황 조사 분석의 내용이 결정된다. 일반적으로 현황 조사 분석에는 기존 환경에 대한 색채 분석 내지는 조명 분석과, 사용자의 요구와 심리반응 조사 등을 기본으로 하면, 여기에 계획의 성격과 규모에 따라서 국내외 사례조사가 포함될 수 있다.

환경색채 분석의 구체적인 내용은 자연 환경(산과 물, 땅, 풀과 나무, 하늘 등), 인공 환경(주거지역, 문화재, 공공시설물, 산업단지), 인문 환경(축제, 주요 시장, 특산품 등) 등에 대한 색채 분석으로 이루어진다. 기존 조명환경 분석은 조도, 휘도 분포 조사, 광원의 색온도 조사, 램프 유형 조사, 등기구 유형 조사 등이 포함될 수 있다.

부산시 도시색채계획의 경우를 예로 들면, 부산의 이미지 색 추출을 위해 부산을 대표하는 20개 지역에 대한 환경 색채 분석을 실시하였다. 그 결과를 바탕으로 지역색을 추출하였다. 또한 부산의 이미지를 나타내는 것들(부산 백경과 경관자원 57경)로부터 16경을 정하여 32개의 이미지색(주조색 16과 보조색 16)을 추출하였다. 이때 최종 단계에서는 시민들의 설문 결과를 반영하였다. 그리고 국내외 다른 도시에 대한 사례조사를 수행하였다. 부산시 산복도로 야간경관 기본계획의 경우에는 산복도로 지역에 대한 조도와 휘도의 분포, 광원의 색온도, 조명기구의 유형애 대한 조사를 담고 있다. 그리고 주민들의 야간 조명 현황에 대한 인식과 개선 방향에 대한 조사도 포함되어 있다. 부산의 산복도로와 유사한 조건을 지닌 일본의 나가사키와 그리스의 산토리니에 대한 조사도 들어 있다.

이 단계에서 중요한 것은 현황에 대한 조사와 분석 결과에 따라 문제점을 제대로 파악할 수 있으며 이를 바탕으로 계획의 기본 방향을 세울 수 있다는 점이다. 또한 환경색채와 야간경관, 조명 디자인의 분야에서 도시재생의 성격을 강화하기 위해서는 단순히 사용자의 요구나 반응에 대한 조사 수준에서 그치지 않고, 사용자인 주민들 또한 사업의 당사자라는 관점에서 주민들의 의사를 중심에 두어야 할 것이다. 또 한 가지 도시재생의 성격을 강화하기 위해서는 해당 사업 대상지의 잠재력을 개발하기 위해서는 그 지역의 문화자원에 대한 조사가 이루어져야 한다. 여기서 문화자원이라고 언급한 것은 다른 곳에서는 볼 수 없고 오로지 그 지역에서만 접할 수 있는 자연적, 인공적, 인문적 특성들을 지닌 요소들을 말한다. 이러한 문화자원에 대한 조사 결과는 목록화되고 때로는 문화지도로 작성되어야 한다. 다시 말하면 그것이 '야간경관자원'으로 불리든 '환경색채자원' 혹은 '백경'이라고 불리든 어트랙션이라고 불리든 이들 자원에 대한 분석을 바탕으로 색채나 조명의 관점에서 어떻게 개발하고 엮을 때 시너지 효과를 발휘하고 확산성을 지닌 도시재생으로 연결될 수 있을지에 대한 고민이 이루어져야 한다. 아마도 이 점이 그 이전의 환경색채 디자인이나 야간경관, 조명 디자인과 구별되는, 도시재생의 관점애서 이루어지는 환경색채 및 야간경관, 조명 디자인의 특성이 될 것이다.

기본방향 설정

계획의 목표와, 현황조사 분석에서 파악한 문제점과 그 개선방향을 염두에 두고 문화자원의 잠재적 개발가능성을 고려하여 계획의 기본방향이 설정되어야 한다. 기본방향의 설정은 환경색책 계획이든 야간경관 혹은 옥외조명계획이든, 국내외 사례 조사와 현황에 대한 조사 분석, 설문을 통한 사용자(혹은 주민 혹은 시민)들의 요구 파악 등을 바탕으로, 그리고 그것이 이루어지는 건물, 공간, 시설은 물론, 이들이 놓여 있는 자연환경과 그리고 그 공간, 건물, 시설이 지닌 기능 등과 조화를 이루도록 하는 것이 그 목표로 하여 계획/디자인의 기본 방향을 설정하게 된다. 부산시 도시색채계획의 경우에 부산 경관색 선정의 방향이 현황 조사 분석에서 파악한 지역색과 이미지색을 바탕으로 이루어졌다. 부산경관색의 주조색과 보조색은 지역색에 추출하고, 부산경관색의 강조색은 부산의 대표적 이미지에서 추출된 이미지색에서 추출함을 기본 원칙으로 하였다. 부산시 산복도로 야간경관 기본계획의 경우에는 '별이 내리는 마을'이라는 목표 이미지 실현을 위해 안전성(Safety), 심미성(Beauty), 정체성(Identity)을 목표로 정하고 그 전략으로서 일반 가로 조명과 공원 및 오픈스페이스 조명을 중심으로 한 기초적인 도시조명, 방범을 중심으로 한 CPTED조명, 계단길, 옹벽, 가로수, 조형물, 건축물 등을 대상으로 한 오브제 조명, 마지막으로 산복도로의 관문 등을 중심으로 한 산복도로 골격 경관 조명 등을 설정하였다. 특히 산복도로 지역에 많이 있어서 야간에 주민들에게 불안감을 주는 옹벽과 계단길에 조명을 설치하여 그것들을 산복도로의 특색을 드러내는 빛 오브제로 만듦으로써 주민들이 친근하게 다가갈 수 있도록 계획하였다.

색체 팔레트 계획/조도, 색온도, 휘도 계획

환경색채 및 야간경관 조명 계획에서 위에서 설정된 기본방향은 공감각적인 이미지로 표현되고 필요하면 이미지맵으로 작성되어야 한다. 그리고 이러한 이미지들은 환경색채 분야에서는 색상, 명도, 채도 등으로 표기되는 주조색, 보조색, 강조색 등 색채의 어휘로, 야간경관, 옥외조명 분야에서는 조도, 휘도, 색온도, 연색지수, 콘트라스트 등의 조명 어휘로 번역이 되어야 한다.

부산경관색 36색(주조색 12, 보조색 12, 강조색 12)
출처: 『부산광역시 도시색채계획』. 12쪽.

부산시 도시색채계획의 경우에 부산 경관색 설정의 기본 방향에 따라 부산 경관색으로 36색을 추출하였으며 이 중에서 각각 12 개씩 주조색, 보조색, 강조색을 정하였다.

부산시 산복도로 야간경관 기본계획에서는 예를 들면, 가로 조명의 경우에, 산복도로, 중복도로, 주택가로로 가로의 위계를 정하고 산복도로에는 5,000~6,000K, 중복도로에는 2,800~3000K, 생활가로는 2,200~2,500K의 색온도를 정하였고 공동주택, 단독주택, 공원, 관공서, 근린상가 등 각 조명 유형에 대해 연색지수, 색온도, 광원 유형 등에 대한 기준을 마련하였다.

조닝/축선 계획 단계

앞 단계에서 확정된 기조 이미지와 색채 및 조명 어휘로 번역된 내용들은 조닝/축선 계획을 통해 구체화된다. 즉, 조닝/축선 계획은 대상지역을 몇 개의 구역으로 나누는 면적 구성 방식, 시가지축이나 도로축, 산지축, 해안이나 강(하안가) 등의 축선을 강조하는 선적인 구성 방식, 그리고 이 둘의 복합 구성 방식 등이 가능하다. 일반적으로 색채계획에서는 면을 중시하는 조닝계획이 주로 사용된다면, 야간경관계획에서는 선을 중시하는 축선계획이나 복합 구성 방식이 많이 활용된다. 전체 계획의 콘셉트에 따라 해당 권역 혹은 축선이 지닌 문화자원들의 잠재적 가능성을 고려하여 기조 이미지로부터 번역된 색채 혹은 조명 어휘들이 해당 권역 혹은 축선에 맞게 조정, 배정되면서 다양하게 변주된다.

부산시 도시색채계획의 경우에 권역 부산의 도시 입지 특성에 따라 크게 수변권, 내륙권, 산지권으로 나누고 해당 지역 혹은 인접한 지역 경관의 특성을 고려하여 다시 수변권-해안권, 수변권-하천권, 내륙권-주거지권, 내륙권-가로권, 산지권-해안산지권, 산지권-내륙산지권 등 6개 권역으로 세분되었다. 그리고 수변권은 해안경관과 잘 어울리는 밝은 이미지의 고명도 주조색을 바탕으로 한 백색, 밝은 회색, 파랑색, 초록색 계열의 색상을, 내륙권은 차분하고 안정된 이미지의 고·중명도 주조색을 바탕으로 한 백색, 밝은 회색, 노랑색, 주황색, 갈색 계열의 색상을, 산지권은 토양색을 바탕으로 안온하고 전원적인 이미지를 형성하는 고·중명도의 회갈색, 노랑색, 주황색, 초록색 계열의 색상을 권장하는 것을 원칙으로 삼고, 6 개 권역의 각각에 대하여 부산 경관색 가운데서 각각 6개씩의 주조색, 보조색, 강조색 선정하였다.

계획의 방향에 따라서 조닝 계획을 하지 않는 경우도 있을 수 있다. 특히 사업 범위가 작을 때에는 조닝 계획이 무의미할 수 있다. 예컨대, 부산 색채시범마을사업은 부산시 도시색채계획의 후속 사업으로서 그 성과를 적용해 보기 위한 방안으로 시행되었다. 이 마을은 모두 34채의 주택으로 구성되어 있는데, 사업 시행자는 조닝을 하기보다는 주민들의 선택에

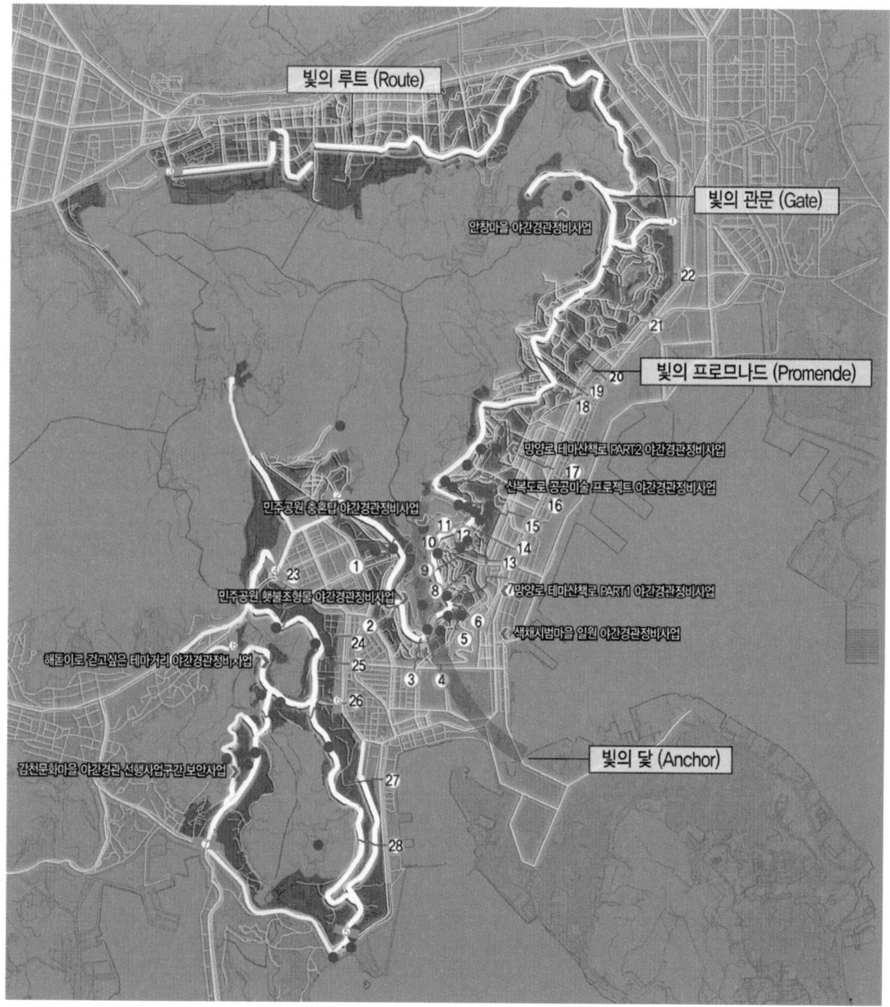

부산경관색 36색(주조색 12, 보조색 12, 강조색 12)
출처: 『부산광역시 도시색채계획』. 12쪽.

맡겨 자유로운 채색이 이루어지도록 하였으며, 산복도로를 중심축으로 도심에서 산복도로로 이어지는 주민들의 보행로를 보조축으로 하는 축선계획을 세웠다.

부산시 산복도로 야간경관 기본계획의 경우에는 사업 대상지가 모두 산록 경사지의 주거지역이므로 용도에 따른 권역 구분이 의미가 없으므로, 다만 지침을 위해서 조망 관계에 중점을 두고 권역을 설정하였으며, 산복도로를 중심축으로 도심에서 산복도로로 이어지는 주민들의 보행로를 보조축으로 하는 축선계획을 세웠다.

기타

서울 염리동의 가로등 모습
(출처: 「골목, 디자인으로 변화하다 – 염리동 소금길」)

조닝 계획 이후의 과정에는 유지 및 관리 계획이 포함되어야 한다. 특히 별도의 조명시설을 요구하는 야간 경관 조명 디자인의 경우는 특히 그러하다. 그리고 그 이후에는 기본계획의 경우에는 실시계획이, 실시계획의 경우에는 시공이 뒤따른다.

시공으로 마무리된 사업의 예로서 부산의 색채시범마을 사업과 서울 염리동의 범죄예방 프로젝트 "소금길" 사업을 들 수 있다.

색채시범마을의 경우에 부산시 도시색채계획의 후속 사업으로서 그 성과를 실제로 적용해 보기 위한 방편으로 시행되었다. 그리고 사업에서 주민들이 자기가 살고 있는 집의 색을 직접 선택할 수 있도록 자율성을 부여하기도 하였다. 그러나 주민들이 선택할 수 있는 색의 범위는 부산시 도시색채계획에서 선정된 부산 경관색의 강조색 12개 가운데서였다.

서울 염리동의 범죄예방 프로젝트 "소금길"의 경우에는 상위 계획 없이 수행된 CPTED 사업인 바, 사업의 일환으로서 조명 사업을 시행하였다. 가로등 등주에 채색을 하고 위험을 만났을 때 연락할 수 있는 비상벨을 결합한 것이 그 특징이다.

4. 아름다운 색채·조명의 지향

도시재생의 측면에서 환경색채 디자인이나 야간경관, 조명 디자인이 이루어진다고 공언한 사업은 드물다. 하지만 어떻게 보면 그 동안 추구되어온 환경색채 디자인이나 야간경관, 조명 계획은 대상지에 활력을 불어넣기 위해서 행해져 왔다고 할 수 있다. 앞으로는 환경색채 디자인이나 야간경관, 조명 디자인 분야에서 도시재생을 목적의식적으로 추구하는 사업들이 활성화될 것으로 예상된다. 도시재생에 대한 관심이 증대되면서 색채와 조명에 관련된 사업들도 늘어갈 것이다. 실제로 공공미술 프로젝트의 일환으로 벽화그리기 사업이 허름했던 산동네 마을들에 시행되기도 하며, 예술가들이 산복도로 지역에 들어와서 작업장을 만들면서 건물에 과감한 색을 입히는 경우도 눈에 띈다. 한편으로 지자체와 외부 전문가의 개입이 제대로 된 불쏘시개의 역할을 하지 못하고 오히려 주민주도성과 장소성의 존중에 위배되는 일이 발생될 수 있다는 것을 경계해야 할 것이다. 예컨대, 색채시범마을의 경우에 주민들은 부산시 도시색채계획에서 제시된 부산 경관색의 강조색(12개) 가운데서 하나를 골라서 자기집에 채색하도록 제한되었는데, 대부분의 색이 채도가 높아 주민들은 비교적 높은 채도의 색에 많이 노출되어 자칫 쉽게 피로해질 우려가 있다. 주민들의 시야에서 볼 때 주조색은 쉽게 피로해지지 않는 저채도의 색으로 정해져야 하는데, 원거리 시점에서의 관광객의 시야에 맞추어진 탓이다. 용두산 공원의 부산타워나 롯데백화점 광복점에서 볼 때 색채마을의 색상은 저채도의 주조색과 보조색들을 배경으로 고채도의 강조색군일 수 있지만, 주민들의 근거리 시야에서는 이 고채도의 색들이 주조색인 것이다. 이것은 배색의 주도권이 주민들에게 있지 않음으로 야기된 것이며 그 결과는 자연스런 색상의 맥락을 깨뜨리는 것으로 나타난 것이다.

맺음말을 대신해서, 환경색채 및 야간경관·조명 디자인에서 에코디자인(eco-design)의 원칙이 지켜져야 한다는 점을 언급하고자 한다. 우리가 산복도로, 특히 감천마을에서 한 계획가의 통일된 지휘 없이 수많은 주민들의 도색 활동의 총합이 전체적으로 조화를 이루며 어떤 미적 질서를 보여 주는 것이거나 망양로와 해돋이로에서 볼 수 있는 하늘주차장의 경우처럼 그 지역의 필요를 반영하는 주민들에 의한 디자인적 해결책 같은 것들을 에코디자인이라고 명명할 수 있을 것이다. 우리가 배워야 할 것은 이러한 에코디자인의 정신이다. 곧 전일적인 하나의 원거리 시점에서 모든 것을 계획하려는 욕망을 포기하고 맥락을 존중하며 현존하는 다른 요소들과의 조화를 염두에 둔 과정적 디자인, 상호 공존의 열린 디자인이 앞으로 도시재생을 겨냥한 환경색채 및 야간경관·조명 디자인에서 기본원리가 되어야 한다는 것이다.

공동체와
공존하는
도시재생

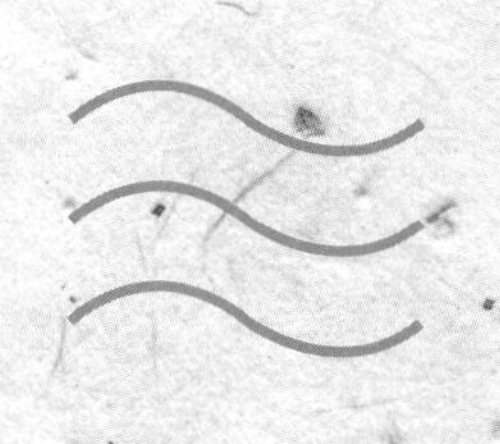

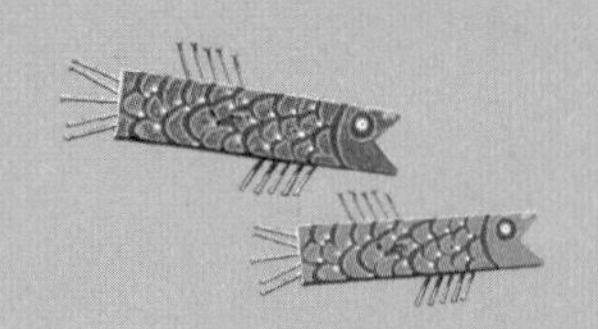

시대가 급변하고 있다. 사람에 대한 배려와 참여 없이는 그 어떤 도시정책이 라 할 지라도 제대로 펼쳐가기 어려운 세상이 되어 버렸다. 그 사람이 주체이든 객체이든 간에, 사람들이 함께 이야기하고, 고민하고, 가꾸며 만들어 가야만이 인정을 받는 시대가 되어 버렸다. 80년대 이후 진행되었던 과도한 도시개발에 의해 깨져버린 지난 삶에 대한 회한과 '우리'라는 관점에서 현실 속의 근린성을 보호하고 지켜가는 일, 그리고 신 개념의 미래지향적인 공동체적 삶을 꿈꾸는 일은 이제 도시재생에 있어 일상적 논제가 되었다.
이런 시각 속에서, '도시재생의 공동체적 접근'에서는 지역의 관점에서 시민(주민)의 편에서 그들의 삶을 보호하고 또 활력을 증진시켜가는 크고 작은 방법들과 그 이야기를 다루려 한다. 지역민들의 공동체적 삶, 그들이 지향하는 복지사회의 꿈, 새로운 활력의 증진 방법들, 함께 모여 서로의 희망을 융합시켜가는 공동체적 공간환경, 그리고 그들의 진솔한 고민을 함께 풀어가는 스스로의 과정과 방법들을 여섯 가지의 주제로 구분하여 그 속에 담긴 생생한 현장이야기를 소개한다.

11장

함께하는 지역공동체

초 의 수

1. 지역공동체의 의미

공동체는 이상적인 인간사회의 꿈이었다. 나눔과 원시적 공산제를 띤 초기 기독교 같은 종교공동체, 근로대중 중심의 사회주의 공동체, 심지어 해리슨 포드가 열연한 영화 '목격자(The Whitness)'의 배경지 Amish 마을공동체 등을 생각하면 모든 공동체는 인간이 꿈꿨던 이상형사회인 것만은 확실하다. 국내에서도 주로 종교집단을 중심으로 이러한 공동체를 지향했던 다양한 시도들이 있었고 부산 역시 예외는 아니다. 하지만 현재 우리가 지향하는 공동체는 특정 집단만의 폐쇄적 공간이 아니라 모든 지역주민들이 해당 지역에 살면서 삶의 문제를 실제로 해결해가는 보통의 실천적 공동체다.

공동체는 영어로 community로 생태학에서 특정 종의 생물이 특정 지역에 모여 사는 현상을 지칭하는 것으로 사회적으로 확장해보면 정주의 단위를 기초로 소속감과 유대감을 공유하는 집단을 지칭하는 경우가 대부분이다.[1]

지리적 경계를 중심으로 한 지역공동체는 직역하면 community 혹은 local community이고 가장 낮은 생활권 단위로 적용하면 neighborhood, 즉 근린이다.[2] 지역공동체는 일상적 용어로 마을공동체, 마을, 동네라는 말로 표현할 수도 있어 공동체를 마을과 동네로 써도 무방할 것이다. 그런 의미에서 지역공동체라는 딱딱한 말보다는 통상적으로는 그냥 동네, 마

1 마을공동체로부터 EU(European Community)와 같이 초국가적 공동체까지 다양한 데 초국가적 공동체도 그 속에는 유대감이 기본이 된다. 유대감 및 소속감을 공유하는 집단으로 민족공동체, 가치공동체 등 지리적 경계가 없이 사용되는 경우도 있다.

2 마을의 경우 영어의 뜻에는 community와 neighborhood가 있다(김진범 외, 2008).

을이란 말을 사용하는 것이 전혀 어색하지 않다.

마을의 사전적 정의(두산국어사전, 2012)는 주로 시골에서 여러 집이 모여 사는 곳 또는 이웃에 놀러 다니는 일을 뜻한다. 마을과 비슷하게 사용되는 동네는 자기가 사는 집의 근처, 여러 가호(家戶)가 지역적으로 한 동아리를 이루어 모여 사는 곳 등으로 정의된다. 이러한 뜻으로 미루어 보아 마을은 동네에 비하여 행위의 의미가 추가적으로 더 포함되어 있는 특성이 있다.

전통적 마을의 개념을 넘어서서 마을의 현대적 의미를 확산시킨 정석(1999: 3)은 마을을 자기가 사는 집 근처라는 동네의 물리적인 범위만을 뜻하지 않고 '마을 사람들' 혹은 '마을 공동체'까지를 포괄하는 뜻으로 정의하고 있다. 이호(2006)는 마을을 "일정한 지역적 범위에 사는 사람들이 '우리 마을', '우리 이웃'이라는 공통의 정체성과 유대감을 갖는 단위"로 정의하면서 물리적으로 고정된 지역적 범위를 갖지 않는 공동체(community)의 범주로 보는 것이 타당하다고 주장하고 있다. 아울러 힐러리가 주장한 공동체는 세 가지 요소인 지역성(locality), 사회적 상호작용(interaction), 공동의 유대(common tie)가 갖추어진 집단으로 공간적 범주를 의미한다고 주장하였다.

바턴(Barton, 2000)에 의하면 근린주구(neighborhood)는 '이웃', '특정 지역지구(district)의 사람들', '특정 지역지구'의 세 가지 의미가 존재하는데 지역사람들이 같은 근린주구라는 것을 인지하고 가치 있게 여기는 정체성을 가지고 있어야 한다고 보고 있다. 아울러 그는 지역공동체(community)를 '지역'이란 뜻을 포함하지 않는 사회적 용어로 설명하면서 지역에 바탕을 둔 사람들의 모임으로 설명하고 있다. 바턴에 있어서 근린주구는 지역공동체의 거점이 된다.

일본에서 마을과 유사하게 마을만들기란 뜻으로 사용하는 마치즈쿠리(まちづくり)는 단순한 물리적, 비물리적인 도시와 환경의 개선활동에 머물지 않고, 이를 위한 시민사회의 원칙과 권한의 확립이라는 기반조건을 만드는 것도 포함하고 있다고 와타나베(渡辺, 2001)는 지적하고 있다. 아울러 일본에서의 마치즈쿠리는 전통적 마을이나 공동체의 요소를 넘어서서 사익(私益)이나 관익(官益)이 아닌 공익을 추구하기 위한 실천 원칙까지 포함되는 의미를 내포하고 있다.(김진범 외, 2008: 12)

본 글에서 마을의 개념은 전통적 농촌이나 시골에서 함께 모여 사는 의미를 넘어서 마을의 공동체라는 의미로 규정하고 힐러리가 주장한 것처럼 지역성, 사회적 상호작용성, 공동의 유대가 있는 공동체(community)의 뜻으로 규정한다. 하지만 일본의 마치즈쿠리처럼 공익을 추구하기 위한 공동의 거점활동이라는 개념은 마을가꾸기 및 자생적 마을활동에서 살기 좋은 마을, 자생적 좋은 마을만들기 등의 공공적 목표가 뚜렷할 경우 더욱 중요한 의미를 지닌다고 하겠다. 이런 차원에서 목표적 개념인 마을공동체, 지역공동체도 매우 중요한 의미를 지닌다고 하겠다.

2. 현대사회 지역공동체의 도전

지난 몇 년 동안 우리나라에서 마을, 동네, 공동체란 말이 주목을 받고 마을만들기, 좋은 지역만들기 등에 많은 관심을 갖게 된 것은 전통적 공동체의 해체에 따라 사회적 관계마저 유명무실해져 인간이 사회 속에서 재생산되는데 필요한 중요한 계기가 상실된데 대한 대응 때문일 것이다. 한국은 지난 반세기동안 세계사 유례를 찾아보기 어려울 정도의 도시화가 이루어져 농촌인구의 격감, 전통적 공동체의 붕괴, 과잉도시화와 지역격차 등의 문제가 야기되었다. 연 평균 20-25%의 인구가 거주지를 이동하고 인구 다수가 원 거주지로부터 유목민처럼 이동의 경험을 갖는 한국사회는 이제 '고독한 군중'과 '무연사회(無緣社會)'[3], '은둔형 외톨이'(히키코모리, 引き籠もり)[4]를 걱정해야 하는 사회로 전환되어 가고 있다.

공동체 없는 도시는 황량하고 더욱 경쟁적이며 외로운 군중의 삶의 공간으로 제한되게 된다. 때로는 연고집단과 자발적 결사체에 소속되어 삶의 이런 저런 만족감을 주기도 하지만 거주이동이 많고 지역공동체의 소속감이 낮은 도시형 사회에서는 사회안정성을 기대하기가 어렵다. 국가보다는 주민 스스로가 참여하며 만들어 가야만이 가장 효과적인 지역사회에서 최종 관리자인 국가와 고립된 개인만이 병렬적으로 접촉 없이 살아가야 하는 사회는 갖가지 문제와 높은 사회적 비용이 발생하게 된다.

공동체 없는 도시도 문제지만 공동체 삶을 심각하게 위협하는 여건도 문제다.[5] 현대 도시와 사회 속에서 일부 사람들은 보통의 사람들이 누리는 삶의 기준에 훨씬 미달된 생활을 하며 다양한 기저층으로 살아가고 있다. 이들은 여러 가지 본인들의 역량과 삶의 가치 구현에 미달되는 취약한 계층(social disadvantage class)이면서 삶의 질적 수준에 미치지 못하는 삶을 살고 있는 계층들이다. 사회적 배제는 현대 사회에 있어서 사회적 취약(social disadvantage)의 형태를 특징화하는데 사용되는 개념이다. 린 토드먼(Lynn Todman)은 사회적 배제를 개인 및 공동체가 사회구성원의 삶에 매우 유용하지만 사회통합에 핵심적인 권리, 기회, 자원(주택, 고용, 건강, 시민관계망 연계, 민주적 참여, 의무 등)에서 체계적인 접근 제한을 경험하는 것으로 정의하였으나 결코 간략한 설명이 쉽지 않은 개념이다(Argarwal and Brunt, 2006). 쉽지 않은 이유는 부분적으로 사회적 배제의 표현과 국가간의 이해방식의 차이 때문이기도 하지만 정확하게 표현하기 어렵고 잘못 해석될 가능성도 존재하기 때문이다.

3 일본에서 최근 가장 특징적인 사회현상으로 '無緣社會'를 들고 있고 서구에서 사회적 배제현상을 지난 십여 년 동안 집중 조명한 것은 현대사회가 갖게 된 관계해체 현상이 얼마나 중요한지를 시사하고 있다.

4 일본은 이미 은둔형 사회문제를 중요하게 제기하여 히키코모리 등에 많은 관심을 갖고 연구하고 있다.

5 Stepney & Popple(2008)은 최근 영국사회 공동체 위협의 중요한 문제들을 글로벌화, 신자유주의화, 불평등 확산 등과 연관시켜 설명하였다. 즉 글로벌화 속에 이민자들, 불법체류자들이 집적되면서 공동체에 포섭되지 못한 채 사회적 서비스에 접근하지 못하고 있는 현실을 지적하였다.

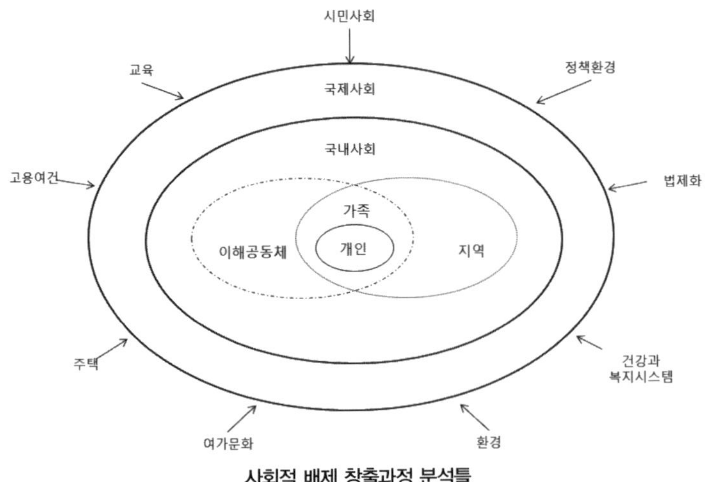

사회적 배제 창출과정 분석틀

영국 사회배제국(Social Exclusion Unit)에서는 사회적 배제를 사람이나 지역이 여러 가지 서로 관련된 문제들 때문에 어려움을 겪을 때 생기는 문제들(SEU, 2004)로 간략히 정의하고 여러 가지 문제의 예로 실업, 낮은 기술력, 저소득, 부당한 차별, 열악한 주거, 높은 범죄, 열악한 건강, 가족 와해 등이 있다고 제시하였다. 이와 관련된 사회 배제 패널조사(Social Exclusion Security Panel, 2000)에서는 도시 및 개인이 경험하는 다중으로 상호연계된 문제들로서 실업, 취약한 기술력, 저소득, 취약한 주거여건, 열악한 지역여건, 다수 범죄 발생과 그에 대한 불안, 비건강, 장애, 가족해체, 취약한 교통, 취약한 지역서비스, 수업 무단 결석, 인종차별 등이 포함된다고 지적하였다.

사회적 배제의 창출과정은 개인, 가족, 커뮤니티 및 지역, 이해공동체를 중심으로 다양한 영역에서 발생하게 된다. 국내사회와 심지어 국제사회의 여건이 사회적 배제의 과정에 영향을 줄 수도 있다. FTA 등의 체결로 국내노동시장과 산업에 당연히 영향을 줄 수도 있으며 예를 들어 부산의 경우 조선업의 국제시장에서 침체는 지역내 조선관련산업의 종사자 및 이해관계자의 타격으로 이어지게 될 것이다. 사회적 배제를 창출시키는 과정은 시민사회, 정책환경, 법제화과정, 건강, 복지체계, 환경, 여가문화, 주택, 고용여건, 교육 등 다양한 과정에서 발생하게 된다.(Tarket etal., 2009)[6]

6 유럽연합은 단순히 국가간 연합이 아니라 헌법과 헌장에 나오듯이 지역통합을 중심으로 하고 있으며 정책적으로는 지역내 주민의 사회적 배제를 해소하는데 주력하고 있다. EU는 2000년 리스본에서 이사회를 통해 2010년까지 빈곤 해소와 사회통합의 국가행동계획을 수립, 집행할 것을 의결하였다. 동년 니스회의에서 빈곤과 사회적 배제 극복을 위해 모든 사람에 대해 고용참여와 자원/권리/재화/서비스에 대한 접근 촉진, 배제의 위험 방지, 가장 취약한 사람들 지원, 모든 관련 기관 동원의 4대 행동목표를 수립하였으며 2001년 사회통합을 위한 국가핵동계획(National Action Plans for Social Inclusion, The Laeken European Concil of December,

3. 지역공동체의 비전

현대적 의미의 지역공동체는 앞서 살펴 본 다양한 사회적 배제와 고립의 문제를 극복하고 기회(opportunity), 책임성(responsibility), 선택(choice)이 강조되는 새로운 사회의 대안[7]으로 의미가 있다(Stepney & Popple, 2008).

지역공동체가 제대로 형성된 사회를 지향한다면 어떤 마을 공동체를 이루어나가야 하는가가 문제다. 마을공동체의 비전은 살고 싶은 마을이 될 것이다. 하지만 이는 주관적이고 규범적이며 가치적 요소를 내포하게 된다. 삶의 장소로서 도시공간의 질적 개선을 추구하는 전문가 집단인 PPS(Project for Public Spaces)에서는 여러 사례지역을 분석한 결과 좋은 장소의 특징으로 사람들을 사교적으로 만들고, 할 거리들을 많이 제공하며, 편안·매력적이며, 접근이 쉬워야 한다고 정의한 바가 있다(진영환 외, 2008).

지역공동체의 비전을 가장 잘 보여주는 것은 영국 토니 블레어(Tony Blair) 정부에서 커뮤니티관련 정책을 추진하면서 영국 내 모든 커뮤니티(특히 결핍지역)의 비전으로 제시한 것으로는 Bring Britain Together: National Strategy for Neighbourhood Renewal(ODPM, 2004)을 들 수 있다. 세부적으로 모든 영역에 다 포함되는 요소와 사회·문화, 거버넌스, 환경, 주거 및 건조 환경, 교통과 연결, 경제, 서비스 등 7대 조건영역에 포함되어야 할 내용으로 구분하여 제시하고 있다. 첫째, 모든 영역에 다 포함되는 내용은 모든 지원·활동은 고품격으로 질 높게 설계·운영되며, 안전하고, 접근 가능하며, 이용가능하고, 친환경적이며 효과적으로 공급되어야 한다는 것이다. 둘째, 사회·문화 영역은 활기 있고, 조화롭고 사회통합적인 커뮤니티가 중요한 내용이고, 셋째, 거버넌스 영역은 효과적이고 적극적인 참여, 대표성, 리더십이 중요한 내용이다. 넷째, 환경영역은 친환경으로 생활할 수 있는 장소의 제공이, 다섯째, 주거 및 건조 환경 영역은 질 높은 건조 및 자연 환경이 중요 내용이다. 여섯째, 교통과 연결 영역은 양질의 대중교통과 일터, 학교, 의료, 기타 서비스 등에 대한 접근성이 중요 내용이다. 일곱째, 경제영역은 활기차고 다양한 지역경제, 여덟째, 서비스영역은 공공, 민간, 커뮤니티, 비영리단체 등이 제공하는 모든 분야의 적절하고 접근 가능한 서비스를 중요 내용으로 제시하고 있다.

이들 내용을 보면 살고 싶은 지역이 물질적인 여건만으로는 완전하지 못하며 오히려 사회적, 조직적, 서비스적 개선이 중요함을 시사하고 있다. 한 해 뒤 다시 영국정부는 근린과 지역공동체의 비전을 지속가능 공동체(Sustainable Communities)로 설정하면서 Sustainable Com-

2001) 수립한 이래 각국은 사회배제를 해소하기 위한 조치를 시행하고 있다.

7 토니 블레어의 신노동당(New Labor Party) 정부는 복지국가 및 제3의 길과 더불어 지역공동체를 사회배제 극복의 유력한 대안으로 설정하였다.

munities : People, Places and Prosperity(ODPM, 2004)를 발표한다. 이 보고서에 따르면 지속가능공동체를 '현재 뿐 아니라 미래에도 살고 싶고 일하고 싶은 마을' 정의하였고 구체적으로는 '현재 뿐 아니라 미래의 다양한 주민 욕구에 적극적으로 대처하고 환경에 민감하며 삶의 질 향상에 노력하는 마을'로 제시하고 있다. 지속가능공동체의 발전을 위한 주요한 원칙은 첫째, 사회, 경제, 환경 구성요소들간의 균형 및 통합을 이루어야 하며, 둘째, 현재 세대 뿐 아니라 미래세대의 욕구에도 부응해야 하고, 셋째, 지속가능공동체를 위해 노력하는 다른 지역들의 욕구들도 존중해야 한다는 것이다. 지속가능공동체의 세부구성은 활력있고 통합적이며 안전한 커뮤니티 활동, 주민들의 참여·대표성·리더십에 의한 효과적 작동, 환경적 민감성, 잘 설계되고 건축되는 주거환경, 교통 및 다른 서비스들의 효율적 연계, 풍부하고 다양한 지역경제, 공사적 서비스의 적절한 공급, 모든 이들에게 공정한 공동체 운영 등이다. 이는 2004년 근린행동계획과 다소 비슷한 내용이라 할 수 있다.

진영환 외 연구(2008)에서는 살고 싶은 마을의 핵심을 생활공간, 주민참여, 공동체의 세 가지 영역으로 보고 있으며 이들이 유기체적, 전체적 접근의 방법론적 기초를 유지하면서 구체화되어야 한다고 지적하고 있다. 즉, 도시만들기, 살기 좋은 지역만들기, 마을만들기의 사업은 반드시 주민생활공간을 중심으로 하는 물리적, 산업적, 생활 서비스적 공간의 구성영역을 검토하여야 한다. 아울러 주민의 지역적 정체성, 주민공동의 이익에 대한 공감 등 공동체적 영역도 점검하여야 한다. 생활공간, 공동체는 주민참여를 통해 구체화된다. 행정중심적, 관주도적인 지역개발이나 기업에 의한 지역형성은 주민의 욕구와 일치하지 않을 뿐 아니라 주민을 객관화, 대상화시키면서 오히려 역효과를 낼 가능성이 높아진다. 주민 스스로의 선택권과 주민의 자발성을 존중하면서 마을만들기가 진행될 때 성과도 높고 효율적으로 진행될 수 있다.

4. 지역공동체의 주요 사례

부산에는 여러 가지 특성의 지역공동체가 존재하고 있다. 크게는 주민자생형 마을공동체, 공공주도형 마을공동체로 나뉜다. 또 촉발적 매개가 무엇인지에 의해서도 마을공동체의 구분이 가능하다. 이에는 지역개발, 사회서비스, 커뮤니티 비즈니스, 종합매개형 등 여러 가지 유형이 있다(초의수 외, 2010). 여기서는 사회서비스가 매개한 북구공동육아협동조합이 있는 대천마을과 지역중심의 경제적 연대체계가 매개가 된 연제공동체를 중심으로 소개하고자 한다. 이들 공동체들은 사회서비스 및 경제활력 등 주민에게 가장 필요한 영역들을 주민 스스로 해결할 수 있도록 추진되어 왔다는 점에서 의미가 있다.

사회서비스 매개 마을공동체 : 북구공동육아협동조합의 대천마을

대천마을 중심의 마을공동체 활동은 북구공동육아협동조합에서 비롯된다. 북구공동육아협동조합은 시민운동과 같은 특별한 목적의식을 가지고 시작하지 않았다. 아이들을 어떻게 키울 것인가에 대한 자기필요에 의해서 공동육아협동조합이 만들어졌다. 기존 교육기관 및 시설의 방식에 대해 우려를 느끼던 사람들이 모여서 공동육아협동조합을 설립하게 되었다. 처음에는 1999년 20평 규모의 덕천동 작은 공간에서 11가구의 조합원과 함께 '북구공동육아협동조합'을 창립했으나 조합원 다수가 다시 각자 흩어져 살게 되었고 2003년 화명동으로 '터전'을 옮기면서 조합원들도 함께 이주하면서 재정화의 계기가 만들어졌다.

조직의 역사를 보면 공동육아의 기반이 되는 1999년 '쿵쿵어린이집'이 개원된 이후 2001년부터는 방과 후 학교가 시작되었으며 2003년 현재의 화명동 대천마을로 터전이 이전되면서 '쿵쿵어린이집', '징검다리놓는아이들' 등이 다시 문을 열었고 어린이날 한마당 행사, 단오잔치 등이 개최되고 있으며 2008년에는 주민들의 학습공동체인 대천마을학교가 설립되었다.

북구육아협동조합은 더불어 살아가는 사회를 향한 어린이 양육을 실현하는 사회적 공동육아를 위하여 서로의 교육관을 교류하고 성, 지역, 계층, 장애 정도 등에 따른 사회, 문화적 차별과 불평등을 극복하며 우리 아이들이 함께 자라나는 열려 있는 삶의 터전을 만들어 나가는 것을 목적으로 설립되었다. 조합은 위의 목적을 이루기 위하여 공동육아 터전의 설립과 운영 지원, 공동육아 협동조합간의 연대사업, 지역사회의 공동체 생활을 위한 사업, 공동육아의 사회제도화를 위한 사업, 공동육아 사업을 위한 기타 사업을 펼쳐가고 있다. 두 교육기관('쿵쿵어린이집', '징검다리 놓는 아이들')의 교육철학은 생태교육, 생활교육, 공동체교육이고 조합은 이러한 교육이념을 실현하기 위한 육아공동체로서 자치와 협동이라는 협동조합의 원리에 바탕을 두고 있으며, 육아를 매개로 친밀한 이웃관계를 맺고 생활을 교류하는 생활공동체를 형성하고, 궁극적으로 자치와 협동의 원리를 지역사회로 확장하여 어린이들이 행복하게 살 수 있는 마을공동체를 지향한다.

북구공동육아협동조합은 건물의 규모와 어린이집 정원 규모에 따라 60가구의 조합원을 두고 있다. 출자금에 대한 부담과 타 어린이집에 비해 비싼 교육비 등으로 어느 정도의 소득수준이 있는 조합원이 대부분이며, 초등교사나 중등교사 조합원이 더 많다. 입시위주의 교육방식이 아니라 생태주의교육이나 공동체교육 등에 대한 의식을 가진 사람들이 조합원으로 들어오고 있다. 조합원의 의무로서 '터전'을 청소하는 일과 어린이집의 수업이나 활동에 참여하는 것 등에 대해 동의해야 한다. 조합비로는 어린이집 400만원, 방과 후 학교 100만원의 출자금을 낸다. 조합원들이 내는 출자금은 현재 건물임대료로 충당되고 기타 사업비로 사용된다. '쿵쿵어린이집'의 경우, 보육비를 별도로 내는데 생태교육과 야외활동이 매일 이뤄지기 때문에 타 어린이집의 보육료에 비해서는 비싸지만 추가 비용을 받지는 않는다. 아이들의 졸업이나 이사로 인해 조합에서 탈퇴하면 출자금을 돌려준다. 현재는 조합의 안정적인 운영과 조합원의 출자금을 낮춰주기 위해 기금사업을 진행하고 있는데 졸업을 하거나 탈퇴를 하는 조합원들에게 조합 출자금을 전액이나 일부를 기금으로 출연할 수 있도록 유도하고 있으며, 현재는 5,000만원 정도의 기금이 확보되어 있다. 또한, 조합원들은 매달 1만5천원의 조합비를 내고 있다. 조합비와 출자금은 별개로, 출자금은 어린이집과 방과후학교의 터전을 마련하기 위한 것이며, 매달 한가구당 내는 조합비는 지역을 좀 더 살기 좋은 마을로 만들어가기 위해서이고 대부분은 마을축제로 자리 잡은 단오축제에 사용된다. '맨발동무어린이도서관'은 별개의 단체로 만들어졌는데, 재원은 맨발동무 활동가로 다달이 후원금을 내고 있는 회원들에 의해 조성되었는데, 다수가 조합원 출신이었다.

북구공동육아협동조합을 중심으로 마을공동체의 주요사업 및 활동내역을 보면 조합에서는 어린이보육을 담당하는 '쿵쿵어린이집'과 방과 후 학교 '징검다리 놓는 아이들'을 운영하고 있다. 3~7세까지의 조합원 아이들을 보육하는 '쿵쿵어린이집'은 차량운행은 하지 않고 부모들이 등하원을 직접 하도록 하며, 매일 나들이를 비롯해 생활교육활동(노작활동), 전래놀이, 세시절기활동이 진행되고 있으며 입시위주의 교육내용이 포함되지 않도록 하고 있다. 조합원들은 월1회정도 참여하여 '터전'을 청소하고, 1년에 1~2회는 아이들과의 수업에 참여하거나 1일 교사로서 부모의 교육 참여를 의무화하고 있다. 초등학교에 들어가면 방과후학교인 '징검다리 놓는 아이들'로 가게 된다. 방과 후 학교는 1~4학년까지 들어올 수 있다. 아빠모임과 다양한 조합원간의 유대관계 확대도 지속적으로 이루어지고 있다.

2005년부터 시작된 단오잔치는 마을내의 대표적인 축제로 자리매김했으며 대천천을 중심으로 마을행사로 단오축제를 진행하였다. 초기에는 조합원들이 중심이 되어 진행하였으나 2009년부터는 단오준비위원회를 구성하고 지역 내 모든 단체들이 참여하고 있다. 오후 1시부터 3시반까지 두시간여동안 부스를 운영하며, 부채 만들기, 댓잎 배 띄우기, 떡매치기, 씨름, 사진찍기, 도자기, 비누만들기, 창포물에 머리감기 등 다양한 행사들을 진행한다. 사업비는 뒷풀이 정도에 들어가는 200만원 정도의 예산외에는 별도 예산이 들지 않으며, 행사준비물의 대부분은 각 단체가 준비해 오거나 지역의 뜻있는 분들이 무료로 쓸 수 있게 해 주어서 별다른 돈을 들이지 않고 행사를 진행하고 있으며, 조합원들은 행사의 일꾼으로서 역할을 하고 있다. 조합원들에게는 연4회 조합원 교육을 진행하며, 소식지 발간과 홈페이지 관리 등을 하고 있다.

생태교육을 지향하는 북구공동육아협동조합의 활동은 인근 어린이집에도 어느 정도의 영향을 미쳤다. 아이들과 늘 노는 활동을 했기 때문에 대천천에 아이들과 함께 현장학습을 하는 곳은 '쿵쿵어린이집'밖에 없었지만 시간이 지나면서 대천천 등지에서 현장학습이 진행되는 어린이집이 많아졌다. 또한 매년 6월에 대천천 단오잔치를 크게 하면서 마을축제로 자리 잡게 되고 주민들이 함께 어울릴 수 있는 공간을 마련하여 지역공동체를 일구었다. 또한, 조합원들이 뜻을 모아 맨발동무어린이도서관과 대천마을학교를 설립한 것은 조합원들의 노력과 힘으로 이뤄낸 성과라 할 수 있다.

처음에는 마을공동체운동도 조합이 해야 된다고 생각하고, 조합을 탈퇴하는 조합원들도 자격을 계속 부여하여 마을 공동체 일을 하도록 하였으나 감당해내지 못했다. 빛그림 상영이나 책 읽어주기 모임, 주민교양강좌 등등을 조합차원에서 해내기가 어려웠는데, 맨발동무어린이도서관에서 이런 일들을 풀어내고 일이 진행되는 것을 보면서 이런 일들은 조합에서 하는 것은 어렵다고 판단했다. 그래서, 마을공동체를 만드는 것은 별도의 기관이 필요하다고 판단하여 대천마을학교를 만들어 많은 활동 속에 진행하고 있다. 마을공동체를 만드는 것은 조합과는 별개가 아니며, 조합을 경험하면서 서로 마주하며 살아가는 것이 좋다는 인식하는 사람들과 함께 마을공동체를 일궈 가는 것을 향후 비전으로 삼고 있다.

경제적 사업기반의 마을공동체 : 연제마을공동체

연제공동체는 1996년 민주노총 노동자후보이자 국민승리21의 후보였던 故박순보 후보의 국회의원 선거운동을 했던 자원봉사자들이 중심이 되어 만들었다. 노동운동의 고립화와 진보정치운동의 실패는 지역사회를 돌아보는 계기가 되었다. 진보이념의 정립에 어려움이 있었고, 지역사회의 주민과 노동자, 빈민 등에서 대중적인 기반을 가진 세력이 부재하다는 판단 하에, 생활 속에서의 진보운동이 필요하다는 것을 느꼈다. 스스로 실천할 수 있는 환경을 만들고 자치를 실현하는 것이 중요하다고 판단하였다. 이에 지역사회 주민에게 먼저 공신력을 획득할 수 있는 활동, 지역공동체를 형성하는 활동, 주민자치활동, 서민을 위한 사업을 활동방향으로 연제공동체 활동을 시작하였다.

북구공동육아협동조합
(출처: 부산일보 2013.11.12일자 기사)

연제공동체
(출처: cafe.daum.net/YJCOM)

1996년 5월 30일 주민모임을 준비위원장 외 45명이 시작하였고 어머니교실, 1997년 가족도서원 설립, 1998년 '연제공동체 신문' 발간 및 쓰레기 문제 해결을 위한 부산시민운동협의회 가입, 1999년 물만골 자활 경제공동체 건설 추진, 2000년 '물만골 자활 경제공동체 사업' 및 '음식물 쓰레기 자원화 사업' 추진, 2001년 연제자활후견기관 개소, 2007년 연제일자리지원센터 개소 등 수많은 활동이 진행되었다.

희망의 시대를 열어가는 연제공동체라는 슬로건으로 우리 사회의 다양한 모순을 극복하기 위해 자율적이고 다양한 시민사회운동을 실천함으로써 삶의 질 향상과 성숙한 민주사회를 가꾸어 나가는 것을 목표로 하고 있다. 이를 위해서 주민자치 실현을 위한 사업, 삶의 질을 개선하기 위한 공동체 운동, 맑고 아름다운 연제구만들기 운동, 주민과 함께 하는 교육문화 운동, 사회적 약자를 위한 운동, 회원 상호간의 친목을 위한 사업, 기타 공동체의 목적에 부합하는 사업을 추진하고 있다.

조직규모로 회원은 총 130여명이며, 조직은 대표와 사무국장, 19명의 운영위원이 활동하고 있다. 사무국에는 사무국장과 간사가 상근하고 있고, 물만골에 마을간사를 1명 파견하였다. 주민자치위원회, 지역공동체망구성위원회(실업센터), 문화교육위원회, 맑고 아름다운 연제만들기 운동본부 등 5개의 위원회를 구성하고 있다. 또한, 연제가족도서원과 연제지역자활센터를 부설기관으로 두고 있는데 상근직원은 7명이 근무하고 있다. 그 외, 연제공동체축구부, 웹사이트를 사랑하는 모임(웹사모), 환경여성모임 등 자치활동기구를 두고 있다.

주요사업 및 활동내역으로 주민자치 및 참여행정 운동으로, '연제자치신문'을 월간 4천부 발행하고 있다. 아울러 구민 감사 청구운동, 주민 조례안 제정, 주민 감독관제 도입을 촉구하고, 구정평가단을 발족(NGO 단체 회원 13명)하여 활동하고 있다.

지역공동체망 구성운동으로는 실업극복 국민운동 본부 저소득 실직가정 돕기 결연 창구를 운영했고, 저소득 실직가정 돕기 희망카드 협력업체 발굴사업, 물만골 자활기획단 구성, 물만골 자활공동체 활성화사업, 밑반찬 공동체 사업, 녹색통화운동을 진행하였다. 2001년 연제자활후견기관을 개소하여 지역자원을 적극 활용하고 있고 복지, 자활공동체를 형성하여 마을 공동체를 이끌어내는 활동을 추진하였다. 집수리, 복지간병인, 재활용, 청소, 세차사업 등 사업단을 운영하고 있다.

맑고 아름다운 연제구 만들기 운동으로는 '주민참여형 자연형 하천 만들기' 사업 녹색의제 21을 추진하여 부산시 최우수 사업단체로 선정되었다. 초등학교 5년 환경수업, 온천천 축제, 온천천 생태탐방 등 주민 스스로 할 수 있는 환경운동을 전개하고, 자연형 하천으로 살리기 위한 운동과 지역의 전문 부분단체 네트워크를 형성하기 위해 온천천네트워크를 결성하여 활동하고 있다.

연제공동체 부설 가족도서원 사업은 책3권이상의 도서를 기증한 주민 550명을 회원으로 장서 3500여권 보유, 일일 평균 이용인원 15명 도서 대여 등 왕성한 활동이 이루어지고 있다. 또한, 시민 생활·환경 교육으로 어머니교실, 어린이환경감시단 발족 및 어린이 환경교육, 물만골 지역 '생태마을만들기' 환경교육, 온천천 자연형 하천 만들기 생활환경교육 등이 실시되고 있다. 어린이 창조 체험 신문을 연4회 4,000부 발행하고, 문화기행과 도서원소식지를 발행하여 격월로 1,000부 배포하고 있다.

연제공동체는 자치구 행정 참여와 비판을 통해 주민의 자치역량을 높이고 이를 통해 제도개혁운동을 펼치는 것을 주민자치활동의 원칙으로 삼고 있다. 따라서, 구민 감사 청구운동, 주민 조례안 제정, 주민 감독관제 도입을 촉구하는 것은 물론, 신청사 설계도면 및 구청장 판공비 정보공개 운동을 비롯하여, 지역현안인 거제2동 LPG충전소 반대 운동을 추진하는 등 연제구 지역 내의 주민운동을 활발하게 추진하고 있다. 2001년부터 운영하고 있는 연제지역자활센터는 지역공동체망을 구성하고, 저소득주민의 자활공동체와 사업단 운영을 통해 지역자원활성화에도 적극적으로 활동하고 있다.

주민들이 지역현안에 대한 깊은 관심을 가지고 구정을 모니터링하면서 주민의 목소리를 내고 힘을 결집시키는 적극적인 활동뿐만 아니라 지역 내 사람들이 지역에 대한 애착을 가지도록 아름다운 연제구를 만들기 위한 운동도 적극 전개하고 있다. '어린이 자연환경 친화학교'를 비롯하여 지역 내 환경을 가꾸고 보존하는데도 많은 활동을 기울이고, '벽화그리기'를 통해 마을의 특징을 살려내기 위해 지역민들의 생각과 힘을 모으는 활동을 전개해 왔다. '어려운 사람이 어려운 사람을 돕는다'는 상호부조의 정신을 지역에 정착시키고, 지역주민의 협조를 받아서 재정을 운영하는 노력은 연제공동체가 가진 장점이라고 할 수 있다.

연제공동체는 마을경제공동체를 꿈꾸고 있다. 협동조합이나 사회적 기업 형태로 발전시키는 것을 장기적인 목표로 삼고 있다. 소수만 인정받는 현재 학교교육에서는 청소년들이 가진 재능을 학교에서는 수용되지 못한다고 보고 지역 내 청소년들이 가진 다양한 재능을 키우고, 협동조합과 같은 공동체 교육을 통해 마을경제에 대한 인식을 가지게 하며, 이들의 재능으로 생산된 다양한 재화를 지역 내에서 선순환시키는 사회적 기업으로 육성하고자 한다.

현재는 마을사람들이 공동구매 형태로 생활협동조합으로 가기 위한 활동을 하고 있다. 15명으로 시작하였으나 최근에는 108명에 이르고 있으며, 출자금도 1,600여만 원이 모였다. 마을사람들끼리의 애경사를 챙기는 상조형태에서 생활협동조합형태로 발전시키기 위해 노력하고 있다. 협동조합은 자기가 출자하고 자기가 일하고 참여하여 다수의 경제를 만들어가는 것이 중요하다. 자칫 대중을 통해서 소수의 개인이 소득을 올리는 형태의 공동체는 바람직하지 않기에 연제공동체에 참여하는 다수가 함께 참여하고 함께 혜택을 얻는 공동체를 만들어가는 것이 연제공동체가 추구하는 가치이며 비전이다.

12장

배려하는 사회복지

유 동 철

1. 왜 지역공동체인가

산업사회의 역사는 전통적인 지역사회공동체의 붕괴의 역사라고 해도 과언이 아니다. 마을, 대가족을 불문하고 전통적인 지역사회공동체의 해체는 노동력의 유입, 개인과 가계소비의 증가, 개인주의의 확산을 요구하는 산업자본주의의 발달을 위해 필수 불가결한 과정이자 귀결이었다.

이와 관련해서 사회복지연대와 부산일보가 공동기획한 '신빈민촌 희망찾기'는 몇 가지 충격적인 사실을 알려주고 있다. 하나는 부산의 신빈민촌이 2007년 245개 마을에서 2010년 347개 마을로 무려 102개나 증가했다는 사실이다. 여기서 신빈민촌이란 기초생활보장 수급자 비율이 전체 인구의 10% 이상인 마을을 뜻한다. 또 하나는 이 마을들이 정책이주사업이 시작된 1970년대 이후 세월의 흐름에도 불구하고 그대로 정체되어 있거나 오히려 슬럼화되어가고 있다는 사실이다.

더욱 더 놀라운 사실은 이 시기에 지역에 둥지를 틀고 앉은 사회복지기관들이 엄청난 규모로 확대되었다는 것이다. 1980년대에 6개에 불과하던 지역사회복지관은 2010년 현재 52개소로 무려 8배가 넘게 증가했고, 자활을 통한 탈빈곤의 과업을 부여받은 지역자활센터는 2000년 이후 설립되기 시작하여 2010년 현재 19개소로 급증했다. 사회복지기관들이 나름의 역할을 충실히 하고 있지만 역설적이게도 사회복지기관의 숫적 증가와 빈민촌의 증가가 비례하고 있다는 사실은 사회복지기관의 전통적인 직접 서비스를 통해서는 빈민촌의 문제를 풀기가 요원하다는 것을 반증하는 것이라고 말할 수 있다.

현재 한국의 사회복지관은 지역복지의 거점 역할을 수행하고 다양한 프로그램을 운영하고 있지만 지역사회나 지역주민의 욕구를 반영하지 못하고 있다는 비판을 받고 있다. 이는 사회복지현장에서 복지관을 중심으로 한 서비스에만 치중해 있기 때문이라고 볼 수 있다. 김종해(2002)의 연구에 따르면 Community Organization에 대한 관심과 실천은 빈민운동이나 지역운동을 하는 사람들이 관심을 가지고 실천해 왔으며 복지계에서는 그것을 사회복지가 아니라고 외면해왔기 때문이라고 한다. 이는 저소득계층의 생계유지 및 생활적응을 위한 복지서비스를 사회복지영역이라고 한정지어 온 한국 사회복지의 역사적 배경에서도 찾아 볼 수 있다.

그러므로 지역사회에 기반하는 각종 인적서비스는 지역공동체에 대한 파괴 경향을 역전시키는 것과 함께 진행되지 않는다면 효율적이지 못할 것이다. 따라서 지역사회 기반 서비스는 지역공동체기구들을 재조직하는 지역사회개발 프로그램과 결합되어야 한다. 그러한 프로그램은 지역사회 기반 아동보호, 교육, 보건과 같은 특정의 지역사회 기반 프로그램과는 별도로 진행된다. 그러한 프로그램은 인간활동과 상호작용의 모든 측면을 고려한 것이어야 하고, 궁극적으로는 사회의 진보적 재조직화에 이르게 하는 것이어야 한다.

우리가 흔히 말하는 근대화의 과정은 인간의 욕구 충족과 자아실현을 위한 공동체적 개방공간을 직·간접적으로 자본과 권력이 잠식하면서 점점 축소시켜 온 과정이라고 할 수 있다. 근대화 과정에 대한 우리의 성찰은 바로 이러한 소외되고 장소적 정체성을 더 이상 확보할 수 없는 폐쇄 공간 또는 식민지화된 공간에서 벗어나서 공동체적 삶의 의미를 복원할 수 있는 개방공간을 희구하게 된 것이다. 오늘날 공동체에 관한 논의가 새롭게 재조명되는 것은 바로 이러한 사회구조를 배경으로 하고 있다(최병두, 2000: 33).

이러한 시도는 헤겔, 루소, 꽁트, 맑스, 퇴니스, 뒤르껭 등 고전적 사상가들 대부분에서 찾아볼 수 있다(Nisbet, 1967; 윤원근, 1993). 한 예로 맑스와 엥겔스의 저작들은 사회적 규범이나 도덕성 자체를 강조하지는 않지만 공동체에 대한 관심을 기본적으로 전제하고 있다. 맑스와 엥겔스(1965: 83)는 "단지 타자들과의 공동체에서만 각 개인들은 모든 방향으로 그의 재능을 개발할 수 있는 수단을 가지게 된다. 따라서 단지 공동체에서만 인격적 자유가 가능하다"고 주장한다.

물론 산업사회의 초기에 등장했던 이러한 많은 공동체주의자들의 주장이나 저작들은 공동체라는 주제를 최우선으로 하는 단일이론으로 정리할 수 있을 정도로 체계화되어 있지 않았으며, 이들 상호간에도 연계가 그리 깊지 않은 상태에서 불연속적으로 자신들의 주장을 전개했다(신용하, 1985). 따라서 이들의 저술들에 대한 깊이 있는 연구 없이 단지 피상적으로 이들 간에 어떤 공통점을 찾는다는 것은 매우 무모하고 별 의미가 없는 작업일 수도 있지만 최소한 세 가지 점에서 이들의 주장이나 이론들은 공통점을 가진다고 할 수 있다.

첫째, 이들의 주장은 공통적으로 산업사회 또는 근대성에 대한 비판에 기초하여 공동체적 삶을 추구한다. 일례로 루소는 합리주의적 산업사회에서의 비인간화를 우려하면서 과거의 토속적인 사회와 정직한 자연에서 그 대안을 찾고자 했다. 그에 의하면 인간은 애초에 자유롭게 태어나지만 살아가는 과정에서 속박을 당하게 되고, 이러한 속박에서 벗어나기 위해 개인의 이익과 타자의 이익이 완전히 일치하는 평등주의에 근거한 공동체를 필요로 한다. 이와 같은 개인주의적이고 기능주의적 합리성과 이에 기초한 산업사회의 발달에 대한 비판은 꽁트, 퇴니스, 막스 베버, 그리고 맑스 등의 고전적 사회이론가들에게서 보다 강력하게 제기되었다.

둘째, 이들은 산업사회에서 황폐화된 인간성의 회복을 위하여 개인보다 공동체가 앞섬을 강조한다. 일례로 헤겔은 인간 결합의 여러 요소들, 즉, 가족, 직업, 지역사회, 사회계급, 교회 등으로 이루어진 사회와 그 사회들간 결합의 중요성을 강조하고, 이 모든 결합이 한데 모여 진정한 국가를 형성한다는 입장을 보였다. 여기서 진정한 국가는 계몽주의자들이 주장한 바와 같이 계약에 의한 개인들의 집합이 아니라 공동체들의 '공동성'에 의해 구성된다고 보았다. 사회학의 주창자인 꽁트에 의하면, 사회란 단순한 개인들의 집합이 아니라 공동체가 확대된 것으로 이해된다. 즉, 사회는 논리적, 심리적으로 개인에 선행하며, 사회는 개인을 형성시키고, 사회는 각 개인으로 분리될 수 없으며 단지 공동체로만 환원될 수 있다고 주장한다.

셋째, 이와 같은 고전적 공동체주의자들은 산업사회에 대한 비판과 더불어 공동체에 관한 이상의 설정을 위해 자유주의자들이 주장하는 '계약'이나 '이성'에 의존하기보다는 역사적으로 존재했던 공동체로부터 어떤 모형을 도출하고자 했다. 당시 비판가들 대부분은 전근대적 공동체의 이상으로 고대 그리스의 폴리스를 제시했다. 동질적인 문화와 구성원들의 참여로 개방된 공동체로서 폴리스는 단순한 도시의 차원을 능가하여 보다 이상적인 사회조직과 의사소통적 상호작용이 가능한 공적 영역으로 파악되었다.

2. 지역사회의 역량 강화

공동체는 단순히 정태적인 것이 아니라 지역사회의 역량이 갖추어진 공동체를 말한다. 그렇다면 지역사회 역량(Community Capacity)이란 무엇인가? 이것은 한 마디로 지역사회의 수준에서 개인들 간의 응집성 있는 신뢰관계를 통해 공동체의 정체성을 형성하고 협동과 참여를 이끄는 힘이다(Minkler, 2005). 즉, 지역사회의 목표를 달성하기 위하여 문제해결과정에 참여하는 지역사회의 역량이라고 할 수 있다. 결국, 지역사회역량은 기존의 '욕구기반 접근(need-based approach)'의 문제였던 복지서비스 제공의 단편성과 지역주민의 수동성을 극복하여, 지역주민이 스스로 그들의 필요자원을 파악하고 이를 해결할 역량을 키우는 것이다.

지역사회복지의 핵심은 사람들 간의 긍정적 관계를 형성하는 것이다. 이에 따라 지역복지 실천가들은 욕구와 결핍에 초점을 맞추기 보다는 지역의 강점을 인식하고 확인하고 형성해 나가야 한다. 지역사회복지는 지역사회의 지속가능한 역량 형성을 통해 지역주민의 유대와 결속력을 높이고, 전반적인 지역 내 교류를 활성화하여 사회 자본(social capital)을 응축하고, 더 나아가 그들에게 주어진 지역사회의 자원과 조직기반을 스스로 구성해 나가도록 돕는 것이다. 이러한 관점에서 크레츠만과 맥나이트(Kretzman and McKnight, 1993)는 지역사회역량에 대해 긍정적 사고로의 전환에 초점을 두고 설명하고 있다. 이들에 의하면 욕구 중심의 접근은 지역사회의 잠재능력을 간과하기 쉽기 때문에 지역주민들은 의존적인 문제해결 능력을 갖게 되고 문제된 개인에 초점이 맞추어질 수 있다는 것이다. 즉, 전통적 사고인 욕구중심(need-focused)의 사고로부터 자산중심(asset-focused)의 사고로 변화를 시도하였고, 문제 중심의 사고를 능동적이고 해결 중심의 사고로 변화할 것을 요구하였다.

결국 지역사회역량의 주된 목표는 일반 지역 구성원들을 포함한 취약 지역과 계층이 단지 외부에서 지원되는 서비스의 수혜자가 아닌 지역사회 개발을 주도하는 사람들로 역할을 설정하고 다른 집단이나 경제주체들과 상호 교류·협력할 수 있는 능력을 키우도록 하는 것이다. 이를 위해서 지역사회복지사들은 지역사회의 자원에 대한 정보 목록을 만들고 주민 개인의 능력과 발전 가능성, 기술, 재능, 잠재력 등을 평가하여 자원들이 서로 연계될 수 있도록 시스템을 구축하여야 한다. 그리고 이러한 과정을 통해 지역사회는 지역 스스로 문제를 인식하고 해결하며, 복지증진을 꾀할 수 있는 능력을 갖게 된다(정민수□조병희, 2007:157).

한편, 발바린(Barbarin, 1981)은 지역사회역량을 "다양한 인구집단의 상이한 욕구에 반응하는 사회 시스템의 능력과 삶의 문제 해결이라는 목적을 위하여 자원을 활용하고 대안을 개발하는 시민들의 능력을 결합한 것"이라고 정의함으로써 사회시스템 차원과 인적 차원의 두 가지 능력을 결합한 것이라고 설명하고 있다.

이렇게 보았을 때 결국 지역사회역량이란 시민들의 개발된 능력으로 좋은 시스템을 만들어 내는 것이라고 볼 수 있겠다. 결국 지역의 사회복지사들은 지역사회의 역량을 강화시키기 위해서 시스템 개발과 시민들의 능력 고양을 위해 일해야 한다는 것으로 이해된다.

3. 사회복지 사례 : 학장종합사회복지관

학장사회복지관은 1993년 11월에 개관을 하였는데 이후 지속적으로 지역주민들의 주민조직화에 관한 관심을 기울여 왔다. 개관 이후 사회복지법인 생명의전화에서 지금까지 지속해서 위탁운영을 하고 있다. 부산광역시 사상구 학장동에 소재한 학장복지관은 사상공단 주변 산림녹지지역을 주거지역으로 개발하여 조성한 학장동 대단위 아파트 단지내에 위치하고 있다. 학장동은 영세기업이 밀집하고 기반시설이 미흡하며 공해, 청소 등 주변환경이 열악하다. 또한 저소득주민이 과다하여 행정, 재정의 수요가 급증하고 있는 지역이며, 전체 주민의 대다수가 아파트에 거주하고 있는 아파트 인구밀집지역이다.

학장복지관의 비전은 '정겨운 마을과 이웃사랑 공동체 실현'이다. 비전에서 마을과 공동체 중심적 실천을 분명히 선언하고 있음을 알 수 있다. 그리고 이에 따른 미션은 '지역사회와 함께하는 종합사회복지센터', '지역문화를 선도하는 문화복지센터', '21세기 변화와 혁신을 이끄는 주민조직센터'다. 미션에서도 역시 지역사회, 지역문화, 주민조직 등이 강조되고 있음을 알 수 있다.

학장복지관에서 많은 역량을 투여하고 있는 주민조직화 사업의 주된 핵심은 지역주민들에 의해 지적된 표면적인 문제를 해결하고자 지역사회 자조집단을 조직하고 문제해결을 위하여 노력하는 과정에서 자연스럽게 애향심과 자부심, 연대감등이 향상된다는 데 있다. 환언하면 본 주민조직화 사업의 궁극적인 목적 및 목표는 표면적인 문제의 해결이 아니라 이러한 문제를 매개체로 하여 지역의 내부에 뿌리 깊게 박혀 있는 근원적인 문제를 해소하고자 하는데 있다(류승일, 2012: 3).

1995년 학장사회복지관에서는 '야외 열린공간 건립 및 활용을 통한 정겨운동네만들기' 프로젝트를 수립하고, 민간복지재단에 지원사업 신청하여 선정된 바 있다. 이것이 학마을 공동체의 시작이었다. 당시의 프로젝트는 주민들을 위한 열린 공간 건립, 주민조직화를 위한 다양한 프로그램 진행 등으로 구성되었는데, 재단측의 입장 변경으로 기존에 계획했던 사업들을 원활하게 수행하지는 못하게 되었다.

이후 복지관에서는 지역의 부정적인 요인들을 서서히 줄이고 긍정적인 요인들을 찾아 지역에 적용시키기 위하여 1999년 4월~6월, 2000년 4월~5월, 1,2차에 걸쳐 지역실태를 조사하였다. 당시 주민들에 의해 지적된 지역사회의 주요문제는 교통문제, 환경문제, 문화적 소외문제 등으로 나타났다.

이러한 목적을 달성하기 위하여 주민조직화를 위한 준비단계로서 2000년 5, 6월에 걸쳐 정겨운동네만들기 주민토론회 및 학장동 부녀회장단 간담회를 실시하였다. 여기에서 지역주민조직화의 필요성, 지역현안에 대한 주민토론회를 실시하여 주민조직을 만들기 위하여 다양한 주민과 지역지도자들을 접촉하였다. 주민조직화를 하는 데 있어서 처음부터 모든 지역주민에게 참여를 유도하는 것은 어려움이 있었기 때문에 지역의 대표 주민인 통장, 부녀회를 중심으로 접촉을 하였고 주민조직의 필요성을 말하였다. 간담회와 토론회를 통하여 주민조직의 결성과 함께 주민조직이 할 수 있는 지역의 여러 현안에 대해서도 다양한 의견이 나왔고 의견을 수렴하게 되었다. 대부분의 지역 현안과제는 지역조사의 내용과 거의 비슷한 내용이었다.

주민들에 대한 주민조직화의 필요성에 대한 홍보와 함께 지역사회 지도자의 발굴이 무엇보다도 중요하였기 때문에 지역의 토착세력들을 파악하고 만남을 가졌다. 복지관의 운영자문을 중심으로 접촉을 하였고 지역의 오래된 토착주민을 만나서 협조를 구하게 되었다. 지도자를 중심으로 하여 주민들을 설득하고 주변에 홍보를 하여 주민 조직을 적극적으로 할 수 있는 기틀을 쌓을 수 있었다.

지역주민조직화를 위하여는 실무자인 사회복지사의 교육 또한 무엇보다도 필요하였고 많은 정보를 가지고 있어야 하므로 실무자 교육이 함께 이루어졌다. 2000년 6월과 12월에 지역사회조직 지도자 워크숍에 참가하여 여러 시민단체와 주민단체와의 교류를 통하여 정보를 교환하고 교육받음으로써 주민조직화를 만들어 나가는데 간접적 경험을 통하여 많은 정보를 습득하게 되었다.

주민조직의 형성을 위하여 다양한 준비 작업을 거쳐 지난 2000년 9월 주민조직이 발족을 하게 되었다. 처음에는 정겨운동네만들기라는 사업명을 그대로 주민조직의 이름으로 사용을 하였고, 그 안에 지역의 세 가지 현안인 환경, 교통, 문화에 대한 분과를 조직하였다. 각 분과에 분과장과 총무를 선임하였으며, 구체적인 활동계획을 서로 논의하였고, 주민조직의 활성화를 위한 회원모집 및 홍보방안에 대해서도 논의가 이루어졌다. 정겨운동네만들기라는 프로그램의 일환으로 주민조직이 결성되면서 지역의 다양한 현안에 대해서 주민들과의 회의를 통하여 구체적인 활동들에 들어가게 되었다.

환경분과는 초기에 20여명의 회원이 등록을 하였고, 활동을 시작하여 가장 활성화된 부분이었고 복지관에서도 가장 주력하였던 영역이며 과정중심적인 목표로 삼았던 부분이었다. 대부분이 가정주부로 구성이 되었으며 학장동의 주민들이 참여하였다. 가장 큰 주민욕구중의 하나였던 환경문제에 대해 어느 부분부터 해결할 수 있을까 논의를 하기 시작하였는데, 환경이 너무나 영역이 넓기 때문에 여러 환경의 영역 중 하천 살리기를 그 매개체로 삼기로 하였다.

사상구에는 여러 하천이 있지만 그중 가장 대표적인 도심하천으로 학장천이 있는데 주례에서 학장, 엄궁을 가로질러 낙동강으로 흐르는 매우 중요한 지방2급 하천이다. 도심하천인 학장천을 매개체로 하여 하천살리기운동을 시작하였다. 이후에 환경분과가 학장천지킴이주민모임에서 학장천살리기주민모임으로 발전하게 된 계기도 여기에 있다.

학장천살리기주민모임의 주요 활동을 살펴보면 크게 환경교육, 하천정화활동 및 캠페인, 학장천모니터링, 환경행사 등으로 나눌 수 있는데 사업을 활성화하게 된 중요한 계기가 되었던 것은 시 의제21기구인 녹색도시부산21추진협의회의 공모사업에 당선되어 지원을 받으면서였다. 각각의 내용을 살펴보면 다음과 같다.

지역주민을 대상으로 환경강사를 초청하여 환경강의를 실시하였고, 학장천 주변에서 지속적으로 가두캠페인을 실시하였다. 그리고 주민들과의 화합과 연대감 조성을 위하여 환경답사인 녹색기행을 실시하였으며, 학장천에 대한 지속적인 수질 모니터링과 환경정화활동을 실시하였고, 하천사진전 및 그림전을 실시하였다. 1년여 동안의 활동을 토대로 하여 공모사업 결과 장려상을 수상함으로써 주민들의 노력을 인정받을 수 있었고 대외에 주민모임을 알리게 된 계기가 되었다.

환경문제와 함께 지역의 현안이었던 교통문제와 문화적 소외 문제는 단기적인 과제 즉 과업중심적 목표로 삼고 활동을 실시하였다. 과정중심적 목표였던 환경문제가 단기간의 가시적인 효과가 나타나지 않기 때문에 주민들에게 자신감, 자긍심을 가지게 하는 계기를 마련해 주기 위함이었다. 지역의 교통 문제에 대하여 해결방안 모색을 위하여 교통분과에서 그 논의가 있었는데, 회원들의 대다수가 학장동 주민이었기 때문에 교통불편에 대한 욕구가 높았다. 그 단적인 예로 짧은 거리를 두 번 버스를 갈아 타야되는 불편함이 있었다.

이러한 불편함을 알리기 위하여 먼저 버스노선 조정을 위한 서명운동을 지역주민들과 함께 실시하였는데, 3,144명에게 버스노선 신설서명을 받았고 지역 시의원에게 전달하고 부산시 교통과에 민원을 접수하였다. 하지만 지역의 교통문제는 단순한 것이 아니었기 때문에 단순히 주민이 요구한다고 해결될 문제는 아니었다. 관련 지자체에서도 힘들다는 답변만 하였다. 처음부터 너무 큰 현안부터 시작한 것에 대해 논의를 하고 목표를 수정하게 되었다.

교통문제 해결을 위하여 범위를 좀더 구체화시켜 지역의 구덕터널 회차로 문제에 그 초점을 두었다. 마을버스가 회차로를 사람이 타고 회차하지 못하는 점이 매우 불편한 사항이었기 때문에 접근하기 시작하였다. 노약자나 장애인의 경우는 너무나 불편하였다. 더욱이 영구임대아파트가 위치해 있는 곳이라서 노인이나 장애인의 비율이 높아 그 불편함은 더욱 가중되었다. 마을버스를 타기 위해서는 큰 도로를 건너야 되는 불편함이 있었다. 이와 같은 구덕터널 회차로 문제를 해결하는 것을 새로운 목표로 정하고 지속적으로 논의하고 관련 단체인 구덕터널 관리사무소와 부산시청 교통과에 지속적으로 민원을 제기하였다.

지역의 문화적인 욕구를 해소하기 위해 문화분과에서는 교통이나, 환경등 지역의 여러 현안들을 알려내고 지역의 문화적인 소식들을 알려내기 위해 활동을 시작하였다. 지역신문인 학마을 풍경을 분기별 1회 3,000부씩 발행하였고, 소책자를 4,000부 만들어 지역에 배포하였으며 지역문화 행사인 사상구 가족합창경연대회 참가하였고 학마을 영화제를 개최하여 주민들의 문화적 욕구를 해결하는데 도움을 줄 수 있었다. 또한 복지관에서 매년 10월 개최를 한 학마을 잔치를 개최하는데 주도적인 역할을 하여 진행에 도움을 주었다.

정겨운동네만들기를 위한 학마을공동체 사례에서 조직의 토대를 구축하는데 결정적인 요인이된 것은 토착 지도력의 형성과 회원들간의 유대 형성이었다. 여러 회원들과 각 분과를 대표하는 사람들 중 A씨와 K씨라는 두 지도자의 발굴로 이어지게 된다. 초창기 정겨운동네만들기 사업에 관여하면서 이후 학마을공동체의 조직화 활동에 있어서 나머지 회원들에게 훌륭한 역할모델이 되어 주었고, 회원들이 학마을공동체 모임을 지속할 수 있도록 하는 데 결정적인 역할을 하였다.지역사회지도자인 A씨는 다양한 시민단체 활동을 바탕으로 리더십을 발휘하였고, K씨 또한 너무나 헌신적으로 지역의 여러 현안들을 해결하고자 노력하였다. 그런데 기존의 정겨운동네만들기는 분과별로 지역 현안에 대해서 활동을 하였지만 분과별로 연대가 부족하였기 때문에 힘이 분산되어 사업을 추진하는 데 어려움이 있었다. 서로간의 사업들을 공유하고 하나로 연대하려는 욕구가 있어 '학마을 공동체'라는 이름으로 개편하고 각 분과별로 연대를 더욱 강화하여 지역현안을 해결하는데 효율적으로 사업을 진행하고자 하였다.

환경분과는 학장천지킴이 주민모임에서 학장천살리기 주민모임으로 개편하였고, 다른 분과에 비해 가장 활성화가 되었다. 학장천살리기 주민모임에서 주력한 사업은 환경교육과 환경행사, 하천 정화활동 및 캠페인 등 환경의 중요성을 행정과 지역주민들에게 적극적으로 알리는 데 초점을 두었다.

학장천살리기주민모임이 주력한 또 하나의 부분은 타 조직의 연합을 통한 연대사업의 활성화 지역네트워크 구축을 통한 자원동원의 활성화였다. 하천살리기를 위한 환경행사나 여러 활동시 지역주민들을 이끌어 내기 위하여 지역의 여러 자원들을 활용하였는데, 그 내용은 다음과 같다.

첫째, 학장사회복지관의 자원을 적극적으로 활용하였다. 기존에 구성되어 있었던 사업분야와 연대를 하였는데, 노인, 아동, 청소년 분야의 기존 조직의 자원을 적극 활용하여 함께 사업을 실시하였다.

둘째, 지역의 관공서인 구청과 동사무소와 연대를 실시하였다. 행정이 적극적이고 주도적인 역할은 하지 못했지만, 환경 행사시 물품지원과 홍보 등을 통하여 주민들이 동참할 수 있도록 하였다.

셋째, 지역의 아동, 청소년들에게 환경의 중요성을 알리기 위하여 학교와의 연대를 적극적으로 실시하였다. 초등학교의 경우 구학초등학교와 연대를 실시하여 환경행사 시 동참하

하천정화활동

도록 유도하였으며, 학장중과의 연대를 통하여 1년동안 특활활동 수업시간에 체험환경교육을 실시하여 학생들에게 다양한 환경교육을 실시하였다. 그 반응이 좋아 2004년에도 학교측에서 먼저 의뢰해 와서 지속적으로 교육을 실시해 오고 있다.

넷째, 시민단체와의 네트워크 구축을 통한 연대사업을 실시하였다. 환경문제 해결을 위한 주민조직과 활동을 하는데 있어서 보다 많은 정보와 전문적인 지식을 필요하였기 때문에 타 시민단체와의 연대는 필수적이었다. 부산의 하천을 살리자는 취지에서 부산의 여러 환경단체가 연대하여 구성한 부산하천살리기시민연대에 소속하여 활동을 지속적으로 하고 있고, 2004년도에는 그 사무국을 학장사회복지관에 두고 있으며 사무국장을 공동대표인 K씨가 맡고 있다. 학장천살리기주민모임은 민, 관 파트너십의 일환으로 구성된 부산하천살리기운동본부에도 적극 참여하여 활동을 실시하고 있고, 운영위원단체로 가입이 되어 있으며 공동대표인 K씨는 기획위원으로 활동하고 있다.

다섯째, 자원활용을 위하여 지역의 정치인인 구의원, 시의원, 국회의원을 통한 적극적인 로비 활동을 실시하였다. 지역의 여러 현안을 지역구 정치인들을 지속적으로 만남으로써 그 문제의 심각성을 알리는 데 주력을 하였다. 지역의 정치인들을 주민행사나 주민회의시 적극적으로 초청을 하여 주민들의 활동과 의견을 귀담아 들을 수 있도록 하였고, 개별적인 면담을 통하여 지역의 현안에 대한 정보를 제공하였으며 해결방안에 대해 적극적으로 논의를 하였다.

이런 여러 대내외적인 활동을 지속적으로 실시함으로써 학장천살리기주민임이 대외에 많이 알려지게 되었다. 그동안의 성과를 보면 2003년 9월에 실시한 제2회 전국강살리기 대회에 참가하여 여러 시민단체와 경쟁하여 정겨운 마을만들기 운동으로 1등을 하였고, 녹색도시부산21추진협의회 공모사업에서 다시 최우수상을 수상하여 2년 연속 1등을 하였다.

이런 노력으로 2003년도에는 학장천의 지류인 구덕천의 일부구간에 시범적으로 자연생태구간을 지정하여 복원하는 계획을 수립하고 있고, 예산도 8억여원이 확정되었다.

지역의 현안이었던 교통문제중 하나인 구덕터널 마을버스 회차로 문제를 주민모임에서 해결하여 과업중심목표가 달성되었다. 이와 같이 하나의 과업목표가 성공적으로 달성됨으로써 지역주민의 불편함을 해소할 수 있는 지역복지의 한 사례를 보여주었고 지역신문인 학마을풍경지를 중단하지 않고 지속적으로 발행, 지역주민들에게 배포하였다.

학장천살리기주민모임은 비영리민간단체로 2004년 1월에 등록하였으며, 2004년 6월 환경의 날 행사 시 부산시장상을 받았고 '일본 강의 날 대회'에 국가대표로 참가하기도 하였다. 그리고 2006년에는 학장천살리기주민모임이 복지관 프로그램에서 완전히 독립하여 독자적인 활동을 전개하고 있다. 이와 함께 학마을공동체도 2009년 3월에 부산시에 비영리민간단체 등록을 마치고 독자적인 활동을 하고 있다.

4. 어떻게 할 것인가?

그래서 제안한다. 지역조직화를 통한 마을만들기에 지역사회복지관이 적극적으로 결합하고 더 나아가 복지관의 주요사업이 될 수 있도록 해야 할 것이다. 지역사회 주민조직화(Community Organizing)는 한 마디로 '주민들이 스스로 자신들의 문제를 해결하고 더 나아가서 지역사회를 근본적으로 변화시켜 나가려는 운동'이라고 정의할 수 있다. 즉, 지역의 당면사안이나 문제해결을 위해서 주민들의 힘을 모으고, 조직을 통해 주민들이 문제인식을 공유하고 행동하게 하여 힘의 체계를 만들고 이를 통해 주민들의 민주적 자치력(정치력)을 창출하는 과정이다. 복지의 실천 원칙 중의 하나가 역량 강화(empowerment)임을 상기해 볼 때 주민조직화는 역량 강화적 실천의 대표적 형태가 될 것이라 본다.

한편 마을만들기란 살기 좋은 동네를 만들어 가기 위한 운동을 말하며 물리적인 환경의 변화뿐만 아리나 주민들의 역량 형성과 같은 질적인 상황을 고려하는 것까지 포함된다. 佐藤滋(2004)는 "마을만들기는 지역사회에 존재하는 자원을 기초로 다양한 주체가 제휴, 협력

교통회차로 문제 해결

해서 지역주민과 밀접한 주거환경을 점진적으로 개선하고 마을의 활력과 매력을 높이고 생활의 질 향상을 실현하기 위해 일련의 지속적인 활동이다"라고 정의하였다. 마을만들기는 우리나라에서도 여러 가지 형태로 진행되고 있다. 예를 들어 아파트공동체 운동(관리비절감, 입주자대표자회의, 하자보수, 마을도서관, 아동 및 각종 교육, 안전한 먹거리, 아나바다, 자원봉사단 조직 등)이 그러한 예이며, 생태운동(생활협동조합, 녹색가게, 녹색가정만들기, 담허물기, 생울타리만들기, 녹색아파트만들기, 자연생태복원 등)도 마을만들기의 주요한 흐름 중의 하나다. 지역화폐나 커뮤니티 비즈니스 등 지역을 중심으로 한 공동체 형성 사업도 마을만들기의 핵심적 사업이다. 이외에도 골목가꾸기, 놀이터가꾸기, 공원조성 등도 그러하다.

그렇다면 지역사회복지관은 어떻게 해야 하는가? 사실 지역사회복지관의 정체성 혼란은 최근 들어 매우 강해지고 있다. 특히 각종 바우처 사업과 노인장기요양보험제도의 시행, 장애인활동보조사업 등으로 인해 복지관은 복지외판원이 되어 가고 있으며, 주민자치센터는 복지관의 문화교육 사업의 존립근거를 흔들어 놓고 있다. 앞으로 예상되는 바우처사업의 확대는 복지관의 경상보조금 감소로 연결될 것이며, 이렇게 될 경우 복지관은 바우처 사업기관으로 전락해 버릴 가능성이 있다.

이러한 위기상황에서 복지관 본연의 역할을 찾고 정체성을 회복하기 위해서는 주민조직화와 마을만들기를 복지관의 핵심 사업으로 상정하고 사회복지사들은 지역주민 조직가의 역할을 담당할 수 있어야 한다.

사실 지금까지의 복지관 활동은 지역주민을 변화시킨 게 별로 없다. '대상자'라는 명칭을 통해 주민을 대상화시키고 주민을 복지서비스에 의존적이도록 만드는 경향조차 있어 왔다. 지역사회의 변화에는 지역주민의 참여가 필수적이며, 대상으로서의 존재는 지역사회 변화에 참여할 수 없다.

그래서 지역복지관의 사회복지사들은 전문가의식을 통해서 깔끔하고 효과적으로 일을 처리하는 데만 신경을 쓸 것이 아니라 주민이 직접 참여하여 지역사회에 애정을 쏟게 하는 것이 더 좋다. 이를 위해서는 사회복지사들은 주민의 삶 속으로 들어가서 실천하는 태도를 보여야 한다. 복지관에 앉아서 손길을 요청하는 주민들을 기다리지 말고 지역사회 속으로 들어가서 주민들을 만나야 한다. 공식적인 근무시간에 집착하지 말고 주민들의 생활리듬을 따라가야 한다. 가끔씩은 비업무적인 모임에도 참여할 수 있는 자세도 필요하다. 지역리더의 생일이거나 주요 주민의 회갑잔치에도 참여하고 필요한 경우 주민들과 함께 노래방에 가기도 하고, 등산도 할 수 있어야 한다.

물론 사회복지사들은 조직가이기 때문에 절대 먼저 나서지 말고 아는 척 하지 말아야 된다. 주민들 스스로 문제를 발설하고 방법을 찾도록 지원하여야 하며, 주민들을 이끌어 내고 참여시키는 데 관심을 가져야 한다. 또한 지역사회를 문제의 근원이 아닌 장점과 자원의 보고로 생각하고 자원들을 어떻게 이끌어 들일 것인가를 고민해야 한다.

무엇보다 지역주민의 조직화는 오랜 시간이 필요하다. 지역주민들의 속내는 1~2년만에 표현되는 것이 아니다. 지역주민과의 신뢰관계를 형성하는 데만도 많은 시간이 필요하다. 1년 안에 단기승부를 내겠다는 자세는 금물이다. 긴호흡, 꾸준한 실천이 절대적으로 필요하다.

지역사회복지관은 사회복지계에서는 지역복지의 핵심 센터로서의 중요성을 부여받고 있다. 핵심 센터는 직접적인 서비스만 하는 것이 아니라 지역사회의 자원을 관리할 수 있어야 하며, 지역사회 자원 중에 가장 중요한 것이 지역주민이다. 지역주민을 참여시키고 지역주민을 통해 지역사회를 변화시키도록 하는 것이 지역복지관의 핵심적인 역할이 되어야 한다.

'대상자'에서 서비스를 단순히 전달하여 또 다른 서비스를 기다리게 만들지 말고 이들이 지역에서 움직이도록 만들어야 한다. 그래야만 복지관 수는 증가하는데 빈민촌도 늘어나고 복지관이 오랫동안 있어 왔는데 그 지역은 점점 더 슬럼화되어가는 기현상을 바로 잡을 수 있을 것이다.

13장

도란도란 마을만들기

양 재 혁

1. 마을만들기의 목표와 지향점

90년대 초중반 운동적인 성격에서 출발한 자생적인 마을만들기가 최근에는 도시재생의 전략적인 차원에서 행정이 주도하는 마을만들기 사업으로 확대되어 전국에 걸쳐 시행되고 있다. 국토해양부가 실시하는 '도시활력증진사업'을 비롯하여 '희망마을만들기', '마을미술프로젝트', '친환경생태마을', '가족친화형 마을', '녹색농촌 체험마을' 등이 안행부, 문화부, 환경부, 여성가족부, 농림부 등에서 실시되고 있다. 이와 유사하게 중앙부처들이 실시하는 마을관련 사업이 약 80여개로 추정된다. 조만간 도시재생특별법 제정에 따른 도시재생기금 신설, 총리실 산하 도시재생특별위원회가 설치됨에 따라 도시재생사업의 일환으로서 마을만들기 사업이 본격적으로 시행될 것으로 예상되고 있다. 부산에서도 '산복도로 르네상스', '행복마을만들기'를 시행하고 있고 '커뮤니티 뉴딜사업 기본계획'을 비롯해 복합형, 복지형, 교육지원형, 환경·경관개선형, 네트워크 구축형 등 5개 분야 22개 세부사업이 진행되고 있다.

행정이 주도하는 마을만들기 사업이 늘어나고 예산액이 늘어난다고 좋은 마을이 많이 만들어지는 것은 결코 아니다. 오히려 마을내부에서 준비되지 못하고 지원체계와 조직도 정비되지 않은 상태에서 행정이 사업으로서만 마을만들기에 접근한다면, 행정이 민간영역에 지나치게 개입하게 되어 부작용이 더 많이 배출될 것이다. 따라서 행정주도형 마을만들기는 주민 스스로의 자주적인 활동과 행정의 적절한 개입이 이루어질 때 성공할 수가 있다. 자생적 주민주도형 마을만들기의 경우, 의식 있는 마을 인재들이 보육, 교육, 환경 문제 등 생활

문제에서부터 마을경제의 개선에 이르기까지 주민들과 함께 주도적으로 해결하는 과정에서 주민조직화가 일어나고 마을 공동체 형성 등으로 자연스럽게 확장되었다. 한편, 행정주도 주민참여형은 중앙, 지방 정부가 마을만들기 사업을 통해 마을인재를 양성하고, 주민조직화를 하며 사업을 확장하면서 점차 마을 공동체로 성장하기를 기대한다.

자생적 마을만들기와 행정주도 마을만들기가 공통적으로 지향하고 있는 것은 주민이 마을의 문제를 스스로 해결하고 개선해 나갈 수 있도록 주민역량을 강화하는 것이며(Empowerment) 궁극적으로는 마을공동체가 지역자치를 실현하는 것이다. 그러므로 마을을 만든다는 것은 그 무엇을 만드는 것에서 충족되는 것이 아니라 공동체의 공통적 요소들을 충족함으로써 만들어지는 것이다. 다시 말하자면 마을을 만든다고 하는 것은 정태적 현상을 만들고자 하는 것이라기보다는 지속적으로 외연이 확대되고 그 정도가 심화되는 과정을 밟아 나가는 운동이라는 동태적 과정으로 바라보는 것이 적절하다.[1] 이러한 점에서 마을만들기에서 중요한 것은 만들어야 할 대상으로서 마을만들기가 아니라 마을을 만드는 주체를 형성하고 그 주체의 역량을 강화하는 것이다. 왜냐하면 마을만들기는 마을의 문제를 해결하기 위해 주민이 자발적으로 참여하게 만드는 과정과 체계를 만들고 실천적 활동 경험을 공유하고 축적함으로써 공동체 성장의 과정으로 묶어내는 것이기 때문이다.

마을의 문제는 재개발 사업처럼 단지 물리적 환경에 국한되는 것이 아니라 환경, 경제, 복지, 문화 등 마을전반적인 내용을 포함하는 것이다. 마을만들기는 이 문제를 해결하기 위해 마을의 특성과 자원을 토대로 주민들이 함께 어우러지면서 새로운 가치를 만들어나가는 것이다. 이를 위해 사람과 사람, 사람과 장소, 장소와 장소, 현세대와 미래세대, 지역 마을과 전체 사회와의 많은 관계를 만들어야 한다. 이 중심에는 주민참여가 있다. 참여주체인 주민은 단지 마을에 살고 있다는 것을 넘어서서 우리 사회가 지향해야 할 시민가치, 사회가치 등을 고민하면서 실현해나갈 때 마을을 넘어 전체 사회시스템과 연계되고 소통할 수 있다. 즉, 어떤 마을이 지향하는 가치가 사회적으로 공유되고 공감될 때 전문가들, 시민단체, 공공기관들이 연대를 하며 지원하고 협력할 것이다. 행정주도형 마을만들기는 사업중심으로 가동되는 구조다. 그러면서 동시에 사업이 끝난 이후에도 지속적인 마을만들기가 이루어지는 것을 목표로 한다. 그러므로 마을만들기 사업이 지향하는 사회가치를 통해 사회적 자본의 지속적인 지원을 유지하며 주민자치의 지역공동체 활성화라는 마을 재생의 궁극적인 가치가 실현될 수 있도록 지원방식과 체계가 설계되어야 하는 것이 행정주도형 마을만들기 전략의 핵심이다.

1 이호, 주민공동체 형성을 위한 마을만들기, 전국마을만들기 활동가 교육 자료집 pdf, p.7

2. 부산시 행정주도형 마을만들기 사업의 문제점과 개선방향

부산시에서 실시하는 마을만들기는 복합형 마을만들기, 복지형 마을만들기, 교육지원형 마을만들기, 환경·경관개선형 마을만들기, 네트워크 구축·홍보형 마을만들기 등 5개 유형에 세부적으로 22개 사업이 있다. 세부적인 내용은 다음 표와 같다.

부산시 마을만들기 유형별 추진현황

사업 유형	사업명	사업개요	추진부서
복합형 마을 만들기	산복도로 르네상스	사업내용: 마을 종합재생 프로젝트 사업대상: 원도심 산복도로 일원	창조도시기획과
	행복마을만들기	사업내용: 공간, 사회문화, 생활개선 사업대상: 낙후 저소득층 마을 30개소	도시재생과
	커뮤니티 뉴딜도시 재생	사업내용: 복합마을재생사업 사업대상: 복합결핍상위 20% 지역(1,350개통)	도시재생과
	도시활력증진 지역 개발	사업내용: 주거지 재생, 기초생활기반 확충 사업대상: 낙후지역 19개소	도시재생과
	희망마을만들기	사업내용: 생활공간개선사업, 사회복지 확충 사업대상: 공동이용시설 열악지역 9개소	도시재생과
복지형 마을 만들기	좋은마을만들기	사업내용: 주민참여형 지역복지사업 – cctv 설치 사업대상: 저소득지역(24개 지역)	사회복지과
	건강한 생활터 만들기	사업내용: 보건소 협력형 건강마을조성 건강프로그램운영, 주민 건강조사 건강 지도자 양성, 건강 동아리 운영 사업대상 : 15개 건강한 마을, 1개 건강한 재래시장	건강증진과
교육 지원형 마을 만들기	평생학습관 운영지원	사업내용: 평생교육 우수 프로그램 개발 운영 지원 사업대상: 평생학습관 설치 구·군(11개)	교육협력과
	평생교육 네트워크 구축	사업내용: 평생교육 네트워크 구축 사업대상: 16개 구·군	교육협력과
	평생교육 활성화지원	사업내용: 평생교육 프로그램 운영 사업대상: 평생학습관 미설치 구·군	교육협력과
환경·경관 개선형 마을 만들기	경관협정 시범사업	사업내용: 마을공지정비, 쌈지공원 조성 사업대상: 청사포 등 3개소	도시경관담당관
	국토환경 디자인시범	사업내용: 도시어촌 재생모델 제공 사업대상: 청사포 마을 일원	도시경관담당관
	정겨운 마을마당 만들기	사업내용: 마을마당, 골목길 유실수 식재 사업대상 : 동구 안창로 등 18개소	녹지정책과
	자투리땅 녹화	사업내용: 사유지 녹화로 이웃과 공유 사업대상: 주택가, 폐공가, 사설주차장 등	녹지정책과
	도시옥상농원 시범마을조성	사업내용: 옥상농원 시범마을 조성 사업대상: 시범마을 70개소	농축산유통과
	도시농업육성	사업내용: 도시농업 활성화 사업대상: 10개 사업	농업기술센터

부산시 마을만들기 유형별 추진현황

네트워크 구축·홍보형 마을만들기	U-산복도로 르네상스사업	사업내용: 복지, 교육, 도시재생 등 3개 분야의 U-서비스 구축, 미디어 보드설치, U-교육환경 구축 사업대상: 산복도로 르네상스 사업지역	유시티정보담당관
	주민자치회 운영활성화	사업내용: 공동체 운영 역량 강화, 공동체 형성 프로그램 운영 등 사업대상: 16개 구·군 주민자치회	자치행정과
	관광코스개발	사업내용: 마을탐방 관광코스 개발, 시티투어 버스 연계 코스 개발 사업대상: 산복도로 일원(중구, 서구, 동구)	관광진흥과

출처: 부산시 창조도시기획과 발표자료(2013)

부산시에서 실행하고 있는 대표적인 복합형 마을만들기 사업인 '산복도로 르네상스', '행복마을만들기' 등은 모두 주민참여를 통한 상향식 사업추진방식을 채택하고 있다. 이를 위해 공통적으로 주민협의체라는 주민조직을 결성한다. 그리고 마을만들기 지원센터에서 마을만들기 관련 주민교육을 실시한다. 외부에서 투입된 계획가, 활동가 등 전문가들은 주민들과 함께 주민협의체를 운영하며 마을 목표를 도출하고 사업내용을 결정하며, 추진계획을 수립한다. 실행단계에서 행정기관은 수립된 추진계획을 집행한다. 사업별로 다소 차이가 있지만 대부분 유사한 과정으로 진행된다. 이처럼 부산시의 행정주도형 마을만들기는 주민, 전문가, 마을만들기 지원센터, 행정이 협력하여 사업을 진행하고, 주민협의체 중심으로 사업을 추진하는 등 행정이 전면에 나서지 않고 지원하는 방식을 취하고 있다. 그러나 아직 사업의 완성도를 높이기 위해 극복해야 할 많은 문제점이 있다. 그중에서도 대표적인 문제점들과 개선방안을 나열하면 다음과 같다.

마을만들기 사업에 대한 주민인식 및 자발적 참여가 부족하다. 참여하는 사람들 대부분이 기존의 관변단체에서 활동하던 사람들이며 사업이 진행되는 동안 다른 주민의 참여 확장성이 낮다. 주민의 주체적인 참여를 유도하기 위해, 본격적인 사업에 응모하기 이전에 주민교육과 주민조직화 프로그램 과정을 필수적으로 이수해야하는 사업을 우선적으로 진행할 필요가 있다.

주민, 전문가, 지역의 공공기관, 행정의 협력체제가 완비되지 못했다. 마을만들기를 지원하는 지역역량도 주민역량만큼 중요하다. 마을만들기 사업에 투입되었던 전문가와 행정 외에 지역 내의 사회종합복지관, 노인복지회관, 자활센터, 보건소 등 사회복지관련 공공기관이 참여하는 협력체계가 결여되어 사업의 연계, 심화, 확장성에 한계가 있었다. 지역 기반 구축 단계에서 마을만들기에 관심과 이해관계를 갖는 관계자들이 모여 마을만들기 추진방향를 협의하고, 합의하고, 협력하는 파트너십을 결성할 필요가 있다. 사업추진 과정을 통해 파트너십을 공고하게 만들어 지속적인 마을만들기가 이루어질 수 있는 사회적 자본의 네트워크를 만들어야 한다. 그리고 더 나아가 이 네트워크가 지역 단위의 마을만들기 센터로 성장할 수 있는 기반으로 만들 필요가 있다.

사업대상지 선정 과정과 평가에 대한 합리적이고 객관적인 기준체계가 없다. 산복도로 르네상스는 부산시에서 사업구역을 지정하기 때문에 이에 제외된 쇠퇴지역의 주민들과 지자체들은 불만이 많다. 행복마을만들기는 공모에 의해 사업대상지가 지정되었지만 주관적인 공모 심사와 현장평가 방식에 불평도 많다. 사업대상지 선정은 공모와 경쟁으로 결정되어야 하고, 전문가의 주관적 평가 외에 선정 평가 시 지역의 쇠퇴정도를 나타내는 지표, 주민조직과 지역의 역량을 평가하는 지표와 기준, 사업효과를 측정하는 지표 등 객관적이고 정량적인 지표가 보완될 필요가 있다.

마을만들기 사업이 1년 단위로 예산이 수립되고 집행되어 주민조직화, 마을계획 수립, 사업 실행이 동일 연도에 시행되고 있다. 마을만들기는 시간이 많이 소요되는 협의, 조정, 협력, 합의의 과정이 필수적이기 때문에 실행일정과 실제 현장에서 진행되는 과정 사이의 시간적 간극이 크다. 자칫 일정의 틀에 맞춰 사업이 추진되는 경우가 발생하면 마을만들기 본래의 의도와 상관없는 결과가 나올 가능성이 크다. 주민조직화–계획수립–실행–관리운영 등을 동일사업에서 1년만에 일괄적으로 진행하는 것이 아니라 몇 년에 걸쳐 공모와 선정과 평가를 통해 단계적으로 시행되는 것이 필요하다.

기초지자체는 마을만들기 사업을 주도하기보다는 부산시의 지시를 받아 사업을 수행하고 있다. 그러나 기초지자체는 지역을 직접 관리하는 주체이며 마을만들기 사업을 집행하는 최전선이다. 중앙과 부산시가 실행하는 사업 그리고 지원과 협력조차 기초지자체가 지역의 요구와 수요를 명확히 할 때에야 효과가 있다. 그러므로 기초지자체가 스스로 지역사업을 기획하고 수행하는 능력, 스스로 지원 필요 사항을 적시하고 이를 요청할 수 있는 능력을 갖추는 것이 필요하다.

부산시의 13개 부서가 마을만들기 사업을 산발적으로 추진하고 있다. 각기 다양한 사업들이 서로 독립적으로 지역에 적용되거나, 혹은 재생을 위한 전략적 계획 없이 중복되어 지원되고 있다. 행정주도형 마을만들기는 지역을 단위로 펼쳐지는 다양한 재생관련 개별 사업들인 환경, 사회·문화, 경제 등의 사업들을 통합적으로 연계해줌으로써 시너지 효과를 올리며, 마을의 다양한 가치가 공존하는 복합재생이 가능해진다. 그러므로 각 부서의 예산을 사업단위가 아니라 지역단위로 조정하고 사업들을 체계적으로 그리고 복합적으로 추진할 수 있도록 통합조정기능을 갖춘 컨트롤 타워 혹은 전담부서의 신설이 필요하다.

사업이 끝난 이후에 지속적인 마을만들기가 진행되는 것이 어렵다. 행정주도의 마을만들기는 마을만들기의 촉매제로서 그 의미가 있으며 마을만들기 사업의 성패는 사업을 통해 결성된 주민조직이 사업 이후에도 마을발전에 지속적인 역할을 하는지에 달려 있다. 산복도로 르네상스의 경우, 사업이 완료된 이후에 사회적 협동조합, 사단법인을 만들어 마을의 공공적 가치를 수행할 수 있도록 준비하였지만 재정적인 독립을 확보하는데 많은 어려움을 겪고 있다. 이들이 독립적인 재정을 확보할 수 있도록 지원하는 다양한 체제와 제도가 필요하다.

3. 부산시 행정주도형 마을만들기의 주요 과제

행정주도형 마을만들기의 궁극적 목표는 자생적 마을만들기와 마찬가지로 마을공동체가 지역자치를 실현하는 것이다. 하지만 단기간에 걸쳐 이러한 목표를 달성하기 어려워 지속적인 지원을 위한 단계별 전략이 요구된다. 단계별 지원전략은 마을만들기를 위한 기반 조성단계, 사업대상지를 선정하고 실행하는 사업단계, 사업종료 후 마을공동체 중심의 사업추진 단계로 구분해 틀을 작성할 수 있다.

마을만들기 기반조성 단계

사업 추진을 위한 기반조성은 행정관련 기반, 민·관협력 기반, 주민관련 기반으로 구분된다. 행정관련기반 구축의 측면에서, 기초지자체의 마을사업 역량강화를 위한 핵심적 과제는 스스로 마을사업을 기획하고 수행하는 능력을 갖추도록 하는 것이다. 이를 위해 우선적으로 해야 할 일은 기초지자체 단위로 마을사업의 기획 및 사업계획 수립, 사업추진 등 마을사업 관련업무 전체를 총괄하는 전담조직을 구축하는 것이다.[2] 마을사업 전담부서는 중앙정부 및 부산시 마을지원사업에 관련된 기초지자체의 각 부서 업무를 조율하면서 마을현장에서 마을주체들과 협력하며 사업을 수행하는 역할을 담당해야 한다. 한편, 부산시는 마을만들기 관련 13개 부서의 업무 행정 네트워크를 구축하여 사업별 정보공유 및 추진협의를 위한 마을만들기 행정지원 협의회를 운영할 예정이다. 그러나 정보공유와 협의를 넘어 더 적극적으로 각 부서의 사업을 마을단위로 연계하여 경제와 사회, 사회와 환경, 그리고 경제와 환경 등의 주제가 결합된 복합재생이 체계적으로 작동될 수 있도록 13개 부서 사업을 통합 조정하는 마을만들기 전담부서가 필요하다.

민·관협력 기반으로서는 주민, 전문가, 공공기관, 시민단체, 행정의 민·관협력체제 구축

2 염철호 외 2인, 지역기반 건축·도시프로그램 지원 네트워크 구축 및 코디네이터 기능 활성화 방안 연구, 건축도시공간연구소, 2009.05 p.222

이 필요하다. 마을사업을 주도하는 주체는 마을에서 상시적으로 활동하는 마을주체들이다. 기초지자체의 역량이 중요하고 주민 및 지역의 준공공기관, 공공기관, NPO, 주민자치조직들이 사업주체로 참여하는 일이 중요한 것도 이들 모두가 마을을 기반으로 활동하는 주체들이기 때문이다. 마을사업 발굴 및 기획을 위한 다양한 노력은 기초지자체 담당부서의 능력만으로는 효과적 수행에 한계가 있다. 그러므로 지역 안에서 기초지자체와 협력하며 사업기획에 참여하거나 사업주체로 참여할 수 있는 민간협의체와 같은 조직을 육성하는 것이 지역역량을 강화하는데 필수적이다. 부산시는 전문가와 시민단체, 행정이 참여하는 민·관 협력체제로서 마을만들기 주요 정책사항에 대한 심의, 자문과 마을기본계획 및 시행계획을 수립하는 마을만들기 위원회를 운영하고 있다. 또한 마을만들기 사업을 효율적으로 관리하고 지원하기 위해 마을만들기 지원센터를 설립하였다. 한편, 행정주도형 및 외부 지원형 마을만들기사업을 추진하였던 조직 100여개소 및 자생형 마을공동체 15개소를 포함해서 지역의 준공공기관들과 지역단위로 활동하는 NPO들로 지역의 마을만들기 민간협의체가 구성될 예정이다. 민간협의체는 마을간 정보 및 축적된 경험을 공유하며, 마을관련 정책 기획과 실천에 함께 참여하고 공동활동, 품앗이 등을 통해 지역의 역량을 키울 것을 기대한다. 마을만들기 위원회, 행정지원 협의회 그리고 민간협의체는 부산시의 마을만들기 민·관 거버넌스의 주요 축으로서 마을만들기 지원센터와 더불어 마을정책, 계획, 사업을 심의, 조정 협의할 것이다. 그런 의미에서 마을만들기 지원센터는 민간에 위탁되는 독립 기구지만 행정·민간 협력체제로 관리 운영되는 것이 바람직하다. 마을만들기 지원센터는 주민, 마을리더/예비활동가, 마을활동가 등 주체별 역량강화 사업, 주민공동체 및 마을활성화 사업, 마을만들기 네트워크 구축 및 활용 등의 역할을 하고 있다. 향후 역량이 부족한 기초지자체와 지역의 마을만들기 센터를 도와 마을사업 기획업무를 지원하고, 사업과정에 전문가를 파견하는 등 기술적 지원을 통해 지역의 자구노력 효과를 배가할 것으로 기대된다.

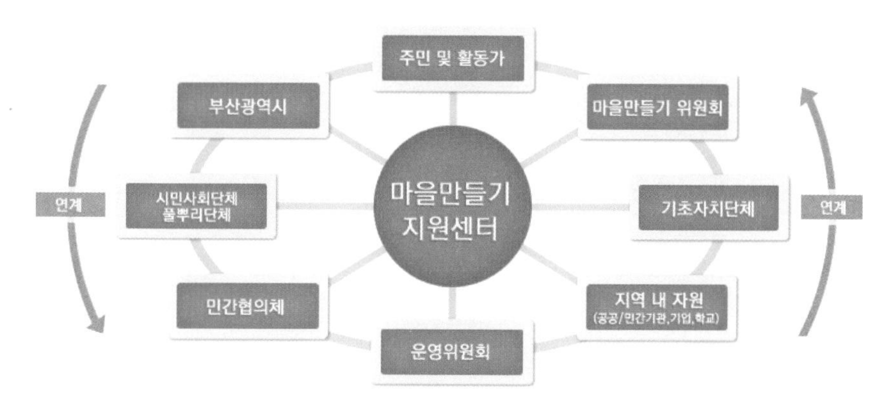

마을만들기 지원센터 네트워크 환경 구축
출처: 부산광역시 마을만들기 지원센터 홈페이지

주민관련 기반작업으로서는 마을만들기에 대한 사회적 관심을 일으키고 시민들의 공감대를 조성하는 작업도 필요하지만 특히 가장 중요한 것은 주민조직화 작업이다. 주민조직은 마을만들기 사업에서 주민들이 직접적으로 참여하는 창구 역할을 하며, 추진과정에서 갈등을 해결하고 협의하고 협의하는 경험을 통해 마을이 지향하는 가치를 공유함으로써 향후 마을 공동체를 형성하는 기반조직이 된다. 주민조직화는 본격적인 마을만들기 사업 이전에 구축되어야 한다. 마을주민들이 어떻게 함께 행복하게 살 것인가에 대한 공통적인 함의가 만들어지지 않은 상태에서, 그 가치를 지향하는 조직이 만들어지지 않은 상태에서 사업이 시작되면 마을과 이웃은 보이지 않고 모든 관심과 현안은 사업을 중심으로 돌아간다. 그리고 사업이 끝나면 마을만들기도 끝이 난다. 공동체성을 활용하여 사업운영을 위해 조직되었던 마을조직과 마을공동체를 지향하며 만들어졌던 조직 중에서 어떤 조직이 지속가능하며, 주체적이고 자율적이고 확장성이 있을까? 한 보고서에서 주민조직의 지속가능성, 즉 마을공동체의 기틀로서 회비납부, 정기적인 회의, 마을자체사업, 회원 수의 증가 등을 기준으로 부산시의 마을조직현황을 살펴본 결과, 지난 4년 동안 실시된 행정주도형과 외부지원형 사업 100여개 중에서 단 6개만이 그 기준을 충족하고 있는 것을 볼 수 있다.[3] 이중에서 지난 3년 동안 공동모금회가 지원하였던 금정구 오차마을의 주민조직화 사업의 경우, 금정복지관은 복지사들을 9달 동안 체계적으로 훈련시켜 마을에 활동가로 투입하고, 활동가들은 실행가능한 마을문제를 중심으로 주민들이 스스로 해결방법을 찾아내고 해결하는 등 4과정 10단계 조직화 과정을 통해 마을주민의 역량을 강화시켰다. 그 결과 오차마을공동체는 회원 수가 110명에 이르고 자체사업도 운영하면서 주체적으로 중앙부처의 사업도 유치하는 등 마을공동체의 자체 역량을 스스로 강화하고 있다.

한편, 행정주도형 마을만들기 사업을 추진했던 대부분의 마을조직들이 주민협의체 성격에서 머물고 주민회원 수도 크게 증가하지 않은 것을 볼 때 마을만들기 지원센터는 주민조직화 사업을 좀 더 적극적으로 추진할 필요가 있다. 마을만들기 사업과 마을 공동체 사업을 분리한 것은 긍정적이지만 부산에서 마을공동체를 형성하는 주체 세력이 제한적임을 고려할 때, 주민들이 제안하고 공모하는 주민공동체 제안공모사업과 병행하여 지원센터가 주민조직화 사업에 좀 더 적극적으로 개입하는 프로그램을 기획하는 것이 필요하다. 활동가를 체계적으로 훈련시키는 프로그램, 사업초기뿐만 아니라 사업추진 중에도 마을공동체를 일구어 내고 조직화하는 주민조직화 프로그램, 그리고 공동체 교육을 위한 주민 재교육 프로그램 등을 운영할 필요가 있다. 더불어 헌신적이고 열정적인 마을 인재를 훈련, 양성하여 활동가가 떠난 이후에도 그를 중심으로 핵심그룹을 만들고 이들이 주민조직을 확

3 양재혁 외 4인, 부산광역시 마을만들기 네트워크 현황조사, 2013

장할 수 있도록 지원하는 지원체계를 만드는 것도 필요하다. 이를 위해 오랫동안 주민조직화의 경험을 토대로 마을조직가와 주민리더를 교육하고 있는 시민단체와 주민조직화사업을 성공적으로 실시하였던 기관들과 협력하여 주민교육과 조직화 프로그램을 공동 개발하는 것이 바람직하다.

마을만들기 사업 실행 단계

마을만들기 사업은 단계적으로 진행되어, 사업 내용과 예산규모가 단계별로 확대되고 커지며 각 단계마다 공모와 경쟁에 의해 사업대상지가 선정되어지는 것이 바람직하다. 첫 단계는 주민기반작업에서 이미 구성된 주민조직과 함께 마을목표를 설정하는 단계이다. 실천 과제로서 마을의 영역별 쇠퇴지수[4]와 쇠퇴지수에 설정되지 않은 영역의 경쟁력을 분석하고 마을 특성과 거주 특성을 고려하여 마을목표를 설정한다. 또한 재미있고 가시적이며 사업성과를 바로 볼 수 있는 소규모의 사업들을 진행하면서 조직들을 강화시키는 작업도 병행한다. 이 단계에서는 마을 주민의 자율성과 주체성을 담보할 수 있도록 활동가, 지역의 마을만들기센터 등이 주축이 되어 추진하고 행정은 예산 지원, 모니터링 등 소극적으로 지원만 한다.

두 번째 단계는 마을목표를 토대로 마을에서 마을기본계획을 수립하는 것이다. 지역의 마을만들기 센터는 부산시의 마을만들기 지원센터의 협조를 받아 마을 목표에 적합한 전문가를 계획가로 선정하여 영역별 쇠퇴정도를 평가하고 이를 어떻게 마을만들기 사업의 형태로 극복해나갈 것인지 현실가능한 계획을 수립하도록 한다. 사업계획 수립 시 계획가는 마을재생 목표지수를 설정해 사업 후 목표치 대비 평가를 수행할 수 있도록 한다. 종합적인 마을재생계획이 이루어지도록 마을만들기 지원센터는 영역별 전문가 그룹을 파견하여 계획가를 지원한다. 세 번째 단계는 마을기본계획을 실행하는 단계이다. 행정은 마을기본계획을 필요성, 실현 가능성, 마을재생의 효과성의 측면에서 평가하여 마을에 따라 예산을 선별적으로 투입한다. 공적 자금이 투입되어 마을기본계획을 실행하는 단계이므로 절차적 신뢰성과 집행력을 갖고 있는 행정이 적극적으로 참여한다. 기초지자체는 주민협의체, 지역의 공공기관, 마을만들기센터, 전문가들과 협력하여 진행하도록 한다. 네 번째 단계는 사업내용과 규모가 확장되는 단계이다. 3번째 단계에서 실행되었던 영역별 개별 사업평가, 재정투입

4 쇠퇴진단지표는 도시재생사업단의 '도시 쇠퇴 실태 자료 구축 및 종합정보시스템 구축'에서 조사·분석되었고 부산시의 경우 '커뮤니티 뉴딜사업 기본계획'에서 7대 결핍분야별 40개 결핍인자를 개발하여 부산시 전체 4,574개 통단위의 세부조사와 일부 자료별 동단위로 복합결핍도 지수를 발표하였다. 부산시는 복합결핍도를 중심으로 5% 하위그룹은 결핍심각 마을(11개동, 110개통), 10% 이하는 결핍마을(22개동, 220개통), 20% 이하는 결핍진행마을(43개동, 450개통)로 분류하였다.

대비 성과 평가, 재생효과 평가, 주민만족도 평가 등을 거쳐 선정된 마을을 대상으로 마을 기본계획의 물리적, 경제적, 사회문화적 전 영역에 걸쳐 예산을 투입한다. 이 단계는 13개 부산시 마을관련 부서와 중앙정부 예산의 통합, 사업의 연계, 가치의 복합이라는 복합재생을 목표로 하는 행정주도형 마을만들기 사업이 완성되는 최종 단계인만큼 공모와 경쟁을 통해 여러 단계의 사업을 추진하는 과정 중에 주민참여와 주민조직, 기초지자체의 역량, 민·관협력의 구축 등 지역의 역량이 매우 강해진 마을에서 진행되는 것이 바람직하다.

마을공동체 중심의 사업추진 단계

마을만들기의 궁극적 목표는 주민에 의한 지역자치를 실현하는 것이다. 마을만들기 사업에만 초점을 두어 진행할 경우 막대한 재정지원이 투입되고 사업을 연계하여 복합재생을 실현하고도 사업이후의 마을의 지속적인 성장과 발전을 이끌어낼 기반을 조성하는 것이 어려워진다. 마을이 자생적인 지속성을 확보하기 위해서는 마을사업 단위로 형성되어진 주민조직을 마을공동체로 발전시키고 제도화하여 공공적 민간이란 주체를 형성하는 것이 가장 먼저 필요하다. 공공과 민간의 이분법적 구도에서 벗어나 제 3의 공공적 민간을 통해 공공의 역할을 수행할 수 있는 유연한 주체를 형성할 수 있다면 마을만들기 사업과 도시재생사업을 행정이 부담해야 된다는 부담에서 벗어날 수 있다. 또한 민간이 움직일 수 있는 동력을 확보함으로써 마을만들기의 지속성을 확보할 수 있다. 이때 가장 중요한 것은 공공적 민간이 재정의 독립성을 확보하면서 수익을 만들어내고 수익을 만들어내는 과정이 마을 공동체의 사회적 가치와 연결되고 창출된 수익이 다시 마을 공동체 내에 재투자되어 사회적 복지 서비스를 확장해나가는 데 있다.[5]

이런 맥락에서 부산시는 행정주도형 마을만들기 사업을 통해 형성된 마을조직이 재정적으로 독립할 수 있는 기반 여건들을 조성하기 위해 협동조합과 마을기업 설립을 적극적으로 권장하였다. 그 결과, 2010년부터 실시된 29개의 행복마을 사업에서는 마을기업과 협동조합이 설립된 마을이 6곳이며, 수익사업이 추진되는 마을이 10개 마을, 수익사업을 위해 준비된 마을이 4개 마을 등에 이른다. 2011년부터 실시된 19개의 산복도로 르네상스 사업의 경우 사단법인 1개, 마을기업과 협동조합이 설립된 마을이 6개, 수익사업이 준비된 마을이 5곳이다. 그러나 아직은 수익이 높지 않아 보조금을 지원받지 못하면 사무실 운영조차도 어려운 곳이 대부분이다. 또 많은 곳이 조합원이나 마을기업 회원 수가 30명을 넘지 못하고 있는 실정이다. 현장에서 살펴본 마을기업과 협동조합의 큰 문제점은 운영 조직이 몇 사람들에 의

5 도시재생사업단, 새로운 도시재생의 구상, 한울, 2012 pp.256~259

해 운영되고 있다는 점이다. 심지어는 마을기업으로 사용하는 거점시설과 운영에 대해 폐쇄적이고 배타적인 양상도 벌어지고 있다. 따라서 마을공동체로 진화하지 못한 운영조직이 마을기업을 운영함으로써 잠재적 소비자인 마을주민들과 유리되어 수익모델은 악화되며, 폐쇄적인 운영은 마을공동체의 확장성을 오히려 가로막고 있다. 이처럼 마을기업과 협동조합의 성패는 마을공동체의 성숙 정도에 좌우되므로 마을공동체의 활성화가 마을기업 운영보다 우선임을 알 수가 있다. 한편 생산지의 특성에 따라 다양한 상품을 생산할 수 있는 농촌과 달리 도시에서 마을기업의 수익모델은 매우 제한적이다. 게다가 기업마인드가 부족한 주민들에게 마을기업에서 수익 창출을 기대하는 것은 어려운 실정이다.

그러므로 행정에서는 마을공동체의 재정적 독립을 위해 다양한 수익모델 창출에 대한 고민이 필요하다. 마을공동체의 재정적 독립을 위해 마을의 유휴공간을 공공이 매입해서 마을 공동체가 개발할 수 있도록 자산개발권을 일정 기간 양도해주는 공동체 공간신탁과 같은 방식, 그리고 공영주차장, 지역스포츠 센터 등의 기초지자체 소유의 공공시설물들을 공동체에게 위탁하는 방식, 또한 입체도시계획시설 제도 활용을 통해 공공건물을 주거, 복지 등 비도시계획시설과 복합용도로 활용하게 하여 위탁받은 공동체가 임대 수익을 올리는 방식 등 다양한 방안을 고려해 보는 것이 바람직하다.

4. 행정주도형 마을만들기의 미래와 지향

'산복도로 르네상스 사업', '행복마을만들기 사업'으로 대표되는 부산시의 행정주도형 마을만들기 사업이 시작된 지 이제 4년을 지나고 있다. 마을만들기 사업 추진 과정과 사업결과에서 나타난 여러 문제점들에 대한 개선방향에 대한 논의가 활발하다. 주민참여, 주민교육과 조직화, 민간협의체 구성, 민·관 협력체제 구축, 기초지자체의 마을만들기 센터 설립, 행정기관의 역량 강화, 복합형 마을만들기 실현, 사업대상지 선정과 추진 방식, 마을공동체의 지속가능성 확보 등이 주요 의제이다. 그리고 그 무엇보다도 마을공동체에 의한 지역자치 실현이라는 마을만들기의 최종 목표를 달성하기 위한 체계적인 사업 추진 전략이 매우 중요하게 논의되고 있다. 이러한 논의들에 대한 해법 제시는 도시재생특별법의 제정에 따라 근린 재생형 도시재생이 본격적으로 실시될 것에 대비해서도 필요할 뿐만 아니라 지난 4년 동안 실시한 마을만들기 사업이 이제는 안정적인 사업 기반을 갖추고 체계적으로 추진되는 전기를 도모해야 하는 이 시점에도 반드시 필요하다. 이를 위해 이제는 각계 각 분야의 마을만들기 주체들이 각자의 경험과 지식을 통합시켜 주요 의제들에 대한 해결책을 제시하는 작업이 필요하다.

자생적 마을만들기의 경험을 갖고 있는 활동가들과 주민조직화 교육을 진행하고 있는 시민단체는 주민조직화 부문을 담당하며, 부산시 마을만들기 지원센터와 함께 마을만들기 이해와 가치를 공유하는 교육 프로그램을 맡는다. 또한 시민단체와 NPO들, 마을 관련 전문가와 활동가들은 네트워크를 구성하여 마을만들기를 지원하는 사회적 자본을 구축한다.

부산시와 기초지자체는 마을만들기 행정지원 협의체를 구성하여 마을만들기를 통합 관리하고 지원하는 시스템을 구축한다. 그리고 기초지자체 내 준공공기관, NPO, 마을주민조직 등은 민간협의체를 구성하고 이를 광역단위의 민간협의체로 확장한다. 민간협의체에 행정뿐만 아니라 공공기관, 지역기업, 정치인 등이 참여하여 지역 민·관협력체로 확장하고 이를 광역 단위의 민·관협력체로 확장한다. 그리고 기초지자체별로 지역의 마을만들기 사업을 협의·운영하는 마을만들기 센터를 설치한다.

행정과 마을만들기 지원센터와 전문가들은 마을의 쇠퇴와 재생 평가를 연계하여 마을만들기 사업의 유형별 내용과 규모를 단계적으로, 차별적으로 지원할 수 있도록 마을만들기 추진 전략의 골격을 수립한다. 그리고 마을공동체가 협동조합과 마을기업 운영, 공공자산 관리, 공공시설물 운영·관리 등을 통해 재정적으로 독립할 수 있는 방안에 대해 고민하고, 이를 토대로 마을공동체 가치와 일치하는 수익사업을 전개하고 거기서 얻은 수익으로 마을의 복지 서비스를 확대할 수 있는 선순환 시스템을 고민한다. 최종적으로 마을 주체들이 연석회의와 워크샵을 통해 부문별로 고민한 결과들을 상호검증하고 사업의 추진 전략을 구체적으로 완성시킨다.

부산의 마을주체들이 협력하여 만들어가는 이 작업이 성공리에 수행된다면, 부산시 마을만들기 주요 의제들에 대한 해결책을 제시할 수 있는 것뿐만 아니라 이러한 과정을 통해 각 주체들간의 협력체제는 더욱 공고해질 것이며, 사업추진 시스템들은 지속적으로 더 체계적이고 정교해질 수 있는 토대를 갖게 될 것이다. 그리고 무엇보다도 각 마을주체들의 역량뿐만 아니라 부산 전체의 역량도 배가 될 것이다.

14장

창조적 커뮤니티 비즈니스

김 해 창

1. 난개발과 도시재생

부산의 명소 해운대 일대에 초고층건물들이 잇달아 들어서게 되면서 백사장 모래 유실, 스카이라인 훼손, 교통체증 등 난개발이 현실화되고 있다. 해운대관광리조트는 부지 6만 5934㎡에 연면적 65만 6224㎡ 규모의 체류형 관광복합시설로 108층의 주건물과 87층의 공동주택 2개가 서로 연결된 형태로 건립될 예정이다. 부산시가 관광시설 유치를 위해 주민까지 이주시킨 부산의 마지막 금싸라기 땅으로 당초 아파트 건축이 금지됐으나 2009년 말 주거시설을 지을 수 있도록 하는 용도변경안이 30분 만에 처리됐으며 호화아파트 900여 가구를 지을 수 있어 특혜의혹이 제기됐다. 3.3㎡당 분양가가 최소 2,000만~3,000만 원이 될 것으로 부동산업계는 내다보고 있는데 2011년 3월24일 부산시의 건축심의 통과에 이어 그해 10월 해운대구청의 승인을 받아 개발에 착수했다(연합뉴스, 2011.10.7).

이러한 난개발은 인근 광안리 주변 용호만매립지의 초고층 아파트 허용문제로 이어져 경관훼손 및 특혜시비를 낳고 있다. 부산시로부터 2010년 주거용 시설이 전면 불허된 상업용지인 용호만매립지의 땅을 25층 이하 시설을 허용하는 조건으로 997억 원의 헐값에 매입한 IS동서㈜가 인근 주민들이 조망권 침해라는 이유로 반대하자 최근 대책위와 60층 규모의 초고층아파트 건립에 합의함으로써 1천억 원에 이르는 막대한 개발이익을 챙길 상황이라는 것이다(부산일보, 2011.7.4). 이러한 건설사의 막대한 개발이익 차익을 환수할 제도적 장치도 없는데다 초고층 주상복합건물이 허용됐을 경우 인근 삼익비치아파트를 비롯한 10개 재건축 예정 아파트의 초고층 허용 여부에도 직접적인 영향을 미치게 돼 이러한 것이 현실화되면 부산은 해운대 광안리 바닷가 일대가 콘크리트 건물로 바다를 완전히 가리게 된다는 것이 전문가들의 지적이다.

1959년 개관했다 2011년에 문을 닫은 범일동 삼성극장(©국제신문)

이렇게 높은 건물, 신축건물이 마구잡이로 들어가는 과정에 부산다운 정감을 지닌 도심 지역의 역사적 건조물들은 줄줄이 사라지고 있다. 그것도 불과 몇 년 사이에 말이다. 1900년께 건립돼 부산서 가장 오래된 근대식 창고인 동구 초량동의 남선창고가 2008년말 철거됐다. 명색이 해양물류도시인 부산의 역사적 자산이 사라진 것이다. 2011년 5월 하순에는 동구 범일동 삼성극장(1959년 개관)이 철거됐다. 성인영화를 상영하며 명맥을 잇던 삼성극장은 인근 삼일극장(1944~2006년), 보림극장(1955~2007년)과 함께 범일동 영화거리를 형성했으나 불과 몇 년 사이에 이들 극장이 모두 사라졌다. 국제영화도시 부산의 추억이 담긴 옛 극장 건물을 이제는 더 이상 찾아볼 수 없게 됐다. 부산의 스토리가 사라지고 있다.

또한 부산지역 시민들의 주거생활의 질과 직결되는 재개발, 재건축사업은 도심의 난개발을 부추기고 있다. '2012 부산시 도시 및 주거환경정비기본계획기준'에 따르면 부산시는 당초 2010년까지 500여 곳의 재개발, 재건축을 진행하겠다고 약속했으나 현재 재개발, 재건축 사업이 완료된 곳은 10곳 정도다. 이처럼 대부분이 추진위 설립단계이지만 일부 사업시행인가가 난 곳이 있으나 전체적으로는 지지부진하다고 할 수 있다. 부산지역 주택재개발 재건축사업의 대부분은 일괄적으로 기존 건물 철거 후 신축 건립하는 전면철거방식을 취하고 있어 기존 도심 주거환경과 전혀 조화를 이루지 못하고 있다.[1]

부산시의 도심재개발은 지역주민이 소외되는 전면철거방식을 취하고 있다. 전면철거방식은 노후불량주택 정비 및 신규 주택을 공급하는 등 긍정적인 측면도 있었으나, 영세가옥주와 세입자 등 사회적 약자의 주거권과 생존권 희생을 바탕으로 한 소유자와 개발업체 이익보장 논리가 지배하는 구조다. 재개발사업으로 인해 원주민의 지역 정착이 어렵고, 영세가옥주나 세입자들이 더 열악한 지역으로 이전하게 되며, 마을 자체가 사라지고, 공동체가 해체되는 결과를 낳기 쉽다. 또한 일시에 대규모 이주 수요 발생으로 인접 지역의 아파트 전세가격을 부추겨 당해 재개발사업과 무관한 서민들까지 주거생활을 위협받게 되는 것이 문제다. 이에 대한 대안의 하나로 도시재생사업 활성화를 통한 주거환경 개선이 절실하다.

그간 이명박 오세훈식의 선거포퓰리즘에 바탕을 둔 수도권 뉴타운사업방식의 재개발 재

1 SBS 송성준 부산지국장은 부산시 도시개발 행정의 문제점으로 첫째, 개발위주의 행정의 구조, 둘째, 개발행정에 대한 견제장치의 부재, 셋째, 시민들의 개발이익 편승심리, 넷째, 도시 백년대계의 부재를 들고 있다(송성준, 자치21 발표자료집, 2011.9).

건축사업 과다 지정이 문제를 유발했고, 그러한 방식이 부산에도 확산된 결과가 지금의 도심재개발사업의 실패로 귀결되고 있다. 그러나 근년 들어 경기침체로 전국의 재개발 재건축 사업이 주춤한 실정이며 부산시도 뉴타운 문제의 폐해를 인정하고 2008년 22곳의 지구지정을 해지하기도 했다.

이러한 가운데 2011년 보선에서 당선된 된 박원순 서울시장은 재개발사업 출구전략으로 '사회적 약자 보호형 재개발로의 전환'을 추진하고 있다. 종전에 소유자 중심에서 거주자 중심으로, '사업성'과 전면철거를 중시하던 정책에서 공동체·마을만들기 중심의 축 전환을 가져온 것이다. 이로써 세입자 재정착 가능시스템 구축 등 사회적 약자 권리 및 주거권 보장 강화가 특징이다. 지구지정 해제의 경우 마을만들기 등 주거재생사업으로 전환, 추진위 해산시 법정 사용비 일부를 보조하도록 했다.

2. 도시재생, 창조도시, 그리고 커뮤니티 비즈니스

도심재개발에 있어 이제는 더 이상 토목공사 중심의 난개발에서 벗어나야 한다. 도시재생은 21세기의 도시문제에 대응하는 전략적인 정책 개념으로 지속가능한 도시발전을 맡을 새로운 도시계획 개념이라 할 수 있다. 도시재생을 위해선 창조도시의 발상을 제대로 배울 필요가 있다. 창조도시의 개념과 접근법은 크게 다섯 가지로 정리될 수 있다(이철호, 2010). 첫째, '창조도시(creative city)'라는 관념으로 찰스 랜드리, 피터 홀 등 유럽학자들이 문화산업과 창조산업에 관한 분석을 통해 구체화시킨 것으로 개념의 타당성을 최량의 실천사례를 통해 입증해가고 도시재생과 발전정책으로 연결시킨다. 두번째 관념은 '창조유럽(Creative Europe)'이다. 문화활동에 기초한 도시재생을 중시하되 거버넌스에 관심을 모은다. 세번째는 장소의 경쟁력을 결정하는 자원으로서 '창조계급(creative class)'을 중시하는 관념이다. 리처드 플로리다를 중심으로 도시의 발전의 핵심이 3T인 기술(Technology)과 인재(Talent), 포용성(Tolerance)이라고 강조한다. 네번째는 '창조산업(Creative industries)'의 관점으로 문화활동을 경제적 관점에서 보는 산업경제학에서 나온 접근법이다. 초점은 창조적 요소, 문화재와 제도의 특성, 행위자들간의 관계에 맞춘다. 다섯번째는 '창조활동(Creative activities)'을 중시하는 관점으로 창작 분야에서 창조성을 가치화하는 접근법이다.

또한 창조도시의 자원별 유형을 살펴보면, 크게 선도개발형, 문화체험형, 도시재생형, 생산기반형 등 네가지로 나눌 수 있는데 이 중 도시재생형은 기존의 도시구조를 해치지 않으면서 도시 기능을 재활성화하는 것이다. 독일 루르공업지대의 엠셔파크 프로젝트나 요코하마의 부두재생과 같이 주로 공공디자인과 종합 쾌적성을 의미하는 어메니티를 중시한다

커뮤니티 비즈니스의 이해

커뮤니티 비즈니스의 역사

커뮤니티 비즈니스의 발상은 1980년대에 영국 스코틀랜드에서 확산됐다. 당시 스코틀랜드는 불황, 고실업률로 고민했고 지역경제는 쇠퇴했다. 거기서 주민이 스스로 비즈니스를 일으켜 지역에 서비스를 공급하는 것과 동시에 고용을 창출하는 커뮤니티 비즈니스가 생겼다. 커뮤니티 비즈니스의 기원은 당시 아웃소싱 프로그램의 일환으로 우체국이나 상점 등의 기본적인 서비스가 미치지 못하는 농어촌을 위해 영국 정부의 지원을 받아 설립된 영국 농어촌의 '커뮤니티 협동조합(community cooperative)' 또는 1981년 스코틀랜드의 지역주민이 주축이 돼서 설립된 유한회사 '커뮤니티 비즈니스 스코틀랜드(Community Business Scotland)'라고 볼 수 있다(현대경제연구원, 2006). 이후 발전을 거듭하여 현재 영국의 개인기업 가운데 약 20% 정도가 커뮤니티 비즈니스의 형태를 띠고 있으며 시장으로는 60조원 규모로 성장했다(삼성경제연구소, 2009). 일본의 경우 1994년 호소우치 노부타카가 "지역문제는 지역스스로 비즈니스 개념을 도입해 해결해야 한다"고 주장하며 연구 및 실행을 본격화했다. 일본의 경우 1998년 비영리활동촉진법이 커뮤니티 비즈니스를 활성화하는 계기가 됐다.

커뮤니티 비즈니스에 대한 국내의 연구 및 실천의 흐름으로는 2006년 현대경제연구원이 보고서 'CB:지식영제 활성화의 새모형'을 발표했고, 2008년 희망제작소가 커뮤니티비즈니스 연구소를 설립했으며, 2009년 삼성경제연구소가 'CB와 지역경제 활성화'라는 보고서를 발간했다. 그리고 2007년 7월 사회적 기업육성법이 제정 시행됨으로써 사회적 기업과 커뮤니티 비즈니스가 발전의 계기를 맞게 됐다. 또한 노동부가 인증한 292개 사회적 기업 중 다수가 실제는 커뮤니티 비즈니스의 성격을 지니고 있다.

커뮤니티 비즈니스의 개념

커뮤니티 비즈니스 개념을 처음 사용한 일본의 호소우치 노부타카(2008)는 커뮤니티 비즈니스를 '자기 지역을 건강하게 하기 위해서, 혹은 지역의 문제를 해결하기 위해서 지역주민이 주체적으로 추진하는 지역사업'이라고 정의했다. 삼성경제연구소의 'CB와 지역경제 활성화' 보고서에는 커뮤니티 비즈니스를 '커뮤니티와 비즈니스의 합성어로 커뮤니티에 기반을 두고 사회적 문제를 해결해 가기 위한 활동'으로 정의했다. 김창현(2008)은 '지역의, 지역에 의한, 지역을 위한, 여러 유형의 수익을 추구하는 경제활동'이라고 정의했다.

이를 종합하면 커뮤니티 비즈니스는 '지역주민(주체성)이 지역의 자원(지역성)을 이용하여 지역의 과제(사업내용)를 해결해 나가는 지속가능한 사업모델(수익성)'이라고 할 수 있다. 현재 우리나라에선 지자체 차원에서 커뮤니티 비즈니스를 '마을기업' 또는 '마을회사'로 번역해 사용하고 있다.

커뮤니티 비즈니스와 유사한 개념으로 사회적 기업과 협동조합을 들 수 있다. 먼저 사회적 기업이란 비영리조직과 영리기업의 중간 형태로, 사회적 목적을 추구하면서 영업활동을 수행하는 기업으로 취약계층에게 사회 서비스 또는 일자리를 제공하여 지역주민의 삶의 질을 높이는 등의 사회적 목적을 추구하면서 재화 및 서비스의 생산·판매 등 영업활동을 수행하는 기업을 말한다(사회적 기업육성법 제2조 제1호). 영리기업이 이윤 추구를 목적으로 하는 데 반해, 사회적 기업은 사회서비스의 제공 및 취약계층의 일자리 창출을 목적으로 하는 점에서 영리기업과 큰 차이가 있다.

협동조합은 2011년 12월 협동조합기본법 국회 통과로 2012년 12월 1일부터는 이 법에 따라 누구나 언제든지 자유롭게 협동조합 설립 가능하게 됐다. 종래에는 농협, 수협, 엽연초조합, 산림조합, 중소기협, 신협, 새마을금고, 소비자생협 등 8개 형태의 협동조합 개별법으로만 가능했지만 앞으로는 5명 이상이면 협동조합을 자유롭게 설립할 수 있다. 또한 사회적 협동조합 설립이 가능하게 됨으로써 취약계층 고용 등 사회적 목적 실현 우선시하고 다양한 이해관계자를 조합원으로 할 수 있게 됐다.

커뮤니티 비즈니스의 특징

커뮤니티 비즈니스는 지역에 있어서 경제적 사회적 문제의 해결을 구해 지역 사람들에 의해 소유, 관리되며, 지역의 자원을 살려 활동하는 사업체로 정부 행정의 활동이나 대기업의 활동에서 제외된 지역의 다양하고 개별적인 욕구나 가치에 유연하게 대응하는 것으로 커뮤니티의 재생이라는 목적 하에 사업활동을 펼치고 있다.

커뮤니티 비즈니스는 주로 고령화, 저출산, 실업자, 신빈곤층문제, 장애인 취업난, 낙후된 농촌경제, 사라지는 전통문화, 환경문제, 양극화문제 등 지역사회에 필요한 다양한 서비스를 제공할 수 있다. 호소우치 노부타카(2008)는 커뮤니티 비즈니스의 특징으로 다음 6가지를 들고 있다.

첫째, 주민 주체의 지역 밀착형 비즈니스다.
둘째, 반드시 이익 추구를 최우선으로 하지 않는 적정 규모, 적정이익의 비즈니스다.
셋째, 영리를 최우선으로 하는 비즈니스와 볼런티어활동의 중간영역적인 비즈니스다.
넷째, 글로벌한 관점 아래 지역에 밀착한 활동을 하는 비즈니스다.
다섯째, 항상 지역사회에 문호가 개방된 개방형 비즈니스다.
여섯째, 지역의 유휴자원을 활용한 비즈니스다.

그는 또 커뮤니티 비즈니스의 효과로 다음 4가지를 들고 있다.

첫째, 인간성의 회복이다. 개인의 삶의 보람, 자기실현과 연결되고 지역공동체 속의 네트워크 형성과 공동체의식을 기른다.
둘째, 사회문제의 해결이다. 지역 욕구에 맞는 사회서비스를 제공하고, 비즈니스 관점에서 지역문제 해결에 도움이 된다.
셋째, 경제기반의 확립이다. 지역 자원의 활용을 통해 고용이 창출된다.
넷째, 문화의 계승·창조다. 지역의 지혜와 노하우가 계승된다는 것이다.

고 볼 수 있다.

김진범 외(2001)는 커뮤니티 비즈니스와 지역재생의 관계를 '커뮤니티 비즈니스는 도시재생을 위한 강력한 수단임과 동시에 공동체 회복이라는 동일한 목표를 지향하고 있다'라는 점에서 상호관계성을 지적하고 있다.

부산지역의 도시재생사업의 경우 주민참여형 도시재생사업으로 전환할 필요가 있다. 거주민의 필요에 따라 주택을 개량하고 공공이 지원하는 방식, 전면철거방식을 지양하는 수복형 재생사업으로 불가피한 건축물과 도시기반시설의 확충이 필요한 지역을 우선 재건축하고, 지역공동체의 보존과 복원을 지향해 커뮤니티 비즈니스 또는 사회적 기업 형태로 추진하여 지역사회 일자리창출과 개발의 경제적 효과를 지역에 환원하는 방식이 필요하다고 본다.

또한 노후불량 주택지구의 경우 마을만들기형 재생사업을 추진할 필요가 있는데 민관거버넌스를 바탕으로 공동체 활성화를 점진적으로 추진하고, 기반시설의 확충 및 주택 개보수 등을 적극 지원할 필요가 있다. 이 과정에서 커뮤니티 비즈니스가 도입될 수 있을 것이다.

3. 커뮤니티 비즈니스의 사례들

국내외 커뮤니티 비즈니스 사례

영국의 대표적인 커뮤니티 비즈니스는 HCD(Hackney Cooperative Development)라는 지역사회 경제개발단체를 들 수 있다. 1979년 해크니(Hackney)지역에서 주거협동조합으로 출발해 중앙정부와 함께 지역주민 개발지원, 사업상담 및 훈련 등 지역사회 재건프로그램을 20여년간 수행해왔다. 1882년부터는 정부는 물론 일반기업들과 연계해 지역경제 발전과 도시재생사업을 실시하고 있다. 유색인종, 여성, 빈곤 등을 주사업 대상으로 최근 3년간 27개의 시작단계 사업에 대한 작업공간을 제공하였으며, 85개 사업을 지원하고 있다(모성은, 2010).

일본의 경우 대표적인 것이 규슈 아라오(荒尾)시의 마을연구소 겸 상점 '아오켄(青研)'을 들 수 있다. 폐광이후 지역경제가 몰락하고, 인구 감소가 심했는데 커뮤니티비즈니스로 지역재생에 나름 성공한 사례로 알려져 있다. 아오켄이라고 하는 연구소 겸 작은 상점으로 마을살리기에 나서고 있으며 '커뮤니티 레스토랑 배꽃'은 주부들이 합심해서 운영하고 있는데 지역에서 생산된 특산물을 활용해 좋은 반응을 얻고 있다. 이곳 지역농산물은 재배농부의 얼굴과 이름이 붙어 있어 신뢰성을 높이고 있다. 또한 여기서 나오는 수익금의 일부는 지역

얼굴을 알 수 있는 생산자의 유기농 농산물을 판매하는 규슈 아라오의 마을상점 아오켄 내부모습 (ⓒ 김해창)

에 환원하고 있다고 한다.

또한 가나가와현 즈시(逗子)시의 '커뮤니티 아트갤러리'와 같이 문화를 중시하는 경우도 있다. 즈시시는 문화플라자홀이 있지만 예술 전반에 대한 활동을 하고 있는 사람들이 작품을 편하게 표현할 수 있는 장소가 적었는데 이곳 카페에서 지역 음식을 즐기면서 즈시시 근교에서 활동하고 있는 예술가, 아마추어의 작품 음악을 가볍게 즐기는 장소를 제공하는 사업이 마을기업으로 시작된 것이다. 대표자를 포함해 3명이 일을 하는데 초기투자 550만 엔(약 8,000만 원)으로 연간매출 규모 960만 엔(1억 3000만 원) 정도를 올리고 있다고 한다.

우리나라 마을기업의 대표적인 사례로는 서울 마포구의 '신수동 행복마을 주식회사'를 들 수 있다. 그런데 이 마을기업은 또한 실패사례로서 마을기업의 한계를 드러낸 사례이기도 하다. 신수동 행복마을 주식회사는 커뮤니티 비즈니스에서 시작해 사회적 기업 형태로 발전한 경우로 '자원봉사 한계를 극복하자. 마을문제를 해결하면서 일자리를 창출한다'를 모토로 시작했다. 인구 2만2000명의 신수동은 과거 농사를 경험한 주민과 노후주택이 많고 취약계층이나 고령자가 많아 복지·환경·주거정비·일자리 등에 걸쳐 마을문제가 산적해 있었으며 이러한 마을문제를 마을주민이 앞장서 해결하면서 마을 일자리도 창출하기 위해, 신수동 주민30명이 2000만원을 모아 2010년 5월 '신수동 행복마을 주식회사'를 설립했다. 친환경 도시농업 추진을 바탕으로 안전한 먹거리 생산에 중점을 두고 도시텃밭을 통해 유휴공간에 유기농 채소를 기르고, 희망가구를 대상으로 친환경 국산콩나물을 재배해 공동 출하하고, 유기농 두부도 제조하며, 청소년들에게 도시농업체험 프로그램을 운영, 주1회 신수5일장을 열어 지역에서 나는 유기농 채소나 각종 물건을 매매했다. 또한 취약계층을 대상으로 마포집수리 봉사단을 만들어 인근 마을 청소 소독 방역 집수리 등을 하고, 주민자치위, 적십자봉사단, 통장협의회 공동으로 마을 홀로어르신을 대상으로 도시락 배달 및 생활지원 활동을 해 서울지역의 최고의 '행복마을'로 자리잡기도 했다. 그런데 신수동 행복마을 주식

규슈 아라오의 마을상점 아오켄 외부 모습(ⓒ김해창)

가나카와현 즈시시의 커뮤니티 아트갤러리 소개 홈페이지(ⓒ즈시시)

회사는 2012년 8월 문을 닫았다. 오마이뉴스(2013.3.30)에 따르면 이 마을의 '두부공장'이 불법시설물로 판정됐던 것이다. 기본적인 설립절차나 위생허가받는 것을 생략한 잘못이 있어 두부공장대신 음식점에서 두부를 판매했는데 법률상 일반음식점에서는 두부를 생산 판매하는 것이 금지돼 있었던 것이다. 결국 2011년에는 서울시 사회적 기업의 지원도 받지 못하게 돼 결국 청산절차를 밟게 됐다고 한다. 이는 사회적 기업의 경우도 기업가적 마인드가 얼마나 중요한가를 보여주는 뼈아픈 사례로 기록될 것 같다(김해창, 2013).

지역의 경우 전북 남원의 커뮤니티 비즈니스 '새벽'이 좋은 사례다. '새벽'은 전북 남원의 농촌지역을 근거지로 한 영농조합으로 재래농법으로 돌아가야 한다는 발상에서 시작됐다. 남원 시내에서 음식물쓰레기를 거둬들여 재활용해 흑돼지 먹이로 쓰고 있다. 배합사료나 인공투입제를 일절 사용하지 않고, 돼지 배설물을 짚과 왕겨 등과 섞어 자연발표시켜 퇴비로 유기농 채소 길러내는데 이렇게 키운 가축과 채소 과일을 직영점인 유기농식당 '만나'에서 소비하고 '새벽유기농모둠'으로 약 200개 가구에 택배로 배달하는 한편 전북 도내 16개 시군의 노인복지관에 공급하는 한편 시장에도 유통시키고 있다. 2009년부터 2012년 1월까지 도 단위 물류기지를 포함해 30명의 정규직원을 고용, 18개 지역자활센터, 광역자활센터, 사회적 기업, 생활협동조합, 친환경 또는 유기 영농조합법인 등이 참여하고 있다. 광범위한 농업 채무로 인한 농촌의 신용 불량자를 우선 고용한다고 한다.

부산지역의 커뮤니티 비즈니스 사례

한승욱 외(2011)는 부산지역 커뮤니티 비즈니스의 현황을 크게 사회적 기업, 마을기업 형태로 나눠 정리하고 있다. 사회적 기업의 경우 2010년 말 현재 인증 사회적 기업이 전국 555개 업체가 있고, 부산은 29개 인증업체가 있다는 것이다. 부산의 사회적 기업은 인증 사회적 기업 29개 업체, 예비 사회적 기업은 일자리 참여사업 6개, 부산형 예비 사회적 기업 56개로

문화를 통한 도시재생의 성공사례로 자리잡고 있는 부산 사하구 감천2동 감천문화마을
작가들이 작품을 설치한 감천문화마을의 한 건물 모습(©김해창)

넓은 의미에서 사회적 기업은 모두 91개 업체다. 분야별로 보면 문화관광분야가 21개로 가장 많고, 환경 17개, 보건위생 13개, 사회복지 10개 순이다. 인증 사회적 기업은 보건위생이 8개로 가장 많으며 사회복지 5개, 환경 4개 순인 것으로 나타났다. 구군별로 보면 부산진구가 12개로 가장 많이 위치해 있으며, 연제구 10개, 동구 9개, 동래구와 금정구, 사상구가 8개로 나타났다. 부산형 예비 사회적 기업도 부산진구와 연제구가 각각 7개로 가장 많은 것으로 나타났다. 부산시에 따르면 2013년 2월 현재 부산에는 인증 사회적 기업 50개, 부산형 예비사회적 기업 107개가 있다고 한다.

마을기업은 지난 2010년 말 시범 시행한 '자립형공동체 육성사업'을 보다 안정적인 일자리 창출에 중점을 두어 추진하는 사업으로, 2010년 말 현재 전국에 총 350개가 있는 것으로 조사됐다. 부산의 마을기업은 2011년 상반기 마을기업이 20개, 2010년 선정된 사업 중 재공모한 사업이 8개, 2011년 하반기 마을기업 16개로 총 44개인 것으로 나타났다. 행정안전부는 2013년 전국에 신규선정 260개, 재선정 150개 등 410개 마을기업 양성을 목표로 사업을 운영하고 있다. 부산시는 2013년에 신규 18개, 재심사 9개 등 총 27개의 마을기업 육성을 목표로 사업을 공모할 계획이라고 밝혔다. 행정안전부에 따르면 2013년 3월 현재 마을기업은 전국적으로 781곳에 달한다. 이는 2011년보다 242개나 늘어난 규모이며, 고용인원은 약 5700명, 매출액도 300억원 이상으로 추정된다. 2013년 마을기업 관련 예산은 국비 100억원, 지방비 100억원, 판로지원비 5억원이다.

또한 부산시에서 제공한 커뮤니티 비즈니스 단체 리스트(2011년 4월 현재, 130개 중 105개)를 활용하여 '부산시의 커뮤니티 비즈니스의 활성화를 위한 정책수립 및 제안'을 목적으로 설문조사를 실시한 결과 총 105개 단체(사회적 기업 22개, 예비 사회적 기업 44개, 마을기업 39개)의 설립년도는 2005~2009년 사이에 주로 설립됐으며, 예비 사회적 기업은 2010년에 주로 설립된 것으로 나타났다. 반면 마을기업은 2011년에 대다수 업체가 설립된 것으로 나타났다. 단체활동의 지역적 범위는 사회적 기업과 예비 사회적 기업은 대다수가 시 단위의 활동범위를 가지고 있었으며, 마을기업은 구단위, 통단위의 비율이 높은 것으로 나타났다. 또한 단체의 조직적 형태로는 사회적 기업, 예비 사회적 기업, 마을기업 모두 NGO법인이 전체의 42.9%로 가장 많았고, 나머지는 주식회사(13.3%), 임의단체(10.5%), 사단/재단법인(9.5%)의 순으로 나타났다. 연간 사업규모(연 매출액)의 경우 마을기업의 48.7%가 500만 원 미만의 매출을 보이고 있으며, '500만~1,000만 원 미만' 15.4%, '1,000만~2,000만 원 미만' 5.1%, '2,000만~5,000만 원 미만' 12.8%, '5,000만~1억 원 미만' 5.1%, '1억 원 이상' 12.8%의 순인 것으로 나타났다. 유급직원수를 보면 마을기업은 5명 미만이 전체의 69.2%를 차지하고 있고, '5~9명' 17.9%, '10~14명' 10.3%, '15~19명' 2.6%의 순으로 조사됐다(한승욱 외, 2011).

부산시의 경우 커뮤니티 비즈니스가 지역재생에 적극 도입된 것은 불과 2~3년 정도밖에 되지 않는다. 부산시는 지속가능하고 창조적인 도시의 비전과 발전전략을 모색한다는 취지에서 지난 2010년 7월 창조도시본부를 설치했다. 창조도시본부 창설 후 △지속가능한 창조적 도시재생의 추진기반 마련 △지역사회의 창조적 역량강화 △창조문화 및 커뮤니티 비즈니스 재창출 △산복도로 르네상스 프로젝트 △강동권 창조도시 조성 △쇠퇴·낙후지역 창조적 재생사업 △세계적 명품 부산시민공원 조성사업 등을 추진해왔으며 이는 도시경쟁력 제고에 크게 기여한 것으로 스스로 평가하고 있다(뉴스와이어, 2012.7.12).

부산시는 쇠퇴·낙후된 틈새지역 도시재생의 지원근거가 되는 '부산광역시 마을만들기 지원 등에 관한 조례'를 2012년 7월 제정·공포했고, 도시재생 인식제고 및 커뮤니티 리더 등 창조인력양성을 위해 마을만들기 아카데미 등을 운영하고 있으며, 창조도시포럼, 산복도로포럼, 라운드테이블, 커뮤니티 뉴딜자문위원회 등 창조네트워크 구축 운영 및 고용노동부 지원 지역밀착형 창조일자리 프로젝트를 시행하고 있다. 또한 기존의 문화자산과 버려진 공간과 유휴공공시설을 활용한 사회문화 및 커뮤니티 비즈니스 공간 재창출사업으로 원래 기능을 상실한 상수도 폐가압장 4개소를 활용한 주민 친화적 복합공간사업(1개소 완료, 3개소 조성중), 전국 최초로 폐교시설을 이용한 문화·예술융합 및 취업지원스쿨용도의 '창의문화촌@감만' 프로젝트를 추진하고 있다.

이 가운데서 부산시가 주목하고 있는 곳은 부산 역사가 녹아있는 산복도로 고지대 마을을 대상으로 하는 '산복도로 르네상스 프로젝트'다. 이 프로젝트는 3개 권역 9개 구역 6개 자치구(중·서·동·부산진·사하·사상구) 54개동(634천명)을 대상으로 2011년부터 10년간 총 1,500억 원을 투입하여 순차적으로 추진해 나갈 계획이라고 한다. 2011년도 1차년도 사업으로 영주·초량지역, 아미·감천지역에 주민추진협의회구성 및 마을계획가·활동가 등을 위촉하여 국내 최대 산복도로 서민지역 재생사업을 착수했고 나머지 사업은 2012년 2차년도 아미·감천지역 사업과 병행하여 추진해 나가고 있다. 2011년 5월 문을 연 '산복사랑방'은 산복도로 르네상스 사업을 추진하는 주민협의회 회원과 마을 계획가, 마을 활동가, 마을 주민의 만남과 소통 공간 역할으로 빈집을 재활용해 동구 초량6동 연화경로당 2층에 둥지를 틀었다. 곧이어

부산 동구 초량6동 산복도로종합체험센터인 까꼬막 개소식(ⓒ국제신문)

지역화폐운동을 펼치고 있는 부산시 사하구의 마을기업 사하품앗이(ⓒ국제신문)

센터 '까꼬막'도 2013년 4월에 문을 열었다. 까꼬막은 산복도로 체험 및 교육프로그램 시설과 수공예품 판매시설이 들어서고 간단한 먹거리 시설도 갖출 예정으로 운영은 주민협의회가 맡을 계획인데 산복도로의 스토리텔링 차원에서 동구청이 적극 지원에 나서고 있다.

이러한 관주도의 커뮤니티 비즈니스사업과 달리 주민자치로 1500여 주민이 자활공동체를 이루고 있는 사례가 연제구 연산2동 황령산 자락의 물만골공동체다. 한국전쟁 이후 무허가촌으로 도심내 오지인 이곳은 1990년대 초반 강제철거 반대투쟁이 이어졌고 그 뒤 1999년 물만골공동체가 출범해 지금까지 약 3만5천평의 토지를 공동매입해 재개발대신 생태마을만들기사업을 자체적으로 펴고 있다. 이 마을에는 공동사업으로 부녀회 봉제사업, 노인회 자원재활용사업, 건설공동체 일자리나누기사업, 주거정비사업이 진행돼 왔는데 이것이 서울의 '신수동 행복마을 주식회사'의 원류로 '마을 공동 커뮤니티 비즈니스'로 볼 수 있다.

문화적인 개념이 들어간 대표적 사례로는 사하구 감천2동의 감천문화마을을 들 수 있다. 1950년대 태극도 신도의 신앙촌에서 출발해 현재 1만여명 주민이 좁은 산비탈에 '70~80년대'의 주거모습을 갖고 있는 이곳도 재개발대신 대안마을을 택했다. 지난 2009년 문화체육관광부의 '마을미술프로젝트'에 선정돼 마을재생사업의 우수사례로 타지자체의 벤치마킹이 되고 있는 이 마을은 2012년 한해동안 약 10만명이 방문했으며 '아시아도시경관상' 대상을 수상했다. 사하구의회는 2013년 2월 '사하구 감천문화마을 육성 및 마을공동체 지원 등에 관한 조례안'을 수정 가결해 마을기업 운영, 공공미술 프로젝트유치사업, 환경개선 등 마을만들기사업 등에 행정적·재정적으로 지원할 수 있게 했다. 감천문화마을의 마을기업 1호점 '감내카페'에 이어 2013년에는 2호점 맛집 개점을 추진하고 있다.

이밖에도 부산 북구 화명2동 금정산 기슭 대천천을 중심으로 아파트촌 인근에 자리잡은 교육·육아공동체인 '대천마을'은 대천마을학교와 마을도서관 '맨발동무도서관'을 중심으로 마을사업을 전개하고 있고, 해운대구 반송2동의 마을공동체 '희망세상'도 주민들의 손으로 건립한 '느티나무도서관'을 중심으로 마을사업을 하면서 커뮤니티 비즈니스사업으로 확대를 추진하고 있다.

또한 주민 주체의 커뮤니티 비즈니스의 대표적 사례로 사하품앗이를 들 수 있다. 사하품앗이는 '노동시장에서 인정받지 못한 인력을 사하구에서 끌어안자'라는 취지로 사하구에서 활동하던 10여 명의 지역 활동가들이 뜻을 모아 2007년 1월 문을 열었다. 2011년 8월에 부산시 예비사회적 기업 인증을 받은 '사하품앗이'는 천연재료를 이용해 스카프와 비누, 수세미, 모기퇴치제 등을 만들고 있다. 대다수가 기초생활보장수급자와 결혼이주여성 등 취약계층인 직원들로 매월 500만 원 정도의 수익을 내고 있으며 수익금으로 이웃돕기 및 직원 재교육지원금으로 활용하고 있다고 한다. 사하품앗이는 '지역화폐'를 활용하고 있는데 회원 600여 명 중 100여 명이 실제 지역화폐 '송이'를 이용해 거래하고 있다.

한편 지역특산물을 살린 마을기업으로 대표적인 것은 부산 기장군의 마을기업 '희망기장'이다. 희망기장은 미역, 다시마, 멸치 등 수산물을 공동으로 생산해서 판매하고 있는데 2012년 매출액이 6억 원이 넘는다고 한다. 희망기장의 정규직은 9명이지만 미역이나 다시마 수확철에는 기장군 내 할머니 등 120여 명이 비정규직으로 일하고 있다고 한다. 희망기장은 2011년 12월 행정안전부로부터 '우수마을기업 16곳'에 선정됐으며 그 중 최고 평가를 받았다.

이처럼 부산지역에서 커뮤니티 비즈니스는 아직은 초기단계지만 지역재생의 새로운 전기를 맞고 있다. 그동안 재개발 재건축에 익숙해져 있던 문화에서 지역의 특성을 살린 새로운 주거문화와 창조적 문화, 먹을거리의 결합을 통해 대안적 삶을 모색하고 있는 것이다. 아직은 관주도의 프로젝트가 많고, 주민들의 참여나 사업성이 떨어져 어려움도 많지만 무엇보다 지역문제를 해결해가는 하나의 방법으로 커뮤니티 비즈니스의 효용이 점차 커지고 있음을 부인할 수 없다. 진정성과 소통, 창조적 발상으로 민관산학의 거버넌스가 지역재생과 커뮤니티 비즈니스의 과제라고 할 수 있다.

15장

활력거점 공동체건축

한 영 숙

1. 근린재생과 공공건축가

부산시는 낙후된 우리 삶터를 새롭게 가꾸고자 지난 2010년부터 산복도로 르네상스 사업, 강동권 창조도시 사업, 행복마을만들기, 커뮤니티 뉴딜 등 다양한 시도를 해왔다. 특히 산복도로 르네상스 사업은 부산의 원도심 배후지역의 주거지를 대상으로 공간·사회·문화적 재생을 목표로 10년간 연차적으로 추진하고 있다. 2011년에 1차 사업으로 시작된 영주·

산복도로 르네상스 1차 사업지구 대상지 위치 및 현황사진(ⓒ 싸이트플래닝 건축사사무소)

초량지구는 산복도로 경관을 대표하는 지역이다. 특히 북항재개발사업을 비롯한 다양한 원도심 재생계획이 수립되어 있어 산복도로 주거지 일원의 정비 효과를 극대화할 수 있는 입지로 1차 사업지구(부산 중구 영도구 및 동구 초량동 일원의 114만㎡)로 지정되었으며, 2013년 5월 15일 산복도로 조망공간인 '유치환의 우체통'이 개소하면서 주요사업 대부분이 완료되었다.

산복도로 르네상스는 지역 주민들이 직접 마을의 문제를 해결해 지역자립도를 높이고 지역공동체 의식을 함양하고자 하는 종합재생사업으로 실행사업도 소규모 마을의 공동체 의식을 높일 수 있는 사업으로 집중적으로 배분되어 있었다. 특히 건축부문에서는 공동체 문화/복지/사회 부문을 지원하는 공공건축물 5개소와 마을별 커뮤니티센터와 같은 거점건축물 6개소가 들어서게 되었다. 실행사업의 경우 일정 기간 내에 완료되어야 하는 행정절차상의 한계가 분명히 있지만, 해체된 주민역량이 재결집되고 지역공동체가 지속적으로 성장·유지되기 위해서는 주민들이 공동체 속에서 역할을 찾아가는 속도감에 맞추어 조금은 느리게 공동체 여건을 살피면서 마을별 커뮤니티 플랜을 만들어 나갈 필요가 있었다. 향후 이러한 주민역량과 공동체역량이 바탕이 되어 산복도로가 안정된 삶터로서 자리잡을 수 있을 것으로 기대하면서 참여하는 전문가 그룹·행정·중간지원조직들은 부산에서의 근린재생의 지향점과 가치를 공감하게 되었다.

우리가 사는 마을, 커뮤니티, 공동체에 대한 고민은 이미 다방면의 분야에서 시도되고 있었고, 건축분야에서도 2007년 경관법 제정이후 경관협정과 국토해양부의 '살고 싶은 도시 만들기 사업' 등을 통해 본격적으로 건축디자인과 사회적 관계망을 결합한 방식의 디자인을 고민해오고 있다. 최근에는 소행주(소통이 있어서 행복한 주택만들기)처럼 수요자가 직접 참여하여 만들어가는 맞춤형 소규모 공동주택과 같은 민간이 중심이 되는 공동체 건축이 점점 증가하는 추세다.

부산시가 도시재생을 위해 가장 먼저 하고 있는 일 중 하나가 사람들이 소통할 수 있는 공공공간을 만들어 내는 일이다. 공간만들기에 앞서 서로의 관계를 회복하고, 그것의 결과로서 지역사회 공동체가 도시(공공공간)를 가꾸어 나가는 것이 더욱 바람직하겠지만, 격동의 지난 한 세기를 보낸 부산은 90년대 이후 신규개발이나 재개발이 이루어지지 않은 대부분의 지역에서 공동체를 위한 공간이 전혀 없거나 있어도 너무나 협소하다는 것을 발견할 수 있다.

특히 산복도로에서는 좁은 골목, 불편한 계단을 제외하고는 다른 공간을 찾아보기 어려운 것이 현실이다. 방문자에게는 평소 접하지 못했던 풍경으로 특이하게 느껴질 수 있지만, 그곳에 거주하는 사람에게는 더 이상 투자하고 싶지 않은, 기회가 된다면 떠나고 싶은 공간이다. 이를 위해 공공부문에서는 공공장소를 건강하게 바꾸는 노력이 필요하고, 산복도로에서는 최소한의 건강회복을 목표로 하되 과도한 시설집중으로 민간의 기형적 개발을 유도

하지 않도록 배려해야 하는 상황이다.

필자는 산복도로 르네상스 사업에서 '이야기가 있는 공공건축물'이라는 테마로 건축설계를 진행하면서, 산복도로라는 공간을 다시 보게 되고, 급경사지라는 다이나믹한 공간과 사람을 이어줄 수 있는 방법을 디자인으로 풀어내는 고민할 수 있었던 기회가 되었다. 특히, 도시재생에서 공동체 건축이 가지고 있는 의미와 주민들의 마음이 모래알처럼 흩어진 '우리 도시'에서 공간과 사람을 잇는…, 그리고 사람과 사람을 잇는 것도 종합적인 기획력을 가진 디자인 작업의 하나라는 생각을 하게 되었다. 그리고, 도시재생에서 공동체건축은 심미적 측면에서의 건축디자이너의 역할도 중요하지만, 사회적 측면에서 공동체의 요구를 검토하고 공동체성을 증진시킬 수 있는 촉진자(facilitator)로서 디자이너의 역할이 더 필요하다고 판단하였다.

특히, 낙후지역의 주거지재생을 위해서 주민인터뷰를 해 보면, 주민들이 모여서 무언가를 할 만한 공간이나 기회를 간절히 원한다. 하지만, 그 공간이 지어졌을 때, 스스로 운영관리할 수 있는 주민역량을 갖춘 경우는 거의 없다고 볼 수 있다. 모호한 집단을 대상으로 하는 공동체의 건축계획, 주인이 없는 공공건축물은 죽어 있는 것이나 다름 없다. 그래서 전체 건축물의 계획개념을 이용하기 쉽고(friendly), 유연하고(flexible), 공유하는 공간(common space)을 곳곳에 배치하면서 산복도로의 공공건축물은 그 지역내에서 '작은 광장'과 같은 역할이 되도록 계획했다. 그리고 '작은 광장'을 만들어 가는 것은 지역에 살고 있는 주민들의 역량에 따라 다양한 모습으로 드러날 것이라고 생각된다. 이제는 우리가 살아가는 도시공간 전체를 공공재로서 인식하고, 사람들이 함께 공유하고 있는 도시와 건축을 사랑하고, 공부하고, 이야기할 때 산복도로의 공공건축물이 완성될 수 있을 것이다.

주민역량이 부족할 때는 사업내용이 위와 같이 추상적인 이야기만 나올 수 있다. 이런 경우에는 전문가들이 밑그림을 그려주기 보다는 스스로 그림을 그릴 수 있도록 방법을 알려주는 노력이 더 필요하다.
(© 싸이트플래닝 건축사사무소)

2. 근린재생에서 공공건축가의 역할

급경사지가 대부분인 산복도로는 예나 지금이나 여전히 불편한 공간을 가지고 있고, 지나가다 보면 폐공가가 많아 보이지만 따지고 보면 어떤 식으로든 이용하고 있는 공간도 꽤 많은 곳이 중동구의 산복도로였다. 평지 주거지처럼 산복도로 공간을 편하게 만드는 데는 천문학적인 사업비가 필요하고, 설사 그렇게 만든다고 해도 산복도로 공간의 생활 문화적 정체성(대표적으로 공적 영역과 사적 영역이 분리되지 않은 채 공유하면서 만들어 온 다양한 생활방식)이 한 번에 사라지게 될 것이기 때문에 거점지역을 중심으로 공공부문을 지속적으로 정비하고 민간이 조금씩 마음을 열 수 있도록 유도할 수밖에 없는 상황이었다.

그러다 보니 연면적이 평균 200m² 내외가 되는 소규모 공공건축물을 완공하는데 2년이 걸렸고, 기획, 행정, 전문가, 주민들과의 다양한 협의과정, 계획, 감리과정을 거쳐서 산복도로의 공공건축물이 완공되었다. 산복도로 르네상스 프로젝트는 단순한 건축 업무가 아니라 모든 것이 업무관련자들 모두의 일상이 되어야 계획이 가능하다는 것을 깨닫기에 충분한 기간이었다. 다양한 의견수렴, 회의를 통해서 건축물의 프로그램이 정해지고 계획을 진행하면서 부산고등학교 학생들을 대상으로 한 '우리가 생각하는 공공건축물'이라는 주제로 아이디어 공모전을 진행했던 것도 기억에 남는 일이었다.

산복도로라는 시공간이 복합적으로 엮여있는 공간에서 계획적인 대안이 나와야 한다는 강박감과 산복도로에 사는 사람들에게 필요한 공간, 그리고 자긍심을 가질 수 있는 공간으로 만들어져야 한다는 의무감으로 작업을 진행했다. 지금 되돌아보면 산복도로 르네상스 사업은 공간과 사람이, 사람과 사람이 상생의 논리 속에 부산다움을 지켜나가는 일인 동시에 공동체 공간을 만들어가는 과정 속에서 시민공동체가 지녀야할 핵심가치를 찾아가는 일이 아닐까라는 생각이 든다.

특히 산복도로를 산복도로답게 다시 살려나갈 수 있는 유일한 방법은 개인이 홀로 살아남는 것이 아니라, 예전처럼 주민이 함께 공간을 공유하고, 불편을 나누고 고쳐가려는 방법을 다양한 하드웨어와 소프트웨어·휴먼웨어 사업으로 동시에 실현해 나가는 것이었다. 그래서 시청·구청의 행정전문가와 하드웨어 계획을 담당하는 마을계획가 10명과 휴먼웨어를 담당한 마을활동가 10명 등 다수의 전문가가 여러 차례의 회의를 거쳐 사업을 추진해 나갔다. 산복도로 르네상스 사업은 부산다움을 지켜나가는 일이자, 전문가와 주민이 공간의 진정한 주인이 되기 위한 전초단계의 프로젝트였다고 판단된다.

근린재생에 있어서 공공건축가는 촉진자로서 기본적으로 세 가지의 역할을 충실히 할 필요가 있다. 첫째, 공동체 건축은 주민/계획가/활동가/행정가/전문가와 함께 하는 사업으로 다양한 소프트웨어, 휴먼웨어와 관련한 단위사업들을 엮어내는 접착제와 같은 역할(Glue), 둘째, '열정적인 마을주민', '소소한 일상속의 특별한 행위', '마을의 자랑꺼리' 등 마을의 자원을 찾아내고 이를 통해 새로운 즐거움을 맛보는 보물찾기하는 마음(Treasure hunt), 셋째, 공공건축물은 완공 이후의 운영 및 관리가 중요한 과제로, 사업추진 단계에서부터 주민들의 의견을 충분히 반영하고 유연하게 적용될 수 있는 스페이스 프로그램 및 유지관리계획을 만들어내는 역할(Process art management)이 그것이다.

3. 산복도로의 공공건축 : 공간과 사람을 잇는 디자인

산복도로 공공건축물의 디자인은 지역 정체성을 드러낼 수 있는 바다로의 조망이 양호한 경관과 산복도로를 중심으로 생활했던 유명인의 이야기를 접목하여 '공간과 사람' 이야기가 함께 드러날 수 있는 방법을 택했다. 지역주민들이 산복도로 공간에 자긍심을 갖도록 하면서 건축물의 운영프로그램은 중구와 동구에서 지역주민에게 문화, 예술, 복지 등의 활동 및 각종 시설과 행사 지원을 제공하는 방식을 택했다. 이러한 방법은 산복도로의 잠재력을 극대화하여 지역자원으로 활용할 수 있고, 많은 사람들을 모아 다양한 활동을 유발하고 민간부문에서 리모델링이나 신규기능을 촉진하는 전략으로, 도시건축물의 표층 공간 정비보다도 본질적인 대응이며, 장소기반형 주거지재생을 진행하는 데 중요한 전략이라고 생각한다.

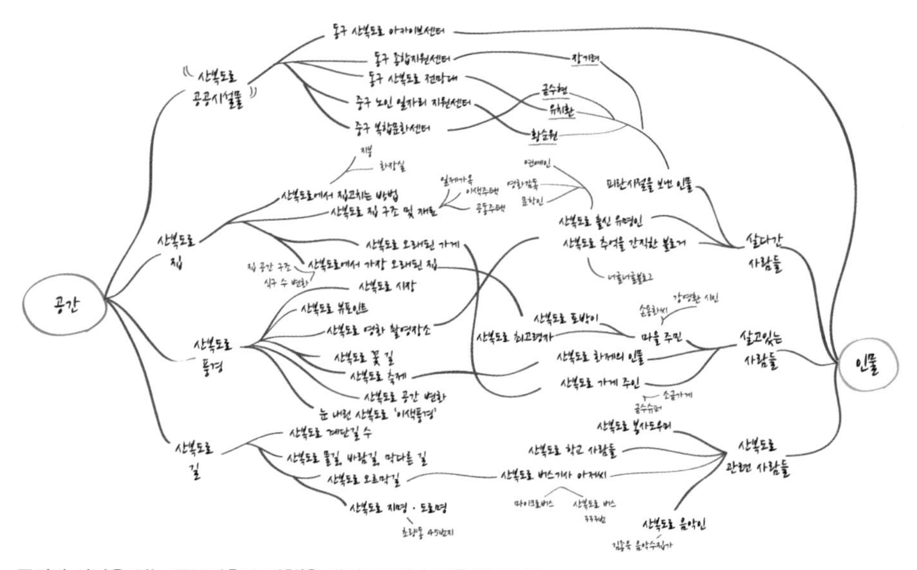

공간과 사람을 잇는 공공건축물 기획(© 싸이트플래닝 건축사사무소)

산복도로 공공건축물(마을거점시설)의 설계 개념(© 싸이트플래닝 건축사사무소)

산복도로에서 공공건축물을 참여주체의 의견이 관통하는 사항으로 정리하면 위의 4가지로 볼 수 있다. 첫 번째는 함께 쓰는 공간, 두 번째는 쉴 수 있는 공간, 세 번째로는 누구나 알 수 있는 공간, 네 번째로는 만들어가는 공간이라는 개념으로 디자인하였다. 아무래도 공동체의 역량이 지금은 부족하기 때문에 누구나 쉽게 오고, 쉽게 쓸 수 있도록 하고, 앞으로의 변화에 대응하기 위해서 최소한의 벽면, 가변형 벽면을 설치하도록 하였다.

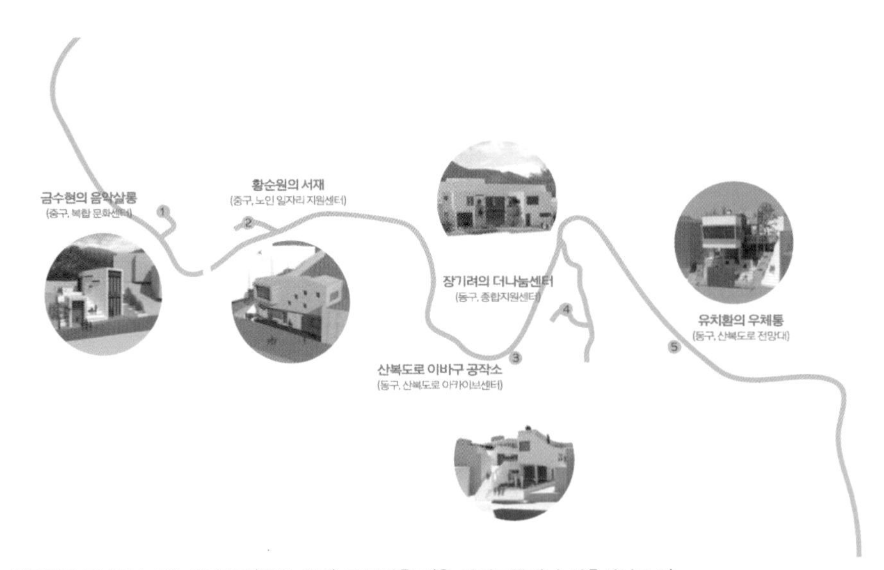

산복도로 르네상스 1차 사업지구(영주, 초량) 공공건축물(© 싸이트플래닝 건축사사무소)

산복도로 르네상스 1차 사업지구(영주, 초량) 공공건축물은 산복도로 출신 유명인과 관련 콘텐츠, 편의지원시설을 결합한 형태로, 5개소(금수현의 음악살롱, 황순원의 서재, 산복도로 이바구공작소, 장기려의 더나눔센터, 유치환의 우체통)가 계획되어 현재 운영중에 있다.

중구의 공공건축물을 계획할 때 주안점은 지역주민들이 사랑하는 남항의 조망과 민주

공원으로 연계하는 동선계획이었다. 중구의 커뮤니티 복합문화센터와 노인일자리 지원센터는 보수산 민주공원 아래에 3미터의 생활가로를 끼고 있는 언덕빼기에 위치하고 있으며 커뮤니티 복합문화센터는 남항이 내려다 보이고, 노인일자리 지원센터는 북항이 내려다 보이는 위치에 있어 두 곳 모두 조망이 좋은 입지적 장점이 있었고, 그 장점을 최대한 돋보이도록 하기 위해 건축물의 형태를 1층부는 골목길의 선형을 맞추어 계획되었지만, 조망이 좋은 2층은 가장 좋은 뷰를 볼 수 있도록 조망을 조정하였다.

커뮤니티 복합문화센터 : 중구

소공연장과 북카페가 들어서게 되는 복합문화센터는 주거지 내에 소공연장이 들어서야 하는 상황이기 때문에 진입레벨에서 공연장을 조성하고 공연장 상부는 되메우도록 해서 공연장에서의 소리가 외부로 차단될 수 있도록 계획하였다. 그리고 전면도로가 매우 좁기 때문에 건축물의 계단식 셋백을 통해서 가로에서의 오픈스페이스를 만들어 내고, 계단식 셋백은 남항을 볼 수 있는 조망계단을 설치하였다. 이러한 조망계단은 산복도로의 계단골목길에서 볼 수 있는 다양한 커뮤니티활동들이 복합문화센터에서도 일어나면서 공동체가 만들어 지는데 조금이라도 기여할 수 있는 오픈스페이스로 활용되었으면 하는 바람으로 계획하였다.

첫번째 이야기-금수현

중구, 복합 문화센터
금수현의 음악살롱에서는 우리들의 작은 음악회가 열립니다

중구 복합 문화센터 1층에는 공연장이 있어, 지역주민들의 다양한 이벤트가 열릴 수 있는 공간입니다.
피난시절 대청동에 있었던 금수현의 집은 당시 음악인들의 보금자리로 전해지는데,
밤새도록 음악소리가 흘렀다고 합니다.
이제는 주민들의 음악소리로 가득차게 될 것입니다.

위치: 부산시 중구 대청동 4가 2-384
건축규모: 지하 1층, 지상 1층
용도: 소공연장, 북카페

금수현의 음악살롱(© 싸이트플래닝 건축사사무소)

노인일자리 지원센터 : 중구

옹벽으로 이루어진 대지이기 때문에 효율적인 계획이 되기 위해서는 옹벽위에 건축을 하는 것이 건축비를 최소화할 수 있었지만, 노인들에게 다양한 일자리 정보와 지원을 담당하게 되는 건물이기 때문에 진출입이 가로에서 직접 될 수 있도록 계획하는 것으로 방향성을 잡고 4개소의 건축물 중 가장 다양한 대안을 만들어 보았던 건축물이었다. 특히 1층 공간이 반지하가 되지만 작은 중정과 직선계단을 배후에 두어 환기와 습기가 되도록 계획하였다. 그리고 대지 전면에 5층 규모의 아파트가 대지를 일부 가리고 있어 조망이 보이는 부분이 한정적이어서 2층 황순원의 서재(북카페)가 들어서는 곳에서는 아파트 사이로 북항을 볼 수 있는 각도로 창을 돌출시켜 계획하였다.

동구의 공공건축물은 대지의 형상이 이바구공작소는 삼각형, 더나눔센터는 반원형으로 특이하게 되어 있고, 주변 집들과 거의 맞닿아 있어 이를 고려한 계획이 필요한 상황이었다. 중구가 전면도로에서 경사가 올라가는 대지라면, 동구는 전면도로에서 경사가 내려가는 대지이기 때문에 이를 고려한 배치 및 동선계획이 필요했다.

두번째 이야기-황순원

중구 노인일자리 지원센터
황순원의 서재에서 책을 읽다

중구 노인 일자리 지원센터 2층에는 북항이 내려다 보이는 전망좋은 북카페가 들어설 예정입니다.
피난시설 산복도로에 살았던 황순원의 이야기를 담아낸 책들을 읽을 수 있고,
이웃 주민들과 담소를 나눌 수 있는 아늑한 공간이 될것입니다.

황순원의 '곡예사(1952)'중에서

나는 학교 나가는 날은 학교로 해서, 그렇지 않은 날은
아침에 직접 **남포동** 부모가 계신 곳에 가 하루를 보낸다.
이곳 피란민들은 대개 담배 장사를 하느라고 애들만
남기고 모두 나간다. 부모도 그 축의 하나였다.
나는 여기서 서면 간 내 큰애들이 돌아오길 기다려
국제시장엘 들러 애들 엄마를 만나가지고 집으로
돌아가는 게 한 일과였다.

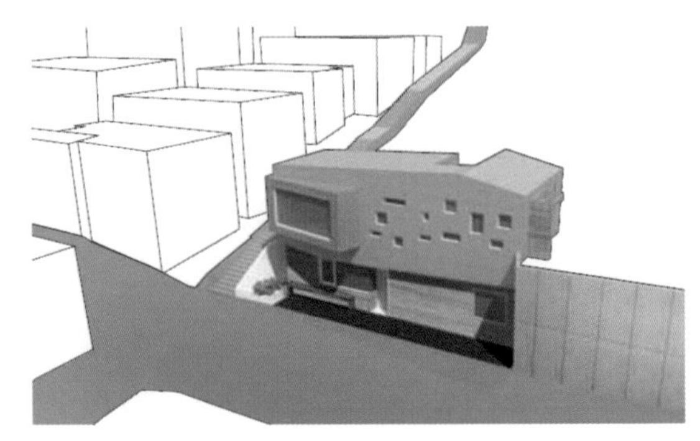

황순원의 서재(© 싸이트플래닝 건축사사무소)

산복도로 생활자료관 '이바구공작소' : 동구

산복도로의 정체성을 드러낼 수 있는, 작지만 가장 중요한 건물 중의 하나가 산복도로 생활자료관인 '이바구공작소'다. 생활자료관의 개념은 역사적으로 보존가치가 있거나 증거로서 보존가치가 있다고 판단되는 것에 대해 전문적으로 보존/활용하기 위한 시설 및 장소라고 할 수 있다. 산복도로의 체계적인 기록, 아키비스트와 같은 전문분야의 조직구성, 온/오프라인의 공간구성, 향후 원천자료의 활용을 위한 연계사업 서비스 기능을 가지는 공간의 필요성이 제기되었다.

'이바구공작소'는 산복도로라는 특수장소를 대상으로 기록관리체계 구축을 통한 공존과 주민들과의 커뮤니케이션 도구로서 공감할 수 있는 아카이브, 그리고 창작공간으로서의 아카이브센터를 조성하여 산복도로에 대한 인식과 정의를 지역 주민 및 관계자들과 공유할 수 있는 공간을 만들어내는 데 최종적인 목표로 설정하게 되었다.

다른 건축물들은 산복도로의 유명인을 내세운 공간이라면, '이바구공작소'는 '산복도로 사람들'에 초점이 맞추어진 공간이 될 수 있도록, 산복도로에 살았던, 살고 있는 주민의 이야기를 담아내는 공간으로 계획되었다. 산복도로 '이바구공작소'는 이미 산복도로를 거쳐간

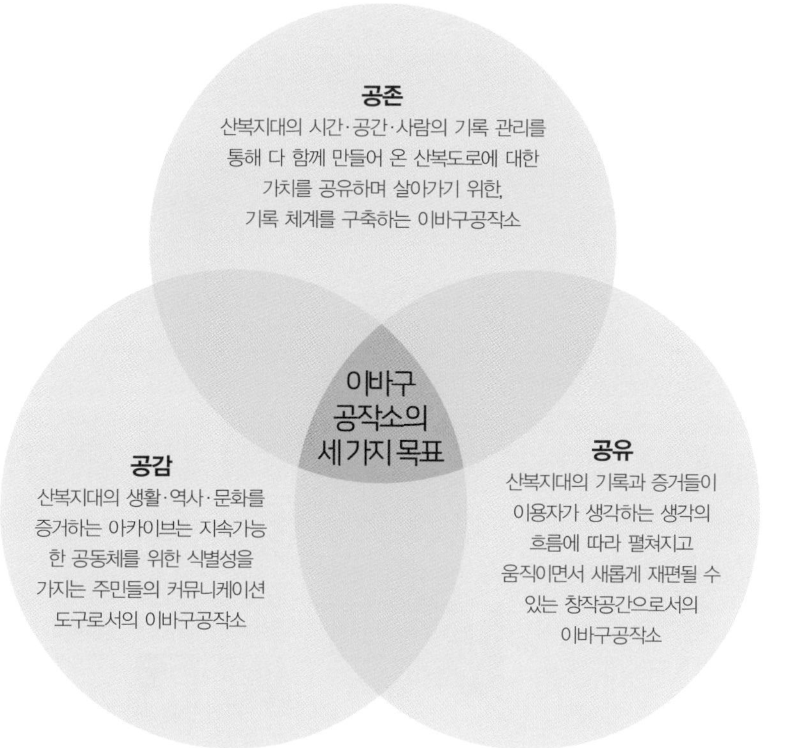

이바구공작소의 세 가지 목표(© 싸이트플래닝 건축사사무소)

새로운 공동체 문화를 만드는 시스템... 이바구공작소

지역공동체의 지속적인 행복에 기여하는 커뮤니케이션 공간이다.
도시마을생태계를 만들어가는 플랫폼, 플랫폼은 산복도로에서 서로 다른 사람들이 생산한 가치를 연결시켜주는 매개자이자 공통의 연결축, 공동체의 지속가능성을 담보할 수 있도록 산복도로에서 부족한 기능을 채우는 소프트웨어의 핵심 공간 이바구공작소
이바구공작소는 오래된 기억이라기보다는 과거와 현재를 살아가는 사람들이 덧붙여가는 이야기 공간
내 이야기가 이 공간에 수록이 되면 너무 좋겠다라는 느낌을 받을 수 있는 공간

사람들에게도, 그 곳에 살고 있는 사람들에게도, 심지어 아직 산복도로를 만나지 않은 사람에게도 '산복도로란 이런 곳'이라는 보편적 공감대를 형성하기에 충분한 공간이 되도록 주민들과 함께 만들어가면서 자리 잡기를 희망한다. 그리고 지속적으로 구축해가는 작업이기 때문에 지금 당장 눈에 보이는 결과물은 나오기 어려운 공간이라는 점을 감안해서 '이바구공작소'를 바라봐 줄 때 제대로 자리 잡을 수 있을 것이라고 판단된다.

건축물의 디자인 역시, 건축물의 모양이 대지의 형상에 맞춰진 탓도 있지만, 소리를 모아내는 확성기와 같은 형상을 띄게 된 것은 산복도로 공간 그 자체가 산복도로의 '살결'이라면(그 살결은 판잣집에서 슬레이트집, 치장벽돌집으로 바뀌어 가는), 산복도로 사람들의 기억 속에서 구조화된 그들의 삶이 기록되는 공간이라는 의미에서 '숨결'이라는 모티브 속에서 디자인을 진행하였다. 대지는 망양로 노면 이하로 계획해야 하는 최고고도지구에 해당하여 대지 전면에 있는 버스정류장과 연계한 옥상마당을 설치하여 아카이빙을 위한 이벤트 공간이자, 산복도로 공간 자체를 조망할 수 있는 전망데크로 조성하였다.

산복도로 이바구 공작소(© 싸이트플래닝 건축사사무소)

'이바구공작소'는 이야기가 만들어지는 공간이라는 개념을 가진 공간이기에 지속적으로 기록, 관리되는 이바구공작소의 콘텐츠는 향후에 산복도로의 정체성을 보여줄 수 있는 기록화 항목을 실증적으로 도출하여 다양한 매체로 기록관리하고 특히, 디지털 스토리텔링 및 전시 콘텐츠 발굴을 위한 전략적 수집영역 설정을 통해 더 풍성한 이야기가 재생산되길 기대하며, 산복도로 사람들의 삶을 아카이빙하는 장소로 사용되어 다양한 삶의 이야기가 쌓여갈…, 앞으로가 더 기대되는 공간이다.

장기려의 더나눔 센터 : 동구

장기려의 더나눔센터는 한국의 슈바이처 장기려 박사(부산 동구에서 1968년 한국 최초의 의료보험조합인 청십자 의료보험조합을 설립하고 운영)를 기념하고 낙후된 산복도로 지역주민의 건강지원센터, 어린이 도서관, 다문화가정쉼터 등을 통해 주민들의 복지증진을 위해 계획이 되었다. 건강지원센터와 도서관이라는 상반된 기능이 공존해야 하는 상황이기 때문에 초기에는 대지형상에 맞춘 원형의 매스를 기본으로 층별로 기능을 분리하였으나, 시뮬레이션 결과 주변건물에 비해 매스가 크고, 이질적인 가로경관이 연출되어 건축물의 매스를 기능별로 분리해서 3개의 동으로 계획하였다. 주 진입부는 분리되어 있지만, 저층은 전체가 연계되도록 계획해서 향후 필요에 따라서 전체동을 같은 용도로 사용하더라도 무리가 없도록 계획하였다.

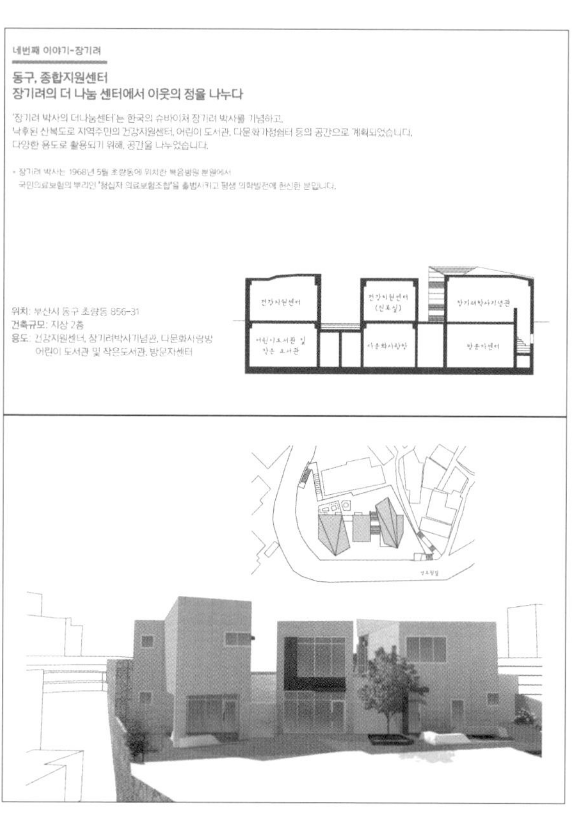

장기려 더나눔 센터(© 싸이트플래닝 건축사사무소)

유치환의 우체통 : 동구

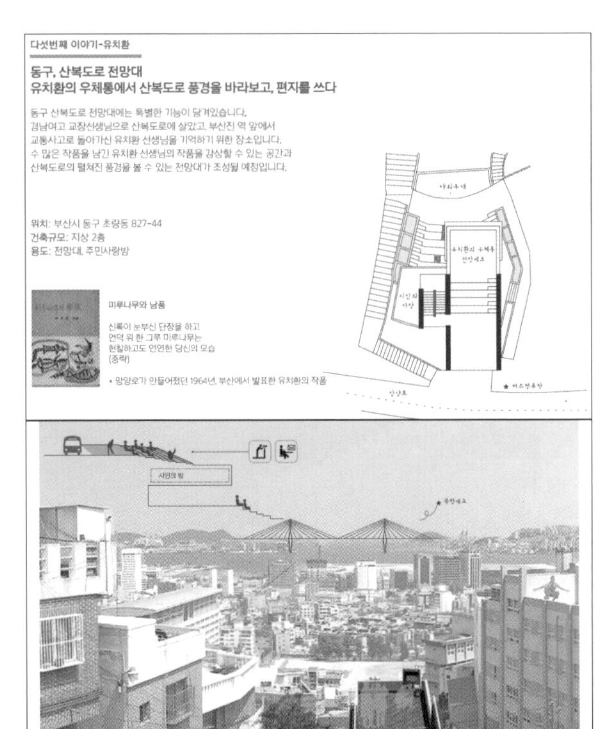

유치환의 우체통(© 싸이트플래닝 건축사사무소)

북항대교가 정면으로 보이는 곳에 자리 잡은 대상지는 급경사지에 위치하고 있는 나대지로 건물이 들어서기 전에는 폐공가가 철거된 이후에 쓰레기가 뒹구는 방치된 공간이었다. 공공건축물을 통해서 주거지역내의 음영공간을 정비하는 의미와 동시에 유치환선생님이 교육자로서 몸담았던 경남여고와 마지막으로 돌아가신 부산진역 주변이 보이는 공간이기도 하다. 이바구공작소와 마찬가지로 망양로 노면 이하로 건축해야 하는 '최고고도지구'에 해당되기 때문에 도로위로 드러난 건축물의 매스는 단차를 둔 전망데크만 있지만, 전체가 12미터 단차를 극복하기 위해서 전망데크 아래로는 유치환선생님을 이야기할 수 있는 작은 전시시설이 있고, 그 하부는 경사를 그대로 이용한 열린 공연장으로 조성하면서 동네사람 누구나 이용할 수 있는 공간으로 조성하였다. 망양로에서 '최고고도지구'로 지정된 대부분의 구역은 부산항으로 펼쳐진 경관을 바라보기에 가장 좋은 위치인 동시에 '옥상주차장' 혹은 '하늘주차장'이라고 불리는 지붕위에 자동차를 이고 살아가는 산복도로의 독특한 생활문화를 볼 수 있는 지역이기도 하다. 유치환의 우체통이 들어서면서 산복도로의 부족한 문화공간을 보충하는 공간인 동시에 향후 '하늘 주차장'이라고 불리는 독특한 생활풍경을 가진 사람들의 거점공간으로 활용할 수 있기를 기대하며 계획하였다. 완공이후 주변건물들의 리모델링이 하나 둘씩 늘어나고 있고, 하늘주차장의 정비계획 등이 수립되면서 유치환의 우체통이 주변지역의 정비를 촉진하는 역할을 부분적으로 담당했다는 점이 건축가로서는 너무 고마운 일로 여겨진다. 하지만, 이제 산복도로 근린재생의 첫 삽을 뜨고, 부분적인 변화가 시작된 셈이다. 도시의 건강한 진화를 위해서 긴 시간을 두고 주민들과 시민들이 실천해야 할 과제를 찾아서 '즐거운 배움, 작은 실천'을 지속해 나가야 할 것이다.

16장

도시의 일상생활

신 지 은

1. 도시공간과 일상생활

인간의 일상생활이 가능하기 위해서는 인간이 뿌리를 내릴 중심, 즉 공간 안에서 발생하는 모든 관계와 사건의 기준이 되는 중심이 필요하다. 그리고 이 중심은 결국 인간이 이 세계에서 '거주하는 곳', 즉 그가 '집으로' 생각하는 곳, 그가 항상 '귀환'하는 곳이 될 것이다.[1] 여기에서 '거주'란 특정한 장소를 집으로 삼아 그 안에 뿌리를 내리고 거기 속한다는 것을 의미한다. 땅의 지속성, 견고함은 시간의 폭력 즉 망각을 늦추고 그것에 저항할 수 있게 해준다. 이것은 일상의 위대함이 그 끈질긴 지속성에 있다는 것과 무관하지 않다. 삶은 땅 위에 뿌리 내리고 지속되듯이, 땅에 뿌리 내린 집은 인간의 실존적 일상을 담고 있다. 사람들이 언제나 기억하며 떠올리는 원풍경으로서의 집은 인간의 귀환처이자, 개인적·집단적 기억의 공유지다.[2]

우리는 생텍쥐페리가 『성채』에서 거주의 의미를 강조했던 것을 상기해 볼 수 있다. 그는 "사람들이 집에서 살고 있다는 것, 사물이 사람들에게 주는 의미는 그들이 사는 집의 의미에 따라 달라진다는" 진실을 발견했다고 썼다. 거주는 결코 다른 여타의 행동들과 비슷하지 않다. 그것은 인간의 본질을 규정하는 행위이며, 인간과 세계의 관계를 결정하는 중대한 행위다. 바슐라르와 하이데거 역시 거주와 인간의 존재를 연관시켜 논의함으로써 인간의 일

1 볼노, 『인간과 공간』, 이기숙 역, 에코리브르, 2011, 161~162쪽.

2 신지은, 「장소의 상실과 기억 : 조르쥬 페렉(Georges Perec)의 장소기록에 대하여」, 『한국사회학』 제45집, 2011.

상생활의 존재론적 측면과 공간의 관계를 날카롭게 규명했다.

그런데 우리가 '인간과 공간'이라고 말할 때 이 '인간'은 결코 개인을 지칭하는 것이 아니다. 우리가 혼자서 집을 지을 수 없듯이 인간은 결코 혼자서 살 수 없기 때문이다. 인간은 가족과 함께, 타인들과 더불어 살아가는 것이다. 그리고 우리는 단독자로 존재하는 것이 아니라 신비스런 방식으로 장소, 역사, 사물들과 교감한다. 바로 여기에서 우리는 공간과 인간의 관계가 내포하는 공동체성에 주목할 수 있게 된다. 사람이 더불어 살 때 공동의 인생사가 거주 공간에 표현되고 특정한 분위기를 만들어낼 수 있다. 따라서 개인의 관점에서는 결코 집과 거주의 본질을 충분히 이해할 수 없다. 즉 거주는 오직 공동의 삶으로만 가능한 것이다.[3] 마찬가지로 우리가 도시적 삶과 도시 공간에 대해 이야기 할 때 우리는 이 도시를 살아가는 사람들의 삶이 집단적이고 공동체적인 형태를 띤다는 데 주목해야 할 것이다. 그리고 도시 공간의 재생 혹은 재개발에 관한 논의와 실천의 방향도 역시 이 점에서 출발해야 할 것이다.

우선 우리는 인간과 집의 관계가 인간과 몸의 관계와 유사하다는 점을 지적할 필요가 있다. 다시 말해 집은 어떤 면에서 '확장된 몸'으로 해석될 수 있는데, 이런 점에서 볼노(O. F. Bollnow)의 다음과 같은 지적은 우리의 논의에 시사점을 던진다.

몸의 경우처럼 두드러지지는 않지만 집에도 역시 직접적인 동일시가 존재한다. 인간은 집을 자신과 동일시한다. 그는 집과 하나로 녹아들어 있다. 인간은 집에서 살면서 그 안에 현존해 있다. 그래서 낯선 사람이 그의 의사를 무시하고 집의 영역으로 들어오면 마치 신체적으로 타격을 받은 듯한 느낌을 받는다. 이 영역은 모양은 조금씩 다르지만 인간의 소유 공간에 속한 모든 것들로 범위를 넓혀간다. 농부는 밭과 자신을 동일시한다... 남이 그의 공간에 들어오면 그는 자기 자신이 피해를 입고 모욕을 받았다고 느낀다. 국가가 영토 침해 상황에 맞닥뜨릴 때 불안을 느끼는 이유도 마찬가지다. 그 자체로는 사소한 국경침입이지만 이로 인해 국가의 명계가 공격당했다고 느끼는 것이다.[4]

볼노의 이 논의에서 우리는 '인간과 집의 관계가 인간과 몸의 관계와 비슷하다'는 사실에 주목할 수 있다. 독일에서 상대방을 농담조로 '알테스 하우스(altes Haus)'라고 부르는 관습은 요즘도 남아 있는데 이것도 인간과 집의 동일시를 보여주는 또 하나의 사례다. 알테스 하우스란 글자 그대로는 '오래된 집'이라는 뜻이지만, 주로 나이 든 사람들이 구어체에서 자신의 오랜 친구를 친근하게 부를 때 사용하는 말이다. 이런 예들은 인간이 집과 얼마나 강하

3 위의 책, 170~171, 199쪽.

4 위의 책, 377~378쪽.

게 결속되어 있는지를 잘 보여준다.[5] 그리고 만일 우리가 이런 식으로 일상생활의 공간(집)을 자신의 친구나 분신 혹은 심지어 자기 자신으로 볼 수 있다면, 우리는 이 공간에서 추방 당한 자들, 예컨대 전쟁 혹은 재개발로 자신의 공간에서 쫓겨난 자들이 단순히 집을 잃은 것이 아니라는 것을 알 수 있다. 즉, 그들은 자신 자신으로부터 추방당하는 것이다. 마치 의복이 벗겨졌을 때 수치심을 느끼는 것처럼, 그리고 오래된 볼품없는 외투를 새 옷으로 바꾸기를 꺼려하는 것처럼, 자기 공간에서 철거당하게 되었을 때 혹은 (강제로) 이주하게 되었을 때 사람들은 피복이 벗겨지는 것과 유사한 감정을 느낀다. 우리는 어떤 이들 특히 노인들이 자신의 오래된 근린과 집을 버리면서까지 주거지를 확장하거나 이주하기를 꺼린다는 사실을 잘 알고 있다. 결점 때문에 배제되는 환경은 있지만, 반대로 소속된 사람들을 충실하게 만드는 힘이 깃든다는 점에서 배제되는 환경은 없다. 이것이 바로 '고향' 혹은 '집'이라는 말이 가지는 의미다. 따라서 외부인에게 단조롭고 빈약하고 결점이 많은 곳이라도 그곳에 살고 있는 이들에게 그 바깥에 더 좋은 곳이 있다고 설득하기란 거의 불가능한 것이다.[6] 집은 인간이 완전히 벌거벗은 상태가 되지 않도록 만들어준다. 따라서 '세계에 던져진 인간'을 말하기 이전에, 우리는 폭풍 아래 돌풍을 받으며 꿋꿋이 서 있는 집, 그 속에 인간을 담고 있으며 인간을 보호하는 집을 떠올릴 수 있을 것이다. 집은 "인간이 우주와 용감하게 맞서는데 있어서 하나의 도구"[7]다.

2. 현대사회에서의 '집'의 의미

그 안에 거주하는 자를 감싸 안는 '집'은 훌륭한 '존재의 응집' 이미지다.[8] 그렇다면 지금 우리에게 공동의 애정, 공동의 힘, 용기와 저항이 응집된 '집'이 존재하고 있는가? 바슐라르는 이미 오래 전에 "파리에는 집이 없다. 대도시 거주자들은 포개진 상자에서 살고 있다"고 단언했다. 그는 집을 꿈꾸는 몽상가는 마천루에 지하실이 없다는 사실을 상상하지 못한다며, 이런 집에는 "뿌리"가 없고, 그로 인해 우주와의 깊은 연대감도 없다고 지적했다. 그의 눈에 마천루, 빌딩 등은 생명이 없는 상자일뿐이지 집이 아니다. 반면 사람이 사는 집은 기하학적 공간을 초월하는 것으로, 감성적인 특성, 인간적인 품격이 있다.[9]

공간의 기억과 흔적이 상실된 뿌리 뽑힌 불완전한 거소가 현대 대도시의 삶을 특징짓는

5 위의 책, 378쪽
6 투안, 『토포필리아』, 이옥진 역, 에코리브르, 2011, 155, 177쪽.
7 바슐라르, 『공간의 시학』, 곽광수 역, 동문선, 2003, 133쪽.
8 위의 책, 132쪽.
9 볼노, 『인간과 공간』, 175쪽

다. 바슐라르는 대도시의 삶에서 거소와 공간의 관계는 인위적인 것이 되었고, 거기서는 모든 것이 기계적이고, 내밀한 삶은 사라졌으며, 따라서 집은 이제 우주의 드라마를 알지 못하게 되었다고 한탄했다.[10] 그는 시간은 우리에게 두터운 구체성이 모두 삭제된 추상적인 시간의 선만을 기억하게 하지만, "우리가 오랜 머무름에 의해 구체화된, 지속의 아름다운 화석들을 발견하는 것은, 공간에 의해서, 공간 가운데서"라며 공간의 견고함과 그 역할을 강조했다.[11] 우리가 뿌리박힘의 감정, 소속감, 내부에 있다는 느낌, 공동체의 일원으로 자기 장소에 있다는 느낌을 받는 것은 일상생활의 경험 공간 예컨대 고향, 집, 근린 등에서다. 다시 말해 이러한 일상의 공간은 "개인의 정체성에 중요한 원천을 제공하고, 이를 통해 공동체에 대해서도 정체감의 원천"이 된다.[12] 그리고 이러한 감정을 우리는 가장 먼저, 가장 원천적으로 '우리 집'에서 느끼게 된다. "집은 개인으로서 그리고 한 공동체의 구성원으로서의 우리 정체성의 토대, 즉 존재의 거주 장소다."[13]

하이데거가 말한 대로 '세계-내-존재'는 '안에-있음'에 근거하는데, 이는 일차적으로 '집 안'을 뜻할 것이다. 그리고 '안에' 존재한다는 것은, "현존재가 세계내부적으로 만나게 되는 존재자와 배려하며 친숙하게 왕래한다"는 것을 의미한다.[14] 하이데거는 현대의 고향 상실은 기술 문명의 발전이 초래한 결과로 본다. 그에게 현대의 기술 문명 세계는 인간을 에너지원으로 무자비하게 동원하는 세계인 반면, 고향은 인간과 모든 존재자가 자기 고유의 존재를 발현하고, 그들 사이에 조화와 애정이 발견되는 세계다. 그는 현대의 위기가 고향을 상실하면서 비롯되었다고 보면서, 이 상실감과 이에 따른 공허감과 불안감에서 벗어나기 위해 인간은 더욱 더 기술 개발과 물질적인 소비와 향락에 몰두하게 된 것으로 본다.[15]

좀 거칠게 일반화 시켜 말해 본다면 기술문명 시대의 공간, 근대적 이성이 발현되는 근대적 공간은 자본축적을 위한 추상화·계량화된 공간, 인간의 삶과 괴리된 소외의 공간, 물신화된 공간이라 할 수 있을 것이다. 반면 '고향'[16]으로 상징되는 전근대의 공동체 공간은 생산

10 위의 책, 107~108쪽.

11 바슐라르, 『공간의 시학』, 83~84쪽.

12 렐프, 『장소와 장소상실』, 김덕현 외 역, 논형, 2008, 150쪽.

13 위의 책, 97쪽.

14 하이데거, 『존재와 시간』, 이기상 역, 까치, 2007, 148쪽.

15 박찬국, 『들길의 사상가, 하이데거』, 동녘, 2004, 22~23쪽.

16 전광식은 『고향』이라는 책에서 고향이란 말은 다음과 같은 함의를 내포하고 있다고 지적한다. 1) 고향의 고(故)라는 문자가 '예스러움', '오래됨'을 의미하듯 고향은 우리가 적응하기에 바쁜 급변하는 세계가 아니라 예스러운 안정된 삶의 세계. 2) 고향의 고(故)라는 문제에는 '떠나온'이란 의미가 있기에 고향은 내가 떠나왔지만 그리워하는 추억의 장소. 3) 고향은 무엇인가 은닉되어 있고 순수한 삶의 세계. 4) 고향은 자연을 압도하는 대도시와는 달리 자연에 안겨 있는 아늑한 곳. 익명의 타자들이 모여 사는 도시와 달리 고향이란 가정의 연장이다. 도시인들이 군중 속의 고독을 느낀다면 고향에서는 사랑과 정, 혈연적, 지연적 유대감과 서로에 대한 애정을 느낀다. 또한 고향은 동일한 언어와 관습, 전통을 공유하는 곳이다(박찬국 인용, 2004, 22쪽).

과 소비가 공동으로 이루어지는 공간, 한 지역 내에서 발생한 사건이 공동적으로 체험되는 공간이다. 인간이 오관을 통해 체험하는 공간, 즉 '인간화된 공간인 장소'[17]는 기존 가치들의 잔잔한 중심, 보금자리다. 이처럼 장소에 대한 인간의 일상적이고 일차적인 관심과 이해는, 위상학적이고 추상적인 개념으로서의 공간이 아니라 '우리 집', '내 고향'으로서의 일상생활이 영위되는 공간을 의미하는 것이다. 사실 장소들이 불러일으키는 것은 지리적 위치가 아니라 그 당시 우리의 삶의 장면들이기 때문에, 우리는 장소의 정확한 특징보다 그 장소들의 분위기를 더 잘 기억하게 된다. 장소의 혼(spirit of place), 장소감(sense of place), 장소의 정령(genius loci) 등에 대해 연구서에서, 여성 탐험가 프레야 슈타크(Freya Stark)를 인용하여 이 푸 투안은 친밀함의 경험지인 집에 대해 다음과 같이 묘사한다.

집은 친밀한 장소다. 우리는 주택을 집과 장소로 생각한다. 그러나 과거의 매혹적인 이미지는, 바라볼 수 있을 뿐인 전체 건물에 의해서 환기되는 것이 아니라 만질 수 있고 냄새 맡을 수 있는 주택의 구성 요소와 설비(다락방과 지하실, 난로와 내달은 창, 구석진 모퉁이, 걸상, 금박 입힌 거울, 이 빠진 잔)에 의해서 환기된다. 슈타크는 말하길, "보다 작고 친밀한 것에서, 기억은 어떤 사소한 것, 어떤 울림, 목소리의 높이, 타르 냄새, 부둣가의 해초... 등을 가지고 가장 매혹적인 것을 엮는다. 이것은 확실히 집의 의미다. 집은 매일 매일이 이전의 모든 날들에 의해 증가되는 장소다."[18]

이와 같은 집은 인간의 가장 기본적인 공간이면서, 최초의 정체성 형성을 가능하게 해주는 장소다. 따라서 이러한 장소의 상실은 곧 자기 준거의 상실, 정체성 상실이라는 결과를 가져올 수 있다. 그리고 특정 장소가 제공하는 소속감, 친밀감 그리고 이에 따른 공동체적 정체성 등이 사라지는 장소-탈귀속화는 점차 의사(pseudo) 정체성 혹은 왜곡된 장소감을 형성하게 된다.[19] 건강한 존재라면 작고 비좁은 장소를 명상이나 우정을 위한 곳으로 받아들이고 개방된 공간은 잠재적 행동을 발산하거나 자아를 확장하는 곳으로 받아들일 수 있겠지만, 그렇지 못한 사람은 밀실공포증이나 광장공포증을 느끼게 된다.[20] 즉, 집이 주는 공간적 견고함과 시간적 지속성을 확보하지 못한 이들은 건강한 장소감과 정체성을 갖기 힘들고, 결국 자신을 둘러싼 세계의 의미를 파악하는데 장애를 갖게 되는 것이다.

그렇다면 '아파트 공화국'이라 할 만한 한국 사회에서 아파트에 사는 우리는 과연 건강한

17 투안, 『공간과 장소』, 구동회·심승희 역, 대윤, 2007, 94쪽.
18 위의 책, 232쪽.
19 최병두, 『근대적 공간의 한계』, 삼인, 2002, 195~196쪽.
20 투안, 『공간과 장소』, 94쪽.

장소감과 정체성을 가지고 있는가? 아파트를 소유함으로써 우리는 이 집과 '역동적인 공동체'를 이루고 있는가? "아파트가 돈이다"[21]라고 말하는 상황 속에서 아파트는 여전히 인간의 '귀환처'이자 '근거'인가? 아니면 가치증식과 투기의 대상으로서 가장 유동적이고 따라서 위험도가 가장 증폭되고 있는 것은 아닐까? 우리 사회가 '위험 사회'라면, 이것은 혹시 '집'이 불안정해지고 위험에 처했기 때문이 아닐까? 우리는 이 질문들에 대한 대답을 우회적으로 모색해 봄으로써 일상생활의 공간 문제를 진단해 보고 이러한 공간 문제에 접근하는 도시재생의 방향을 제안해 보고자 한다.

3. 아미동 산19번지 : 일상의 비천한 위대함

아미동은 부산 산동네의 특성을 잘 간직하고 있을 뿐만 아니라, 한국의 굴곡진 역사가 축약된 공간이기도 하다. 이곳은 일제강점기에 일본인들이 공동묘지를 조성한 공간이었다가, 6·25 한국전쟁 당시에는 피난민들이 정착한 곳이기도 했다. 또한 50년대 이후 도시화되면서 농촌 사람들이 부산으로 진입하면서 처음 거쳐 간 곳이 바로 이곳이었다. 이 기나긴 역사들이 겹겹이 쌓여 현재의 아미동을 형성하고 있다.

이곳에 들어서는 사람들의 시선을 사로잡는 것은 낡고 좁은 골목과 집, 그리고 공동묘지의 흔적들이다. 1907년 공동묘지가 그리고 1909년 화장장이 설립된 후 이 곳은 늘 죽음을 연상시키는 장소였다. 죽음, 빈곤, 고통이 뒤섞인 이 공간, 불편하고 좁은 이 환경에서 사람들은 어떻게 살아 온 걸까? 불편한 교통, 공동묘지 귀신이 출몰한다는 별난 소문, 온갖 차별과 좁고 열악한 환경에도 불구하고, 이곳의 거주자들은 이미 이 공간과 대단히 강하게 결속되어 있어서 이 동네와 집을 떠나기 꺼려하는 것이다. 우리는 여기서 대단히 많은 제약을 가진 한 도시에 대해 이야기 하면서 "여기에서 살 수 있을 것이다. 왜냐하면 사람들이 여기에서 살고 있으니까"라고 말했던 니체를 떠올릴 수 있을 것이다. 무덤 위에 살면서 동종요법적으로 매일 매일 죽음을 경험하는 것은 죽음으로부터 자신을 보호하거나 혹은 죽음으로부터 뭔가 좋은 것을 얻어내는 방식이다. 이것은 어찌 보면 삶은 아무런 가치가 없는 것 같기도 하지만, 또 다른 한편 어떠한 것도 삶보다 더 좋은 것이 없다는 패러독스를 상기시키는데, 이는 우리의 몫이 된 인생을 살아가는 방법이다.[22] 앞선 볼노의 논의에서 보았듯 이들에게 자신의 집과 환경은 이미 자신의 몸, 혹은 자신의 친구와 같기 때문에, 이들에게 바깥에

21 줄레조, 『아파트공화국』, 길혜연 역, 후마니타스, 2007, 134쪽.
22 마페졸리, 『영원한 순간』, 신지은 역, 이학사, 2010, 29쪽.

더 좋은 곳이 있다고 설득하는 것은 의미가 없을 것이다.

무덤 위에 세운 집, 귀신이 출몰하는 동네인 아미동은 대단히 특이한 동네이긴 하지만, 이러한 상황이 유일한 것은 아니다. 오래된 묘지를 주택으로 전용하는 도시의 가장 특이한 예로 카이로의 '사자들의 도시(city of the dead)'를 들 수 있다. 이곳에서는 100만 명에 이르는 빈민들이 마멜루크 묘지들을 조립식 간이주택 부품처럼 사용하여 집을 짓고 살았다. 이 거대한 묘지는 여러 세대 동안 매장지로 사용된 땅으로, 담장 하나를 사이에 두고 도로와 면해 있다. 18세기에 이 묘지에는 카이로 부자들에게 고용된 무덤지기들이 거주하기 시작했고, 최근에는 1967년 전쟁으로 시나이와 수에즈를 떠나온 난민들이 거주하고 있다. 공동묘지에 숨어든 사람들은 무덤을 개량함으로써 일상적인 문제를 해결했다. 비석과 묘석은 책상이나 침대, 탁자 등으로 사용되었고, 묘비들 사이에 줄을 매어 빨래를 말리기도 했다. 마찬가지로 카이로에서는 1980년대 스쿼터 집단들이 버려진 유대인 무덤을 차지하고 거주한 경험이 있다. 1980년대 사람들이 묘실 안에 자리를 잡고, 유골함을 옷과 냄비와 TV를 수납하는 붙박이 선반으로 사용했다.[23]

이런 예들과 유사하게 아미동 일본인 묘 터는 경계석과 외곽 벽이 있어서 집을 짓는데 유용했다. 가로 세로 3m인 일본인 묘 터는 집 한 채를 짓는데 적당하다고 여겨졌고, 비석과 상석도 집을 지을 재료로 충분했다. 비석과 상석은 집을 짓는 것 외에 거리 바닥으로 사용되거나, 계단, 계단 난간, 받침대 등 다양한 용도로 사용되었다. 그리고 이 동네에 퍼져 있는 '일본 귀신', '도깨비불', '귀곡성' 등의 소문은 아마도 망자들의 집인 유택(幽宅), 남의 집을 가로채 제 집을 삼았다는 죄스러움의 발로일 것이다. 그리고 이 상황은 아미동 대성사의 '남부묘법연화경' 탑, 백중날의 혼령제 등을 통해 망자들과 화해하고자 하는 시도로 연결된다.[24]

이곳에 뿌리를 내리고 살아가면서 사람들은 공동생활의 희로애락과 자연의 산물들, 경관 등을 통해 체화된 지식을 습득한다. 어떻게 집을 짓고 물을 얻을지, 어떻게 좁은 골목을 나누어 살며 비좁은 공간을 함께 사용할지, 어떻게 아이들을 키우고 돈을 벌지, 어떻게 무덤이라는 죽은 자들의 공간을 산 자의 공간으로 바꿔갈지, 어떻게 귀신들과 함께 살아 갈 것인지를 몸으로 알게 된다는 것이다. 죽음과 가난, 폭력과 차별이 지배하는 아미동에서 사람들은 아마도 삶을 비극으로 느끼기 쉬웠을 테지만 비극 역시 공동으로 체험되었을 것이다. 그리고 이 비극의 공감은 아주 강력한 '운명 공동체'를 실현시키는 것이다. 바로 이 지점에서 우리는 가난이 공통의 삶을 구축해 가고, 비극이 공동체의 '부식토'로 기능하고 있음을 알 수 있다.[25] 일상생활이 영위되는 장소를 타인들과 공유하는 것은 현재의 비극을 덜어

23 데이비스, 『슬럼, 지구를 뒤덮다』, 김정아 역, 돌베개, 2009, 50~51쪽.

24 김정하, 「아미동의 종교와 민간신앙」, 『이향과 경계의 땅, 부산의 아미동, 아미동 사람들』, 부산구술사연구회·부산대학교 한국민족문화연구소, 2011, 173~178쪽.

준다. 왜냐하면 모든 장소는 '장소의 정령'을 통해 그 장소를 공유하며 살아가는 사람들의 구성과 유대를 보장해 주기 때문이다.

이렇게 본다면, 오랜 역사가 뿌리내린 공간에 대한 재생은 그것이 공간 설계이든 공간 계획이든, 사물의 질서에 변화를 줘서 새로운 공간을 탄생시키는 것을 의미한다면 그것은 대단히 문제적이라는 것이 분명해 질 것이다. 즉, 일상의 견고함과 위대함을 간직하고 있는 공간의 실존적이고 역사적인 의미를 망각한 채 '불도저 도시계획'(마이크 데이비스)으로 이 공간을 밀어버린다면, 이 장소에서 가능했던 타인과의, 자연과의, 환경과의, 사물들과의 교감과 공감, 그리고 그것에 바탕을 둔 운명 공동체의 흔적들까지 다 지워버리게 될 것이다. 현재 부산의 난개발식 도시 재생은 과거의 흔적을 모조리 밀어 버리고 새로움을 창출하겠다는 집착을 보이는데 이는 결국 역사가 빚어낸 고유한 장소의 흔적, 결핍되고 훼손되고 증축된 시간의 흔적마저 다 쓸어버리게 될 것이다.

우리 사회를 지배하는 새 것에 대한 맹목적 숭배는 '신(新)' 혹은 '뉴(new)' 라는 접두사를 무한대로 사용하는 특징을 가진다. 이런 이유로 인해 한국 사람들은 주택을 소모품으로 취급하게 되었고, 이런 한국의 상황은 프랑스나 영국 등 서구가 보여주는 도심의 박물관화와 분명하게 차이가 나는 것이다. 그렇다면 볼품없는 구식의 생활 방식들이 지속되고 있는 오래된 공간에 대해 도시 재생은 어떤 방향으로 접근해야 할 것인가? 그것은 공간에 대한 끝없는 의미부여와 해석의 창출, 체험으로 구성되는 인간의 실존적, 역사적 삶의 의미에 대한 고려를 통해, 과거를 완전히 없애고 새로운 공간을 인위적으로 급작스럽게 창조해 내는 것이 아니라 이 공간이 서서히 자라나고 완만하게 변화하도록 만들어야 할 것이다. 열악하고 좁은 환경을 고치겠다고 이것을 다 없애고 새로운 건물들을 세운다면 거주 환경이 좀 더 나아질지는 모르지만, 정작 이 곳에 살던 주민들은 이곳을 떠나야 하고 이들은 곧 공동체를 잃게 된다. 자기가 살았던 공간을 강제로 떠나야 하는 것은, 앞에서도 보았듯이 자기로부터의 추방이다.

뿐만 아니라 한 도시의 '현재'가 가지는 새로움은 기존의 도시 경관과 맞물릴 때 독창적인 아름다움을 가질 수 있다. 장소성에 기반을 둔 도시미학은 독특한 원래의 지형과 그 위에 뿌리내리고 쌓인 긴 역사의 시간이 함께 만들어 내는 것이다. 사실 한 공간을 살기 좋은 곳으로 만드는 것은 바로 사람이 내뿜는 분위기다.[26] 삶의 확고한 지속감을 전해주려면 오랜 과거까지 비추어주어야 하는데, 여기에는 '역사'를 가지고 있는 것들이 속한다. 그래서 사용했던 흔적이나 훼손의 흔적조차 긍정적인 의미를 지닐 수 있는 것이다. 단계적인 증축은

25 마페졸리, 『영원한 순간』, 239쪽.

26 볼노, 『인간과 공간』, 195쪽.

아미동 비석마을(© 신지은)

인생사의 표현이며, 그 공간에 놓은 모든 물건들은 무언가를 상기시킨다. 따라서 진정한 거주 공간은 인위적으로 만들어지지 않고 서서히 자라나며, 완만한 성장에서 오는 확실한 안정감을 선사한다.[27]

4. 해운대 아파트 촌 : 도시 안의 도시

우리 사회에서 도시 재생은, 도시를 통치하는 상부구조의 주체와 세력의 이익을 강화시키는 수단이자 빈민의 주변화를 심화시키는 도구로 기능할 때가 많다. 따라서 많은 경우 "슬럼과의 전쟁은 빈민의 정착 및 주거를 통제하기 위한 전투와 위험하리만큼 흡사해졌으며, 말 그대로 빈민에 대한 공격이 되었다."[28]

누군가를 몰아낸 자리에서 '그들만의' 공동체를 형성한다는 이 아이러니를 어떻게 해석해야 할까? 현대 우리 사회의 아파트는 분명 '공동 주택'다. 하지만 이 정신은 분명 '공동의 에스프리'를 가지고 있지 못하다. 우리는 여기에서도 '인간이 뿌리를 내리는 공간', '인간의 분위기가 만드는 공간' 등을 말할 때, 이 인간은 결코 개인을 지칭하지 않는다는 사실을 다시 한 번 강조할 필요가 있을 것이다. 인간의 분위기란 분명 집단적 생활에서 나오는 분위기와 안정감을 의미할 것이다. 최소한 한 쌍의 부부에서부터 친근한 집이 가능해 지듯이, 공동체적 삶이 도시 공간을 친근감 있게 만들고 편안한 분위기를 조성한다. 둘러쳐진 담

27 위의 책, 198쪽.
28 데이비스, 『슬럼, 지구를 뒤덮다』, 96쪽.

과 보호 장치들, 지붕과 굳게 걸어 잠긴 문이 안정감을 더해 주는 것은 아니다. 그 속에서 살아가는 인간의 유대와 공동의 인생사가 그 거주 공간에 표현되고 특이한 분위기를 만들어 내는 것이다.

하이데거가 말했듯 건축은 거주를 위한 공간이고, 건축함은 본래 거주함이다. 거주함이란 소중히 보살피는 것이고, 좀 더 자세히 말하자면 사방을 소중히 보살피는 것이다. 여기서 사방이란 땅과 하늘, 신적인 것과 죽은 자들을 말하는데, 세계를 하나의 유기적 총체로 파악하는 고대적인 개념을 하이데거가 존재론적으로 재해석한 개념이다. 결국 건축이라는 것은 단순히 건물을 제작하는 것으로 충분하지 않고, 거주함에 대한 사유 속에서 실현될 수 있는 것이다. 하이데거는 어원분석을 통해 거주함의 본질에 접근하는데, 거주함이라는 단어는 본래 평화로이 있음, 어떤 것이 그것의 본질 안에 보호된 채 머물러 있음이라는 것을 의미한다.

유서 깊은 도심 공동체를 뿌리 뽑는 부산의 도시 개발, 특히 부산 해운대의 재개발이 만들어 낸 '도시 안의 도시'(해운대 좌동 신시가지, 우동 센텀시티, 마린시티 등)는 자본주의의 압축적 성장과 근대적 주체를 양산해 온 공간-기계의 하나이자 그 결과다. 이는 개발 담론이 공간화 된 것으로 주거 및 우리의 일상생활과 관련된 가치, 욕망, 정신구조 등을 획일화하는 공간이기도 하다. 이 아파트촌은 산업용지, 주거단지, 상업시설 등을 모두 갖추고 있어서 그 안에서 모든 것을 해결할 수 있는 최첨단 도시를 지향한다. 즉 이들은 모든 추한 것들 – 과거의 미개발의 흔적, 쓰레기와 빈곤, 인간 방해물(인간쓰레기)까지 모두 – 을 쓸어내고 아름다운 '그들만의 도시'를 추구하는 것이다. 기존의 주택과 다른 용도의 공간들을 불도저로 밀어낸 후 소단지를 차례로 이식하는 방식으로 형성된 이들 콘크리트 건물 지대는 대단히 새로운 도시 경관을 만들어 내고 있다.

'도시 안의 도시'는 도시의 여러 부분들이 서로 유기적으로 결합되지 못한 채 각각 따로 분리되어 존재함을 보여준다. 슬럼은 슬럼대로, 고급 아파트촌은 아파트촌대로, 각각의 삶은 다른 삶에 어떠한 영향을 미치지 못한다. 부산이라는 혹은 해운대구라는 행정적인 명칭으로만 묶일 뿐, 구시가지와 신시가지는 서로 연속성을 가지지 못한 채 분리되어 존재한다. 도시의 거주공간이 엄격한 사회공간적 차별화를 동반함으로써 도시 내 각 구역은 서로 구별되고 절연된 것이다. '도시 안의 도시'와 마찬가지로 동일한 아파트 단지 내에도 아파트 평수에 따라, 혹은 가족 단위로 절연되고 구별되고 분리된다. 각각의 아파트 내부공간은 아파트 외부공간과 절연되고 독립되어 '아파트 안의 아파트'로 존재한다. 대부분의 아파트는 공적 공간과 사적 공간으로 크게 분할되고 있고, 보통의 경우는 사적 공간의 비중이 매우 크다. 외부에 대해 매우 배타적인 이러한 일상생활 공간은 출입이 통제되는 일종의 '게이티드 커뮤니티(gated community)'로 발전되고 있는 것이다. 해운대의 고급 아파트촌의 많은 경우 이런

해운대 아파트촌(© 강동진)

프랑스 남서부 아키텐 지방 도르도뉴 주의 도시 페리괴(Périgeux)는 오늘날 프랑스 남서부에서 가장 매력적인 도시로 꼽히는데, 그것은 이 도시에 남아있는 15~16세기의 모습 때문일 것이다. 미래의 최첨단 도시를 지향하는 도시재생뿐만 아니라, 여유와 편안함을 주는 오래된 도시의 모습을 재생하는 방식도 함께 고민해야 하지 않을까? (© 신지은)

식으로 출입이 제한되고 있고, 같은 해운대 아파트라고 해도 각 아파트들은 사회공간적으로 구별되고 서로간의 접근이 제한된다.

주거의 역사를 살펴보았을 때, 이 점은 줄곧 발견되는 특징이다. 18세기 후반 특히 19세기 초에 주거공간은 가족 내지 가구별로 단위화되기 시작했고, 외부 공간과 내부 공간의 분절이 강하게 이루어지면서, 외부 공간과 내부공간의 소통 내지 이동은 현저히 낮아졌다. 그리고 주거공간이 점차 사적 공간화 되는 경향이 나타났다.[29] 그리고 이러한 근대적 주거공간을 형성하는 데에는 '가족주의'가 적극 이용되었다. 19세기 후반 부르주아지들이 빈민 주거문제를 빈민이나 노동자가 스스로 해결할 것을 요구하면서 불만과 분노가 토로되는 공공공간으로 사람들이 모이는 것을 막고자 노동자의 생활을 가족 안으로 몰아넣었던 것이다. 당시 노동자 주택단지 협회에서는 "각 주택은 단 한 가족만을 위해 건축될 것이며, 각 주택

29 이진경, 『근대적 주거공간의 탄생』, 그린비, 2007, 280, 281, 296쪽.

사이는 연결되지 않는다"고 명시함으로써, 개인을 공동체가 아닌 가족 안으로 고립시키고, '공적 공간'은 협회가 장악하고 '공적 기능'은 사유화·상업화함으로써 집합주의 내지 공동체주의적인 여백을 최대한 축소시키고자 했다.[30]

이러한 주택의 사적 공간화 전략은 한국 사회의 아파트에서 극대화 되어 나타난다. 특히 한국 사회에서 아파트를 분양할 때 흔히 사용되는 모델하우스는 아파트가 공공주택임에도 불구하고, 내부 공간에만 집중되는 주택관을 조성하는데 큰 영향을 미쳤다. 모델하우스를 보면서 사람들은 단위주택 내의 설비와 크기, 마감재와 배치에만 관심을 가졌지 그들이 이웃과 함께 공동으로 사용하게 될 외부 공간, 녹지공간이나 보행 공간, 이웃과의 소통성과 이동성, 이웃과 공동으로 사용하게 될 외부 공간 등에 대해서는 전혀 관심이 없었다. 단독주택 보다 이웃과의 거리가 훨씬 좁아진 아파트에서 사람들은 이웃 사람도 모르는 채 사적 공간에만 머물고 있는 것이다.

5. 일상공간의 본질과 의미

우리는 현재 우리 사회의 주거 문제가 단순히 건축물을 지음으로써 해결될 수 있는 것이 아니라는 것을 기억해야 한다. 오히려 우리가 주거의 문제를 삶과 일상생활의 문제로 이해하고 접근할 때 해결책을 찾을 수 있을 것이다. 마찬가지로 도시 문제는 신도시를 형성하고 도시의 가난하고 추한 역사를 삭제하고 몰아내고 공간을 확장해 감으로써 해결될 수 있는 것이 아니다. 도시적 삶을 이해하고 도시인의 생활리듬과 도시적 삶의 스타일, 도시의 침묵과 이야기, 환경에 따라 표현되고 변화하는 건축물의 볼륨과 양상, 도시에서의 공동체적 삶의 가능성과 공동 주거 형식 등에 주목함으로써 새로운 전망과 대안에 접근할 수 있을 것이다.

그리고 무엇보다 먼저 우리는 "사람은 장소만 바꾸지 않고 본성까지 바꾼다"[31]라고 말한 바슐라르의 말을 되새겨 볼 필요가 있다. 인간은 공간과 분리된 채 사는 것이 아니라, 구체적인 일상의 공간에서 자신의 본질을 획득한다. 우리는 지금 우리의 본질을 형성하는데 지대한 영향을 미치는 일상 공간이 과연 어떤 모습인지 끊임없이 자문해 보아야 한다.

30 위의 책, 378~391쪽.

31 바슐라르, 『공간의 시학』, 255쪽.

문화와 동행하는 도시재생

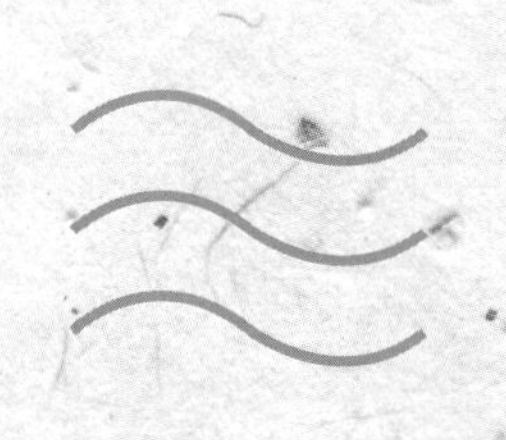

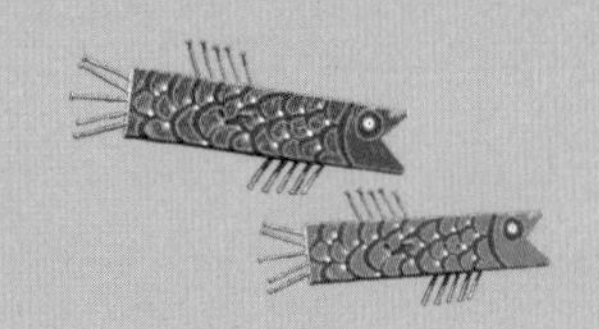

서울을 "문화의 용광로"라면 부산은 "문화 모자이크"도시라고 감히 명명하고 싶다. 다양한 이질적 요소들이 한데 모여 "서울, 서울사람"이라는 하나의 도시문화를 만들어냈다면 우리 부산은 멀리서 보면 "마- 부산"이지만 가까이 다가가서 보면 사뭇 다른 이질적인 요소들의 절묘한 조화를 이루고 있는 울퉁불퉁 문화를 가진 도시라 자부(?)한다. 원래 부산 것도 없고 원래 부산 것이 아닌 것도 없다. 이것이 부산의 무엇이다라고 한마디로 단정조차 짓기 힘든 것이 부산의 문화다. "마- 다- 부산이다." 이것이 부산의 힘이다. 부산은 거칠다, 시끄럽다 그래서 문화도 그러하다.

이런 관점에서 도시재생의 관점에서 문화 역시 꼬불꼬불, 울퉁불퉁, 색색깔로 동행하는 것이 부산의 특징이고 브랜드라고 할 수 있다.

부산만의 지역밀착형 문화가 동행하는 도시재생의 모습과 향후 비전을 담아내고자 한다.

17장

지역밀착 관광자원

장 희 정

1. 도시재생과 관광: 창의적 곱하기 산업

관광은 왜 창의적 곱하기 산업인가

관광(觀光: 다른 지역의 문화(光)를 관찰)이란 한마디로 지역이 갖고 있는 다양한 자원(지역의 전통과 문화, 자연생태, 관습, 지역민의 생활모습과 생활자원 등)을 관찰하는 여행을 의미한다.

한편, 최근 농촌관광을 6차산업이라고 명하기도 하는데 이러한 관점에서 도시재생지역에서의 관광산업을 창의적 곱하기 산업이라고 명명하고자 한다.

도시재생지역에서의 창조적 관광산업은 지역의 창조적 산업, 지역민의 지역에 대한 자부심, 지역전통과 문화, 그리고 방문객(혹은 관광자)의 지역에 대한 올바른 이해가 서로 조화롭게 곱하기되어야 성립할 수 있는 것이기 때문이다. 이들 중 그 어느 요소하나라도 부실하거나 누락되면 제대로 된 관광산업이 이루어지기 힘들기 때문이다.

관광자 관점에서 지역이 갖고 있는 모든 요소들이 관광대상 즉 관광자원이 될 수 있다. 지역의 자연생태, 유무형의 전통문화, 지역민들의 과거와 현재생활모습과 생활경제자원들이 모두 관광자원이 될 수 있는 것이다.

다시 말해서 도시재생지역에서 이루어지는 모든 재생과 회복활동 역시 관광자원으로 이어질 수 있다. 물리적 재생이 그러하고 지역민의 공동체 회복운동이 그러하다.

여기서 또 한가지 중요한 것은 지역을 방문하는 관광객의 자세이다. 지역의 정체성을 그대로 존중하고 지역민을 존중하는 자세야 말로 창의적 곱하기 산업에서 가장 핵심적 요소라고 할 수 있다.

> 지역의 유무형의 자원×지역의 산업×지역공동체
> = 관광이라는 창의적 곱하기 산업

2. 창의적 곱하기 산업이 되기 위한 조건

공감과 교감자원 만들기: 과거로부터의 유산과 미래의 유산이 공존하는 마을 필드박물관으로 만들기

관광산업의 활성화를 많은 지역에서 범하는 오류는 지역민을 배려하지 않는 관광시설과 매력물 조성이다.

외국의 어느 작은 지역에서는 관광객 편의시설의 확충을 위해 격년제로 지역민 중 65세 고령자와 13세 미만의 청소년, 그리고 장애인들을 대상으로 설문조사를 실시하고 있다고 한다. 예를 들면 도로의 표지판의 크기와 색상, 식별성, 식당의 메뉴판의 가독성, 마을지도의 가독성과 접근성 등을 비롯한 각종 편의시설에의 접근성을 물어본다고 한다. 지역의 취약계층이 마을 어디라도 접근가능하고 생활하기 편해야 관광객 편의시설로서의 기본을 갖출 수 있다고 믿는 것이다.

지역민이 공감할 수 있는 자원 그리고 방문객과 지역민이 함께 공감하고 교감할 수 있는 자원이야말로 가장 매력적인 관광자원이 될 수 있다. 재생지역에 벽화그리기나 예술작품설치에 있어서도 아무리 유명한 화가가 아름다운 그림을 그려 방문객의 감탄을 불러일으킨다고 해도 지역민의 공감이 없으면 지속가능성이 담보될 수 없다.

지역재생에서 가장 중요한 관광자원은 공감과 교감자원이다. 지역의 고유한 자원이건 새로 도입되는 자원이건 지역민이 공감하고 방문객과 지역민이 서로 대등한 위치에서 교감할 수 있는 자원을 만드는 것이 중요하다.

지역민 스스로 좋아하고 즐겨찾고 자부심을 가질 수 있는 것이 공감자원과 교감자원의 가장 중요한 요건이다. 주민 스스로 마을 만들기의 일환으로 이러한 자원들을 하나 하나 만들어가고 발견하고 재해석하도록 하는 장치가 우선적으로 필요하다.

지역민과 방문객 모두를 위한 제3의 공간

지역민의 명소, 커뮤니티 중심지가 곧 방문객을 위한 공간이라고 볼 수 있다.

인간에게는 3가지의 공간이 필요하다고 한다. 주거의 공간(안정된 주택), 노동의 공간(안정된 직업), 소통(관계회복과 유지)의 공간이다. 소통의 공간이 제3의 공간이다. 서구의 경우는 전통적으로 공원이나 광장, 교회와 성당, 카페가 그 역할을 해왔으며 우리는 우물가, 사랑채, 저자거리, 사찰 등이 제3의 공간이라고 할 수 있다.

잘 생각해보면 우리가 외국관광을 갔을 때 주로 방문하는 곳이 주로 이러한 제3의 공간이다. 우리는 이런 것을 잊어버리고 자꾸만 관광객만을 위한 무언가를 억지로 만들려고 한다. 막대한 예산을 쏟아부어서 만들어 나중에는 경영적자와 유지보수에 더 많은 비용이 소요되는 어리석은 경우들을 보게 된다.

관광지를 만들기보다는 소통의 공간과 자원을 만드는 것이 중요하다. 지금 있는 좁은 골목길, 가파른 계단, 마을 중심지 등을 어떻게 활용하고 해석할 것인지에 대한 연구가 필요하다.

방문객이 일시적 지역민이 되도록 지역자원을 완전히 이해시킬수 있는 장치와 유도가 있으면 훌륭한 관광자원과 시설이 될 수 있다. 그리고 관광객 또한 지역민의 생활과 정체성을 이해하고 존중할 수 있는 구도를 만들어야 한다.

지역의 작은 경제동력 만들기

최는 관광산업은 방문자경제라는 관점에서 새롭게 조명되고 있다.

정주인구의 감소로 인해 지역경제 활성화에 방문자 경제는 새로운 활로를 찾을 수 있는 기회이기도 하다.

이러한 방문자경제가 이루어지기 위해서는 관광객의 방문과 소비는 반드시 그 지역 내에 일정부분 흡수될 수 있는 시스템이 만들어져야 한다. 관광객이 소비할 수 있는 작은 창구들이 여기저기 있어야 한다. 이러한 작은 창구는 지역민에 의해 만들어지고 운영되는 배타적 장치 또한 필요하다. 지역의 작은 식당, 작은 슈퍼, 작은 카페 등에 관한 지역민의 창업기회 확대와 마을단위의 작은 협동조합, 마을기업 등과 같은 마을공동체 차원에서의 경제동력을 만들어가야 한다.

마을자원 활용사례

"우리" 이 마을에 살고 있어요: 살만한 동네라는 주민의 애착심

마을자원 활용사례

마을자원을 활용한
재미있는 발상:
생활관광자원의 사례

마을자원 활용사례

밥집과 카페

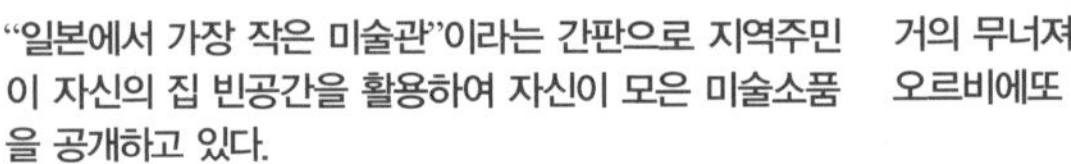

"일본에서 가장 작은 미술관"이라는 간판으로 지역주민이 자신의 집 빈공간을 활용하여 자신이 모은 미술소품을 공개하고 있다.

거의 무너져버린 성곽을 연회장으로 활용한 이탈리아의 오르비에또

3. 지역재생형 관광

재생지역에서의 관광은 지역의 여건과 특성에 따라 다양한 형태로 나타날 수 있다. 본서에는 도시재생지역에서의 관광형태와 재난복구지역에서 관광을 통한 지역재생, 농어촌지역에서의 지역자원의 창조적 활용을 간략하게 다루고자 한다.

도시재생지역에서의 관광

세계적인 도시는 대부분 두 얼굴을 지니고 있다. 가장 첨단적이고 현대적인 화려한 모습과 그 도시의 수백 년 전 혹은 수십 년 전의 도시가 겪었던 흥망성쇠의 모습을 볼 수 있는 현장 즉 도시의 열린 역사박물관 같은 모습(재생지역의 재탄생)을 동시에 갖고 있다.

이러한 두 얼굴은 그 자체가 도시의 매력을 배가시키는 핵심적 요소로 전 세계로부터 수많은 관광객을 모여들게 하는 킬러 콘텐츠이기도 하다.

도시전체적인 측면에서도 재생지역에서의 관광적 요소와 역할은 매우 중요하다.

첫째, 관광을 통한 지역 골목상권을 활성화하고 지역민 일자리창출로 이어질 수 있다. 지역의 기능회복과 회생은 결국 사람이 모여들어야 가능한 일이다. 정주인구의 증가가 아니더라도 일시적 교류인구 즉 방문자 경제의 효과를 관광을 통해서 가능하게 되는 것이다.

둘째, 지역의 자원을 재발견, 재해석할 수 있는 기회를 창출해낼 수 있다. 재생지역의 경우 새롭게 활용하거나 재해석할 수 있는 자원들이 많다. 오래된 공장터를 활용한 문화 공연장 등, 가파른 계단과 길고 좁은 골목길을 활용한 열린 휘트니스 혹은 동네 마라톤 코스 등의 활용이 대표적이라고 할 수 있다. 이러한 것들은 관관콘텐츠의 중요한 포인트이며 그 지역에서만 가능한 콘텐츠인 경우가 대부분이다.

셋째, 관광적 측면에서의 도시공간의 균형적 활용이라고 할 수 있으며 도시전체차원에서 관광객의 동선확대를 통해 체재일수와 소비촉진, 재방문율을 높일 수 있는 기능을 강화할 수 있다. 부산의 경우 대부분의 관광객들이 도심쇼핑가와 해운대 일대에 몰려 있는 것이 현실이기에 부산에서의 외래관광객들의 체재일수가 매우 짧아 경유지에 불과하다는 여론이 많다. 도시재생지역의 자원을 활용할 경우 부산관광콘텐츠의 다양화로 인한 관광객 동선확대를 기할 수 있는 것이 사실이다.

재난복구지역에서의 관광

수년전 여름휴가철 우리나라 동해안에 유례없는 큰 태풍이 연이어 강타하여 일대 상권이 큰 어려움에 직면한 적이 있었다. 지역민들이 피해복구하느라 여념이 없는데 휴가를 그 지역으로 갈 경우 지역민의 눈살을 찌푸리게 된다는 이유에서 많은 휴가객이 다른 쪽으로 발길을 돌린적이 있다. 이렇게 되어 그 지역은 피해복구와 상권침체라는 이중고를 당하게 되었다. 그러나 일부 언론에서는 휴가를 가주는 것이 지역을 도와주는 것이니 휴가를 독려하는 기사도 나왔으며 동시에 봉사를 겸한 볼런투어리즘(봉사와 관광이 합쳐진 합성어)에 관한 기사도 나온적이 있다. 아마도 태안의 기름유출사건때도 이와 유사한 상황이었다.

향후 기후변화 등으로 인해 태풍, 지진, 산업재해 등으로 재난지역 복구 차원에서의 관광도 다루어질 필요가 있다. 이런 방문자 경제를 통해 지역의 경제복구는 물론이며 지역민의 공동체 복구로 이어질 수 있도록 하는 것이다.

물론 이는 볼런투어리즘뿐 아니라 자연재난이 산업재해지역 방문을 통하여 지역에는 빠른 지역복구를 관광객에게 보람과 새로운 공부가 되도록 하는 시도가 필요하다. 이 경우 방문자경제를 운운하지 않더라도 지역의 재난상황이나 향후의 복구문제를 정부에만 맡기지 않고 민간이 노력하여 전국적인 공감대를 형성하는 크게 도움이 된다. 한번 다녀간 방문객은 이 지역의 후원자가 될 가능성이 높기 때문이다. 지역민 스스로도 자신감회복에 도움이 된다는 점은 매우 중요한 요인이기도 하다.

관광을 통한 재난복구를 시도한 사례 중 하나가 2011년 동일본 대지진의 최대피해지역인 일본 동북지역의 게센누마(氣仙沼)시의 사례라고 할 수 있다. 2011년 3월 11일, 동일본 대지진으로 미야기현(宮城縣) 최북단에 위치한 인구 7만 명의 항구도시 게센누마시는 순식간에 불바다가 되었다. 지진과 쓰나미, 화재로 이어지는 재해로 1,300명 이상이 사망하거나 행방불명되었고 산업시설 80%가 무너졌다. 전교생의 대부분(74명)이 사망하였고 교사 10명이 쓰나미에 휩쓸려 모두 숨진 오오카와 초등학교는 물론이며 마지막까지 남아 대피방송을 하다 목숨을 잃은 여직원의 안타까운 사연이 남겨져 있는 미나미산리쿠 방제센타의 모습은 당시상황의 비참함을 그대로 보여준다. 마을전체가 완전히 망가져 죽음의 도시로 불린 이 마을에서 몇몇 민간단체와 여행사, 지역주민이 힘을 합하여 관광객을 불러모은 사례이다.

2011년 12월 24일 게센누마시 중심가에 '미나미마치무라사키(南町紫) 시장'이라는 가설 상점가가 문을 열었다. 대지진으로 문을 닫았던 점포 중 51개의 점포가 새로 영업을 시작했다. 원래 이 지역에는 160개 이상의 점포가 있었는데, 그 중 90% 이상이 건물이 통째로 쓰나미에 떠내려갔다. 상처받은 몸과 마음을 추스르며 조금씩 장사를 재개해 2011년 7월에는 중소기업 기

관광객을 위한 임시 포장마차 식당들

반 정비 기구의 가설 시설 정비 사업 보조금을 받아서 'NPO법인 게센누마 부흥 상점가'로 재출발했을 때는 전국적인 주목을 받기도 했다.

향후 기후변화와 각종 인재로 인한 피해지역의 재생과 복구를 위한 시도로 관광산업은 매우 주목받을 만하다.

농어촌지역 및 소외지역에서의 지역자원 창조적 활용형 관광

지역재생이라는 큰 틀에서 보면 굳이 도시가 아니더라도 도농복합지역에서의 지역자원의 재해석과 재활용도 지역재생의 큰 줄기이다고 하다. 지역마다 오래된 고택, 무너져가는 오래된 돌담장, 버려진 계단식 논과 밭 등 다시 재활용하고 재해석해야 한 자원이 많다.

허무러져가는 고택의 문을 열어 체험교실이나 마을식당으로 활용하거나 돌담장을 잘 정비하여 옛길로 복원하여 이름없는 작은 마을이 연신 방문객으로 북적여 지역민도 몰랐던 가치를 다시 재해석하게 된 사례들이 많다.

새마을운동시절 바둑판 모양으로 논밭을 정비할 무렵, 너무 가난하여 미처 바둑판으로 만들지 못했던 산기슭의 계단식 논, 아무 쓸모없는 땅이라 여겼던 갯벌, 화학소금에 밀려 천대받은 천일염을 생산하던 염전이 관광자원으로 새롭게 각광을 받고 있는 것이 좋은 사례이다.

일본의 최초 치유의 숲, 나가노현(長野縣)의 시나노마치(信濃町)의 치유의 숲도 좋은 사례인데 이 지역은 많은 눈으로 겨울 한철 스키장에만 의존하고 가진 것이라고는 울창한 숲만 있었던 마을이 목재산업이 쇠퇴하면서 쇠락한 마을이었다. 우연히 자신이 가진 자원을 재발견해보자는 공동체 운동을 시작하면서 숲치유라고 하는 새로운 개념으로 마을의 일자리창출은 물론 년중 장기간 방문객으로 북적이고 치유마을의 대명사가 되었다.

"치유의 숲"이라는 타이틀을 상표등록을 통해 이벤트의 개최, 방송프로그램에서의 배타적 사용을 시도하는 등 일본 최초의 산림 치유기지라는 이름에 걸맞게 이곳을 찾는 사람들의 만족도가 높아 해마다 탐방객이 크게 늘고 있으며 일본의 50개 산림 치유기지 가운데 가장 인기 있고 모범적인 시설로 인정받고 있다.

치유숲 해설사의 설명을 듣고 있는 겨울관광객들

치유의 숲 수업을 듣고 있는 관광객들

치유의 숲 수업을 마친 관광객에게 제공되는 치유도시락은 마을에서 생산되는 식자재로 마을기업에서 생산판매되고 있음

18장

차별화된 도시브랜드

곽준식

브랜드의 가장 큰 역할은 '구별짓기', 즉 차별화다. 제품이나 서비스는 모방할 수 있지만 브랜드는 모방하기 힘들다. 브랜드는 그 자체만으로 경쟁력을 갖는다. 그렇기 때문에 기업이 많은 비용을 들여 브랜드를 키우려고 하는 것이다. 브랜드에 대한 관심과 사랑이 이제는 제품에 국한되지 않고 개인 브랜드, 도시 브랜드, 국가 브랜드로 확대되고 있다. 말 그대로 브랜드의 시대가 된 것이다. 브랜드의 시대. 부산의 도시브랜드역량을 키우기 위해서는 어떻게 해야 할까? 도시브랜드의 개념과 사례를 통해 부산이라는 도시브랜드가 나아갈 길을 살펴보도록 하자.

1. 도시브랜드(city brand)와 도시브랜딩(city branding)

도시의 패러다임이 바뀌고 있다. 과거 경제, 산업도시를 표방할 때는 자본, 물류, 금융을 위주로 도시의 양적 성장을 추구하는 개발전략이 도시를 발전시키는 주요 원동력이었다. 그러나 생활, 매력, 문화와 같은 창조, 문화도시를 지향하면서 양적성장보다는 질적성장을 추구하였고 도시발전전략 또한 개발전략에서 창조전략으로 변화되었다. 이런 과정에서 도시브랜드가 주목을 받기 시작하였다.

도시브랜드(city brand)는 경쟁도시와 차별화되는 그 도시만의 정체성(Identity)으로 주민, 기업, 관광객들에게 추가적 가치를 느끼게 하는 상징체계인 동시에 인식의 총체다. 도시브랜드를 구성하는 요인들로는 도시가 가지고 있는 장소(거주지, 투자지, 관광지, 원산지), 조직 및 정책(지자체 특성, 시책), 산업(특산품 산업구조), 상징(도시의 상징, 슬로건, 로고 등), 사람(지역인사 시민특성), 문화유산 등이 있다. 한편 도시브랜딩(city branding)은 해당 도시의 의도와 목적에 맞게 전략적으로 이미지를 창출, 쇄신, 강화해 나가는 일련의 활동으로 단순 홍보나 광고와 구별된다. 따라서 도시의 모든 유·무형의 요소들을 바탕으로 도시의 구성원(공공과 민간부문)들이 협력하여 도시 이미지, 제도, 시설 등을 개발하거나 개선한 후 외부에 알리고 인식시켜 나가야 도시의 브랜드 자산 가치가 높아지게 된다.

도시 브랜딩의 궁극적 목적은 다양한 이해당사자와의 긴밀한 관계 구축에 있다. 긴밀한 관계구축을 위해서는 명확한 도시브랜드 아이덴티티를 구축한 후 목표고객들에게 아이덴티티를 효과적으로 전달해야 한다. 이 과정을 통해 잘 구축된 도시브랜드는 강력한 도시브랜드 자산(차별성, 인지도, 선호도, 호감도, 만족도, 재방문 의향 등)을 형성하게 된다. 일단 강력한 브랜드 자산이 형성되면 거주민들은 자신이 사는 도시에 대해 자긍심과 자부심을 갖게 된다. 또한 외부인들에게는 신뢰감을 주어 그 도시를 방문하고 싶은 기대와 그 도시에서 생산되는 상품에 대한 구매동기가 높아지게 되어 지역 경제에도 도움을 줄 수 있게 된다. 더욱이 지금과 같은 글로벌 시대에는 도시브랜드가 도시의 질적 매력과 경제적·문화적 영향력을 확보하는 효과적 수단으로 활용될 수 있기 때문에 도시의 경쟁력을 좌우하는데 중요한 요인이 된다.

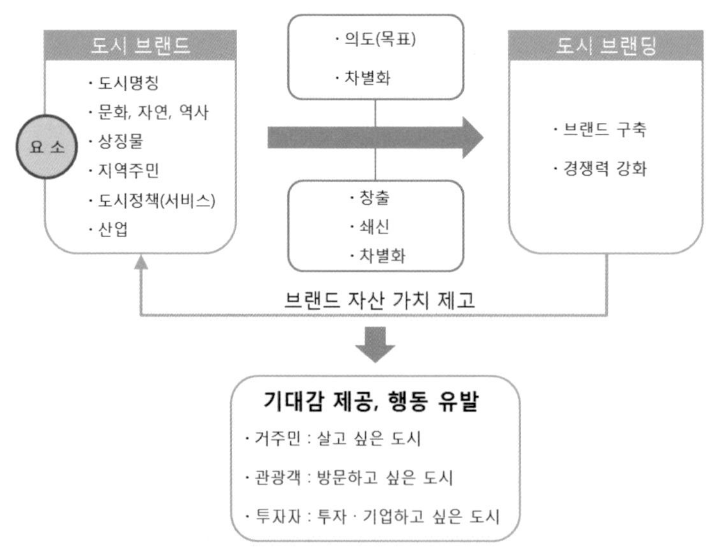

도시브랜드 전략의 개념도
출처: 도시브랜딩의 개념도. 인천발전연구원(2010), p.18

2. 도시브랜드 아이덴티티(City Brand Identity: CBI)

일반적으로 브랜드 아이덴티티 시스템은 크게 브랜드 아이덴티티(브랜드 에센스, 핵심브랜드 아이덴티티, 확장 브랜드 아이덴티티), 가치제안, 신뢰, 고객과의 관계로 이루어져 있다.

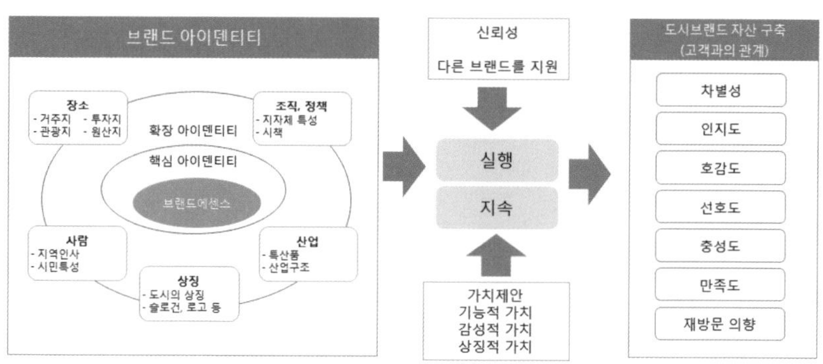

인천발전연구원(2010), 인천 도시브랜드가치제고를 위한 브랜드경영 추진방안, 재수정

먼저 브랜드 아이덴티티는 목표고객의 마음속에 심어주고 싶은 도시의 전반적인 이미지를 말하는 것으로 브랜드 에센스, 핵심 브랜드 아이덴티티, 확장된 브랜드 아이덴티티로 구성되어있다. 브랜드 에센스(Brand Essence)는 브랜드 핵심을 파악하게 해주는 핵심적인 단일개념이고, 핵심 브랜드 아이덴티티(Core Brand Identity)는 브랜드가 가진 중심적인 가치로 시간의 변화나 경쟁의 변화에도 변치 않는 개념이다. 확장 브랜드 아이덴티티(Extended Brand Identity)는 핵

Virgin 그룹의 브랜드 아이덴티티

브랜드	기업브랜드(ex. 버진 그룹 Virgin)
브랜드 에센스	인습타파
핵심 아이덴티티	■ 서비스의 질: 유머와 안목으로 항상 해당 카테고리 내에서 최고의 질을 제공 ■ 혁신: 정말로 혁신적으로 부가적인 가치를 높여주는 특별한 상품과 서비스로 최고를 지향 ■ 재미와 엔터테인먼트: 재미와 즐거움을 제공하는 회사 ■ 돈에 부합하는 가치 제공: 결코 값비싼 선택사항이 아니라 Virgin이 제공하는 모든 서비스와 제품에 부합하는 가치를 제공
확장 아이덴티티	■ 정의로운 도전자: 새롭고 창의적인 서비스로 기존의 관료적 기업들과 맞서 싸운다 ■ 퍼스낼리티: 규칙을 무시하고 때로는 심할 정도의 유머감각이 있고, 기존 질서와 맞서 싸우는 도전자이고, 유능하며, 항상 높은 수준의 일을 해내고, 수준높은 기준을 갖고 있다. ■ 상징: Branson과 사람들이 인식하는 그의 라이프스타일, Virgin 비행선, Virgin의 필기체 로고
가치제안	■ 기능적 가치: 양질의 가치제공, 안목과 유머로 제공되는 기타 혁신적인 서비스 ■ 정서적 가치: 정의로운 도전자를 지지하는 신념에서 오는 자긍심, 재미있고 유익한 시간 ■ 자아표현적 가치: 기존의 관습에 기꺼이 반항한다. 약간은 도를 넘는다.
고객과의 관계	■ 고객들은 재미있는 Virgin의 동반자

출처: 데이비드 아커 & 에릭 요컴스탈러, 브랜드리더십, 브랜드앤컴퍼니, 2001. p. 55

심 브랜드 아이덴티티가 가지고 있지 않은 모든 요소를 포함한 개념으로 브랜드 개성, 제품 관련 속성 로고, 심볼, 캐릭터, 슬로건 등으로 구성되어 있다. 브랜드 가치제안은 브랜드가 목표고객에게 제공하는 가치로 기능적, 정서적, 자아표현적 가치가 있다. 먼저 기능적 가치는 기능적 문제를 해결해주는 제품속성과 관련되어 있고, 경험적 가치는 어떤 브랜드의 구매자나 사용자가, 구매과정이나 사용경험 중에 뭔가를 느끼도록 만드는 능력과 관련되어 있으며, 마지막으로 상징적(자아표현적) 가치는 자아를 표현하거나 집단의 구성원을 표현하는 도구로서의 역할과 관련이 깊다. 브랜드 가치 제안을 실행하고 지속하다보면 소비자는 특정브랜드와의 경험을 통해 신뢰가 형성되고 이는 브랜드-고객의 관계구축에 중요한 역할을 한다.

3. 도시브랜드의 개발 유형

기존 연구에 의하면 도시브랜드 개발 유형은 크게 도시 이미지 창출형, 도시 이미지 변화형, 도시 이미지 강화형이 있다(이재순 외 2008).

도시 이미지 창출형

기존의 이미지가 부재한 경우 도시 정체성, 역사문화적 자산과 전혀 관계없는 새로운 요소를 개발하여 도시 이미지를 창조하는 방법으로 대표적인 도시로는 함평, 애슐랜드, 헤이온 와이가 있다.

함평	■ 1999년 함평 나비 축제 시작 ■ '함평=나비'라는 인식을 바탕으로 '나르다(Nareda)'라는 브랜드 개발 ■ 섬유류, 도자기류, 액세서리, 친환경 농수산물 판매
애슐랜드	■ 미국 오리건주 남서부에 위치한 인구 500명의 작은 도시 ■ 1935년 7월 세익스피어 연극공연을 시작으로 세익스피어 축제 ■ 인구 2만의 마을이 연간 38만명의 관광객유치
헤이온 와이	■ 영국 웨일즈의 인구 1,300명의 작은 도시 ■ 탄광촌을 헌책만을 파는 책마을로 탈바꿈 ■ 특색있는 헌책방 40개,골동품 가게와 갤러리, 35개의 작은 호텔과 B&B(Bed&Breakfast), 작은 음식점과 식료품 가게

도시 이미지 변화형

도시의 성장동력이었던 중심산업의 침체로 인해 도시가 쇠퇴되어 침체된 지역경제를 활성화하기 위한 도시재생의 목적에서 도시 마케팅을 추진하는 방법으로 피츠버그, 쉐필드,

피츠버그	■ 20세기 초 '세계의 대장간', '지구상에서 가장 돈벌이가 잘 되는 곳' ■ 20세기 후반 ' 스모그시티', '뚜껑이 날아간 지옥'의 부정적 도시 이미지 확산 ■ 피츠버그 부흥운동을 통해 회색의 도시를 녹색의 문화도시로 탈바꿈
쉐필드	■ 영국의 철강산업이 번성하였던 전형적 공업도시 ■ 1980년대 경기침체로 공장이 도시외곽으로 이전하면서 침체 ■ 디자인, 공연예술 등 문화산업을 통해 지역 활성화
글래스고	■ 스코틀랜드의 학문, 종교중심지(15C), 무역항(17C), 제조업(19C) ■ 20세기 들어 중공업의 사양화와 함께 침체 ■ 1980년대 'Glasgow's Miles Better', 'Glasgow's Alive', 'Glasgow: Scotland with style' 등의 슬로건을 바탕으로 문화,관광의 도시, 사업하기 편리한 도시로 탈바꿈

글래스고가 대표적이다.

도시 이미지 강화형

도시가 기존에 갖고 있던 긍정적 이미지를 더욱 강화하기 위해 기존 이미지에 역행하지 않는 범위에서 도시 인프라나 건축물, 또는 축제와 같은 소프트웨어 개발을 통해 도시브랜드를 홍보하고 다른 도시와의 차별화 유도하는 방법으로 홍콩, 도쿄, 서울 등이 있다.

홍콩	■ 1997년 중국반환에 따라 기존 홍콩의 아이덴티티 상실과 아시아의 금융, 물류의 중심지라는 국제적인 인지도와 이미지 하락 우려 ■ 기존 홍콩이 가지고 있었던 이미지를 부각시키고자 CI와 슬로건 제작 ■ 'Asia's world city'라는 슬로건으로 변화하는 역동성과 창조성 표현
도쿄	■ 일본의 장기적 불황으로 소비패턴의 변화 ■ 도쿄를 자연과 역사적인 도시로 계절별, 특정 기념일별로 다양한 즐길 거리를 체험할 수 있는 도시, 지불한 만큼 돌려받으며 즐길 수 있는 흥미로운 도시를 만들겠다는 강한 의지 표현하기 위해 'Yes: Your Exciting Stage' 로 표현
서울	■ 국제적 위상에 걸맞게 배타적이고 불친절한 이미지와 교통과 환경, 기업여건 등에서 느껴지는 부정적 이미지를 변화시켜 세계일류도시로 성장하려는 목표 ■ Hi Seoul 마라톤대회, 국제 청소년 체육대회, 지구촌 한마당 축제 개최, 관광 및 도로 외국어 표기 정비, 유망 중소기업에 'Hi Seoul'을 상품브랜드 사용

4. 도시브랜드 지수(City Brand Index: CBI)

브랜드 아이덴티티 시스템을 바탕으로 도시브랜드를 개발해나간다면 도시브랜드 자산이 형성될 것이다. 얼마나 효과적으로 도시브랜드를 강화시켜나갔는지를 살펴보기 위한 방법으로 활용할 수 있는 기준이 '안홀트-GMI'의 도시브랜드 지수(CBI)다. '안홀트-GMI'는 2005년부터 해마다 50여개 주요국을 대상으로 국가 브랜드지수(NBI)와 도시 브랜드지수(CBI)를 발표하고 있다. 도시브랜드지수에서 사용하는 여섯 가지 도시 브랜드 구성요소(6P: Presence, Place,

안홀트-GMI 도시 브랜드 지수 – 6P

Potential, Pulse, People, Prerequisties)는 첫째, 도시의 국제적 지위를 나타내는 존재감(Presence), 사람들이 인식하는 각 도시의 물리적 측면으로서의 장소(place), 도시가 방문객들에게 제공하고 있는 기회의 측면으로서 잠재력(potential), 도시의 매력과 라이프스타일 등을 나타내는 역동성(pulse), 도시를 만드는 사람들의 친절함과 문화적 다양성과 같은 인적자원(people), 마지막으로 숙박, 교육, 여가, 의료 등의 도시의 시설물과 같은 기본요건(prerequisites) 등이 있다. 2009년 기준 도시브랜드 지수 순위는 1위가 파리 2위가 시드니, 3위가 런던, 4위 로마, 5위가 뉴욕이었고 서울시는 2007년 44위에서 2009녀 33위로 급상승하였다. 다만 부산은 아직 50개 도시에 포함되어 있지 않은 상태다.

5. 도시브랜드의 사례

해외 사례

뉴욕(미국)

브로드웨이, 자유의 여신상, 엠파이어스테이트 빌딩, 타임스퀘어, 뉴요커 등 다큐, 영화, 드라마의 배경으로 등장해 전 세계인의 동경의 대상인 뉴욕. 그러나 처음부터 뉴욕이 이런 사랑스러운 브랜드는 아니었다. 1차 오일쇼크(1973~1974)로 뉴욕시가 재정위기에 빠졌을 때만해도 뉴욕은 음침하고 범죄로 골머리를 앓고 있는 도시중 하나였다. 그러다 1975년 시민들의 자긍심과 자부심을 되살리고 관광객을 끌어들여 도시경제를 되살

려내기 위한 방안으로 '아이러브 뉴욕(I♥NY)' 캠페인을 실시하였다. 이 캠페인은 뉴욕 전체에 대한 이미지를 긍정적으로 바꾸면서 대내적으로는 단합과 내부 결속을 그리고 대외적으로는 뉴욕에 대한 신선함과 풍성함을 느낄 수 있도록 만들었다. 이후 티셔츠나 인형, 모자, 가방 등 갖가지 관광 상품과 함께 뉴욕만의 스타일을 창조하여 브랜드화에 성공하면서 연간 3,500만 명의 관광객이 찾아오는 세계적인 명품도시가 되었다. 이 캠페인은 2000년 London Financial Times 와 협력관계에 있는 R.O.B(Report on Business) 잡지에서 '세계적으로 가장 최고의 로고 중 하나'로 선정되기도 하는 등 전 세계적으로 가장 성공한 도시브랜드 캠페인으로 인정받고 있다. 이 캠페인을 통해 얻어진 브랜드 이미지를 바탕으로 뉴욕은 문화예술 및 창조산업 중심 도시발전계획을 표방하면서 비영리 문화예술조직 지원, 예술가 지원, 예술학교 지원을 통해 시민들의 문화예술에 대한 접근성을 높여나갔다. 맨해튼 남동부지역(LES)을 거점으로 독특하고 즐거운 거리의 탄생을 지원하는 지역 재생프로젝트(예술인 활동 지원)가 대표적인 예다. 지금도 뉴욕은 민간 비영리기관인 뉴욕시 마케팅 개발공사(NYC & Company)의 '빅애플 캠페인(Big Apple Campaign)'을 통해 브로드웨이쇼, 자유의 여신상, 엠파이어스테이트 빌딩, 타임스퀘어를 아우르는 통합이미지를 창출하고 있다. 다양한 민족과 여러 문화가 어우러져 독특한 문화색채를 보여주며 다큐, 영화, 드라마의 배경으로 등장하면서 뉴욕은 세계인의 가슴속에 동경의 대상이 되고 있다.

홍콩(중국)

'향기로운 항구'라는 뜻을 지닌 홍콩은 상업·무역·금융이 발달하여 '동방의 진주', '관광쇼핑의 천국'이라고 불리는 국제도시였다. 그러나 1997년 영국에서 중국으로의 반환으로 인해 기존 홍콩이 가지고 있던 아시아의 금융, 물류의 중심지라는 아이덴티티와 이미지 하락이 우려되자 새로운 CI(City Identity)와 슬로건을 제작하여 기존 이미지를 부각시킬 수 있는 도시브랜드 개발에 박차를 가하게 된다. 먼저 홍콩특별행정구역 전략적 개발위원회의 권고에 따라 자치정부는 조사와 전략개발을 담당할 국제 커뮤니케이션 팀을 구성하여 홍콩 브랜드 프로그램의 기반을 조성하게 하였다. 이후 홍콩정부 내의 정보서비스부에서 브랜드 아이디어를 입안하여 추진하였다. 그리고 2001년 5월 10일 500여명이 참여한 Fortune Global Forum에서 홍콩의 새로운 글로벌 브랜드 프로그램을 발표하였다(박찬일 2007) CI에서 물결 같은 붓 터치는 한자 '香港'과 영문 'HK'의 시각적인 심벌을 채택하여 홍콩의 특징인 동양과 서양의 통합을, '용'의 물결은 계속적으로 변화하는 역동성과 창조성을 표현하였다(이재순 외 2008). 또한 슬로건 'Asia's world city'라는 슬로건을 통해 아시아와 세계를 이어주는 가장 국

제적이고 역동적인 도시로서 홍콩을 포지셔닝하였다. 뿐만 아니라 새로운 홍콩 탄생을 알리기 위해 팸플릿, 사진첩, 영상물을 만들어 국내와 해외에 배포하였고, 다양한 홍보, 프로모션 활동을 통해 적극적으로 홍콩의 도시브랜드를 알리기 위해 노력하였다. 이런 노력의 결과로 2004년에는 2,180만 명의 관광객을 유치할 수 있었다. 또한 다수의 다국적 기업의 아시아 본부를 유치함으로써 국제 비즈니스 도시로서의 홍콩의 위상을 강화시킬 수 있었다. 홍콩의 도시브랜드 전략은 도시의 지리적 특성과 자원을 활용하여 자칫 부정적으로 인식될 수 있는 이미지를 차단하고 기존 이미지를 강화시킨 좋은 사례라 할 수 있다.

국내 사례

서울

2002년 10월 28일 시민의 날에 "Hi Seoul"이라는 슬로건을 발표하며 본격적인 도시브랜딩을 시작하였다. 'Hi'는 전 세계 사람들이 가장 많이 쓰는 영어 인사말로서 지구촌에 밝고 친근한 서울의 메시지를 전달하고 다양하고 활기찬 서울의 매력을 표현한다. 또한 한 단계 높은 지향점(High)을 향해 서울시가 정진하고자 한다는 의지도 포함되어 있다. 이후 서울시는 각종 행사와 서울을 대표하는 Hi Seoul 페스티벌과 같은 축제를 개최하며 도시브랜드 이미지 강화를 위해 노력했다. 구체적으로는 Hi Seoul 마라톤 대회, 국제 청소년 체육대회, 지구촌 한마당 축제 등을 개최하였으며, 관광 및 도로 외국어표기 정비와 외국인 대상 마케팅 채널 구축사업을 통해 11개국 TV, 옥외광고, 홍보관 등 해외 마케팅에도 집중하였다. 또한 우수한 상품과 기술을 보유하고 있지만 고유 브랜드 육성에 어려움을 겪는 유망 중소기업에 'Hi Seoul'을 상품 브랜드로 사용하게 하고 홍보, 판로, 자금 등에 대한 종합지원을 추진하여 2004년 3월 첫 브랜드 상품 출시 이후 11개 기업이 참여하여 약 95억 원에 불과했던 매출액이 2011년에는 150개 기업 8,000억 원 이상의 매출 실적을 거두었다. 뿐만 아니라 서울시에서는 국제회의 유치 및 컨벤션산업 발전 육성을 위하여 서울컨벤션뷰로를 설립하여 컨벤션 인력 양성을 지원하여 짧은 기간에 서울시를 세계적 컨벤션 도시로 자리매김하는 성과를 거두었다. 해마다 컨벤션 개최 실적을 집계하는 권위적인 기구인 국제협회연합(UIA)가 발표한 2011년 컨벤션도시 아시아순위에서 싱가포르에 이어 2위를 차지하였다. 또한 2007년 샌프란시스코에서 개최된 ICSID(국제산업디자인총연합)총회에서 2010년 '세계 디자인 수도(World Design Capital)'로 지정되어 2008년 세계디자인올림픽(World Design Olympic)을 개최하기도 하였다. 서울은 '디자인 서울'을 표방하며 생태도시, 문화도시, 첨단도시, 세계도시를 목표로 도시브랜드 전략을 수립해 실천하였다. 2011년 11월부터는 시민공모를 거

쳐 선정된 "함께 만드는 서울, 함께 누리는 서울"이라는 새로운 슬로건으로 서울 도시브랜드를 관리해 나가고 있다.

부산

부산은 국제영화제부터 APEC까지 국내 도시 중 가장 글로벌화된 도시 중 하나다. 부산은 2002년 개최된 한일월드컵 축구대회, 아시안게임, 합창올림픽 대회, 아시아태평양장애인경기대회를 통해 부산의 위상과 시민들의 애향심을 높여 세계 명품도시로 발전해나가기 위해 2004년 2월 27일 'Dynamic Busan'을 대표슬로건으로 하고 'City of Tomorrow, Asian Gateway' 서브슬로건으로 하여 슬로건 선포식을 개최하였다. 약동하는 부산, 세계 물류 비즈니스 중심도시로서의 부산의 위상을 표현한 것이 'Dynamic Busan'이었다. 이후 부산은 물류중심도시뿐만 아니라 영화영상도시, 축제의 도시, 국제컨벤션 도시로 자리매김하게 된다.

1996년 개막된 부산국제영화제는 해마다 질적·양적 성장을 거듭하면서 부산을 대표적인 영화의 도시로 만들었다. 부산발전연구원이 발표한 자료에 따르면 2010년 부산국제영화제는 생산유발액 536억 원, 소득유발액 126억 원, 취업유발인원 1,115명의 경제적 효과를 낸 것으로 분석되기도 하였다. 또한 부산은 한국영화의 주요 배경이 되었다. 2009년 칸영화제에서 심사위원상을 받은 박찬욱 감독의 '박쥐', 대박 행진을 펼치고 있는 봉준호 감독의 '마더', 한국 최초의 재난블록버스터 '해운대' 등이 부산을 배경으로 촬영되었다. 부산이 한국영화의 주요 배경이 되면서 상당한 경제적 효과도 유발하였다. 부산발전연구원의 분석 결과, 2008년의 경우 제작사 직접지출비용이 62억 원이고 경제적 파급 효과는 321억 원이었다. 또한 최고를 기록했던 2006년에는 제작사 직접지출비용이 144억 원, 파급 효과가 530억여 원에 달하기도 하였다. 다음으로 축제의 도시로서 부산을 세계에 알리는 것은 해운대를 대표로 한 바다축제, 부산국제영화제, 부산불꽃축제, 지스타(G-STAR: Game Show & Trade, All Round)다. 부산발전연구원은 2010년 부산불꽃축제의 경제적 효과를 생산유발액 750억 원, 소득유발액 311억 원, 취업유발인원 1737명으로 분석하였고, 2011년 개최된 국제게임전시회 지스타의 경제적 효과를 생산유발액 608억 원, 부가가치유발액 294억 원, 소득유발액이 113억 원이며 취업유발인원 1,371명, 고용 유발인원은 679명이라 발표하기도 하였다. 마지막으로 부산이 컨벤션도시로서 인식되는 것은 초대형 MICE 행사 유치 덕분이다. MICE는 기업회의(Meeting), 포상관광(Incentives), 컨벤션(Convention), 전시(Exhibition)의 머리글자를 딴 것으로 국제회의를 뜻하는 컨벤션이 회의, 관광, 전시·박람회 등 복합적인 산업의 의미로 확대된 개념이라 할 수 있다. 2012년 부산전시컨벤션센터 벡스코(BEXCO)는 개장 이래 가장 많은 총 896건의 행사를 개최하였고, 국내외 340만 명의 방문객이 다녀갔다. 이런 결과로 부산시는 국제회의연합(UIA)이 발표한 2011년도 컨벤션 도시 세계 순위 통계에서 2010년에 이어 2년 연속으로 아시아 4위를 기록했으며 세계 순위는 15위로 두 단계 상승하기도 하였다.

6. 부산! 우리가 남이가?

브랜드는 식별표시(Mark)로서의 브랜드 → 의미 있는 가치(meaningful value)로서의 브랜드 → 고정관념(stereotype)으로서의 브랜드 → 자산(equity)으로서의 브랜드 → 러브마크(lovemark)로서의 브랜드로 진화, 발전해나간다. 신규브랜드가 출시되면 소비자에게 있어 그 브랜드의 존재란 다른 제품/서비스와 구별하는 식별표시로서의 의미밖에는 없지만, 경쟁 브랜드가 가지고 있지 않은 독특한 속성을 바탕으로 소비자에게 의미 있는 가치를 제공해주다보면 어느 덧 소비자는 특정브랜드에 대해 기대나 고정관념을 갖게 된다. 이런 기대와 고정관념은 경쟁 브랜드보다 더 높은 가격에 팔 수 있는 가격프리미엄이라는 혜택을 기업에게 제공해주며 기업의 중요한 무형자산이 된다. 이후에도 고객과 브랜드와의 상호작용이 지속되다보면 어느 덧 브랜드는 고객과 떼려야 뗄 수 없는 러브마크가 된다. 도시브랜드 역시 마찬가지다. 식별표시, 의미 있는 가치, 고정관념, 자산, 러브마크라는 단계를 거치며 도시 거주민과 관광객들에게 기억되는 것이다. 그러므로 부산의 도시브랜드가 부산시민, 대한민국 국민, 외국인들에게 어떤 의미인지, 어떤 단계까지 발전되었는지를 면밀히 검토한 후 다음 단계로 나아가기 위한 전략을 수립하고 실행해나간다면 향후 부산은 부산을 아는 모든 사람들에게 사랑, 동경, 그리움으로 기억되는 러브마크로 자리매김할 수 있을 것이다.

"부산! 우리가 남이가?"

19장

상상불허 공동체예술

이 명 희

근대 이후 급속한 도시의 확장으로 인한 도심 공동화 현상을 극복하기 위해 시작한 도시재생은, 낙후된 기존 도심에 새로운 기능을 도입하고 창출함으로써 도시를 새롭게 부흥시키고자하는 것이다. 우리나라의 많은 지방자치단체들이 실시하고 있는 경제성장 위주의 정책은 지역의 문화적 낙후를 초래하였고, 상업기능 위주의 도시개발은 지역민들의 문화적 향유 기회의 박탈로 이어졌다.

이러한 가운데 우리나라는 1990년대에 문화를 산업으로 인식하기 시작하였고, 2000년대에 들어서면서 문화에 대한 새롭고 다양한 접근방법들을 제시하면서 지역의 특성을 살린 문화와 이러한 문화적 이미지에 대한 산업적 가치의 극대화를 추진하고 있다. 문화 활동은 사람들의 관심을 짧은 시간에 집중시킬 수 있는 최적의 매개체다. 그러므로 문화를 적극적으로 활용하여 산업과 연계시켜 지역 활성화의 구심점으로 활용할 수 있다.

실제 세계 많은 도시들이 지역의 문화·예술을 활성화함으로써 지역개발에 성공하고 있으며, 우리나라에서도 많은 지역에서 문화도시 조성사업, 살기 좋은 지역 만들기, 살기 좋은 도시 만들기 등 이와 유사한 형태의 지역개발이 추진되고 있다. 그러나 현재 우리나라의 문화를 활용한 지역개발 정책은 성과중심의 문화기반시설 확충 사업이 대부분을 차지하고 있다. 이러한 전시행정 속에서 구축된 문화시설들은 제 기능을 다하기 어려우며, 아울러 시설에 대한 적절한 운영 프로그램이 초기에 고려되지 않았다면 목적한 성과를 얻을 수 없을 것이다. 따라서 문화를 통한 지역개발 정책에서 문화시설 확충사업은 지역 내 문화공연, 전시뿐만 아니라 공간자체가 문화콘텐츠로써의 역할을 할 수 있도록 하는 한편 다양한 프로그램이 연계 개발되는 것이 무엇보다 중요하다.[1]

문화예술이 가지고 있는 여러 가지 사회 경제적 효과에 대한 관심이 증대되면서 세계적으로 문화예술을 활용한 발전 방향에 대한 논의가 지속적으로 이루어지고 있다. 이미 영국을 비롯한 서구 사회에서는 문화예술에 대한 정책적 접근을 기존 엘리트 예술가 중심의 창작지원에서 일반인들에의 접근성, 나아가서는 그들을 직접적으로 예술 창작에 참여시키는 공동체예술로까지 확장시켜 나가고 있다.

1. 공공미술과 공동체예술의 이해

공공미술(Public Art)은 일반적으로 대중을 위한 미술을 뜻한다. 일반대중에게 공개된 장소에 설치되거나 전시되는 작품을 말하는데, 지정된 장소에 설치미술이나 장소 자체를 위한 디자인 등도 포함한다. 작품이 설치되는 장소는 대부분 도시이지만, 최근 도심외곽 또는 농어촌 등 장소를 구별하지 않는 조각·벽화·스트리트퍼니처·디자인 등 다양한 장르를 포괄한다.

또한 가장 일반적인 의미의 공공미술은 단순히 지역사회를 위해 제작되고 지역사회가 소유하는 미술을 말하지만, 구체적으로 공공미술이라는 개념은 1960년대 말 미국 정부에서 시작한 '미술을 위한 일정지분투자' 프로그램과 국립예술기금의 '공공장소의 미술(Art in Public Place)' 프로그램과 직접적인 관련이 있다. 미술을 위한 일정지분투자 프로그램은 공공건물을 신축할 때 건설 예산액의 일정 지분(대개 1%)을 예치해 미술품을 위해 사용하도록 하는 것이다. 이러한 관(官)주도의 미술진흥정책과 발맞추어 미술의 본질에 대한 의식의 변화가 1960년대 말에 일어났다. 많은 미술가들이 작업실을 떠나 작업실 규모보다 큰 건축적 규모를 요구하는 대지미술과 그 밖의 다른 환경미술 형태를 창조하기 시작했다. 따라서 작가들은 복잡한 프로젝트의 완수라는 도전적인 상황으로 인해 필요한 기술을 습득할 수 있었을 뿐만 아니라 공동 작업을 기꺼이 하게 되었고, 그 결과 작업실 제작의 전 과정을 혼자 관리하려는 태도를 버리게 되었다.[2]

전통적 공공미술이 공공의 개념을 장소와 관련시켜 작품을 만들고 소통하는 데 반해, 새로운 공공미술은 장소를 물리적 장소로 보지 않고 사회적·문화적·정치적 소통의 공간으로 간주하며, 그런 의미에 맞는 작품으로 지역공동체와 관람객의 참여, 일시적 작업 등을 제안한다.

공동체예술(Community Art)은 다양한 종류의 커뮤니티 활동을 내포하며, 어디에서나 누구에

1 김효정, 문화를 통한 지역개발 정책, 한국문화관광연구원, 2007, p4.
2 세계미술용어사전, 월간미술 엮음, 1999.

게나 생겨날 수 있는 형태의 문화예술 활동이다. 전문 예술가로부터도 지역 주민의 욕구로부터라도 생겨날 수 있으며, 지역의 문화재단, 아트센터, 학교, 미술관 등 다양한 장소에서 생겨날 수 있다.

공동체예술은 보다 많은 대중의 예술참여를 통해 예술의 접근성 확대에 최우선의 목표를 두며, 기존의 예술이 지향했던 소수의 사회 구성원에 의한 제한된 예술, 창조과정에서 직접적 참여가 배제된 수동적인 형태의 예술을 배척한다. 대신 보다 많은 다수를 위한 예술, 이들이 직접 참여하여 만드는 예술, 커뮤니티의 공통된 관심을 반영하는 예술을 지향한다.[3] 커뮤니티 아트 활동의 내용으로는 연극, 영화, 음악, 공예, 사진, 인형극, 그림그리기, 예술교육, 문학, 애니메이션 등 광범위한 예술활동 영역을 포함한다.[4]

그동안 사회적으로 일반화된 예술의 개념은 예술가의 예술활동, 예술창작품만을 예술이라 하였고 이러한 예술에 대한 감상도 일부의 계층이 향유하는 것이었다. 공동체예술은 이러한 수동적인 형태의 예술가 중심의 예술 활동이나 예술 감상행위에서 벗어나, 예술가를 비롯한 일반인들이 지역, 또는 공감대를 구성하는 공동체의 구성원이 능동적으로 참여하는 예술형태라고 할을 수 있을 것이다. 따라서 공동체예술이 기존에 전통적인 개념으로 자리 잡고 있는 고급예술과는 차별화된 대중의 예술이라는 개념에 가까울 수 있다.

공동체예술에 있어서 작가들의 역할은 기존의 작가주의적인 입장에서 벗어나 공동체가 창의적인 예술 활동을 할 수 있도록 도와주는 조력자의 입장을 취한다. 공동체예술을 지향하는 작가들에게 있어 활동무대는 화랑이나 스튜디오가 아닌 거리의 무대, 벽화, 교통수단, 기구, 놀이구조 등 공동체 영역 내에 자신들의 작품을 표현하는 것이 특징이다. 이것은 공동체 영역 내에 자신들의 작품을 노출시킴으로써 관람객들과 보다 자연스럽게 소통하기 위해서다. 또한 그들은 전문가와 비전문가의 구분을 없애고 벽화작업과 같은 공동체가 참여

하동군 악양면 신흥리 하늘땅번지 농촌체험 및 휴양마을(상신흥마을)의 공동체 예술작품(ⓒ 이명희)

공동체 예술은 예술가를 비롯하여 공동체의 구성원들이 함께 만들어 나가는 것에 의미가 있다.(ⓒ 이명희)

3 한국문화관광연구원, 커뮤니티 아트의 진흥 방안 연구. 2007 pp. 8–9.

4 본고에서는 이렇게 광범위한 예술활동 중 조형예술활동 영역을 중심으로 서술되었다.

할 수 있는 형태를 지향한다.

미술이론가 월랏과 조이엘(Wallot&Joyal)은, 공동체예술이 집단의 단결심이나 공동체 이익을 높이는 데 효과적으로 사용될 수 있으며 미술활동은 집단치료의 효용성을 가질 수 있다고 말하면서 공동체미술이 지역사회에 소속감을 증진시켜 결국 지역주민들에게 긍정적인 영향을 끼치고 지역에서 벌어지는 활동에 참여함으로써 자신들이 그 지역 사회에 소속된다는 것을 보여주는 기회를 가질 수 있다고 했다.[5]

2. 감천문화마을의 공동체예술 활동

감천문화마을의 공동체예술 활동은 단계별 프로세스로 크게 4단계로 구분하여 발견단계(Discover), 정의단계(Define), 개발단계(Develope), 전달단계(Delivery)로 진행되었다.

발견단계에서는 공동체예술 활동에 대한 이해와 대상지역에 대한 맥락적조사로 지역에

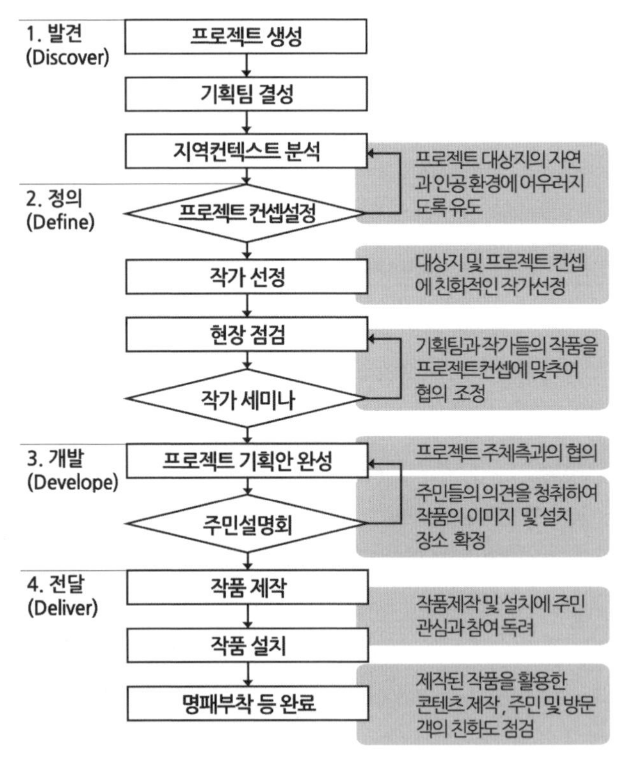

공동체예술 활동 프로세스

5 노병일, 전영신, 「지역중심 미술: 미술과 복지의 랑데부(rendez-vous)」, 『지역학연구』 제3권 제1호, 2004, p.217.

대한 특징을 분석한다. 그 다음 정의단계에서는 발견단계에서 조사하고 관찰한 것들을 통해 공동체예술 활동의 콘셉트를 설정하는 단계다. 개발단계에서는 정의된 공동체예술 활동 콘셉트에서 아이디어를 확장시켜 구체적인 활동 내용을 설정하는데, 활동 주체측뿐만 아니라 해당지역 주민들의 의견을 반영하여 기획안의 결과물을 발전시키는 단계다. 전달단계에서는 기획안을 바탕으로 주민들과 작가가 작품을 제작하고 설치하여 공동체예술 활동의 콘셉트를 완성하는 단계다.

공동체예술 활동에 있어서 지역주민들과 함께 공동 작업을 진행한다는 것은, 주민들이 지역에 대한 관심과 자부심을 가지게 하여 공동체 의식을 증진시키는 의미가 있다. 지역주민들이 공동체예술 작품을 함께 제작함으로써 자기 주변의 환경을 새롭게 창조하는데 참여하여 삶의 질을 개선하고 지역에 대한 자긍심을 촉진시킨다.

발견단계 : 감천문화마을의 지역 환경 및 자원조사

대상지는 부산광역시 사하구 감천2동이다. 감천(甘川)은 옛 이름 감내(甘內)이며, 감(甘)은 '감', '검'에서 온 것으로 '검'은 신(神)이란 뜻이다. 천(川)은 '내'를 말하며, 그 이전에는 내(內)를 적어 '감내래리(甘內來里)'이며, 감내(甘內) 또는 감래(甘來)라고 하였고 다내리(多內里:多大안쪽마을)로도 불렀다.[6]

감천2동은 한국전쟁 직후 전국 태극도 신도들의 집단 주거지로 조성 초기의 원형을 그대로 간직하고 있는 근·현대역사의 현장 계단식 남향가옥구조로 정연한 형태와 특징 있는 색채 경관을 보여준다. 천마산과 옥녀봉을 낀 골짜기에 3,000여 가구의 계단식 남향가옥이 정연한 형태와 특색 있는 색채 경관과 횡적구조의 골목길 형성되었고, 1950년대 중후반 6.25

2012년12월30일 SBS일요일이좋다-런닝맨 방송장면
1950년 감천동(© 최민식)

6 장형복, 『甘川2洞 鄕土誌』, 감천2동 향토회, 2004, pp.14~17 요약발췌.

피난 태극도 신도의 집단이주 정착으로 산비탈에 계단식 자연부락으로 형성되었다.

태극을 받들며 도를 닦는 신흥 종교인 태극도를 믿는 사람들이 이곳에 그들의 신앙촌을 만든 것은 부산으로 피난 온 전국의 신자들이 교주를 중심으로 하여 모여든 6·25전쟁 기간 동안의 일이다. 1955년 7월부터 짓기 시작한 기름종이로 만든 판자집으로 1977년까지 23년간을 생활하다가 당국의 승인 하에 1977년부터 스레트집으로 자체 개량을 하였고 80년대에 형편에 따라 스라브집으로 자체 증축하여 오늘에 이르고 있다. 그 사이 부분적으로나마 60년대 남경주택, 70년대 국민주택을 건축하였으나 남경주택은 스레트 단층집이라 80년대 자체 증축 개량하였다.[7]

감천2동 일대는 경제적으로 어렵지만 서로를 배려하면서 사는 민족 문화의 원형과 전통을 보존하고 있는 마을이며 한국전쟁이 나은 근대사의 삶의 흔적을 그대로 지니고 있으면서도 경사지를 이용한 남향의 집단주거 형태는 부산만의 독특한 장소성을 보여준다.

한때 3만여 명에 이르던 인구가 2012년 현재 1만여 명 수준으로 감소하고 빈집이 300여 채가 넘을 정도로 마을 공동화가 진행되고 있다. 고령화와 함께 다수의 주민이 기초생활수급대상자인 도시빈민촌이다. 공동화장실을 사용하는 주민이 적지 않을 정도로 경제적, 문화적으로 낙후된 지역으로 사하구종합사회복지관이 유일한 문화시설이다.

부산의 대표적인 문화 소외지역으로 자리하는 사하구 감천2동의 산복도로를 중심으로 조형물 설치에 의한 문화공간을 조성함으로써 '살고 싶은 공간', '걷고 싶은 거리'로 만들고, 해당지역 주민과 시민들에게 새로운 삶과 일상의 체험을 제공 한다. 부산의 산복도로는 한국전쟁이라는 역사적 계기와 함께 지역의 지형적 특성에 의해 조성된 것으로, 문화적 보존 가치가 매우 높다고 할 수 있다.

2009년 마을미술프로젝트 공모사업을 계기로 감천2동에 조형물로 대변된 문화콘텐츠가 조성됨으로 인해 많은 관심이 쏟아졌고, '문화마을 운영위원회'에서 2010년 콘텐츠 융합형 공모사업을 배경으로 주민 생활기반 개선과 함께 다양한 문화 콘텐츠형 프로그램을 개발하여 문화, 관광 명품지역으로 가꾸어 가고 있다.

정의단계 : 지역 활성화를 위한 "무지개 꿈으로 그려낸 우리 마을"

감천2동은 생활공간의 새로운 환경 조성과 활력의 고취를 위하여 특화된 문화 콘텐츠의 적용과 도입이 시급히 요구되었다. 살고 싶고 다시 찾고 싶은 우리 마을만들기로 문화가 숨쉬는 마을 조성으로 주민들의 자긍심 고취와 마을의 상권 형성을 돕고 차후 연계 프로그램

7 장형복, 『甘川2洞 鄕土誌』, 감천2동 향토회, 2004, p.36.

을 통하여 마을의 빈집을 활용한 문화마을만들기를 기대할 수 있다.

2009년의 첫 번째 마을미술 프로젝트(꿈을 꾸는 부산의 마추픽추)는 보존과 재생을 위한 문화사업과 새로운 패러다임의 전개로 감천2동 산복도로를 중심으로 조형예술작품을 설치함으로써, 마을에 활기를 불어넣고 새로운 공간의 창출을 통해 위기의 산동네를 되살리고자 했다.

상대적으로 문화 소외지역에 자리하는 주민들과 작가가 함께 만들어낸 희망 만들기로 추진하며, 마을 입구인 초등학교 앞 고개를 중심으로 작품을 설치하여, 마을의 아크로스 광장으로 조성하고자 했다. 마을버스가 다니는 산복도로 주변에 작품을 설치하여 새로운 공간을 창출하고, 도시의 삭막함을 탈피하는 문화의 거리를 조성하고자 했다.

이어진 2010년 미로미로(美路迷路) 골목길 프로젝트는 감천2동 산복도로변 주거환경을 역사, 문화, 예술, 환경이 연계된 주민 체감형 창조적 공간으로 개발하여 특색 있는 관광자원으로 활용하고, 주민 공동화로 인한 취약지역의 생활환경 개선하여 지역 활성화를 통한 도시 경쟁력을 상승시키고자 하였다. 골목길 프로젝트는 감천2동 특유의 서정이 있고 정취를 담고 있는 아름다운 골목길을 찾아보는 방문객들을 안내하는 프로그램이며, 동시에 테마의 집들을 연결하는 통로에 조형요소를 적절하게 배치하는 프로젝트다.

2012년에는 2009년 마을미술프로젝트를 시행했던 감천2동 일원에 추가적인 마을미술프로젝트를 실행함으로써 도심재생과 마을만들기의 효과를 극대화하는 것이 목표로 길섶로 미술프로젝트였던 2009년의 사업내용과 달리 '기쁨 두 배' 감천동프로젝트는 대상지 마을의 내부로 들어감으로써, 주민과 소통하고 협업하는 공동체 예술의 취지에 보다 충실하고 마을의 문화적 활성화에 기여하고자 했다.

개발단계 : 지역과 문화 활동의 연계

2009년에 시행된 '꿈을 꾸는 부산의 마추픽추' 공공미술 프로젝트에 이어서 2010년에 '미로미로 골목길 프로젝트'를 시행한 후의 통계조사 결과에 따르면 마을공동화가 진행되던 감천2동에 문화마을만들기 사업이 진행된 이후 전입인구가 소폭 증가했다는 자료가 있다. 또한 2011년에는 서민 생활안전 개선사업인 '샛바람 신바람' 사업과 정화조 교체 사업과 노후된 불량주택 개선 사업인 '방가방가(放家芳家)[8] 프로젝트'가 시행되었다.

감천문화마을의 구축과정은 지역주민의 자부심을 키우면서 대중들의 관심을 끌어 들였다. 감천문화마을은 지속적으로 발전해 나가고 있는데, 이는 감천문화마을의 발전과정 및 운영에 지역주민을 중심으로 주민참여를 중요시하면서 대중의 관심을 통해서 주민의 삶의

8 방가방가(放家芳家) : 버려야 할 집을 아름다운 집으로 바꾼다는 의미.

질을 계속 제고하고 있다는 점이다. 주민을 중심으로 한 창조적 커뮤니티로 발전해 나가고 있는 것이다.

감천문화마을의 창조적 커뮤니티 구성은 주로 문화예술 활동을 통해서 이루어지고 있다. 주민의 문화예술 교육 및 창작 활동, 다양한 문화예술 활동이 이루어질 수 있는 커뮤니티 공간, 문화예술 상품을 판매하는 마을 아트숍 등을 통해서 감천문화마을을 창조적 커뮤니티로 전환하고 있다.

감천문화마을 창조주민의 첫 걸음은 주민협의회의 결성이다. 애초에 프로젝트를 진행하기 위해 마을 소수의 주민 대표를 중심으로 문화예술 전문가와 공무원이 참여하는 문화마을운영협의회가 결성되었지만, 주민들의 적극적인 참여와 관심을 유도하기 위해 주민 누구나 참여 가능한 주민협의회로 확대하기에 이르렀다.

감천문화마을 주민협의회는 마을의 역사성과 문화·예술적 가치와 지역특성을 살려 원도심의 보존과 재생이라는 기본개념을 바탕으로 주민, 예술가 및 지역사회단체의 참여와 협의를 통하여 생활친화적인 도심 속의 예술·문화마을로 가꾸는데 기여함을 목적으로 결성되었다.

주민협의회에서도 섬유, 도자기, 금속 등 예술 교육 프로그램을 통해서 지역주민을 많은 창작 활동을 유도하고 있다. 마을기업 사업단에서는 카페나 맛집 등 마을기업을 운영하고, 주민들에게 창조적 교육을 통해서 예술창작 작품을 제작하고 아트숍에서 판매한다. 이로 인하여 마을의 인력을 활용하면서 진정한 감천문화마을의 창조주민을 양성하고 노력한다. 또한 봉사단에서는 마을을 안내하는 마을해설사가 활동을 하고 홍보단에서는 마을주민의 생활 이야기와 문화마을 관련 소식을 전달하는 마을신문을 발행하고 있다.

전달단계 : 작품제작 및 설치

작품제작에 있어서 지역주민들과 함께 공동 작업을 진행하여 주민들이 지역에 대한 관심과 자부심을 가지게 하여 공동체 의식을 증진시킨다. 지역주민들이 공동체예술 작품을 함께 제작함으로써 자기 주변의 환경을 새롭게 창조하는데 참여하여 삶의 질을 개선하고 지역에 대한 자긍심을 촉진시킨다.

작품의 제작 및 설치에 있어 사용재료의 지속가능성에 대한 적극적인 점검에 추가하여 주민들의 참여에 의한 관심유도로 작품을 주민 스스로 관리할 수 있는 방법을 추구하기도 하였다.

작품 〈달콤한 민들레의 속삭임〉은 민들레의 홀씨가 바람에 날려 다른 곳에서 꽃을 피우듯 주민들의 희망 메시지가 마을 안에서 혹은 마을을 떠나서라도 꼭 이루어지기를 바라는

작품명 〈달콤한 민들레의 속삭임〉 주민들의 메시지를 담아 제작되었다.

작품명 〈문화마당〉 마을 어르신들이 직접 작품 제작에 참여하여 창조주민으로서의 자부심을 고취하였다.(© 이명희)

마음을 담고 있다. 작품의 일부분(민들레 홀씨)에 주민의 희망메시지를 작성해 넣을 수 있도록 하였으며, 메시지를 작성한 주민뿐만 아니라 가족 친지들이 이 메시지에 관심을 가지고 지속적으로 바라보는 상황이 연출되었다. 상단의 구는 천공이 되어 있으며, 구 안에 LED조명을 설치하여 조명의 빛이 밖으로 뻗어 나오게 제작함으로써 야간에도 관람이 가능하게 제작하였다. 기초 콘크리트를 타설하고 그 위에 작품을 볼트 너트로 고정하여 구조적으로 안정성을 확보하여 설치하였다. 전기 배선은 기초 좌대 작업 전 미리 설치하여 연결하였다.

작품 〈문화마당〉은 감천2동 지역 주민들의 쉼터이면서 동시에 관람객과의 소통을 위한 마당에 설치된 작품이다. 사하구 종합사회복지관의 어르신 60여 명과 교육프로그램을 통하여 폐목을 이용한 물고기 형태를 제작하였고, 주민들의 심성을 닮은 선명하고 다양한 색상으로 연출한 물고기 떼는 복지관 앞 골목길 벽면을 따라 설치되었다. 폐목을 이용한 물고기 작업은 어르신들을 창조주민으로 인도해 주었고 마을을 안내하는 안내자가 되었다.

3. 지속가능한 문화서비스

쇠락해 가는 마을에 관심을 모아보고자 2009년 지역의 문화예술 공동체 아트팩토리인다대포에서 문화체육관광부 주최 '마을미술프로젝트'에 응모하여 감천2동 일대에 예술작품을 설치하는「꿈을 꾸는 부산의 마추픽추」사업이 당선되면서 문화마을 조성사업의 첫 발을 내디디게 되었다.

문화마을 조성 초기에는 무관심으로 일관하던 주민들이 대부분이었으나 현재는 많은 관심과 기대를 나타내고 있으며, 주민과 작가 그리고 행정이 함께 감천문화마을의 발전에 대해 이야기를 나누고 있다.

고지대 산복도로의 역사적·문화적 가치를 복원하고 접근성을 강화하여 가치를 높이고 도시를 재생시키고자 하는 부산시의 산복도로 르네상스 사업 지원이 문화마을 조성사업에 접목시켜 2012년 중점적으로 추진되고 있다.

공동체예술 활동에 따른 대내외적인 관심에서 2011년부터는 부산시에서 지원되는 주택정비 기금을 활용하여 주거환경 개선사업을 비롯한 생활환경 개선사업을 본격적으로 추진하여 문화마을 조성 사업으로 인한 주민들의 생활환경개선 욕구에도 적극 부응하여 주민들로부터 좋은 반응을 얻었다.

아트팩토리인다대포 운영위원과 주민대표 그리고 해당 지자체 공무원으로 구성된 운영협의회가 구성되어 마을의 미래에 대한 논의가 시작되었고, 찾아오는 방문객들에게 마을에서 조금 더 유익한 시간보내기 제공과 주택밀집지역인 관계로 일상생활 공간으로서의 마을주민에 대한 배려를 함께 고민하였다.

방문객들이 마을을 찾아오는 이유가 마을의 독특한 경관이라는 점에서 경관뿐만 아니라 더 많은 볼거리를 제공하자는 의견과 더불어 마을을 창조 공간화하여 창조적 문화콘텐츠를 향유할 수 있는 공간으로 발전시키자는 논의를 진행하였다. 창조공간(감천문화마을)에서의 문화서비스 생성자로서 아트팩토리인다대포의 작가들과 창조교육을 받은 마을 주민들이 활동을 하게 되고, 찾아오는 국내외 방문객뿐만 아니라 마을주민들이 문화서비스의 향유자가 된다.

단순 시각적 볼거리의 제공뿐만 아니라 마을주민 스스로 문화콘텐츠를 보유하며 생성하고 서비스함으로서 문화콘텐츠 생성자인 작가들과 향유자인 방문객이 원활하게 융화할 수 있는 창조공간으로서의 마을의 역할이 명확해 진다.

마을의 역사성과 문화·예술적 가치와 특성을 살려 도심 속의 예술·문화마을로 조성하기 위한 마을만들기와 주민들의 창조적인 활동에 대한 지원 등에 관하여 필요한 사항을 규정함을 목적으로 〈감천문화마을 육성 및 마을공동체 지원 등에 관한 조례〉가 입법예고 과

2012년 주민의 의견을 수렴하여 설치된 정자가 있는 우물가 쉼터(ⓒ 이명희)

2012년 마을의 특성을 살려 사진을 찍을 수 있는 포토존을 설치하였다.(ⓒ 이명희)

정을 거쳐 실행을 앞두고 있다.

소수의 마을 대표로 이루어졌던 마을운영협의회는 마을사람 누구나 참여할 수 있는 감천문화마을주민협의회로 확대되어 마을의 생활개선사업을 병행해가면서 공동체 예술 사업이 진행됨에 따라 살기 좋은 행복한 마을만들기가 지속되고 있다.

4. 문화를 통한 도시재생

오래된 도시의 노후화 된 건축물 등 기반시설은 지역경제의 침체를 가져와 지역을 슬럼화 시켰다. 노후화 된 지역에서는 환경 및 경제, 생활의 재생으로 도시기능의 회복과 도시 커뮤니티의 부활을 꿈꾸게 된다. 이러한 도시재생 과정에서 창조적 커뮤니티의 필요성이 대두되었고, 독특한 지역성과 도시구성원의 창조성이 요구된다. 창조적 커뮤니티는 문화와 예술을 중심으로 한 주민의 창조적인 참여로 민간단체와 공공단체 간의 파트너십을 통해서 창조적이고 유기적인 환경을 구축하는 특징을 가진다.

뉴잉글랜드 협회가 2000년에 발표했던 '창조경제계획(The Creative Economy Initiative)'에서 창조적 커뮤니티는 창조적 노동자, 창조적 기관과 문화 조직 등이 모여 있는 지리적 구역이라고 설명하였다. 또한 창조적 커뮤니티의 의미에 대한 3가지를 설명하였다. 첫째는 생활의 질에 대한 적극적인 작용이다. 높은 생활 품질은 비즈니스, 고용, 주민과 방문자에게 아주 중요한 지표다. 둘째는 정부가 지역 재생 및 활성화 프로젝트를 진행할 때 문화와 결합해서 기획을 세울 수 있도록 격려한다. 셋째는 대도시이든 지방 도시이든 행정 구역마다 예술문화 활동

이 사람들에게 인식된다는 것이다.[9]

우리나라는 1995년 지방자치제 정착이후 지자체의 지역 활성화 수단으로 문화자원을 도입한지 20여 년이 지났다. 지역의 사회 및 경제 활성화를 위한 전략으로 '문화'에 대한 관심이 증대되면서 현재 다양한 형태로 지역개발 사업이 진행되고 있다. 문화를 통한 지역개발 정책이 지역의 정체성을 확립하고 지역민의 삶의 질을 향상시키는 한편 대외적으로 지역이미지를 홍보하는데 효과적이라는 것을 인식하기 시작한 것이다.

감천문화마을의 경우 공동체예술 활동을 계기로 주민들은 창조적 예술 활동에 참여하여 마을에 대한 자부심이 고취되었고, 골목길 및 공동화장실 개선 등 주민들의 생활환경개선 지원 사업이 진행되었다. 또한 수많은 방문객들이 찾아와 휴일뿐만 아니라 평일에도 젊은 층의 방문객들로 마을의 골목길들이 비좁을 정도다. 이러한 상황은 생활기반을 두고 있는 거주민들의 불편을 동반하게 되었다.

문화를 통한 도시재생의 일환으로써 공동체예술 활동은, 지역에서 전문가와 비전문가가 함께 예술 활동에 참여함으로써 자신들이 그 지역사회에 소속된다는 것을 보여주는 기회를 가질 수 있다. 하지만 이러한 긍정적인 평가 외에 일본에서는 낙후지역의 지역개발 수단으로 문화와 관광을 접목한 자원개발을 통해 지역성장을 유도하였으나 무리한 개발 및 투자로 인하여 지자체가 재정 파탄을 맞거나 기업체의 부도 등 실패한 사례도 나타난다. 관주도의 대규모 관광사업 투자는 안 된다며 관광객유치보다는 주민들의 생활안정이 더 중요하다는 실패사례지 관계자의 인터뷰는 현재 도시재생을 위한 창조적 커뮤니티 프로젝트를 기획하거나 진행하고 있는 관계자들에 교훈이 될 수 있다.

9 The New England Council, The Creative Economy Initiative, The New England Council, 2000, p.4

20장

창조적인 영화도시

주 유 신

1. 부산과 영화의 역사적 조우

많은 한국인들이 부산이라는 도시에 대해서 갖는 대표적인 이미지 중의 하나가 '영화도시'일 것이다. 각각 1996년과 1999년에 시작된 부산국제영화제(Busan International Film Festival, 이하 BIFF)와 부산영상위원회(Busan Film Commission, 이하 BFC)가 이룩한 눈부신 성취가 만들어낸 '영화도시'의 정체성과 도시 브랜드는 이제 부산의 미래상을 구성하는 핵심 요소 중의 하나다. 또한 이러한 과정이 민간 차원의 노력에 의해서만이 아니라 부산시 자체의 강력한 비전과 끊임없는 정책적 노력이 뒷받침되었기 때문에 가능했었다는 점에서, 말 그대로 '영화도시 부산 조성사업'은 민관 거버넌스 구축과 지역 균형발전 전략의 대표적인 성공 사례로 손꼽힐 만하다고 할 수 있다. 그러나 한국의 어떤 다른 도시들보다도 부산이 영화와 길고 깊은 관계를 맺어 왔다는 사실은 이 모든 과정과 성과가 결코 우연이 아님을 알려준다.

1876년 조선에서 가장 먼저 개항한 부산은 일찍부터 개방적, 진취적인 분위기를 이루었고 신문화에 대한 접근과 수용이 활발하게 이루어짐으로써 영화 문화가 자연스럽게 개화되었다. 따라서 극장이 어느 도시보다 일찍이 성업을 이루면서 영화 상영에서 전국 선두를 이루었다. 이러한 영화 감상문화를 토대로 우리나라 최초의 근대적 형태의 영화 제작사가 자생적으로 탄생한 것도 우연이 아니라고 할 수 있다. 부산의 영화문화는 영화의 상영, 제작, 로케이션의 여러 차원을 아우르는 동시에 한국 영화사에서 중요한 인물들을 배출하고 한국의 대표적인 영화제를 탄생시킨 사실 등에서 알 수 있듯이 무엇보다도 그 눈부신 다양성과 지속적인 활기에서 특성을 찾을 수 있다.

1924년 한국 최초의 영화제작사가 설립된 부산은 초창기 한국영화계의 대표적인 인물들이 데뷔하거나 활동하는 무대가 됨으로써 지역적 차원을 넘어 한국 영화의 중심이자 젖줄과 같은 역할을 했다. 한국전쟁기에는 임시 수도인 부산에 몰려든 많은 영화인들에 의해 뉴스릴, 다큐멘터리 영화, 극영화 등이 그 어느 때보다도 활발하게 제작되었다. 1970년대에는 산업으로부터 철저히 독립해서 개인적 창작에 의존하는 8mm 소형영화의 전성시대를 맞이하였다. 지역의 공간, 자연 환경, 토속 문화와 예술 등의 다양한 소재들을 담아냈던 소형영화들은 지역의 영상문화를 풍요롭게 했을 뿐만 아니라 때로는 극영화 못지않은 예술성을 통해서 1990년대 이후에 등장하는 '부산영화'의 창조적 모태의 역할을 했다. 현재 '부산영화'는 주류영화와 독립영화, 극영화와 다큐멘터리에 이르는 다양한 스펙트럼을 보여주고 있다. 특히 1990년대 후반 이후 산업적, 조직적 기틀이 마련되고 우수한 인력들이 몰려들게 되면서 비평적으로 찬사 받거나 국제적으로 주목받는 영화들이 대거 등장하고 있다.

또한 부산은 수많은 영화들의 소재와 배경이 되어 왔다. 부산을 소재로 한 영화는 먼저 다큐멘터리로 등장했다. 미국인 밀레트와 일본인 다마무라(玉村)가 공동 촬영하여 1918년 2월 15일 부산의 '행관'에서 유료 상영된 〈부산, 경성의 전경(全景)〉이 바로 그것이다. 그 다음에 등장한 〈조선의 려(旅)〉(1923)는 조선총독부가 조선의 사정을 알리기 위해 제작한 기록영화로서 그 중의 제1권에 부산을 소개한 내용이 들어 있다. 〈해방 뉴스〉는 미국인들에게 한국의 인정과 풍물 등을 소개하기 위해 1945년 11월에 미국의 영화 촬영대가 부산을 비롯한 경남 일원의 도시와 촌락을 촬영한 것이었다.

한국영화의 황금기였던 1960년대부터 부산의 지정학적 조건과 자연 경관들이 영화 촬영의 최적지로 인식되면서 부산 로케이션이 중요한 비중을 차지하는 영화들이 늘어나기 시작한다. 따라서 한국의 대표적인 영화 작가인 유현목, 김기영, 임권택 감독 등이 영화를 찍기 위해 즐겨 방문하는 장소가 바로 부산이었다. 부산의 부두, 영도대교, 태종대, 해운대·송정·송도 등의 해수욕장, 부산역과 범어사 등, 광범위한 공간들이 영화의 단골 로케이션지였다.

그러나 부산 로케이션의 역사에서 가장 중요한 전환점은 바로 BFC의 설립이다. BFC의 부산 로케이션 유치 및 지원 사업은 연간 제작되는 한국 영화의 30%에서 40% 정도가 부산에서 촬영되는 성과를 거두었다. 그렇다면 부산이 왜 그렇게 많은 영화들의 로케이션지가 되고 있을까?

첫째, 최초의 개항도시인 부산은 근대기의 풍경과 기억이 담긴 문화 경관을 많이 간직하고 있는 곳이다. 둘째, 한국전쟁기에 부산으로 피난온 수백만의 사람들이 수십 년간 삶을 이어오면서 생겨난 서민적 공간들인 판자촌, 산복도로 등을 볼 수 있다. 셋째, 해양 도시로서의 부산은 아름다운 해변과 요트장, 활기찬 포구와 어시장, 거대한 항만시설과 교량 등을 갖추고 있다.

따라서 부산은 일제 식민지 시대를 연상시키는 왜색풍의 목조 건물들, 한국의 산업화 시기인 1960년대와 1970년대를 환기시키는 좁은 골목과 낡은 건물들, 산을 따라 독특한 모양으로 펼쳐지는 서민들의 주거지 등, 영화 속에서 '과거'를 담기에 적격인 곳이다. 반면에 부자들을 위한 세계 최대 규모의 백화점과 초고층 아파트들, 여름이면 천만 명이 모여드는 해운대 해수욕장 등, 가장 화려하고 첨단적인 이미지를 찍기에도 좋은 곳이다. 여기에다가 바다와 강, 산과 들판이 어우러지고 만나는 아름답고 드넓은 자연 환경을 통해서 그 어느 도시보다 여유롭고 열려 있는 공간을 담을 수 있는 곳이다. 그만큼 부산은 영화의 스토리가 요구하는 모든 이미지와 분위기들을 담아낼 수 있는 무궁무진한 아이템을 품고 있는 도시로서 영화와 끊임없이 조우하고 또 영화 속에서 끊임없이 재창조되고 있다고 볼 수 있다.

또한 부산은 영화문화의 대중화, 관객 운동 및 영화저널리즘 등을 통해서 영화를 가장 활발하게 소비하는 도시, 지역의 차원에서는 비평 담론을 가장 열정적으로 주도해온 도시로서의 특징을 보여준다. 부산의 영화 문화의 전개에 있어서 1950년대 후반이 특히 중요한데, 이 시기에 '부일영화상'이 제정되고 '부산영화평론가협회'가 창립되면서 서울보다 앞선 영화상과 영화 비평문화가 수립된다. 또한 '부산영화예술연구회'를 비롯한 여러 동인회가 발족되는 등, 전반적으로 영화에 대한 열기가 확산되는 동시에 영화 문화운동이 그 어느 시대보다 활발해졌다.

그러나 부산의 영화문화는 BIFF가 시작된 1990년대에 그 어느 시대보다도 화려한 개화기를 맞이하게 되는데, BIFF의 성공적인 개최를 통해 부산의 영화도시 이미지가 국내외에 확립되었다면, 1999년 '시네마테크 부산'의 개관은 부산의 영화문화를 다양하고 깊이 있게 만드는 가장 중요한 계기가 되었다.

2000년대 들어 부산은 기존의 성장 패러다임에서 벗어나 도시 발전의 새로운 희망을 찾고자 노력하는 과정에서, 기존의 도시자원들을 활용하고 창의적인 인재들이 모여들도록 하는 창조도시전략을 도시발전의 핵심전략으로 추진하고 있다. 부산의 창의적인 도시발전의 원동력이 바로 영화다. 2004년 '영화·영상산업'분야를 미래를 이끌어갈 4대 성장동력산업의 하나로 선정한 부산시는 '영상산업 육성 종합계획'을 수립하여 물적, 인적 인프라 구축에 매진해왔다. 또한 BIFF와 BFC를 중심으로 아시아의 영화제작과 인적 교류, 영화인력 양성을 위한 교육 등, 다양한 문화적 창의에 기여한 바가 크다. 이런 과정에서 부산은 '영화 촬영하기 좋은 도시'에서 '영화 만들기 좋은 도시'로 발전해왔고, 현재는 '아시아영상중심도시'라는 정체성을 확고히 하면서 실질적인 '아시아 영화의 심장'으로 발돋움하고 있다.

2. 부산국제영화제

'아시아 최고의 영화제', '전세계에서 가장 역동적이고 젊은 영화제', '가장 환대받는 영화제' 등은, BIFF를 수식하는 수많은 말들 중의 몇 가지다. 1회 때 169편의 상영작이 17회에는 304편으로 늘어났을 뿐만 아니라, 상영작 중에서 절반에 가까운 영화들이 월드와 인터내셔널 프리미어라는 사실에서 BIFF의 놀라운 발전과 성공을 짐작할 수 있다. 부산이 오늘날과 같이 '영화도시'로서의 위상을 지닐 수 있게 된 데에는 BIFF의 주도적 역할을 바탕으로 한 민관 단체들의 다양한 노력이 매우 중요하게 작용했다. 특히 BIFF가 진행해 온 아시아 영화의 발굴과 소개, 아시아 영화 인력의 양성과 교육을 통한 국제협력과 네트워킹 전략이 유효했다고 할 수 있다. 3회부터 시작된 PPP(Pusan Promotion Plan)와 11회부터 시작된 AFM(Asian Film Market)을 통해 아시아 영화의 제작과 배급 분야에 성공적으로 진출하고, AFA(Asian Film Academy)를 통해 아시아 영화인력 양성에 지대한 기여를 하고 있기 때문이다.

BIFF는 2011년에 '영화의 전당 시대'를 맞이했다. 1600억원이 넘는 예산을 들여 지어진 영화의 전당을 전용관으로 갖게 된 BIFF는 상영관의 집적을 통해 영화제의 안정적인 개최를 도모할 수 있게 되었다면 영화의 전당 자체는 한국을 대표하는 랜드마크로서 지역 문화 활성화는 물론이고 영화제와 관광산업의 연계 그리고 부산영상산업의 지원과 육성에도 크게 기여할 전망이다. 또한 BIFF는 영화 산업과의 관계를 다변화, 심화시켜감으로써 한국 영화 산업에 대한 '간접적' 기여를 서서히 가시화시켜가고 있으며, 영화의 기획, 제작, 배급, 상영 그리고 교육과 담론에 이르는 '영화 생태계'를 성공적으로 구축했다.

이제 BIFF는 지역축제의 의미를 넘어 국가브랜드이자 부산의 가장 성공적인 문화적 이벤트가 됨으로써, 부산으로 하여금 '영화도시'의 이미지와 '아시아영상중심도시'라는 비전을 갖게 해주었으며, 최근에는 이를 토대로 '유네스코창의도시네트워크(Unesco Creative Cities Network, 이하 UCCN)' 가입을 꿈꿀 수 있게 해주었다. 그렇다면 앞으로 BIFF에게 남겨진 중요한 과제는 한편으로는 글로벌화와 컨버전스를 비롯한 미디어 환경의 급속한 변화 그리고 전문적, 지역

"떠오르는 아시아 감독들의 새로운 영화를 찾아내고 관객들이 스스로 발견하게 한다는 전략이 지금의 부산영화제를 키운 것이다. 제작비가 없어도 재능이 있으면 아시아프로젝트마켓을 통해 제작자를 찾을 수 있고, 2005년에는 아시아필름아카데미를 만들어 영화인력 양성에 힘쓰고 있다. 부산영화제는 자연스럽게 국내외 영화인들이 오고 싶어 하는 아시아영화의 허브가 되었다"

– BIFF 김동호 집행위원장 인터뷰 (중앙일보 2010.08.31)

적 콘텐츠의 전세계적 보급의 확대라는 흐름에 어떻게 대처하고, 다른 한편으로는 명실공히 아시아 영화가 만나고 교류하는 '허브'에서부터 아시아 영화의 지속가능한 발전을 추동하고 책임지는 '심장'으로 어떻게 나아갈 것인가라고 할 수 있다.

AFA

'Be the future of Asian cinema'라는 모토가 말해주듯이, 2005년에 시작된 AFA는 아시아의 젊은 영화인들을 발굴, 양성하기 위한 교육 프로그램이다. 아시아의 젊은 영화인들이 세계적인 거장 감독들로 구성된 교수진의 지도 하에 영화 제작의 실제와 철학을 배우는 동시에 네트워크를 형성할 수 있는 기회를 제공해 왔다.

APM(Asian Project Market)

1998년 제3회 BIFF 기간 중 출범한 부산프로모션플랜(PPP, 2011년부터 APM으로 개칭)은 재능 있고 유망한 아시아 감독들의 프로젝트가 전 세계 투자자 및 제작자들을 직접 만나는 장으로서, 현재 아시아 영화 최대의 프로젝트 마켓으로 자리매김했다. 아시아 영화를 대표하는 김기덕, 지아 장커, 이와이 슌지, 프룻 챈, 왕 샤오슈아이, 자파르 파나히 등의 감독들이 APM을 통해 제작한 영화들은 칸, 베를린, 베니스, 로테르담 등에 진출했다. 현재 APM은 아시아를 넘어 북미, 유럽, 호주까지 그 범위를 확대했을 뿐만 아니라 예술 영화나 저예산 독립 영화는 물론이고 대중적이고 상업적인 성향을 함께 갖춘 수준 높은 프로젝트들까지 폭넓게 아우르는 라인업을 보여주고 있다.

ACF(Asian Cinema Fund)

BIFF와 기업 및 기관들이 매칭펀드로 마련한 총 9억 원의 기금으로 2007년 신설된 ACF는 장편독립영화 인큐베이팅펀드, 장편독립영화 후반작업지원펀드, 다큐멘터리 제작지원펀드를 통해서 한국을 포함한 아시아의 재능 있는 감독들의 프로젝트 제작 및 완성을 위한 실질적인 지원을 하고 있다. 2010년까지 독립영화 52편, 다큐멘터리 82편 등 총 134편의 작품을 지원했다.

AFM

AFM은 영화 산업 관계자들에게 보다 많은 비즈니스 기회를 제공함으로써 영화 산업의 국제적 교류에 있어 중추적인 역할을 하고 있다. 2007년 AFM은 아시아 공동제작을 위한 혁신적인 플랫폼인 'Co-production PRO'를 도입함으로써 국제 공동제작을 진행 중이거나 희망하는 영화인들이 국제적인 영화 산업의 전문가들인 프로듀서, 감독, 투자자, 매니지먼트사 대표들로 구성된 Co-production PRO 멤버들과 만나 교류하고 협력할 수 있는 장을 마련했다.

3. 부산영상위원회

1999년 BFC의 발족은 한국영화제작의 새로운 돌파구를 마련해 주었다. 지방정부가 나서 영화촬영 로케이션 및 행정적·재정적 지원을 함으로써 한국영화 제작지원에 있어서 획기적인 전환점이 되었기 때문이다. BIFF와 BFC가 거둔 이런 성과들은 부산이 영화를 중심으로 한 아시아 네트워크의 허브가 될 수 있는 중요한 자산이 되었으며, 2004년 아시아 영상중심도시를 비전으로 내세운 부산의 도시발전 전략의 추진체 역할을 하고 있다.

BFC는 촬영에 필요한 허가와 행정지원, 데이터베이스를 제공하는 '필름커미션'의 개념을 아시아 지역 최초로 도입해 한국을 비롯한 아시아 지역에 필름커미션 시스템을 전파하는 발원지가 되었다. 부산의 영화 로케이션에 관한 DB 구축은 물론 단일규모로는 국내 최대시설의 영화촬영스튜디오, 부산영상벤처센터 그리고 최첨단 디지털 후반작업 시설을 갖춘 부산영상후반작업시설에 이르기까지 영화 영상물 제작을 위한 제반 시설을 갖추고 있다.

또한 BFC는 지난 2001년부터 시작한 부산국제필름커미션·영화산업박람회와 지난 2004년 설립한 아시아영상위원회네트워크 그리고 2008년부터 아시아 영상산업의 공동발전을 위한 주요 현안을 논의하는 아시안영상정책포럼 등을 통해 아시아의 영화 문화와 영상 산업을 견인해 나가는 선도적인 필름커미션으로서의 역할을 해나가고 있다.

부산국제필름커미션·영화산업박람회(BIFCOM): '로케이션' & '인더스트리'

'로케이션'과 '인더스트리'라는 두 섹션을 중심으로 하는 BIFCOM은 아시아 최초의 로케이션 박람회로서 아시아 지역의 체계적인 촬영 로케이션 정보 제공과 최신 영화 영상 제작 기술의 소개를 위한 국제적 교류의 장이 되고 있다.

로케이션 섹션은 아시아 지역의 영상위원회들이 자국의 로케이션 공간과 촬영정보를 제공하는 장으로서 AFCNet 설립의 토대가 되었다. 전시자에게는 촬영유치와 해외 네트워크의 기회를, 방문자에게는 제작비 절감과 로케이션 정보를 제공함으로써 아시아 지역의 로케이션에 대한 종합적인 정보 교류와 만남의 장이 되고 있다. 인더스트리 섹션은 매년 최신의 영화영상 관련 장비와 제작기술을 주제로 아시아 최고의 업체들이 참가함으로써 아시아 영화 영상 제작기술을 선도하고 있다.

아시아 필름커미션 네트워크(Asian Film Commission Network, AFCNet)

아시아 각국은 공동제작과 해외 로케이션의 원활한 진행을 위한 협력 시스템의 구축에 대한 필요성을 절감하고 2003년 10월 부산에서 아시아 6개국 19개 필름커미션이 참가한 가운데 'AFCNet Conference'를 열었고, 2004년 BIFCOM 기간에 AFCNet 창립총회를 개최하였다. AFCNet의 창립에 있어서 가장 주도적인 역할을 한 것이 바로 BFC로서 창립 이후 현재까지 의장도시의 지위를 맡고 있다.

현재 AFCNet은 16개국 44개의 필름 커미션 및 관련 기구들로 구성되어 있다. 한국, 중국, 일본을 중심으로 하여 아세안(ASEAN) 10개국 중 6개국(타이, 캄보디아, 필리핀, 말레이시아, 싱가포르, 인도네시아), 그리고 호주, 뉴질랜드, 미국, 러시아, 요르단, 네팔 등의 국가들도 정회원국으로 참여하고 있다.

아시안영상정책포럼(Asian Film Policy Forum – 'Film Policy Plus')

2008년 시작된 아시안영상정책포럼은 BFC와 AFCNet이 공동 주관하는 행사로 아시아 각국의 영상정책책임자가 한자리에 모여 아시아 영상산업의 교류와 공동발전을 위해 논의하는 아시아 최초의 영상정책포럼이다.

2008년에는 아시아-태평양 지역 영화영상산업의 현재와 미래를 주제로 각국의 영상산업 정책을 소개하고 부산시와 삿포로시 간의 양해각서 조인식을 가졌다. 2009년에는 '아시아적인 영상산업과 그 방향'이라는 주제로 아시아 영상산업의 현 주소와 함께 아시아에서 국내 및 국제 영상산업 진흥을 위한 지원 정책을 논의했다. 2010년에는 아시아의 국제공동제작 활성화를 위한 각국의 지원정책과 방향 그리고 협력방안에 대해 논의했다.

4. 영화창조도시로 나아가기

영화를 매개로 한 부산의 창조적 발전전략은 도시의 재생과 발전에서 미디어와 예술이 얼마나 중요한 원동력이 될 수 있는가를 보여주는 중요한 사례가 되고 있다. 부산의 도시재생은 문화창출형 재생전략을 통해 창조적인 인재 육성, 창조적 공간 조성을 통한 도시 어메니티 제고, 영화와 그 부가산업에 기반한 창조산업 육성을 통한 지역 경제력 회복에 초점이 맞춰져 있다. 이는 부산이 창조적 도시전략을 통해 성장도시에서 성숙도시로 나아가는 추진력이 될 것이며, 그런 점에서 도시발전의 새로운 모델을 제공할 수 있을 것이다.

아시아 지역의 영화문화와 영상산업의 발전과 교류에 있어서 수행해온 구심적 역할을 토대로 부산은 'UCCN' 가입을 위해 한국유네스코위원회의 예비검토를 마친 상태다. 향후 유네스코에 의한 지정이 이루어진다면, 부산은 영화문화와 영상산업을 중심으로 한 아시아 지역 연대라는 비전을 바탕으로 명실공히 '아시아 영화의 심장' 역할을 해 나감과 동시에 국제적 네트워크 구축을 위한 첨단기지의 역할을 해나갈 수 있을 것으로 기대된다.

"영화창조도시"로서 부산의 비전은 부산이 축적하고 구축해온 영화 유산과 물적·인적 인프라를 기반으로, 영화가 도시를 발전시키고 시민들의 삶을 풍요롭게 하는 원동력이 될 수 있도록 하는 것이다. 또한 영화를 통해 발현되는 창조적 에너지와 상상력은 부산에 한정되는 것이 아니라 서울을 중심으로 한 수도권과의 상생을 통해 한국의 지역 균형 발전에 기여하며 더 나아가 아시아 영화문화, 영화산업 발전에 기여할 것이다. 그러나 부산이 영화 축제의 도시에서 영화 산업과 문화까지를 아우르는 좀 더 성숙하고 창조적인 영화도시로 나아가기 위해서는 앞으로도 많은 과제가 남아 있다.

첫째, 영화 관련 정책이 기존의 하드웨어 인프라 구축에서부터 인력 양성 및 창작과 기업 지원 등을 중심으로 한 소프트웨어 인프라 구축으로 전환되어야 한다. 기존의 정책은 건물을 먼저 짓고 나서 그 건물을 채우고 활용할 주체 인력의 양성을 고민하는 방식이었다. 그러나 이제는 그 순서가 뒤바뀌어 창조적인 주체와 그들의 자발적인 활동을 다양한 기구와 프로그램들을 통해서 우선적으로 지원하고, 여기에 필요한 공간들을 조성하는 동시에 그 공간들의 공공성을 살려나가야 한다.

BIFF의 AFA(Asian Film Academy), 부산정보산업진흥원의 게임아카데미와 입체영상아카데미, 부산디자인센터의 코리아디자인멤버쉽 등, 다양한 비정규 교육과정을 확대하고 정규 고등교육기관화하여야 한다. 영화, 게임, 애니메이션, 디자인, 방송, 융합미디어 등을 특화하는 세계적 수준의 '영상과학기술원' 설립 역시 제안하고 싶다. 또한 부산시가 현재까지 약 5년간 투자한 건축 및 시설 구축비(2700억원), 년간 행사 지원비(90억원)에 비해 년간 기업 지원비(4.8억원)와 창작 지원비(8.3억원)가 극히 미미한 수준이므로, 년간 건축 및 시설 구축비와 행사 지원비 대비 기업 및 창작지원비를 10% 수준으로 끌어올릴 필요가 있다.

둘째, 영화를 만들기 위해 방문하는 도시를 넘어서서 영화의 기획과 제작이 자체적으로 이루어지는 도시가 되어야 한다. 이를 위해서는 '메이드 인 부산' 영화 제작의 활성화와 부산 지역 내 영세한 영상제작 업체 지원 방안이 모색되어야 한다. 그러나 이미 수도권이 독점하고 있는 전통적 방식의 영화 제작 분야에서는 경쟁력을 갖기 어렵다는 점에서, 영화, 방송, 통신, 미디어를 융합하는 방식의 패러다임으로의 전환을 제안하고 싶다. 이에 따라 게임, 디자인, 3D, 광고, 방송 등 영상 관련 산업으로까지 인프라 구축을 확장하고, 연관 산업 분야인 관광레저 산업, 컨벤션 산업, IT산업 등과의 협력을 통한 시너지 효과 창출을 시도해볼 수 있을 것이다.

셋째, 부산은 수도권과 산업적 경쟁을 벌이는 대신에 기존의 아시아 네트워크를 활용하여 명실공히 아시아영화 제작의 진원지로 나아가야 한다. 이를 위해서는 점점 더 활발해지는 아시아 공동제작의 활성화에 기여하는 동시에 부산이 그 공동제작의 확실한 중심점이 되기 위한 다각도의 노력과 정책이 필요하고, 해외 제작 및 공동 제작 전문가 양성 등이 한 방안이 될 수 있다.

또한 이러한 과제들을 수행하는 과정에서, 목표의 달성을 앞당기고 그 성과를 더욱 더 장기지속적인 것으로 만들기 위해서는 다음의 조건들이 필요하다.

첫째, '아시아영상문화중심도시 특별법'의 제정이다. 향후 10년간 총 1조 원 가량의 국고지원을 통해 부산의 영상산업 인프라 강화, 역외 기업 유치 및 지역 내 기업 육성, 국제화, 인력 양성 등의 사업을 시행할 수 있는 이 법이 제정된다면, 부산은 아시아영상중심도시 조성사업을 안정적, 체계적으로 추진할 수 있는 종합적인 체계와 재원을 확보할 수 있게 된다. 현재 타 지자체와의 형평성 문제와 유사법률안 추진이 잇따를 수 있다는 가능성에 대한 우려로 정부와 국회는 특별법 제정에 유보적인 입장이다. 그러나 원래 국가 균형 발전을 위한 것이자 차세대 성장 동력 산업을 집중적으로 육성시킴으로써 장기적으로 국가 전체 발전을 추동하고자 하는 특별법의 의미를 되새겨본다면, 이미 준비된 '영화도시 부산'을 '아시아영상문화중심도시 부산'으로 도약시킬 수 있는 이 법안만큼 시급하고 또 그 효과가 기대되는 경우도 드물 것이다.

둘째, 앞서도 지적했듯이, UCCN의 '영화도시' 지정이다. 부산시는 이미 2010년에 도시의 기본적인 전략을 문화를 통한 시민 창조 역량 강화, 창조산업 육성을 통한 지역경제 회생, 전 세계 창조 도시와의 네트워킹을 통한 영화창조도시 부산으로 설정한 바 있다. 그런 점에서 만약 유네스코에 의한 부산의 영화도시 지정이 이루어진다면, 부산은 영화를 중심으로 한 창조산업의 발전, 국내외 도시들과의 교류 및 연대를 통해서 도시의 문화적 역량과 사회·경제적 경쟁력을 구축하고 도시브랜드의 가치를 높일 수 있게 될 것이다.

이러한 조건들이 충족되고 그 기반 위에서 과제들이 이행될 수 있다면, 부산은 영화 문화와 산업이 동반 발전하면서 그 성과가 도시 전체로 확산되는 '영화도시'로, 아시아 영화 발전의 진정한 구심점이 되는 '아시아 영화의 심장'으로 그리고 영화가 진정으로 도시의 창조적 원동력이 되는 '영화창조도시'로 나아갈 수 있을 것이다.

21장

재미있는 에코뮤지엄

이 정 은

1. 북항재개발과 부산의 도시재생

1876년 개항한 부산항은 한국을 대표하는 가장 오래된 항구로서 약 120여년간 세계와 한국을 이어주는 바닷길을 관장하던 관문이었다.[1] 현재는 부산 16구중에서 남구, 중구, 동구, 영도구, 서구, 사하구 등 6구에 걸쳐 특징적인 항구들이 구성되어 부산항을 세계적인 물류거점으로 이끌고 있다. 이 중 부산항을 대표하는 북항은 영도구, 중구, 동구, 남구에 걸쳐있는 대형 집단 정박지로서 컨테이너선외 일반 화물선의 하역은 물론 연안여객, 국제여객 부두를 갖추고 있는 종합적 항구다. 2004년 노무현 전 대통령이 부산 북항개발에 대한 적극적 검토를 지시한 이후 한국 항만 역사상 최초의 항만재개발 사업이 진행 중이며 부산을 동북아 물류 허브항으로 재탄생시킬 전초기지가 마련될 예정이다. 약 8조에 달하는 이번 사업의 최종 기간은 2020년까지이며 현재 입지적 특성상 KTX부산역을 중심으로 부산 중심 상권인 남포동, 광복동, 자갈치가 인접해있다. 이는 지리적으로 국내의 관광객은 물론 국제적인 관광지로 발돋움할 수 있는 최적의 위치다. 경제적 특수 및 항만의 기능적 확대가 아니라 도시구조와 산업 및 문화구조를 재구성하여(류동길 2009) 진정한 의미의 도시 재개발과 함께 해양강국으로 거듭나기 위하여 균형 있는 개발계획이 마련되어야 한다. 나아가 문화에 대한 인식변화와 여가수요가 증대함에 따라 항만구역의 재개발 방향에 문화콘텐츠, 문화산업이라는 좌표가 더해져 부산을 세계적 해양문화도시로 발돋움할 수 있는 기틀이 마련

1 임시수도기념관 학술연구총서1

되어야 할 것이다. 공급자 중심의 공간이 아닌 수용자 중심의 개발을 앞세워 시민이 쉽게 찾고 즐길 수 있는 공간으로 개발하는 것이 2007년 마스터플랜 최종안에서 결정이 되었으며 이명권 교수의 지적[2]대로 북항재개발 사업은 철저하게 도시공간구조 재구성이라는 점에서 접근되어져야 할 것이다.

현재 복합항만지구, 상업업무지구, 영상전시지구, 복합도심지구, 해양문화지구, 광장환승센터로 세부계획이 이루어졌으며 2008년을 기준으로 모두 2단계로 나누어져 각 지구별 개발이 진행 중이다.[3] 북항개발 프로젝트의 일환으로 부산의 산복도로 지역이 개발되고 있다. 산복도로 르네상스라는 이름으로 진행되고 있는 이번 프로젝트는 부산의 피난역사를 고스란히 안고 있는 산복도로 지역을 개발한다는 점에서 도시 재생의 좋은 표본이 될 수 있을 것이다. 또한 북항을 중심으로 해양문화지구 형성에 있어 구심점이 될 수 있는 다양한 문화콘텐츠적 요소를 갖추고 있다는 점에서 독창적인 개발의 잠재력을 내포하고 있다. 따라서 본 연구는 부산의 도시재생과 해양문화지구 형성을 위한 산복도로 르네상스의 문화콘텐츠 요소 중 에코박물관의 건립방향에 대하여 제안해보고자 한다.

2. 산복도로 르네상스

1964년 첫 개통된 산복도로는 약 78개 동에 걸친 산허리를 따라 120만 주민들의 삶을 세상과 이어주고 있다. 산복도로 르네상스라고 명명된 이번 사업의 마스터플랜은 최종적으로 2011년 2월 결정되었다. 초량, 영주, 아미, 감천 등 산복도로 일원에 대한 역사, 문화, 자연경관 등의 종합적인 재생프로젝트로 해당지역을 명품지역으로 재창조하기 위한 사업이다. 2011년부터 2019년까지 사업비 1,300억을 들여 추진될 예정이며 구역은 엄광산 구역(주례, 개금, 가야, 범천, 범일), 구봉산 권역(좌천, 수정, 초량, 영주, 보수), 그리고 구덕 천마산 권역(대신, 아미, 감천, 충무) 등으로 나누어 진행될 예정이다.

사업의 형태는 생태, 교통, 경관을 개선하기 위한 '공간재생사업', 주거, 경제, 교육, 복지를 지원하기 위한 '생활재생사업', 역사, 문화, 관광 등에 포커스를 맞춘 '문화재생사업'으로 진행된다. 현재 진행 중인 산복도로 주변 재생 추진사업은 각 구청별로 다르게 진행되고 있는데 이중 문화재생사업과 관련된 내용들은 공원조성(부산진구 범천동), 마을미술프로젝트(사하구 감천동), 벽화마을만들기(서구 동대신동), 공공시설물 통합 디자인(중구)등이며 이러한 프로젝트들을 기반으로 2019년까지 모두 20개의 대과제가 제시되었다. 총 소과제가 64개로 이 중 산복역

2 2008년 11월 4일 '항만발전과 친수공간' 세미나, 국제물류연구회, 항만친수공간포럼, 국제물류지원단.

3 부산항만공사 http://www.busanpa.com 참조.

사박물관 조성계획을 살펴보면 공간, 삶, 소리, 이미지, 이야기에 관련된 콘텐츠를 중심으로 재현, 복원, 보전 관리 개선, 아카이빙(Archiving)하여 가장 적합한 형태의 사업구역으로 만들어낼 예정이다.[4] 북항개발에 있어 관광명소화를 위한 산복도로 재개발의 중요성은 박물관 건립의 중요성과 연계된다. 왜 박물관 건립에 특정한 의미를 부여해야 하는가? 도심의 박물관 또는 미술관이 명소화됨에 따라 그 장소의 관광객들이 지역의 관광특수를 만들어 준다는 점에서 분명 박물관 활성화는 의미를 가질 수 있다(송문섭 2008).

대형 박물관의 관람객 수만 보더라도 그 지역의 유명세를 함께 이해할 수 있게 된다. 영국, 미국, 프랑스 등의 박물관 관람객수는 그 지역의 전체 관람객 수를 차지하는 주요한 비율이다. 각 국의 도시개발 및 관광명소화는 결국 세계화에 따른 도시 간의 경쟁 속에서 그 지역만의 가치와 잠재력을 통해 해당 지역 도시를 차별화시키고 경제발전에 이바지하여 세계화라는 물결 속에서 자체적으로 살아남을 수 있는 해답을 제시해준다. 일례로 호주의 달링하버는 대표 항구인 시드니항의 하나로 브라질 리우데자네이루, 이탈리아 나폴리와 함께 세계 3대 미항에 속하는 곳이다. 매년 1,600만명의 관광객이 찾는 대표적 세계 명소로 자리매김한 달링하버는 친수공간으로 1970년대 이후 재개발하여 성공한 일례로 각종 문화시설, 위락시설이 조화를 이루고 개발되었으며 여기에 위치하고 있는 대표적 문화시설로 국립해양박물관을 들 수 있다(팽재신 2008). 산복도로 사업이 진행될 서구 충무동, 초장동, 남부민동, 암남동일대에는 총 13500여세대가 거주하고 있는 곳으로 현재 부산시 자체적으로도 주택재개발, 도시환경정비, 주거환경개선 등의 재정비를 2020년까지 계획하고 있는 실정이다. 이 지역의 노후 불량도는 63.8%에 달하나 자갈치역과 남항에 인접하고 북항개발지역으로 이어지는 곳에 입지하고 있어 북항과의 연계성이 도모될 수 있는 최적의 입지다. 현재 진행되고 있는 산복도로 르네상스 재개발 구역에 속하기도 하므로 북항 개발의 일원지이자 산복도로 르네상스의 핵심구역이 바로 서구 일대다. 도시의 재개발에 있어 불량화된 지역의 재생은 사회적, 환경적, 경제적 요소로 다양한 관점에서 접근할 필요가 있다. 그러나 무엇보다도 주민주도의 문화적 요소를 포함하는 것이 바로 21세기적 세계화된 도시, 문화적 도시라고 할 때 포괄적으로는 북항개발의 일환으로, 미시적으로는 산복도로의 일환으로 이 지역의 박물관 역시도 도시재생의 한 부분이라고 할 수 있다. 따라서 본고에서는 산복도로의 진정한 르네상스를 대표할 수 있는 박물관의 랜드마크화를 위하여 건립될 박물관의 성격을 규명해보고자 한다.

4 산복도로 생활박물관 타당성 조사용역(최종보고). 2012. 9.

시민과 함께 하는 박물관

산복도로에 설립될 박물관은 박물관 본연의 기능을 가져야 함은 물론이거니와 도시재생 사업의 일환으로 이해되어야 한다. 서양의 도시재생사업 성공요인은 다양하다. 이중 가장 중요한 요인은 지역민을 위한 도시재생을 계획한다는 것이다. 또한 도시재생은 개별기능중심보다는 복합기능을 목표로 하여 인근 지역까지 경제를 활성화시키는 효과를 가져와야 한다. 마지막으로 도시환경의 개선 및 주거환경과의 조화를 중시하여 개발계획의 수립단계에서부터 주민 참여와 컨설팅을 적극적으로 수립한다는 점이다. 즉, 사람을 위한 사람중심의 복합개발이 선진국들의 도시개발 성공요인이다(이정헌 2009). 따라서 산복도로 박물관은 가장 먼저 지역민들과 함께 만들어가는 박물관을 지향하여야 한다.

1992년 유엔환경개발회의「리우 선언」의 지속가능한 발전을 위해 가장 기본적으로 이루어져야 할 것이 바로 관민의 협동이다. 전문시설에 전문가가 투입되어야 하는 것은 당연하다. 그 지역을 대표하는 그 지역의 진정한 전문가는 그 누구도 아닌 지역민들이다. 따라서 산복도로박물관은 지역민들과 함께 파트서쉽을 형성하여 만들어져야 한다. 이는 관과 민의 참가, 공통의 목적과 합의를 형성하여 자금, 노무, 기술 등을 상호제공하는 민관 파트너십(Public Private Partnership)을 의미하는 것이다. 따라서 관주도의 발전보다는 지역민들을 참여시키기 위하여 기본 전략부터 최종 마무리까지 절대적인 절차를 마련하여야 한다(김영기, 난부시가케 2009). 일본의 요코하마와 마즈나루 지역의 개발은 모두 지역민이 주도하여 진행되었다. 무엇보다도 정책입안자들은 지역민의 목소리에 귀기울여야 하며 관은 주도가 아닌 중개자의 역할이 중요하다(김미리, 최보윤, 2010). 산복도로에 들어설 박물관의 기본 구성에 있어 스토리텔링의 내용과 메시지 전달방법은 지역민의 의견이 반영되어야 할 것이다. 또한 지역민을 위한 박물관 건립 취지를 지속할 수 있도록 박물관 정책 및 목표설정을 위한 박물관의 운영위원회에 지역민이 참여하도록 유도하여야 한다. 낙후되었던 런던의 SOUTHBANK는 연간 1만명이 찾는 런던 아이로 재생되었다. 이 지역의 테이트 모던 미술관은 화력발전소를 그대로 사용하여 2,000년에 개관하여 연간 4백만명의 관람객이 방문하는 문화발전소로 재탄생하였다. 테이트 모던이 성공적 도시재생과 박물관의 사례로 꼽히는 또 다른 이유는 임태주택을 개발하여 재개발된 지역의 지역민들에게 할당했다는 점이다. 박물관의 운영 및 콘텐츠 구성과 함께 이러한 경제적 측면의 지역민을 고려한 정책도 벤치마킹할 만한 요인으로 여겨진다.

또한 박물관은 지역민 융합의 구심점 역할을 할 수 있다. 스페인 바르셀로나의 라발지역은 바르셀로나 지역 중에서도 가장 다양한 문화, 인종적 배경을 가진 사람들이 모여살고 있는 곳으로 이전에는 지역민 기피대상이기도 하였다. 현재는 시 주도의 '아름다운 라발 만들기' 운동과 다양한 예술가들의 참여로 바르셀로나를 대표하는 가장 트렌디한 공간이 되었

테이트 모던과 사우스뱅크 지역

으며(김미리, 최보윤, 2010) 각종 편의시설은 물론 라발을 해안가로 이어주는 람블라 델 라발이 건설되기도 하였다. 라발만들기 운동의 일환으로 탄생한 'Ravalejar'라는 신조어는 "라발에서처럼 즐기고 살자"라는 의미이기도 하나 "창조성 넘치는 예술을 하고 있다"는 뜻을 가지기도 한다. 이 중에서도 1995년도에 개관한 현대미술관은 특히나 라발지구의 예술적 감수성에 큰 변동을 일으켰다.

라발 지역이 전체적으로 회색 및 흑색인데 반해 흰색과 유리로 둘러싸인 직선과 곡선이 조화된 건물은 미술관이 어렵고 고품격의 공간이라는 인상을 지울 수 있도록 해주었으며, 지역민들을 위한 천사의 광장을 조성하여 보다 친근한 이미지를 제공하고 지역민을 위한 라발지역의 재생공간을 제공하고 있다. 지역민들의 이야기를 듣는 박물관 자료 수집방법 역시 고려해 볼 만하다. 프랑스의 퓌뒤푸(Puy du Fou)는 농촌마을에서 역사테마파크로 탈바꿈 한 뒤 연 평균 150만 명의 관람객이 찾는 세계적인 관광지로 자리매김하였다(송희영 2012). 주민들의 일상과 이야기, 전설등을 주요한 콘텐츠 기획품으로 선정하고 구전으로 내려오는 지역의 전통문화유산을 최첨단 기술로 재탄생시켜 공연화 한다는 점에서 테마파크의 성공이 결정되었다. 이는 지역민의 이야기를 중심으로 문화콘텐츠화 했다는 점에서 특징적이다. 따라서 산복도로박물관의 스토리텔링과 주요 콘텐츠구성을 위하여 지역민이 주도하고 참여하였던 퓌뒤푸 사례를 적극 벤치마킹해 봄직하다.

공동체의 기억 – 있는 그대로의 재생과 활용

우리나라 도시재생 사업의 문제점은 민간개발 위주의 정비사업으로 공익성이 결여되어 있으며 주민참여가 절대적으로 부족하여 사회적 약자에 대한 배려가 전무한 실정이다. 또한 도시의 정체성이 상실된 재개발 정책으로 인하여 한결 같이 고층 아파트가 양산되는 문제점을 나았다(이우종, 2009). 따라서 민간주도가 아닌 공공주도의 거주민들과 함께할 수 있는 진정한 의미의 도시재생정책을 장기적 계획으로 수립할 필요가 있다. 주민이 주체가 되어 진행된 사업의 가장 주요한 핵심은 지역성을 고려한 거버넌스가 구축되어야 하며 점진적인 재생을 통해 공동체를 형성할 수 있어야 된다는 것이다. 따라서 산복도로박물관은 있는 그대로의 지역민들의 기억과 현재 모습을 가감 없이 반영할 수 있어야 한다. 공동체의 기억을 희석시키거나 소멸시키기 보다는 재생시킬 수 있어야 한다. 이는 한국사와 부산의 역사에 있어 산복도로가 가지는 특수성을 고려했을 때 특히 의미 깊다. 산복도로는 어떠한 곳인가? 일제강점기를 거쳐 한국전쟁의 아픈 역사를 간직한 수많은 도시 중 부산은 난민들과 피난민들의 수용처라는 점에서 시대의 독특한 특징을 가진다. 그 중 부산의 광복동을 중심으로 수정산 일원으로 퍼져있는 산복도로는 1960년대 불량주택지구 재개발의 일환으로 생겨나기 시작하였는데 불규칙하고도 무계획적 배치에 의한 주거형태들이 밀집되어 있는 지역이기도 하다.

김형찬(2010)의 의견대로 산복도로는 '개항과 해방, 전쟁, 경제개발, 근대화의 과정이라는 시간의 흔적'이 남아 있는 부산의 역사를 고스란히 드러내는 공간이기도 하다. 빈민가로서의 산복도로에 대한 인식은 부산의, 나아가 한국의 과거를 담고 있는 대표적 공간이며 옛것에 대한 회귀, 추억, 향수와 같은 문화적 공감대가 형성될 수 있는 좋은 매개체다. 무엇보다도 근대적 문화유산이 비교적 양호한 상태로 잔존하고 있으므로 부산의 근대사를 밝혀줄 수 있는 귀중한 역사지라고 볼 수 있다. 또한 김형찬(2010)의 지적대로 산복도로는 '영화[5], 방송, 예술작품, 문학 등을 통해 미학적 가치가 부각' 된 '문화적 재현의 대상'으로 바라 볼 수 있는 이점을 가진다. 지역성을 성공적으로 활용한 사례로 미국 맨해튼의 미트패킹지역을 들 수 있다.

맨해튼의 미트패킹 디스트릭트

5 친구2001, 연애 그 참을 수 없는 가벼움 2006, 1번가의 기적 2007, 마더 2009, 인정사정볼것없다 1999, 사생결단 2006, 히어로 2007.

오랜 기간 정육점들이 들어서 있던 도시는 재생사업으로 인하여 현재는 미국 맨해튼을 대표하는 하이패션의 도시로 탈바꿈하였다. 정육점과 도살장으로 사용되던 건물들을 그대로 남겨두었으며 군데군데 길에 설치된 조각상들은 고기 덩어리의 느낌을 물씬 풍기게 해주고 있다. 새로운 문화콘텐츠가 입성하여 현재 이 지역은 패션과 디자인의 거리로 재탄생하였다. 그러나 이전 도살장과 정육점들의 역사성을 배신한 도시재생이 아닌 공동의 기억을 그대로 유지하는 재생지역이 된 것이다. 독일에서 가장 오래된 에센의 졸퍼라인 탄광은 석탄이 추출되던 지역으로 한때 독일 최대의 탄광지였으나 1988년 폐광되었다. 이후 이 지역에 설립된 레드닷 디자인 박물관은 졸퍼라인을 대표하는 관광지로 자리매김하여 문화재생의 메카 졸퍼라인을 탄생시키는 계기가 되었다. 예술작품 경매 때 낙찰되면 붙여지는 빨간 동그라미의 스티커가 유래인 레드 닷 상은 세계3대 디자인상으로도 유명한데 이 박물관에서는 이러한 레드 닷 상을 받은 디자인제품들을 전시하고 있다.

내용보다도 더 유명한 것이 바로 박물관 장소로 쓰이는 탄광소 건물 자체다. 산업시대의 유산이 현대적 물건들로 가득 채워진 이 박물관은 연간 50만 명 이상이 다녀가는 부가가치를 창출해내고 있으며 문화 인프라가 없었던 공업도시를 산업유산으로 재탄생시키고 있다. 낡은 것은 무조건 개발의 대상이라는 공식에서 벗어나 낡은 것과 함께 공존할 수 있는 진정한 발전을 도모한다면 산복도로 박물관은 일반적 구조의 박물관과는 차별화 되는 지역민의 지역사를 상징하는 박물관으로 탄생할 수 있다. 부산, 나아가 한국 국민들의 아팠던 과거사를 근대적 형태의 건물과 엉켜있는 골목길 속의 집들에서 찾아볼 수 있는 산복도로에는 수많은 유산들이 잔존하고 있다. 이러한 유산들을 있는 그대로 활용하여 박물관 콘텐츠화 할 수 있어야 한다(김미리, 최보윤, 2010).

졸퍼라인 전경

경관의 유지 – 산복도로를 살린, 산복도로의 박물관

일본의 가나가와현의 인구 9만의 어촌마을 마나즈루는 일본 최고의 디자인 실험도시로 주목받는다. 90년대 후반 리조트 개발의 바람이 불어 닥친 것을 계기로 마즈나루는 그들만의 도시를 보존하기 위하여 마즈나루만을 위한 '미의 기준'을 만들었다. '마즈나루 마을만들기 조례'를 제정하여 일본 정부와 가나가와현의 협의를 거친 마즈나루는 거주민 모두가 69항목의 미의 기준을 통하여 마즈나루를 가꿀 수 있게 되어 있다.

지금 마즈나루 어촌 마을은 일본 어디에서도 찾아볼 수 없는 경관을 유지하고 있으며 이것이 바로 일본을 대표하는 최고의 디자인도시로 손꼽히는 계기가 된다. 있는 그대로의 재생을 잘 활용하여 박물관 건물디자인이 산복도로 주변 경관을 해치지 않도록 조화될 필요가 있다. 나아가 현재 산복도로에 위치하고 있는 건물을 그대로 활용하여 점진적으로 개발시키는 것도 고려해 볼만하다. 새롭게 재탄생하는 의미로 박물관 건물이 기존경관에서 크게 벗어나 이질적인 느낌을 주는 것 보다 지역민의 참여를 활성화 시키면서 주변건물을 적극적으로 활용한다면 진정한 산복도로의 산복도로민들을 위한 박물관이 될 수 있다.

창조도시들의 경우의 건물 외관을 그대로 활용하나 내부공간을 박물관 등의 문화공간으로 재탄생시키고 있다. 요코하마시는 시민들에게 접근이 어려웠던 관공서 건물들을 재건축하여 예술가들의 공간으로 재탄생시켰으며 은행건물에는 도쿄예술대학 영상연구과 캠퍼스가 들어섰다. 스위스 취리히는 선박공장을 그대로 이용하여 레스토랑과 아파트로 개조했으며, 독일 뒤스부르크 철강공장은 지역민들의 요구로 공원화하여 eco park 및 레져 스포츠 프로그램 체험장으로 개편, 매년 60만 명 이상의 관광객이 방문하고 있다(김미리, 최보윤, 2010). 공공건축물은 사람들과 커뮤니케이션 할 수 있는 통로가 되어야 하며 지역민들은 소위 '즐거운' 건축물을 보고 자신의 뿌리가 된 지역에 애향심을 가진다. 산복도로의 특성이 잘 보존되어진 박물관이야 말로 독특한 박물관이 될 수 있으며 다채로운 항만 중심의 북항재개발 사업의 특성화에도 기여할 수 있을 것이다.

3. 박물관은 흐른다

"I LOVE NY"이라는 문구로 유명한 뉴욕의 도시재생사업의 브랜드화를 통해 타임스퀘어 보행자 수는 50%가 증가되었으며 건물 임대료는 70%가 상승되었다. 뉴욕시 일자리는 문화예술과 관련하여 90%까지 발전하였으며 눈에 띄는 변화는 문화와 예술관련 기부문화의 활성화다. 메트로폴리탄 오페라 후원자가 연 4천명, 이 중 일 년에 1억 이상 기부자는 168명에 달한다. 즉 도시의 성공적인 재개발은 경제 활성화를 이룰 수 있으며 문화예술에 대한 기부 역시도 활성화될 수 있다. 지역민과 함께 박물관이 건립되고 나아가 산복도로 지역의 재생에 문화와 예술이라는 키워드를 더하여 부산 지역의 문화예술활성화를 이룩할 수 있도록 이번 산복도로 재개발에 박차가 가해져야 할 것이다.

산복도로에 불고 있는 문화열풍이 뜨겁다. 감천문화마을은 이미 연간 40만명의 관광객이 찾고 있으며 초량의 이바구길은 사람들의 이야기로 북적거린다. 부산의 마추픽추 산복도로가 깨어나고 있는 것이다. 여기에 지역민들이 중심이 되어 허브형 산복도로 박물관이 구축되고, 있는 그대로의 산복도로 이야기를 들려줄 수 있는 복합시설이 생성된다면 부산에도 이탈리아의 유네스코 보호지역인 '친퀘테레'가 탄생할 수 있지 않을까?

부산의 이미지는 축제, 바다, 자갈치 등으로 모든 것이 해양과 연계된다. 여기에 해양문화에서 파급되어 부산만의 독특한 골목길이 만들어진 근대사의 한자락에 산복도로가 위치하고 있다. 도시의 주인인 지역민들과 그들의 후손들, 그리고 관광객에게 들려줄 수 있는 산복도로의 노래가 박물관을 통해 흘러나오기를 기대해 본다.

제도와경제 속의 도시재생

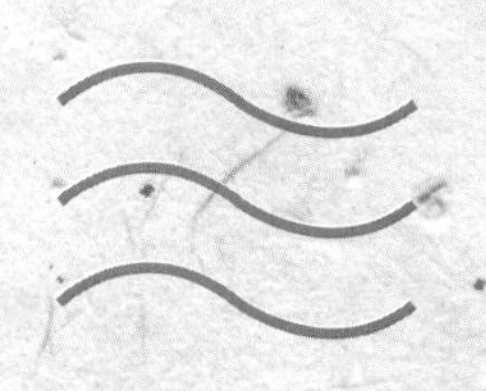

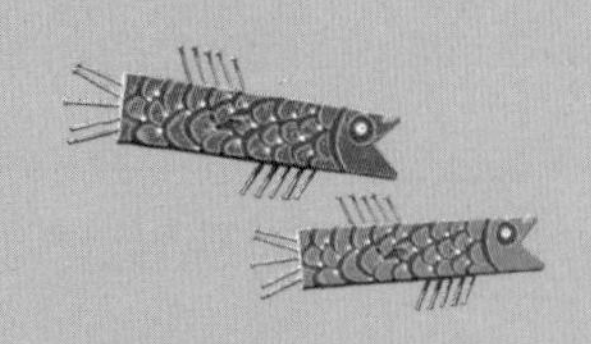

지난 수십 년간 우리가 살고 있는 도시는 공간 중심의 개발, 시장 중심의 개발 논리에 압도되어 왔다. '삶의 질'이 아닌 '공간의 양'이 우선시되면서 도시의 공간적 외연을 넓히기에 급급했고, 사회·문화적 관점의 도시기능을 간과했던 것이다. 그러나 이러한 도시화의 흐름이 변화하고 있다. 그간의 합리적 도시 담론으로 집약되던 기존 근·현대 도시발전 패러다임이 도시의 지속가능성을 상실케 했다는 비판에 직면하면서, 도시정체성 회복을 위한 개발과 보존이라는 도시재생의 패러다임에 관심을 기울이기 시작하고 있다. 이러한 도시재생 담론 중 한 가지가 지역에 대한 입체적 이해와 경제·문화적 관점에 주목하는 창조도시론이다. 오늘날의 도시재생을 위한 공공의 역할은 구체적 삶의 장소로서의 도시가치를 고려한 것이어야 하며, 도시가치 회복을 위한 해결책은 인간과 인간, 인간과 환경, 인간과 문화의 관계의 회복이어야 하는 문제의식이 이와 맞닿아 있다. 「제도와 경제 속의 도시재생」의 장에서는 도시재생의 담론 구조, 창조도시론의 관점에서 도시재생과 창조산업·창조인재를 다루고자 한다. 또한 도시재생을 부동산적 측면에서 접근해보고, 공공과 민간의 각종 개발사업으로 커뮤니티가 와해된 한국사회에서 도시재생의 법·제도적 기반을 어떻게 마련할 것인가, 또한 공공은 어떠한 정책으로 지원자의 역할을 수행하고 있는지에 대해 소개한다. 이를 통해 창조적 도시재생의 과정에 있어서 경제적이고 제도적인 기반의 형성에 대한 전반적인 이해를 돕고자 한다.

22장

창조도시 담론구조

이 철 호

1. 지속가능한 발전과 도시의 창조성

도시의 21세기, 도시는 기회와 함께 위기를 맞았다. 위기의 본질은 지속가능성이다. 유럽의 경우 도시들은 제조업쇠퇴, 지구환경위기, 인구감소, 고령화 등에 따라 소위 '감축도시(shrinking city)'로 쇠락하게 되고, 도시문제의 창의적 해결에 절치부심한다. 고도성장기를 지난 우리의 도시 역시 이제 비슷한 처지다. 지속가능성에 주목한 새로운 발전패러다임이 창조도시다.

지속가능한 발전과 창조도시

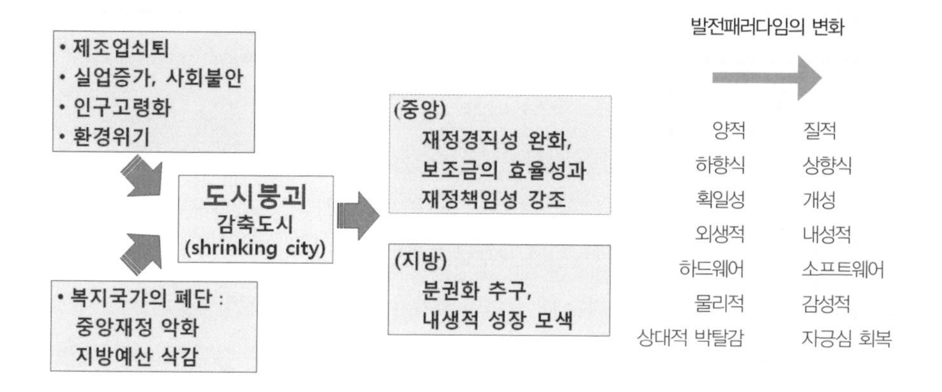

자료: 김재범(2009), pp. 237-268; 부산대 동북아지역혁신연구원(2010), p.148.

창조도시의 키워드는 도시활력과 창조성이다. 창조도시는 도시경쟁력의 원천으로서 창조성에 주목하는 여러 담론과 접근법을 아우르는 메타포다. 여기엔 문화예술 분야의 창조활동(creative activities)에서부터, 문화예술적 창조성에 첨단기술을 입혀 산업화한 창조산업(creative industry), 도시경쟁력을 결정하는 인적 요소에 주목한 창조계급(creative class), 그리고 '도시문제해결의 창의적 방식(toolkit for urban innovators)'을 일컫는 창조도시 등 다양한 논의들이 전개된다.

창조도시 담론과 개념축

창조도시	유럽학자(Landry, Hall, Evert 등)+영국 문화미디어체육부 -> 도시재생의 정책수단	
창조유럽	유네스코, 유럽비교문화연구소 -> 예술의 창조성관리와 거버넌스(도시재생환경 중시)	
창조계급	R. Florida -> 장소의 경쟁력을 결정하는 인간자원(창조자본)	
창조산업	산업경제학 -> 창조경제와 연관, 국제기구(UNCTAD, UNESCO, UNDP 등)가 재조명	
창조활동 (문예창작)	문화경제학 -> 문화예술의 창조성과 상품화 메커니즘(창조성의 가치화에 주안)	

자료: Costa(2008), pp. 191-193.

발전모델로서 창조도시는 외부의 지원과 투입에 의존하는 기존 방식을 지양하고 내부에서 성장동력을 만들어내는 '내생적 발전'을 제도화하는 것이다. 그 기반은 지역자원이다. 한 도시가 시간의 퇴적 위에 형성한 공간자산과 거기서 살아가는 인간자산을 재발견하고 활용할 수 있을 때 도시의 지속가능한 발전이 보장된다.

제4의 물결과 창조경제

미래학자들은 '창조혁명'이라는 제4의 물결에 따라 지식사회가 창조사회(creative society)로 진화중이라고 말한다. 지식사회가 지식·정보에 기반을 둔 지식경제시스템을 통해 부를 창출했다면, 이제는 창의성이 핵심경쟁력의 원천이자 부의 창출기반이 되는 창조경제시스템으로 전이되고 있다는 설명이다(Jensen 2001; Pink 2006). 다시 말해 지식이란 것도 창의성을 덧씌우지 않으면 이제 경쟁력을 상실하는 상황이 되었다.

유엔무역개발회의는 국가의 근간은 창의성이라고 단언한다. 창조시대에는 과학, 문화, 경제, 기술 등 다양한 분야에서 창의성이 요구되며, 국가를 지탱하는 4개의 자본—사회, 인간, 문화, 제도—도 창의성이 발휘될 때 산업의 부가가치를 높이고 국민의 삶의 질을 향상시킨다고 본다(UNCTAD 2008). 이에 따라 창조경제를 구현하기 위한 새로운 경쟁이 창의력 확보를 둘러싸고 가속화되는 상황이다.

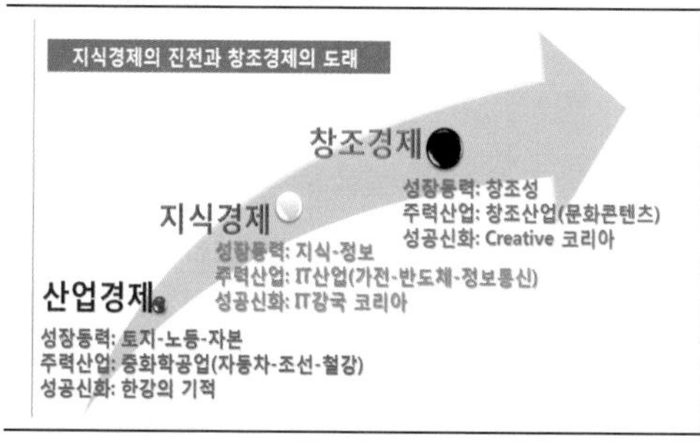

UNCTAD의 창조경제 정의

▶ 성장과 발전의 잠재 동력인 창조자산을 토대로 사회통합, 문화다양성, 인간개발을 촉진하는 동시에 소득, 일자리, 수출을 창출하는 잠재력을 보유.
▶ 경제·문화·사회의 측면을 아우르며 기술, 지적재산, 관광과 상호작용.
▶ 핵심은 창조산업이며, 지식기반경제의 제반요소와 창조적 상호연계를 통해 발전

출처: 노석준(2009)　　　출처: UNCTAD(2008)

2. 문화예술과 창조활동

도시재생과 창조성을 매개하는 것은 문화예술이다. 문화예술이 가진 상상력과 창의력이 크게는 공동체의 창조성으로 좁게는 도시경제의 창조성으로 발현된다. 창조사회가 지향하는 창조적 커뮤니티의 토대는 문화예술이다. 미국 주지사연합회의 보고서는 미국사회의 창의력을 확대하기 위해선 수학과 과학에 밀려난 문화예술교육을 정상화시키고 문화예술 투자를 늘릴 것을 권고한다(박은실·김재범 2004).

창의력 확대방법

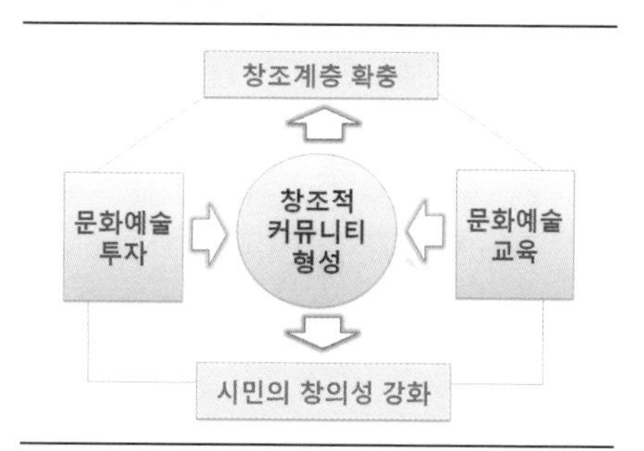

출처: 임정덕 외(2010), p. 25.

창조활동(creative activities)을 중시하고 그 창조성을 가치화하는 문화경제학적 접근법은 창조도시 담론의 근간이다. 용어의 정의상 문화는 감성의 산물이며 경제는 논리의 산물이다. 서로 대안에 위치한 문화와 경제의 상호작용을 연구하는 것이 문화경제학이다. 그 배경에는 산업이 문화와 결합할 때 산업의 지속발전이 가능하다는 의미가 있다. 약150년 전 예술성과 기능성이 결합된 장인의 생산물을 중시해 예술경제학을 제창한 러스킨(J. Ruskin), 부가가치의 원천인 공예와 장인정신을 결합해 미술공예운동을 전개한 근대 디자인의 선구자 모리스(W. Morris), 러스킨과 모리스의 생각을 도시에 적용해 도시의 본질은 문화의 저장과 전파, 교류와 창조에 있으며 도시공간은 창작활동을 격려하는 '무대'가 되어야 한다고 주장한 멈포드(L. Mumford) 등의 사상이 문화경제학의 기반이자, 창조도시 담론의 출발점이 된다.

3. 도시혁신의 연장함

창조도시라는 관념은 유럽의 도시학자와 도시기획자들이 발전시키고, 영국 문화미디어체육부를 비롯한 공공기관들이 구체화시켰다. 창조도시는 도시개발의 분석틀이나 전략적 근거이기도 하고 때때로 개입 수단이 되기도 하는데, 그 개념적 타당성을 최량의 실천사례를 통해 입증해 나간다. 이 사례들은 문예활동에 직접 관련되거나, 제도·조직의 측면에서 창의적으로 문제를 해결한 경우를 말한다.

21세기 신도시론을 주창한 영국의 도시학자 랜드리(C. Landry)는 창조도시를 '도시혁신의 연장함'으로 인식하고, 도시재생을 위해선 창조환경(창작 공간)이 관건이라고 본다. 랜드리가 주목하는 창조성은 탈산업화경제의 대안으로서 자생력을 지닌 문화산업의 창조성, 도시문제 해결에 있어 예술문화가 제공하는 창조성, 도시정체성의 토대인 문화전통을 미래로 연결시킬 수 있는 창조성, 생태환경과 조화를 추구할 수 있는 문화적 창조성 등이다. 랜드리는 외부자본에 의존하기보다는 도시 내부의 창조성을 발굴하여 산업과 경제에 연결시키고 시민참여를 통해 도시발전으로 승화시킬 것을 주문한다(Landry 2005). 이러한 관념은 점차 정책의제로 발전하여 영국, 독일, 캐나다 등이 추진한 도시재생 정책에 내재화된다.

창조산업

특히 영국은 창조활동을 산업경제적으로 접근하여 '창조산업(creative industries)'을 주도한다. 영국은 쇠퇴하는 제조업의 대안으로서 문화산업에 주목했다. 사실 창조도시라는 용어의 탄생은 영국 문화미디어체육부(DCMS 1998)가 「창조산업전략보고서」를 준비하기 시작한 때와 일치한다(Pratt 2008). 셰필드, 글래스고우, 버밍엄, 런던 등지의 실험이 영국 창조산업정책의 기초가 되고, 이는 다시 세계에 큰 영향을 미쳤다.

창조산업은 이후 많은 국제기구가 다양한 차원에서 재조명한다. UNCTAD의 개도국발전, ILO의 고용증진, 유네스코의 문화다양성 추구, UNDP의 인력양성, WPO의 지적재산권보호 등이 창조산업과 연관된다. UNCTAD는 창조산업을 4개 분야 9개 산업군으로 정의한다.

창조산업은 고부가가치산업이다. 즉, 창조산업은 OSMU(One Source Multi-Use)의 속성을 지니고 있어 한 분야의 성공은 다양한 가치창출 채널을 통해 연쇄적 성공을 가져오지만 그만큼 위험부담도 크다. 또한 기술, 비용, 저작권, 핵심인력의 제한 등 진입장벽이 높은 과점산업이다.

창조산업은 공간적으로 집적되는 경향이 있다. 집적은 아티스트 훈련과 상품개발프로세스를 용이하게 하고 인력수급을 조절해주며, 정보·서비스의 유통 비용을 줄여준다. 또한 생

UNCTAD의 창조산업 분류: 4개 분야 9개 산업군

유산		예술		미디어		기능적 창작물	
문화표현	예술공예 축제 기념	시각예술	회화 조각 고미술품 사진	출판 인쇄 미디어	도서 신문 기타 출판물	디자인	인테리어 그래픽 패션 보석·장신구 완구
				시청각	영화 TV방송 라디오방송		
문화유적	역사적 기념물 박물관 도서관 기록원	공연예술	음악공연 연극 무용 오페라 인형극 서커스	뉴 미디어	디지털 창작 콘텐츠 소프트웨어 비디오게임 만화	문화 서비스	건축 광고 창의적 R&D 문화 서비스

자료: UNCTAD(2004); 임정덕 외(2010), p. 56 재인용

산 공간과 소비 공간의 융합도 이루어진다(고정민 2009). 영국 셰필드의 문화산업지구를 필두로 창조클러스터(creative clusters)는 세계적으로 발전일로에 있다.

4. 창조계급과 도시경쟁력

창조도시론의 근간은 창의성의 원천인 사람이다. 대표 담론이 도시경쟁력의 자원으로서 창조계급(creative class)을 중시하고 도시발전을 창조계급의 유인과 연계시키는 견해다. 이미 오래전 '자족형 도시경제시스템'에 주목한 미국 도시학자 제이콥스(Jacobs 2004)는 창조계급을 유치함으로써 경제성장을 촉진하는 도시의 능력에 주목했다. 이 연장선상에서 미국 지역경제학자 플로리다(Florida 2002)는 21세기 도시의 경제력은 인간자본의 밀집에서 생기는 생산효과를 넘어 창조계급의 밀집에서 생기는 혁신에서 나온다고 주장한다. 즉 창조자본이 성장의 열쇠이며 지식경제시대 도시발전은 창조자본을 보유한 창조계급의 입지 선택에 의해 촉진된다고 본다. 이 '창조계급의 지리'는 지역발전과 경제성장에 관한 인간자본론의 명제를 뒤집는다. 즉 사람이 일자리를 찾아 이동한다는 관점(People-to-Job)에서 기업이 사람을 찾아 이동한다는 관점(Job-to-People)으로 전환한다. 요컨대 도시가 살아남으려면 창조계급의 유치 경쟁에서 승리해야 하며, 그 관건은 '장소의 질'이다.

도시발전은 창조계급의 유인에 더해 창조계급 분포의 이점을 창조경제로 전환하는 데 달려 있다. 이 전환능력의 척도가 창조성지수다. 창조성지수는 플로리다가 도시경쟁력의 핵심요소로 본 3T – 기술(Technology), 인재(Talent), 관용(Tolerance) – 를 계량화한 것이다. 기술은 산업생산성을, 인재는 창조자본과 인간자본의 수준을, 관용은 개방성과 문화다양성, 그리고 문

출처: 임정덕 외(2010), 26쪽.

화·복지 수준을 나타낸다.

물론 미국을 준거로 한 창조자본론을 일반화할 수는 없다. 플로리다 이론을 유럽 445개 지역에 적용한 연구에 따르면 발전과 창조자본의 상관관계는 이중적이다. 즉 유럽의 경우 창조계급의 입지는 관용과 비례하고, 관용과 지역발전의 상관성 역시 나타났지만, 그렇다고 창조계급과 지역발전 그리고 하이테크산업 사이에 긍정적 상관관계가 있다고 말하기는 어렵다(Boschma & Fritsch 2007). 사실 창조자본론은 하이테크산업의 성장에 초점을 두기 때문에 창조도시론이 중시하는 문화·창조산업과는 거리가 있다. 또한 창조자본론은 대도시권에 유리하며 유럽에서는 우리나라처럼 대개 수도권 현상이다(Hansen 외 2009).

'기업하기 좋은 도시'에서 '살기 좋은 도시'로

창조자본론은 이론적 미비점에도 불구하고 도시발전에 대한 접근법의 전환을 요구한다. 사실 1980년대 이래 가속화된 탈포드주의경제의 요체는 지식기반 혁신산업이며, 이는 대도시권에 유리하게 전개되었다. 이에 따라 도시발전전략은 관리형에서 기업가형으로 급변했다. 즉 도시경쟁력 제고정책의 초점을 기업유치에 유리한 환경조성에 맞춘 결과, '기업하기 좋은 도시' 열풍으로 이어졌다.

그런데 20여년이 지난 오늘날 '기업하기 좋은 도시'가 여전히 드문 이유는 무엇일까? 기업가형 도시전략은 기업정책에 초점을 둠으로써 혁신산업에 필요한 생산요소에 대해선 깊이 고려하지 않았다. 그 대표적 예가 창조자본이라는 특정 인간자본에 대한 몰이해다. 이 점에서 창조자본론은 도시발전전략의 초점을 '기업환경'에서 '인간환경'으로 전환시켰다는 의의를 갖는다. 즉 3T가 기업환경과 인간환경을 결정하고 이것이 다시 도시발전을 좌우하는 셈

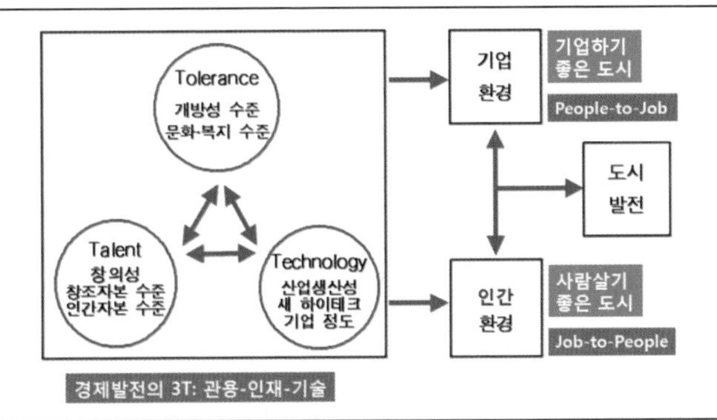

출처: 이철호(2011), p. 115.

인데, 그 바탕의 힘은 도시의 매력이다.

5. 도시매력의 원천: 소프트파워

국제정치학자 나이(J. Nye)가 도시들이 각축을 벌이는 새로운 장기판의 승리수단으로 중시한 소프트파워의 요체는 매력이며, 그 자원은 문화다. 소프트파워론은 도시의 미래가 도시의 사이즈나 지역총생산과 같은 유형 자산이 아니라 문화라는 무형 자산에 의해 결정된다는 점을 부각시킨다.

도시문화의 중요한 원천은 장소에 깃든 기억, 즉 '장소성'이다. 그래서 도시의 공공정책에 대한 문화적 접근은 도시를 자연지리와 인문지리가 결합된 '시공간'으로 인식할 때 의미를

소프트파워: 덩치에서 매력으로

다보탑의 비유

탑신부의 4개 기둥은 하드파워인 부국·강병과 소프트파워인 문화·환경을 가리킨다. 기단부는 이 4개의 파워 요소를 지탱하는 지식(knowledge)이다.

소프트파워는 하드파워와 달리 측정이 어렵고 행사 방식도 불명확하지만 군사·경제적 제약을 넘어 "체급보다 강한 펀치를 날리는" 기회를 준다.

갖는다. 도시문화는 총체성을 지니기 때문에 대증요법의 공공정책은 문화성을 지니기 어렵다. 랜드리는 "비문화적 목표를 달성하기 위한 수단으로 문화를 활용하면 안 된다(Landry 2005, 254)"고 경고한다. 결국 문화를 토대로 한 도시의 매력 증진은 유기체적 도시관을 전제한다. 유기체적 관점은 '지속가능한 발전' 관념과 연계되어 소프트파워의 또 다른 축인 환경의 중요성을 부각시킨다. 본질상 자연에 손을 댄 것이 문화이고 도시는 환경을 파괴하면서 만들어진다는 점에서, 문화와 환경의 관계는 모순적이다. 문화와 환경의 조화 원칙을 담은 말이 '어메니티(amenity)'다. 쾌적함이 본질인 어메니티는 미관(인공미)과 풍치(자연미)의 조화를 뜻하며, 획일화를 반성하고 정체성 회복을 위해 문화성 추구로 확대된다. 어메니티는 편리성과 심미성을 넘어 환경성과 문화성을 조화시키는 것이다.

그러므로 우리 도시가 '도시의 세기'를 이끌기 위해서는 체질개선이 필요하다. 지난 '국가의 세기'를 통해 하드파워 논리로 만들어진 '개발도시'를 문화와 환경이 조화된 '지속가능한 도시'로 돌려놓아야 한다. 이러한 전환을 위해선 행정자치의 수준이 높아져야 하고 시민의 참여를 중시하는 거버넌스 구조가 확립되어야 한다(이철호 2008).

창조도시의 사례 유형

창조도시의 사례를 정책의 면에서 보면 유럽문화수도, 유네스코창의도시네트워크, 문화이벤트, 문화·창조산업, 사회결속 등으로 나눌 수 있다. 유럽문화수도는 지역 문화자원을 활용하여 경제활성화와 삶의 질 향상을 도모한다. 문화수도가 되면 준비 과정에서 도시기반시설의 확충, 문화 장소의 환경개선이 이루어지며 창작활동과 문화관광산업이 활성화된다. 유네스코창의도시네트워크는 유럽문화수도가 세계로 확대된 형태다. 문학, 영화, 음악, 공예·민속, 디자인, 미디어아트, 음식 등 7개 분야가 있으며, 2012년 10월 현재 총 23개국 34개 도시가 가입했다. 가입도시의 문화 역량이 세계적으로 공인받게 되어 문화관광산업의 발전, 문화자산에 대한 주민인식제고 등 직간접 효과를 본다. 사회결속정책은 문화예술을 통해 협력문화를 배양하고 지역발전에 유익한 다문화생태계를 육성함으로써 사회적 배제의 개선에 이바지하고자 한다. 예술가와 문화공급자가 지역사회의 네트워킹에 촉매 역할을 하는 데 주목하여, '이웃기반 창조경제(neighborhood-based creative economy)'로 발전 중이다.

창조도시 사례는 자원의 측면에서 선도개발형, 문화체험형, 도시재생형, 생산기반형으로 나뉜다. 선도개발형의 초기 모델은 세계대전으로 폐허가 된 도시의 재생을 위해 문화인프라인 랜드마크를 고치고 가로경관을 정비하는 것이었다. 대개의 창조도시에는 '스타건축물'이 있는데 문제는 그 필요성과 건축비의 적절성 여부다. 문화인프라의 건설과 운영에는 자본뿐만 아니라 도시의 무형역량 – 법·제도, 시민네트워크, 문화콘텐츠 등 – 이 중요하다. 문

창조도시의 사례 유형

사업·정책	콘텐츠 자원	공간 스케일
유럽문화수도사업 유네스코창의도시네트워크 문화이벤트 문화산업·창조산업 사회결속	선도개발형(랜드마크) 문화체험형(문화관광) 도시재생형(공공디자인) 생산기반형(창조산업)	창조지구 창조도시 창조벨트 창조권역 창조네트워크

자료: 임정덕 외(2010), pp. 47-88.

화체험형은 문화관광 개념을 반영하는데, 관람객 위주의 소비기반 정책에서 창조산업을 육성하고 창조계층을 유인하는 정책으로 발전한다. 후자는 포괄적인 문화예술도시를 지향한다. 도시재생형은 도시를 생명체로 보고 기존 도시 구조를 해치지 않으면서 도시 기능을 부활시키는 것이다. 근간은 환경·경제·생활의 재생이며, 이 과정을 지휘하는 것이 공공디자인이다. 생산기반형은 전술한 문화·창조산업에 기반을 둔 창조도시다.

창조도시의 공간 스케일은 창조지구로부터 창조도시, 창조벨트, 창조권역, 창조네트워크에 이르기까지 다층적이며 중층적이다. 스케일을 불문하고 공통분모는 창조인재, 창조환경, 창조산업이다.

6. 창조도시와 역동성

창조도시는 일반화할 수 없다. 최량의 사례를 모방하는 식의 정형화된 답안을 추구하기보다는 목표에 대한 명확한 시각과 엄격한 개별적 정책평가가 중요하다. 하나의 정책을 일률적으로 적용할 수는 없으며 유사한 장애물도 도시의 여건에 따라 다른 방식으로 접근해야 한다.

이러한 맥락에서 '장소의 질'의 문제는 한층 더 본질적인 접근을 요한다. 도시재생은 장소마케팅이나 도시경쟁력 순위와 같은 외향적 측면보다는 오히려 이를 뒷받침하는 도시 내부의 자원과 역량에서 출발해야 한다.

부산의 사람, 공간, 시간이 가진 매력자원을 재발견하고 의미를 부여해 가치를 입히는 작업이 필요하다. 그 방향은 부산이라는 시공간의 원형이라 할 수 있는 해양성을 근간으로 한 아이덴티티의 재발견, 여기에 부합하는 어메니티의 조성, 그리고 역동성의 회복이다.

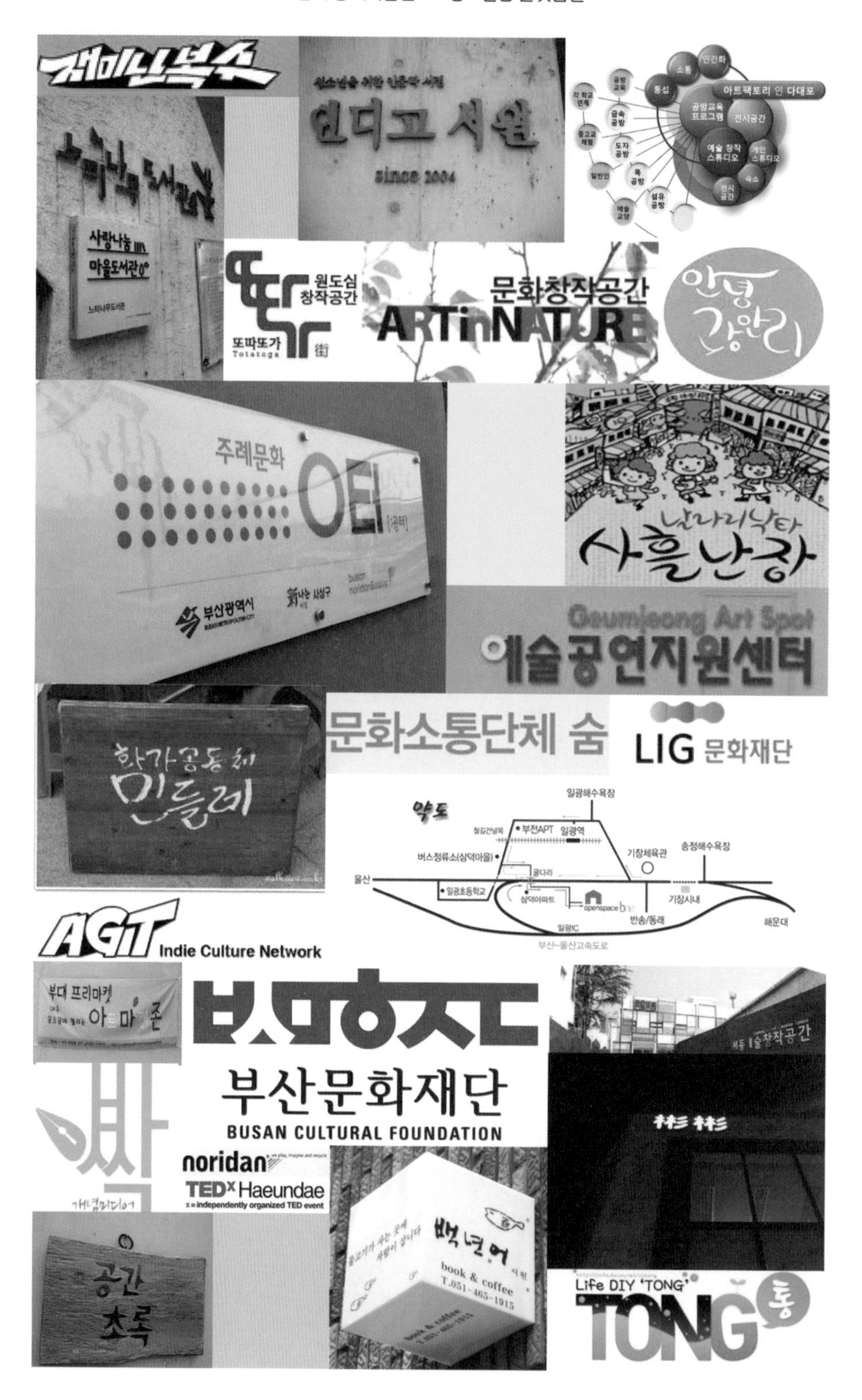

재미난복수
인디고 서원
since 2004
아트팩토리 인 다대포
공방교육 프로그램
전시공간
예술 창작 스튜디오
사랑나눔 마을도서관
원도심 창작공간
또따또가
Totatoga
문화창작공간
ARTinNATURE
안녕 감만리
주례문화
부산광역시
사흘난장
Geumjeong Art Spot
예술공연지원센터
화가공동체 민들레
문화소통단체 숨
LIG 문화재단
약도
일광해수욕장
부전APT
일광역
버스정류소(삼덕마을)
기장체육관
송정해수욕장
울산
일광초등학교
삼덕아파트
기장시내
반송/동래
일광IC
해운대
부산-울산고속도로
AGIT
Indie Culture Network
부대 프리마켓
부산문화재단
BUSAN CULTURAL FOUNDATION
noridan
TEDx Haeundae
x = independently organized TED event
공간 초록
백년어 서원
book & coffee
T.051-465-1915
Life DIY 'TONG'
TONG
통

23장

미래지향 창조산업

주 수 현

1. 도시재생을 위한 창조산업 육성 필요성

도시는 공간을 먹고 자란다. 공간은 자본의 지배를 받으며 시간에 따라 모습을 달리한다. 이익을 쫓는 자본의 지배 속에서 생존과 생활을 추구하는 삶의 양식이 부딪치면서 도시공간은 무질서와 질서 속에서 성장한다. 시민들은 높아진 소득과 양극화가 깊어지면서 돌아보는 것이 자신의 삶과 둘러싸고 있는 환경이다. 생활공간에 대한 성찰은 생존을 넘어 의미 있는 생활이 시작되는 지점이다. 삶의 터전을 돌아보고 이해관계가 부딪치기 시작할 때 도시의 질적 전환이 시작된다. 도시재생(Urban Regeneration)은 도시재구조화와 이해관계의 시험대 위에 서 있다. 자본의 일방적 이익을 위한 물리적 구조는 시민들의 성찰과 함께 나타나는 한계이다. 고용, 복지, 문화경관 등 사회경제적 변화를 수용하는 것은 후기자본주의 특성이다. 창조산업은 도시재생의 핵심수단일 뿐 아니라 도시의 미학적, 경제적 가치를 가진 공간을 창출하는 산업이다. 나아가 시민들이 요구하는 공간정의(Spatial Justice)를 실현하기 위한 중요한 요소가 된다. 특히 창조산업은 고도성장이 한계에 직면하면서 등장한 성장동인이며 노동, 자본 등 과거의 단순 생산요소가 아니라 총요소생산성을 증가시킨다.

창조산업은 도시경쟁력이 중요해 지고 있는 상황에서 도시 구조전환의 수단이다. 창조계층은 도시의 창조적 공간을 만들어 갈 뿐 아니라 이를 통해 창조산업도 주도한다. 대도시는 다양한 자원으로 창조계층을 끌어들이는 힘이 있다. 이들이 생산한 창조물을 소비할 대규모의 시민이 거주한다. 이런 측면에서 창조산업은 도시부활의 새로운 동력이다. 도시재생의 실마리가 창조산업이다.

우리나라의 상징은 초고속 성장이다. 성장초기는 부산과 대구의 성장동력인 섬유, 신발산업이 주도했다. 중화학공업시대는 창원의 기계, 거제의 조선, 울산의 자동차산업이 주도하였다. 국가의 산업정책이 지역의 자본축적을 결정하고 이것이 경로의존 구조가 되었다. 자본축적을 기반으로 산업의 라이프사이클이 도시의 부침을 결정한 것이다. 부산, 대구와 같은 경공업 도시들은 임금상승과 산업입지제약으로 쇠퇴하기 시작하였으며 인구는 급속이 유출되었고 위상도 추락하였다. 부산 지역 도심의 경우, 토지수익률 저하로 자연스럽게 업종이 재배치된다. 대규모 유통시설이 입지하면서 재래시장은 경쟁력을 상실한다. 상권 변화로 공동화현상이 나타난다. 무질서하게 형성된 낙후지역은 협소한 도로와 영세한 필지, 기반시설 등이 미비하여 도시 비공식부문으로 전락한다.

지역주민의 자각은 도시재구조화를 위한 도시재생에 대한 인식을 시작하였으며 창조산업이 도시의 부활을 위한 실마리를 제공한다. 무질서한 도시성장 과정 속에서 축적된 도시자산에 대한 새로운 발견이다. 지역자원의 잠재력을 현실화하기 위한 노력이 시작되었다. 도시재생은 창조산업과 연계되어 도시의 공간을 재구성하게 되었으며 창조산업이 새로운 비즈니스와 고용을 창출하는 지식산업으로 위상을 갖게 된다.

선진국의 많은 사례들이 보여주듯이 도시재생은 단순한 물리적인 공간구조의 개선이 아니라 창조산업을 통해 지속가능한 도시시스템을 구축해야 한다. 새로운 고용과 소득을 창출하고 도시의 창조적인 경쟁력을 높이기 위한 전략적인 관점이 필요하다.

부산지역 역시 창조산업을 도시공간의 재구조화를 위한 기폭재로서, 그리고 시민의 삶의 질을 제고하고, 새로운 비즈니스 모델로서 창조산업을 새롭게 인식하고 육성 발전시켜 나가는 것이 중요하다.

2. 창조산업의 개념과 특성

창조산업에 대한 개념은 1997년 영국의 문화미디어체육부(DCMS : Department for Culture, Media and Sport)가 창조산업 전략보고서에서 공론화하였다. UNCTAD(2010)는 창조산업을 창조성과 지적자산을 가장 주된 투입물로 사용하여 재화와 서비스를 창조, 생산하고 분배하는 순환과정으로 보고 유형의 재화와 무형의 지적 또는 예술적 서비스를 포함하고 있다. 호주의 NOIE(National Office for the Infomation Economy)의 보고서에 의하면 창조산업은 개인의 창조성을 생산요소로 보고 있고, 저작권 산업은 자산의 특징과 산업의 산출물로 정의를 하고 있다. 콘텐츠 산업은 산업 생산에, 문화산업은 공공 정책의 기능과 재정에 초점을 두고 있으며 디지털 콘텐츠는 기술과 산업 생산의 결합으로 정의하고 있다.

창조산업과 유사 산업과의 비교

구분	창조산업	저작권산업	콘텐츠산업	문화산업	디지털콘텐츠
정의 기준	개인의 창조성이 생산요소로 투입하여 산출물을 생성	자산의 특징과 산업의 산출물로 정의	산업 생산에 초점을 맞추어 정의	공공 정책의 기능과 재정에 의해 정의	기술과 산업 생산의 결합에 의해 정의
산업 범위	광고, 건축, 디자인, 양방향 소프트웨어, 영화, 방송, 음악, 출판, 공연예술	상업 예술, 출판, 영화, 순수 미술, 비디오, 음악, 저작물, 데이터 처리, 소프트웨어	음악 녹음, 음반 판매, 방송과 영화, 소프트웨어, 멀티미디어 서비스	박물관과 미술관 비주얼 아트와 공예, 방송과 영화, 음악, 공연예술, 문학, 도서관	상업예술, 방송과 영화, 비디오, 사진, 전자게임, 녹음, 정보 저장 및 검색

자료: NOIE(2003)

창조산업이 독립산업으로서 위상을 확보하고 산업정책의 대상이 되기 위해서는 정확한 범위가 확정되어야 하며 또한 표준산업분류에 의해 일관성 있는 통계가 정비되어야 한다. 각국에서 분류한 창조산업의 내용을 살펴보면 지적 재산의 재화나 서비스를 창출, 제조, 배포하는 과정을 포함하고 있으며 문화적 전통에 기반(축제, 음악, 도서 등)한 분야, 기술집약적 분야(영화, 게임, 디지털 애니메이션 등), 서비스 분야(광고와 홍보 등)를 포괄하고 있다. 또한 IT와 소프트웨어, 건축, 과학기술분야의 R&D 활동도 포함하고 있다. 우리나라는 문화산업과 디지털정보산업의 통합에 의한 디지털 콘텐츠산업으로 창조산업을 대신하고 있다.

창조산업은 인적자원의 창의성 수준에 크게 의존하고 있어 타산업과 구분되는 고유의 특성을 갖고 있다.

먼저, 창조산업의 산출물은 소비자들의 개인적인 욕구를 충족시켜 주므로 수요가 소비자의 주관적, 심미적 판단에 크게 의존한다. 이에 따라 다른 산업에 비해 시장불확실성이 크다.

둘째, 창조산업 종사자의 자발적 동기가 중요하다. 일반제품의 생산과정에서는 노동자가 동질적이며 노동과 자본의 대체도 가능하나 창조산업의 핵심 생산자들은 다른 인력으로

표준산업분류에 의한 창조산업 범주

중분류	세부내용	중분류	세부내용
패션	편직, 직물제의류 및 장신품 가죽및모피의류, 가방및핸드백 등	광고	광고
출판	신문, 출판, 만화. 인쇄 기록매체출판및복제	디자인	디자인(시각, 제품, 인테리어, 사진 등)
공예	장난감및오락용품,. 악기 문방구, 귀금속및보석 등	연구개발	연구기관, 기업내연구개발
방송	방송업, 정보제공서비스	문화	문화서비스(박물관, 미술관, 사적지 등)
건축	건축서비스	영화	영화, 애니메이션 등
소프트웨어	컴퓨터서비스, 게임, sw 등	예술	공연예술(음악, 공연, 미술 등)

대체하기가 어렵고, 노동력간의 대체도 불가능하다. 따라서 창조산업의 발전을 위해서는 창의적 인재를 확보하기 위한 환경조성이 핵심이다.

셋째, 창조산업의 작업들은 대부분 프로젝트 단위로 수행되며 소비가 일회적으로 대량생산이 가능한 표준화가 어렵다. 영화나 광고를 제작하거나 전시회, 공연 등을 개최하려면, 프로젝트의 기획을 통해 일정기간내 완료해야 한다.

넷째, 창조산업의 산출물은 대부분 디지털화되어 원판을 복제하거나 재생산하는 비용은 매우 낮아 수확체감의 법칙이 작용하지 않는다. 또한 어떤 특정 제품에 대한 소비자의 선택이 기존 고객의 수에 영향을 받게 되는 네트워크 효과도 중요하다.

다섯째, 창조산업은 도시에 입지하는 특성이 있다. 도심과 그 인접지역은 창조상품 제작자들에게 필요한 자원을 공급해줄 수 있는 다양한 공급망이 형성되어 있으며, 전문인력들간의 네트워크가 잘 이루어져 정보 교환이 용이하며 수요자들도 집중되어 수요의 불확실성을 줄여준다

마지막으로 창조산업은 과학기술과 결합하면서 새로운 산업의 형성을 촉진하고 있다. 예를 들면 스마트폰의 앱 개발, 인터넷 게임, 제품디자인, 소프트웨어 등은 정보 및 과학기술 발전에 의한 것이다. 최근 영화 제작에는 과학기술에 바탕을 둔 각종 특수효과, 컴퓨터 그래픽 등의 신기술이 중요해지고 있다.

3. 국내외 창조산업 및 정책 동향 분석

해외의 창조산업 육성정책은 도시발전전략으로서 활용되고 있는데 주로 네트워크를 구성하여 국제사회의 새로운 관계를 형성하거나 기존 공간을 창조공간화하는 전략을 사용한다. 먼저 네트워크 전략의 경우 2004년 '문화다양성을 위한 국제연대 사업(Global alliance for Cultural Diversity)'으로 시작된 유네스코 창조도시 네트워크(UNESCO Creative Cities Network)가 대표적이다. 창조산업의 핵심요소인 창조성에 주목하여, 도시의 문화 자산을 늘리고 창조산업을 육성하며 도시간 협력을 통해 발전의 경험을 서로 공유하도록 함으로써 회원도시들이 경제와 사회·문화적 발전을 이루도록 하고 있다. 창조도시 네트워크는 문학, 디자인, 음악, 공예·민속예술, 음식, 미디어예술, 영화 등 7개 분야에서 선정하고 있으며, 2010년 8월을 기준으로 서울과 이천을 포함한 17개국 25개 도시가 네트워크에 가입되어 있다.

창조공간화 전략의 경우 창조 클러스터를 구축하여 이를 창조도시 발전과 연계 시키고 창조공간 내부는 네트워크를 중심으로 지식과 경험, 노하우 등의 효율적 공유를 위한 클러스터를 형성하고 있다. 이것이 창조산업 집적과 혁신의 원천이 된다. 창조산업과 창조도시

해외 창조클러스터 및 창조지구

	창조지구	내용
영국 버밍엄	카스타드 팩토리	카스타드 공장을 200개 스튜디오, 350명 예술가의 활동공간으로 변용, 극장, 갤러리, 리허설룸, 댄스홀, 레스토랑, 카페 등이 입주
캐나다 토론토	증류소 지구	술을 생산하던 토론토 증류소를 비롯해 45개의 19세기 건물이 밀집한 13에이커의 장소를 복원, '역사적 증류소 지구'로 재탄생. 보행자전용거리인 이곳에 100개가 넘는 문화시설과 레스토랑이 입주, 문화이벤트 전개
일본 요코하마	BankART 1929	1929년에 건립된 건물에서 예술 활동을 한다는 뜻의 사업명이자 사업운영사명인 동시에 시설의 이름. 계획성과 즉흥성이 공존하는 다목적 문화공간으로서 이후 여타 창조클러스터 조성을 견인. 그중 하나인 ZALM(대장성의 옛 간토 재무국 사무소를 개조)에는 25개의 예술가 그룹이 입주
중국 베이징	798예술구 (따산즈 예술 특구)	'798연합창'으로 불리던 국영공장 지대가 2002년 예술잡지 중심의 서점 개설을 기화로 예술지역으로 변신. 2006년 베이징시가 지원. 세계 각국 갤러리 100여 개, 작업실 200여 개, 문화기구 220여 개, 각종 편의시설 밀집. '따산즈 효과'는 중국 예술시장의 급성장을 상징
대만	Huashan(華山) 1914	양조공장의 역사성을 유지하면서 전시공간, 음악공연장, 어린이예술극장, 생활체육관, 카페, 레스토랑 등을 도입하였으며, 주변에 다수의 야외극장 및 공원이 조성되어 창조산업이 활성화됨

자료: 주수현외(2011) 재인용

가 이탈리아 볼로냐 등과 같이 역사적 전통과 독특한 문화를 배경으로 하는 발전하는 경우가 대부분 이지만 중국과 같이 정부차원의 적극적인 창조산업 정책을 통해 창조도시로 발전하는 경우도 있다.

국내 창조산업 육성정책은 산업클러스터 조성을 위한 산업단지 정책과 일정한 관계가 있다. 문화체육관광부는 지역의 창조산업클러스터 조성정책의 일환으로 유망지역에 관련 기업 및 대학, 연구소, 벤처캐피탈 등을 집적하여 고수익을 창출하고, 지역경제를 활성화시키기 위해 2000년부터 2010년까지 '지방문화산업지원센터' 설립과 '지방문화산업단지 및 진흥지구 인프라 구축 사업'을 추진해왔다.

문화산업지구는 이미 집적화된 지역을 선정하여 지역 내 상호 교류 및 상호 협력할 수 있도록 유도하는 정책을 의미하며, 문화산업 기반조성 여건이 부족한 중소도시에 문화콘텐츠산업 기업들을 모으고 이들의 활동을 지원하기 위하여 '문화산업진흥시설'을 지정하였다. 부산지역의 경우 2002년 부산정보산업진흥원이라는 이름으로 지방문화산업지원센터가 설립되었으며, 주요 사업은 영화 관련 제작지원과 인력양성 사업이다. 문화산업진흥지구는 문화콘텐츠산업 관련 기업 및 대학, 연구소 등의 밀집도가 다른 지역보다 높은 지역을 지정하여 문화 콘텐츠 산업 관련기업 및 대학, 연구소 등의 영업활동, 연구개발, 인력양성, 공동제작 등을 장려하고 이를 촉진하기 위하여 지정된 지역을 의미한다.

Landry(2000)에 의하면 창조산업 클러스터는 거리비용 절감보다는 지식과 경험, 노하우 등을 확보하기 위한 네트워크가 결정하며 이것이 창조산업 혁신의 원천이 된다고 보고 있다.

따라서 문화산업단지, 문화산업진흥지구, 그리고 문화산업진흥시설은 클러스터 형성을 통해 창조산업을 발전시키기 위한 정책이라고 할 수 있다.

4. 부산지역 창조산업 규모 추정 및 현황 분석

창조산업 규모 추정

부산지역 창조산업의 규모가 어느 정도인지에 대한 실증적 연구는 거의 없다. 산업규모가 추정되어야 산업의 위상이 확보되고 정책지원의 대상으로서 의미를 가진다. 2009년 현재 부산지역 창조산업은 제조업대비 사업체 수에서는 41.66%, 고용대비 26.95%, 산출액 대비 9.03%로 높은 비중을 차지하고 있으나 기업의 영세성과 저생산성을 벗어나지 못하고 있다. 일반적으로 지역의 전략산업 정책이 제조업에 집중되어 많은 예산이 투입되고 있다는 점에서 창조산업의 경우 제조업 대비 높은 비중에도 불구하고 상대적으로 지원이 미흡한 실정이다.

우리나라의 경우, 창조산업은 GDP에서 4.56%, 고용은 6.65%의 비중을 차지하고 있으나 부산의 경우 각각 3.11%, 4.29%로 이에 미치지 못하고 있다. 그러나 대도시를 중심으로 창조산업의 성장률이 일반 서비스산업의 성장률을 능가하고 있기 때문에 저성장시대에 창조산업에 대한 관심과 지원 대책은 중요하다.

부산 창조산업을 12개 업종별로 사업체 수 현황을 살펴보면 공연예술이 3,226개로 가장 많았으며 다음으로 패션 2,121개, 출판 1,556개 등으로 나타났다. 고용자는 패션분야에 1만 2967명, 건축분야는 1만 642명, 공연예술 5,510명이 종사하는 것으로 나타났다. 산출액의 경우 패션분야에 1조 2721억 4500만 원, 건축분야에는 8003억 8400만 원, 공연예술에 3748억 5900만 원으로 나타났다. 특히 섬유패션의 경우 세정, 파크랜드, 베이직하우스, 그린조이 등

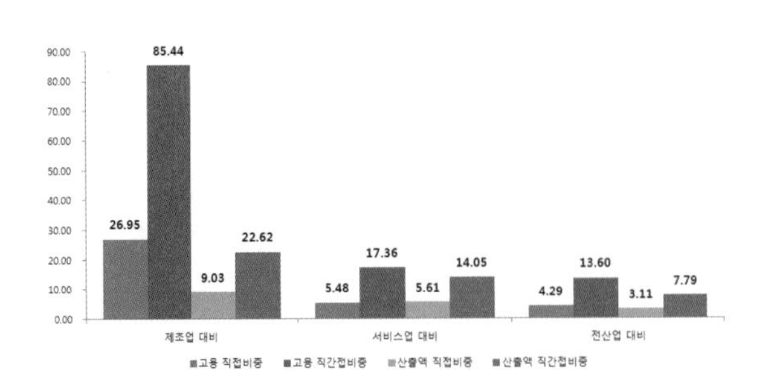

부산지역 창조산업 비중(2009년, 단위:%)

중견기업이 다수 포진하고 있어 지역적으로도 특화되어 있는 업종이다. 부산지역의 경우 과거 고도성장기에 경공업의 거점이라는 점에서 생활패션과 연계된 섬유와 신발 등에 산업적 기반이 확고하게 자리 잡고 있는 것으로 판단된다.

부산지역 16개 구군별 창조산업의 사업체수 현황은 부산진구가 1,701개로 가장 많고 다

부산지역 구군별 창조산업 사업체수 비중 현황(2009년)

	패션	출판	공예	방송	건축	소프트웨어	광고	디자인	연구개발	문화인프라	영화영상	공연예술	창조산업
중구	8.82	19.41	4.91	10.00	3.91	5.48	29.62	1.41	2.88	8.51	5.67	2.20	7.95
서구	3.11	3.66	0.74	0.00	1.15	1.01	2.67	0.70	1.15	3.19	2.98	3.63	2.86
동구	28.05	2.96	1.23	10.00	14.37	11.36	6.46	2.11	8.07	2.13	5.37	2.60	9.59
영도구	2.12	0.84	1.23	0.00	1.26	3.25	0.22	1.41	2.88	5.32	3.28	2.63	2.10
진구	11.74	23.78	52.83	12.50	12.53	12.98	23.39	11.97	10.95	17.02	14.61	11.35	15.82
동래구	7.83	6.30	1.72	5.00	10.57	5.68	4.68	6.34	3.17	9.57	6.96	10.29	7.86
남구	8.20	3.34	1.47	7.50	4.71	14.40	5.57	9.15	8.36	9.57	8.75	8.40	7.27
북구	2.22	2.89	0.98	2.50	3.45	3.04	1.11	1.41	2.88	5.32	6.16	7.69	4.41
해운대	4.43	3.02	1.72	10.00	8.05	11.16	7.57	26.76	10.37	12.77	10.54	13.64	8.77
사하구	4.34	6.43	9.09	12.50	3.91	1.01	1.78	4.23	2.02	2.13	7.46	9.05	6.17
금정구	6.51	5.72	2.21	5.00	7.93	5.68	3.56	9.15	19.60	10.64	9.15	7.81	7.31
강서구	0.24	1.03	7.62	2.50	1.84	1.01	0.45	0.00	1.73	1.06	0.50	0.43	0.95
연제구	5.37	5.14	2.21	7.50	10.92	7.10	6.24	5.63	10.09	2.13	4.47	6.11	6.06
수영구	4.34	2.38	1.23	7.50	5.63	3.04	5.12	8.45	2.88	5.32	5.86	6.88	4.95
사상구	2.17	12.02	5.16	7.50	7.59	13.18	1.34	11.27	12.10	4.26	7.26	5.18	6.47
기장군	0.52	1.09	5.65	0.00	2.18	0.61	0.22	0.00	0.86	1.06	0.99	2.11	1.45
합계	100	100	100	100	100	100	100	100	100	100	100	100	100

자료 : 통계청 자료를 활용하여 계산.

부산지역 구군별 창조산업 종사자수 비중 현황(2009년)

	패션	출판	공예	방송	건축	소프트웨어	광고	디자인	연구개발	문화인프라	영화영상	공연예술	창조산업
중구	2.71	13.60	1.41	2.58	14.37	9.35	19.36	0.28	2.25	7.47	6.33	3.58	7.65
서구	2.31	3.16	2.76	0.00	0.38	0.36	1.57	0.14	0.31	2.24	1.33	3.94	1.75
동구	8.98	7.66	0.37	2.58	12.34	12.22	10.37	0.83	7.02	2.32	3.21	2.83	7.99
영도구	1.54	0.37	0.80	0.00	0.50	4.15	0.06	1.24	3.63	3.36	5.99	2.85	1.90
진구	8.74	20.93	24.88	5.55	12.06	11.92	21.94	6.48	11.76	19.34	17.71	11.38	13.09
동래구	7.55	4.42	2.14	3.47	8.42	4.35	4.09	3.59	1.94	8.81	7.69	10.85	6.83
남구	8.54	1.79	0.61	14.27	5.28	10.92	10.18	14.21	9.76	7.24	7.45	9.76	7.44
북구	5.65	1.54	0.25	3.07	1.26	2.16	0.63	0.97	1.38	4.03	4.60	6.99	3.38
해운대	11.47	2.16	1.29	9.22	6.61	17.88	8.30	41.66	9.20	23.90	14.26	12.50	10.45
사하구	7.74	5.21	16.54	5.45	3.14	1.25	1.13	4.14	1.31	1.49	4.09	8.49	5.31
금정구	18.19	6.46	5.82	0.99	8.54	7.46	2.20	6.21	13.98	9.71	12.78	7.66	10.76
강서구	0.32	1.20	24.14	0.10	0.44	1.04	0.50	0.00	7.40	0.45	0.33	0.54	1.69
연제구	8.11	12.60	3.86	14.17	8.92	4.71	10.87	2.90	9.58	1.72	4.57	5.59	7.88
수영구	3.54	2.24	0.55	34.99	4.89	1.81	7.98	5.79	1.42	4.56	3.57	6.48	4.48
사상구	2.08	16.01	9.56	3.57	12.19	9.68	0.69	11.59	8.06	1.94	5.69	4.75	7.44
기장군	2.51	0.64	5.02	0.00	0.69	0.74	0.13	0.00	10.97	1.42	0.39	1.80	1.96
합계	100	100	100	100	100	100	100	100	100	100	100	100	100

자료 : 통계청 자료를 활용하여 계산.

음으로 동구 1,031, 해운대구 943개 순으로 나타났으며 기장군과 강서구가 가장 낮게 나타났다. 세부 업종을 살펴보면 출판, 공예, 방송, 문화 인프라, 영화영상 등은 부산진구의 비중이 가장 높았으며 패션, 건축은 동구, 소프트웨어는 남구, 광고는 중구, 디자인은 해운대구가 높은 비중을 보여주었다. 이 지역들은 창조산업 업종들이 집적되어 있는 지역이라고 할 수 있다.

구군별 종사자수는, 부산진구가 가장 많아 총 6,638명, 다음으로 금정구 5,459명, 해운대구 5,298명 순이며 강서구가 856명으로 가장 적었다. 세부업종별로 보면 부산진구의 경우 출판, 공예, 광고, 영화영상분야에서 높은 비중을 보여주었다. 패션은 금정구, 방송은 수영구, 소프트웨어, 디자인, 문화 인프라, 공연예술 등은 해운대구, 연구개발업은 금정구 등이 높은 종사자수 비중을 보여주었다. 따라서 구군별로 집적화된 업종을 중심으로 연관업종과의 시너지 효과를 높이는 것이 필요하다.

특히 산업쇠퇴 지역에 창조와 관련된 예술가, 전문인력들을 유입하여 슬럼화를 방지한 유럽과 달리 부산은 최근 들어와 낙후지역에 대한 문화 공간화 작업과 콘텐츠 창출이 이루어지고 있어 인력유입에는 한계를 가지고 있다. 향후 낙후 지역에 대한 적절한 일자리 창출과 더불어 소프트 부문에서 창조적 인력을 끌어들일 수 있는 방안이 절실하다. 지역의 중심대학과 창조인력, 예술가 등의 인력이 거주하면서 부가가치와 일자리를 창출할 수 있는 근본적 대책과 함께 공간적 변환 노력이 가미되어야 도시재생의 원목적이 현실화될 수 있을 것이다.

창조산업의 산업파급효과

창조산업이 발전하기 위해서는 산업생태계가 조성되어야 하는데 이때 중요한 것이 관련 산업과의 연계와 집적이다. 또한 사업간 우선 순위를 정하기 위해 투자에 따른 파급효과를 파악하는 것도 필요하다.

창조산업의 생산유발계수는 전체적으로 제조업보다는 낮다. 부산지역을 보면 공예가 가장 높게 나타났으며 다음으로 광고, 패션, 출판 등의 순으로 나타났는데 주로 제조업 성격을 갖는 창조산업이 전후방 연관산업이 많아 파급효과가 큰 것으로 나타났다. 생산유발계수의 의미는 만약 부산지역 디자인 산업에 10억 원을 투자할 경우 17억 원의 경제파급효과가 발생한다는 것을 나타낸다.

도시재생은 창조산업과 관련성 측면에서 고용창출이 중요한 요소가 된다. 창조산업의 취업유발 계수의 경우, 부산지역 2009년 기준으로 창조산업이 제조업보다는 높은 것으로 나타났다. 세부업종별로는 문화인프라가 가장 높은 0.077로 나타났으며 다음으로 영화영상,

부산과 한국의 생산 유발 계수

	업 종	부 산		한 국	
		2000년	2009년	2000년	2009년
1	패 션	2.9163	3.2205	3.0022	2.9120
2	출 판	2.8081	3.0245	2.7853	2.7368
3	공 예	2.8552	3.3443	2.7783	2.8599
4	방 송	2.4472	2.4215	1.9888	2.1013
5	건 축	1.5720	1.7790	1.6059	1.6841
6	소프트웨어	2.2039	2.5699	1.7967	2.2272
7	광 고	3.1951	3.2932	3.0334	3.1050
8	디자인	1.5720	1.7790	1.6059	1.6841
9	연구개발	1.5895	1.8860	1.6296	1.7601
10	문화인프라	2.0843	2.0468	2.0083	1.9421
11	영화영상	2.3816	2.6991	2.3393	2.6728
12	공연예술	2.0975	2.0306	2.0498	2.0375
13	농림어업	2.2310	2.6926	1.9422	2.2103
14	제조업	2.8581	3.5913	2.8940	3.2103
15	서비스업	2.0710	2.3911	2.0181	2.1712

부산과 한국의 취업 유발 계수

	업 종	부 산		한 국	
		2000년	2009년	2000년	2009년
1	패 션	0.0520	0.0312	0.0349	0.0230
2	출 판	0.0481	0.0355	0.0339	0.0222
3	공 예	0.0455	0.0358	0.0362	0.0220
4	방 송	0.0431	0.0273	0.0237	0.0156
5	건 축	0.0247	0.0192	0.0197	0.0177
6	소프트웨어	0.0460	0.0275	0.0224	0.0185
7	광 고	0.0469	0.0386	0.0294	0.0207
8	디자인	0.0247	0.0192	0.0197	0.0177
9	연구개발	0.0284	0.0192	0.0205	0.0173
10	문화인프라	0.0601	0.0768	0.0351	0.0402
11	영화영상	0.0517	0.0757	0.0430	0.0238
12	공연예술	0.0198	0.0645	0.0365	0.0185
13	농림어업	0.0471	0.0277	0.0677	0.0476
14	제조업	0.0348	0.0231	0.0296	0.0214
15	서비스업	0.0342	0.0240	0.0298	0.0217

공연예술 순으로 나타났다. 취업유발계수의 의미는 영화산업에 10억 원을 투자할 경우 취업자는 76명이 발생한다는 것을 나타낸다.

일반적으로 창조산업의 연관구조는 클러스터화와 관계가 있다. 클러스터가 효과를 발휘하기 위해서는 전후방 연관산업의 집적뿐만 아니라 단순한 물리적 집적을 넘어서서 민·관·학의 이질적 기능의 요소들이 집적하면서 상호보완의 시너지 효과와 공생관계와 경쟁관계를 지속하면서 창조성과 차이를 만들어내고 잠재성이 현실화되어야 한다.

또한 창조산업 활동은 그 지역의 이미지를 형성하는데 기여함으로써 도시의 브랜드를 마케팅하여 지역경제에 간접적으로 영향을 미칠 수 있다. 유럽의 경우 각 지역의 창조산업 활동은 그 지역의 정체성과 문화적 고유성을 형성시킴으로써 지역의 대외이미지를 고양하고 지역의 주거 환경을 고급화하는 데 기여한다. 이것은 다시 지역에 대한 투자의 유입과 전문인력 유치에 유리하게 작용한다. 창조산업의 발전은 고용의 양적 증대뿐 아니라 질적 측면에서 사회통합에 기여할 수 있어 다문화사회가 확대되는 부산지역에서도 중요한 의미를 가진다.

부산지역 창조산업 업체 실태

부산발전연구원이 2011년에 조사한 부산지역 창조산업관련 기업 213개에 대한 실태조사에서 특정공간에 입지하는 이유로는 대중교통 편의성이 31.0%로 가장 높게 나타났다. 다음으로 고객과의 지리적 근접 20.2%, 낮은 임대료 13.1%, 동종업체 밀집도 11.7%, 지식 및 정보획득용이 8.5%, 전문인력 확보용이 7.0%, 거래처 인접 6.1%, 기타 2.3% 순으로 나타났다.

특정 지역에 입지하는 이유를 구체적으로 파악하기 위해 업종별로 나누어 살펴보면 패션, 공예, 방송, 건축, 소프트웨어, 광고의 경우 대중교통의 편의성으로 나타났으나 디자인은 고객과의 근접성, 영화는 동종업체 밀집도 등으로 나타났다.

창조관련 기업의 경쟁력 결정요인을 보면 인력부족이 21.3%로 가장 높게 나타나 창조산업에서 인적자본의 중요성을 알 수 있다. 다음으로 경쟁력 결정요인으로 국내외 기업 간의

창조산업 업종별 지역입지 및 경쟁력 결정 요인

	지역입지요인	경쟁력 결정요인
패션	대중교통 편의성	타사 및 전문기관과의 협력 부족
출판	동종업체 밀집도	고객의 디자인 중요성 인식 부족
공예	대중교통 편의성	인력부족
방송	대중교통 편의성	국내외 기업간의 과도한 경쟁
건축	대중교통 편의성	고객의 디자인 중요성 인식 부족
소프트웨어	대중교통 편의성	타 부문(생산/품질, 마케팅 등)역량 부족
광고	대중교통 편의성	국내외 기업간의 과도한 경쟁
디자인	고객과의 지리적 근접	인력 부족
연구개발	지식 및 정보획득 용이	인력 부족
영화	동종업체 밀집도	인력 부족
예술	고객과의 지리적 근접	타 부문(생산/품질, 마케팅 등)역량 부족
문화 인프라	고객과의 지리적 근접	인력 부족

자료 : 주수현 외(2011)

과도한 경쟁 12.6%, 개발 비용 부담 12.1% 순으로 나타났다. 업종별로는 공예, 디자인, 연구개발, 영화, 문화 인프라가 인력부족을 가장 중요하게 생각하였으나 나머지는 협소한 시장, 과다한 경쟁 등으로 나타났다.

창조산업이 이러한 문제를 극복하고 생존기반을 확보하기 위해서 무엇보다도 문화를 창조하고 문화를 향유할 수 있는 근본적인 요소인 예술인과 장인, 창조적 직업군들이 거주하고 문화와 산업을 만들어내는 것이 중요해 지고 있다.

5. 창조산업과 도시재생

창조산업은 창조도시를 지향할 때 가속화된다. 창조도시는 창조산업을 기반으로 하여 지역민의 참여를 끌어 낼 수 있기 때문이다. 도시재생 등의 사업과 연계된 창조기업을 창출하는 것이 시민을 참여시키고 창조산업을 육성하는 방안이다. 도시재생의 모범적인 사례는 아일랜드의 계획이다. 아일랜드는 1998년 "신 발리문을 위한 마스터플랜"을 발표한다. 이 계획은 정부, 더블린 시의회 및 지역 커뮤니티가 모두 참여한 계획이다. 최우선의 목표는 잠재적 투자자를 유인하고 커뮤니티의 성장을 위해 발리문의 이미지를 변화시키는 것이었다. 특히 도시재생을 기존의 물리적 재생을 넘어서 사회적·경제적·문화적·환경적 재생을 포괄하는 총체적 재생의 개념으로 설정하고 주민이 참여하는 사회통합적 성격을 가지고 있다는 점도 두드러 진다.

이런 관점에서 본다면 부산지역이 관심을 가져야 할 분야는 근대산업유산의 창조적 재생과 쇠퇴지역의 창조적 구조개편을 통한 재생이다. 또한 재래시장의 창조적 재생, 저소득층이 밀집된 낙후지역의 재생, 사회통합적 주거공동체구성, 공공디자인 활용, 일자리와 복지 등을 포함하는 재생이 중요하다.

도시재생과 관련된 창조산업 육성을 위한 향후 전략은 다음과 같다. 먼저, 창조산업이 지역 활성화, 고용창출 및 주민의 삶의 질 향상 등으로 연결되어야 한다. 따라서 생산과 소비를 동시에 진작할 수 있는 정책이 중요하다. 창조산업의 생산 진작책은 창조공간 마련, 기술개발 프로그램의 제공, 네트워킹 및 사업서비스에 대한 지원이다. 수요 진작을 위해서는 창작물 관련 소매점, 갤러리, 카페 등의 시설유치, 관광산업과의 연계, 투자촉진과 문화마케팅 기법의 적극적인 도입이다. 도시재생사업은 창조산업의 공급과 수요 양 측면에서 중요한 사업이므로 창조산업 발전의 핵심 사업이다.

둘째, 도시가 창조성을 높이려면 전문성을 가진 창조인력을 유입해야 한다. 창조인력의 유입은 문화 인프라와 다양한 문화 활동이 수반되어야 한다. 문화산업의 고용이 10%를 차지하는 독일의 쾰른, 이탈리아의 볼로냐, 일본의 가나자와 등은 문화정책을 도시발전에 전략적으로 접목하여 지속가능한 발전을 담보하는 창조도시를 지향하고 있다.

셋째, 창조산업의 발전을 위해 창조산업과 연관된 자원의 발굴 및 활성화가 중요하다. 나아가 중추적 공간의 재생을 위한 핵심적인 사업인 도시재생사업을 잘 활용해야 한다. 창조성을 위한 장소 여건과 창조 생태계에 대한 지원, 예술과 창조활동을 통한 공간 활성화도 중요하다. 예술과 문화를 도시계획과 개발에 적극 반영하고, 예술과 문화의 창의적인 시도를 수용해야 한다. 현대적 건축물도 민간전문가와 지역주민의 의견을 수용하여 독특한 기능과 디자인으로 장기적으로 도시경관의 가치창출에 기여해야 한다.

넷째, 창조성을 발휘하기 위한 융복합 혁신 지원책이 필요하다. 중소기업 중심의 산업정책을 문화정책, 도시공간정책과 융합해야 한다. 이를 통해 역동적이고 혁신적인 문화의 모습을 반영한 공간을 창조해야 한다. 또한 창조산업은 공간전략 외에 타산업과의 융복합도 중요하다.

다섯째, 창조산업을 활성화하기 위해 지역의 고유가치를 찾아내야 한다. 고유 가치에 입각하지 않은 창조산업화 전략은 실패할 가능성이 높다. 창조산업 클러스터는 창조인력이 모여 창조와 창의성을 발휘하는 연구개발이나 창작활동을 하는 창조공간을 조성해야 한다. 창조산업 클러스터 전단계인 창조지구는 상업화하기 이전에 연구개발과 순수 예술 활동이나 취미활동으로 모여 실험적인 개발, 창작, 공연 등을 하는 집적지이다. 이는 산업 인큐베이팅을 통해 상업화와 연결되는 촉매제 역할을 담당한다. 특히 이곳의 인적 네트워킹은 강한 하위문화를 형성하고 있으므로 문화 다양성과 구성원 간의 활발한 네트워킹을 도와야 한다. 또한 저소득층을 위한 공동체적 공간이 고소득층을 위한 상업적 부가가치를 최대화하는 고급 복합주거공간으로서 양극화되는 현상을 완화해야 한다. 도시재생 과정은 기획에서 운영, 관리에 이르기까지 공동체의 정체성을 담보하고, 이해관계자 간의 공간정의를 구현하기 위해 복잡한 이해관계를 조정하는 거버넌스가 핵심이다.

한편 기업 실태조사에서 지역입지의 가장 큰 이유는 대중교통의 편의성과 수요시장의 근접성이다. 이는 대도시 입지 특성을 의미한다. 업종별로는 출판, 영화 등은 동종업체 밀집도를 중요하게 판단하고 있다. 경쟁력 결정요인으로는 기획능력을 중요하게 판단하고 있으며 인력부족이 경쟁력강화에 가장 큰 한계로 지적되고 있다. 따라서 이러한 부분을 중심으로 정책적 지원이 이루어져야 기업의 정책수요를 충족시키면서 장기적으로 지역 내 창조산업의 생존기반을 확보할 수 있다. 나아가 선순환구조가 이루어지는 산업생태계 조성이 가능하다. 부산지역 창조기업은 대부분 영세성으로 지속적인 성장구조의 확보가 어려운 상태이다. 특히 시장이 협소하고 이 시장마저 과다경쟁 상태에 놓여 수요기반이 취약하다. 제조업 성격이 있는 창조산업(패션, 출판, 공예)은 재료 및 인건비 상승, 나머지 업종은 과다경쟁 및 시장

협소가 가장 어려운 문제로 등장하고 있다. 따라서 상호연계를 통한 생존기반을 위한 수요 확대 정책이 무엇보다도 중요하다.

부산지역의 창조산업에 대한 정확한 실태와 육성정책이 제시되고 이러한 정책이 피드백을 통하여 진화하고 최적화한다면 부산지역은 대도시로서 성격에 부합한 창조산업의 육성이 가능할 뿐만 아니라 창의성을 가진 인재가 머무는 도시가 될 수 있다. 여기에 글로벌 도시로 나아갈 수 있는 단초를 찾을 수 있다. 또한 대도시권 경쟁구조에서 동남권의 중심도시로서 위상확보와 함께 인근 도시에 대한 지원을 통하여 광역권이 상생하여 새로운 도시발전을 구상할 수 있을 것이다.

24장

문화콘텐츠 부동산

서 정 렬

'재생(re-generation)'의 사전적 의미는 '고쳐 다시 쓰는 것'이다. 이런 맥락에서 도시재생(urban regeneration)은 '도시 내 문제 공간(장소)을 제대로 기능할 수 있도록 고쳐 다시 쓰는 일련의 과정'이라고 할 수 있다. 부동산은 '토지 위에 부착된 정착물'로서의 법적인 의미를 갖는다. 그렇다면 도시재생과 부동산 사이에는 어떤 연관성이 있을까? '도시 내부의 공간을 고쳐 다시 쓰는 것'으로서의 '도시 내 정착물'이라는 측면에서 도시재생과 부동산은 상호 밀접하게 관계된다. 도시재생과 부동산이 어떻게 관계되며 최근의 부동산개발은 어떤 경향과 방향성을 갖을까? 이와 관련된 최근의 경향(trend)과 이론을 소개하고 사례를 통해 도시재생과 부동산의 관계성을 파악하고자 한다.

1. 뉴어버니즘과 콤팩트 개발의 필요성

도시계획 및 부동산 개발 분야의 최근 트렌드(trend)는 뉴어버니즘(New Urbanism)[1]이다. '새로운(new) 도시성(urbanism)'으로서의 뉴어버니즘의 기본 개념은 간단하다. 그 중 하나가 복합화(mixed)

1 뉴어버니즘(New Urbanism)은 무분별한 도시 확산과 난개발로 인한 문제점들을 해결하기 위한 1980년대 미국에서 제안된 대안적 도시계획 운동이다. 이후 1993년 10월 미국 버지니아 주 알렉산드리아 시에서 건축가, 도시계획 전문가, 부동산 디벨로퍼(developer) 등 170여 명이 모여 도심 황폐화 문제를 논의한 뒤 뉴어버니즘 헌장을 발표하고 관련 협회를 출범시켰다. 뉴어버니즘 헌장에 따르면 대도시를 확장하는 대신 슬럼화된 도심을 전략적으로 재건해야 한다고 주장한다. 또 주거와 상업지구 기능 등을 한 곳에서 해결할 수 있는 근린주구(近隣住區)형 개발(TND, Traditional Neighborhood Development)과 대중교통 지향의 개발(TOD, Transit

를 통해 다양성(diversity)을 추구할 수 있는 '콤팩트 시티(Compact City)'를 만들자는 것이다. 공간적 대상은 이전의 도심, 바로 '구도심(inner city)'이다. 도시재생을 통한 원도심의 활성화는 바로 공동화된 또는 공동화되고 있는 구도심에 새로운 활력을 불어 넣는데 있다. 현재 부산에서 추진 중이 미래부산발전 10대 비전 가운데도 원도심 활성화 차원에서 추진되고 있는 부산항(북항) 재개발, 부산금융중심지 조성, 부산시민공원 조성사업들이 원도심의 활성화 사업에 해당된다.[2]

콤팩트 시티(compact city)는 기존 도심 활성화와 이를 통한 도시경쟁력의 제고라는 측면에서 보편적으로 사용되는 용어이며 세계의 많은 도시들이 지향하는 글로벌 트렌드(global trend)라고 할 수 있다. 또한 용어의 개념에서 콤팩트 개발(compact development)과도 별반 다르지 않게 사용된다. 콤팩트 개발이 '부지를 적절한 고밀로 개발하고, 직주근접이 가능하도록 토지이용 형태를 구축하여 도시에 열린 공간을 확보함과 동시에 자동차 이용 및 이용거리를 감소시키고 대중교통과 보행을 활성화하고 환경오염을 줄이고자 제안된 개념'이라면 콤팩트 시티는 바로 그런 개발을 통해 만들어진 도시로 확장해서 보아도 무방하기 때문이다. 이런 이유로 콤팩트 개발은 '스마트 성장(smart growth)'의 근간이라고 할 수 있다.

'스마트 성장'이라는 것이 지역사회가 당면하고 있는 교통체증, 열린 도시공간의 부족, 보행통로 및 자전거 도로의 부족, 교통체계 연계 미흡 등의 문제점 해결을 통해 합리적 성장을 도모 하는 것이라면 콤팩트 개발은 바로 그것을 가능하게 하는 구체적인 실천 수단임과 동시에 과정인 셈이다. 그렇다면 왜 콤팩트 개발이며, 이러한 변화는 부동산시장과 어떤 연관성을 갖을까? 콤팩트 개발이 요구되는 배경은 다양하지만 몇 가지 특징적인 변화 요인을 통해 설명 가능하다.

첫째, 인구변화 요인이다. 독신자의 증가, 인구고령화에 따른 노인세대의 증가 등으로 인한 라이프 사이클의 변화, 직주근접으로서의 주거시설 선호와 이에 따른 도보를 통한 쇼핑 및 여가시설의 선호 등이다.

둘째, 인프라 (재정)투자 요인이다. 고성장 시대를 통해 도시가 확장되었다면, 저성장 시대는 더 이상의 도시 확장이 불필요 하다. 이에 따라 공공시설로서의 인프라 구축을 위한 재정투자에 소극적일 수밖에 없다. 오히려 기존 도심의 구축된 인프라를 최대한 활용해 도심 활성화를 꾀하는 것이 재정 투자를 최소화 하면서 효과를 극대화 시킬 수 있는 방법이다.

Oriented Development)과 복합개발(MXD(MUD), Mixed Use Development)을 통한 보행 환경의 개선과 도심 활성화 등을 구체적인 실천 전략으로 제시하고 있다.

2 미래부산발전 10 비전 사업들은 1.동북아 허브항만 육성 2.국제산업물류도시 조성 3.부산항(북항) 재개발 4.영화·영상타운 조성 5.부산금융중심지 조성 6. 동부산 관광·컨벤션 클러스터 조성 7.부산시민공원 조성 8.동남권 광역교통망 확충 9. 김해공항 가덕 이전 10. 하계올림픽 부산 유치 등이다.

셋째, 기후 변화 요인이다. 화석 연료 사용에 따른 기후 변화와 이에 따른 환경 재앙에 대한 불안감이 날로 커지고 있다. 이런 공감대가 경제적 여건에 따라 제한적이지만 직주근접에 대한 욕구를 키우는 배경으로 작용한다.

그렇다면 이러한 콤팩트 개발이 부동산시장과는 어떤 연관성이 있을까?

첫째, 개발의 방향이다. 저성장 시대라고 개발이 없지는 않다. 오히려 선택적인 개발이 가능해진다. 바로 도시의 외연적 확장 또는 확산이 아닌 내부 도시, 즉 기존 도심의 재생이라는 점에서 개발의 방향이 외부로 향하는 것이 아니라 기존 도심 내부로 향한다. 결국 구도심에 대한 관심의 집중은 기존 도심의 지대(地代)를 자극하는 요인으로 작용한다는 점이다.

둘째, 복합개발(MXD, Mixed Use Development)의 증가를 의미한다. 기존 도심은 땅 값이 비싸다. 따라서 비싼 지가를 극복하면서 도심을 활성화시키기 위해서는 2개 이상의 용도를 혼합하는 복합개발이 불가피하다.

셋째, 역세권에 대한 선택과 집중이다. 도심이면서 복합개발을 유도할 수 있기에 가장 적합한 곳은 어디일까? 바로 역세권이다. 또는 교통의 결절로서의 결절점(nodal point)이다. 전철 등 대중교통의 교점으로서 반경 500미터 이내 지역에 대한 선택적 개발을 통해 직주근접, 복합개발 등 도심 활성화를 도모하면서 도시 기능의 강화라는 점에서 비싼 지가에도 불구하고 앞으로 더욱 관심 지역일 수밖에 없다. 결국 기존 도시에서의 콤팩트 개발과 부동산시장 간의 연관성은 콤팩트 개발이 기존 도심 즉 원도심 지역의 토지이용의 합리화 및 고도화를 제고시키는 배경으로 작용할 수 있다는 점을 간과해서는 안 된다.

2. 워커블 어버니즘(walkable urbanism)과 보행자 중심의 도시만들기

뉴어버니즘의 기본 개념은 전통 근린개발(Traditional Neighborhood Development, TND), 대중교통 중심 개발(Transit Oriented Development, TOD), 복합 용도 개발(Mixed Use/Unit Development, MXD, MUD)로 요약된다. 또한 이러한 개념을 달성하기 위해서는 다음과 같은 설계원리가 전제되어야 한다.

① Walkability : 집과 직장은 걸어서 10분 이내, 보행자에게 친근한 가로 디자인, 차로부터 자유로운 보행가로

② Connectivity : 분산되어진 교통과 쉽게 걸을 수 있는 상호 연결된 격자형 가로 네트워크

③ Mixed Use & Diversity : 주상복합, 근린주구와 블록 그리고 빌딩 내에서의 복합용도, 도시민의 다양성

④ Mixed Housing : 유사한 범위 내의 주택의 유형, 규격, 규모의 혼합

⑤ Quality Architecture & Urban Design : 미적, 편의성 그리고 장소성의 창출

⑥ Traditional Neighborhood Structure : 중심과 경계의 명확성, 중심에 공공공간 마련, 공공영역의 질의 중요성

⑦ Increased Density : 빌딩, 주거, 상점과 서비스시설을 같이 입지시키는 것은 보행의 증대, 서비스와 지원의 효율적 이용, 편리성 제공

⑧ Smart Transportation : 도시, 타운, 근린주구를 모두 연결시키는 도로 네트워크

⑨ Sustainability : 개발과 운영에 있어서 환경적 영향의 최소화, 에너지 효율 증대, 보행위주

⑩ Quality of Life (Q.O.L.) : 좋은 장소로서 삶의 질 향상에 기여

워커블 어버니즘은 뉴어버니즘의 설계원리 가운데 하나이나 다른 설계원리들과 밀접한 상호 연관성을 갖는다. 글로벌 트렌드라고 할 수 있는 미국의 '보행자 중심의 도시 만들기(walkable urbanism)'가 출현하게 된 배경에 최근 3년여 간 주택시장에서의 주택가격 하락이 영향을 미쳤다는 점에서 최근 우리나라의 마을만들기와 관련해서도 유용한 시사점을 줄 수 있다. 미국 주택시장의 붕괴, 즉 가격하락으로 인한 자산가치의 감소는 도시 교외지역의 주택공급 과잉과 지나친 자동차 의존이 빚은 결과라고 할 수 있다. 반대로 직주근접으로서의 보행자 중심의 도시 공간 내 주택 가치의 유지는 역설적으로 '보행자 중심의 도시 만들기'를 출현 시킨 배경으로 작용했다고 할 수 있다.

미국의 경우 1960년대부터 교외지역의 주택가격이 도시지역의 주택가격을 앞서기 시작했다. 그렇게 교외지역의 주택가격은 그 이후 도시지역의 주택가격을 상당 수준 앞서왔다. 그러나 2010년대 보행자 중심의 도시 만들기는 결과적으로 2000년대 교외지역의 주택가격이 도시 중심지역 보다 25~50% 정도 높았던 수준을 역전시키는 배경으로 작용한다. 보행자 중심의 도시 만들기는 오히려 교외의 하이엔드 지역보다 50~70% 정도 가격이 오르는데 기여했다. 보행자 중심의 도시 만들기가 양호한 교외지역의 주택가격을 압도하기에는 다음과 같은 변화가 주효했다.

첫째, 기존 도시 인프라 및 수요 기반의 부각이다. 도시는 인구, 교육 및 문화, 스포츠 시설이 집중되어 있으며 수익 창출이 용이한 레스토랑, 리테일 숍, 문화 이벤트 등이 보행 범위 내에 있다. 이러한 여건이 구도심 활성화 차원의 각종 개발 사업 및 보행 환경의 개선을

통해 다시금 부각되기 시작한 것이다.

둘째, 기존 도심뿐만 아니라 교외지역의 도시화된 도심 또한 보행자 중심 도시공간으로 변모하고 있다. 기존 도심의 상업시설의 부활을 통해 중심성이 살아나고 있지만 워싱턴 보행자 중심 도시 만들기의 약 70%는 교외지역(예를 들면 Ballston, Clarendon, Crystal City, Reston Town Center 등) 중심에 위치한다.

셋째, 대중교통 이용의 편리성이다. 워싱턴 내 주요 35개 보행중심도시의 90%는 전철을 통한 교통 이용이 가능하다. 나머지 10% 지역도 향후 5년 내 전철 이용이 가능해질 전망이다. 그 만큼 대중교통이 용이하다는 점이며 이러한 전철역 주변에 민간 자본 투자가 진행 중에 있어 역세권은 더욱 활성화될 것으로 예상된다. 이것은 지방정부의 투자재원 부족에 따른 역세권 개발의 한계를 민간 자본이 대체될 수 있다는 측면에서 기존 도심으로의 인구 유입 등 재도시화(re-urbanization)를 촉진하는 배경으로 작용할 소지가 크다고 할 수 있다. 실제로 워싱턴 북동쪽 New York Avenue Metrorail역을 민간 자본이 개통했는데 이 노선은 결과적으로 White Flint(메릴랜드)의 도시화를 촉진시키는데 기여했다.

넷째, 보행자 중심 도시개발의 긍정적 효과다. 승용차 중심으로 한 교외지역으로의 확산이 오히려 생활의 질을 떨어뜨린다는 사실에 대해 많은 사람들이 공감하게 되었으며, 보행자 중심의 도시개발이 오히려 개발 밀도를 높여 직주근접을 용이하게 하고 리테일 숍, 교통 환승 등 생활의 질을 높이며 부동산의 가치 상승 등을 기대할 수 있다는 점이다.

3. 도시재생과 '문화 콘텐츠'로서의 부동산 개발

우리나라는 1970년대 이후 지난 40~50여 년 동안 산업화·도시화 시대를 압축적으로 경험했다. 이런 '압축성장'의 시기를 지나면서 도시는 공간적으로 도심을 중심으로 외곽으로 외연적인 확장을 지속해왔다. 도시공간이 확대되면서 기존 도심에 입지하면서 산업화 시대의 성장 동력으로 작동했던 제조업 기반 공장들은 주거지 공간으로 대체되거나 환경오염 등으로 인한 기피시설로 인식되면서 도시 외곽 또는 다른 도시의 산업단지로 이전 되었다. 도심의 주거지 또한 오피스 빌딩을 위시한 업무시설의 수요 증대로 신시가지 형태로 외연적으로 확산 되었다. 기존의 주거와 산업적 기반으로서의 공장들이 빠져나간 도심은 일정기간 해당 도시의 중심으로 기능했으나 최근에는 공동화가 심화되면서 이전과 같은 중심성을 갖고 있지 못한 실정이다. 경쟁력이 약화된 원도심에 활력을 불어 넣자는 것이 바로 '도시재생(urban regeneration)'이다.

원도심 또는 구도심에 활력이 생긴다는 것은 무엇을 의미할까? 도심의 재생이라는 것이 도시에서 생활하는 개인에게 어떤 영향을 미치기는 하는 걸까? 도심은 기반시설로서의 인프라가 기본적으로 설치된 곳이다. 그러니 활력을 불어 넣기 위한 초기비용을 절약할 수 있다. 결국 도시경쟁력도 높이면서 활력을 높일 수 있는 시설이 제대로만 입지한다면 예전의 '명성'을 다시 한 번 재현할 수 있게 된다. 이를 통해 외곽으로 빠졌던 사람들이 도심으로 돌아오게 되는데 이게 바로 '도심회귀(gentrification)'이고 도심으로의 회귀를 용이하게 하면서 도시의 경쟁력까지 제고시킬 수 있는 개발 사업이 복합개발(MXD)이다. 복합개발이란 대도시 도심에 주거·문화·쇼핑 등 여러 기능을 동시에 갖춘 복합단지를 만드는 것. 이른바 '도시 속 도시(city in city)'라고 할 수 있다. 복합개발은 최근 미국, 영국, 일본 등 선진국에서 '도심을 되살리자'는 열풍이 불면서 전 세계적으로 확산되고 있다. 부산의 경우 북항 재개발사업이 원도심 활성화를 위한 대표적인 도시재생사업이라고 할 수 있다. 여기에 대중교통지향개발(TOD)은 역세권 등 대중교통수단과 바로 연계시켜 유동인구를 늘리고 상권을 키울 수 있는 장점이 있다.

결국 도시재생을 통한 성공적인 복합개발사업은 특정 개발사업의 사업성만을 높이는 게 아니라 그 지역 나아가서는 당해 도시의 경쟁력을 제고시킬 수 있다. 제대로 된 복합개발(MXD)이 도시의 경쟁력과 개인의 삶의 질까지 향상 시키는 동인이 될 수 있다는 점에서 그리고 단순한 부동산 개발이 아닌 새로운 '문화 콘텐츠'를 만들 수 있는 기회가 될 수 있다는 점에서 의미있게 시도되어야 할 이유가 여기에 있다. 미국의 'LA 라이브'는 2005년까지만 해도 일부는 주차장, 일부는 빈 땅으로 방치돼 부랑자가 어슬렁거리던 장소였다. 그러나 지금은 연간 1,500만 명이 찾는 LA의 최고 관광명소가 됐다. 2012년 미국 도시연구소(Urban Land Institute)는 LA 라이브를 '도심 복합개발의 대표적 성공 사례'로 선정했다. 2008년 12월에 37만㎡ 규모의 스포츠·엔터테인먼트 복합 단지로 오픈한 LA 라이브는 유명 레스토랑과 클럽, 프랜차이즈 커피 전문점 등이 들어서면서 젊은이들이 가장 선호하는 장소 가운데 한 곳이다. LA 최대 규모로 7,100석을 갖춘 노키아 극장, 전시실, 소극장, 테라스 루프탑을 갖춘 그래미 박물관 등이 지어지면서 엔터테인먼트 중심지로 각광받고 있다. 도시재생을 통한 부동산개발 사업이 활력을 잃은 원도심을 활성화시키고 도시경쟁력을 제고 시키는 문화콘텐츠 사례라고 할 수 있다.

테이트 모던 미술관

건축 그리고 입지

테이트 모던은 뉴욕 현대미술관(MoMA), 파리 퐁피두센터와 더불어 세계 3대 미술관 가운데 하나로 꼽힌다. 2000년 5월 12일 개관한 미술관은 20세기 현대 미술을 전시한다. 테이트

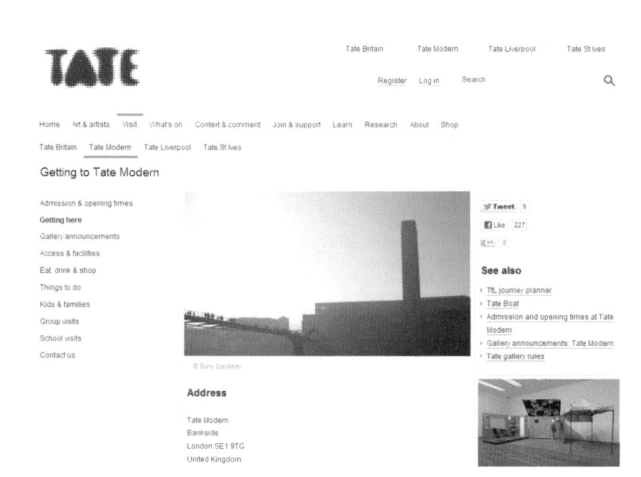

테이트 모던 미술관 홈페이지 위치 안내 소개화면

자료 : http://www.tate.org.uk/visit/tate-modern/getting-here

모던 미술관이 주목 받는 이유는 세계의 많은 사람들이 즐겨 찾는데 있다. 개관 초기 연 200만 명이 찾았으나 최근에는 500만 명이 방문한다. 미술관 건물은 새로 건설한 것이 아니라 1981년 문을 닫은 뱅크사이드(Bankside) 발전소를 개조해서 만들었다. 폐기된 기존 건축물을 활용하였다는 점에서 주목 받는 대표적인 도시재생 사례라고 할 수 있다. 여기에 템스 강 북쪽과 2000년에 새로 지은 밀레니엄 브리지로 연결되는데 이 다리로 인해 지역적으로 가장 낙후된 지역이 가장 번화한 지역과 연결되면서 지역적 격차를 완화하는데 기여하고 있다.

재생 그리고 문화 콘텐츠

1981년 폐업한 뱅크사이드 화력발전소는 20년간 방치되었고 건물은 노후화되었다. 이에 따라 주변 지역의 슬럼화는 지속되었다. 런던시는 테이트 브리튼(Tate Britain) 국립미술관의 전시공간 부족 문제를 해결하기 위한 방편으로 슬럼화되는 이곳을 주목했다. 슬럼화되어가는 이곳을 문화적 공간으로 조성하겠다는 것이 첫 번째 혁신적인 결정이었다. 두 번째는 기존

밀레니엄브리지로 연결된 남쪽의 미술관과 북쪽의 세인트 폴 성당

ⓒ 서정렬

층별 안내지도를 겸한 전시공간과 현대미술이 전시된 개별 전시장 입구

ⓒ 서정렬

발전소를 없애고 새 건물을 짓자는 유명 건축가들의 제안 대신 폐발전소를 리모델링한 것이다. 그 결과 헤르조그(Herzog)와 드 므롱(De Meuron)의 리모델링 설계안을 채택했다. 발전소 건물을 허물지 못한 또 다른 이유는 이 건물이 유명한 건축가 길버트 스콧 경의 작품이라는 점에 착안했다. 세 번째 혁신적인 결정은 보존가치가 있는 근대적인 건축물을 보전하기로 한 점이다. 네 번째 혁신은 대표적인 문화적 콘텐츠로 거듭 났다는 점이다. 거친 벽돌의 외관과 상징적인 굴뚝을 그대로 보존한 테이트 모던은 그와 어울리는 실험성 가득한 전위적 현대미술 작품을 큐레이팅하면서 독창적이며 독보적인 문화공간으로 재탄생되었다. 런던의 명물이 된 테이트 모던은 현재 2016년 완공목표로 증축 프로젝트가 진행되고 있다.

도시 걷기와 도시경쟁력

보행자 전용의 밀레니엄브리지와 연결된 테이트 모던 미술관은 걷기를 통해 장소와 장소, 지역과 지역을 연결한다. 테이트 모던 미술관과 세인트폴 성당을 잇는다. 장소와 장소의 연결은 '걷기'를 통해 연결된다는 점에서 의미 있다. 걷기를 통해 도시의 문화 콘텐츠가 연결된 것이다. 이러한 연결은 런던에서 부동산 가격이 비싼 곳과 가장 싼 곳의 연결이라는 점에서 흥미를 끌기도 한다. 밀레니엄브리지가 만들어지기 전에는 강을 사이에 두고 전혀 다른 곳으로 인식되었던 곳이 보행자 전용 다리의 연결로 이전에는 사람들의 관심을 끌지 못했던 슬럼 지역의 경제적 가치가 상승한 것이다. 다리 하나로 인해 지역 간 불균형이 해소된 것이다. 뿐만 아니라 워커블 어버니즘(walkable urbanism)이라고 할 수 있는 도시 걷기를 통해 런던의 도시경쟁력 제고에도 기여 했다는 점에서 도시 걷기를 통한 도시경쟁력 제고와 문화 콘텐츠 조성을 통한 도시재생의 성공적 사례라고 할 수 있다.

워커블 어버니즘(walkable urbanism)의 일환으로 템스 강 주변에 설치된 'Walk Thames Path' 지도. 템스 강변 다리와 특정 장소에서 다른 장소까지의 구간별 도보 거리와 시간 등이 자세히 적혀 있다.

ⓒ 서정렬

테이트 모던 미술관 및 런던 시내에서 볼 수 있는 다양한 스트리트퍼니처

ⓒ 서정렬

하야리아 부산시민공원

공원 그리고 기존 도심의 재생

하야리아 부산시민공원은 부산진구 범전동 1000번지 일원에 위치하며 부지는 가로 약 850m, 세로 약 620m 규모로 전체 면적은 470,748m²이다. 계획 부지는 남쪽으로 부전역과 마주하고, 북쪽으로는 국립 국악원과 연계되어 부산의 문화와 경제의 중심인 서면과 인접해 있다. 또한 원도심이랄 수 있는 서면교차로와 부전역세권에 인접해 광역접근성이 우수하며 도로체계가 양호하게 조성되어 있어 접근체계가 양호한 입지적 특성을 갖는다.

부산시민공원 사업대상지 전경

이곳은 이전에 미군부대(옛 하야리아 미군기지)로 사용되던 곳으로 부산시가 기존 미군부대의 부지관리권을 2010년 1월 27일자로 이양 받아 시민들의 건전한 여가생활에 기여하면서 부산을 대표할 수 있는 상징적인 도심공원을 조성하고자 하는 도시재생사업이다.

부산 시민공원은 2013년 준공 예정으로 기억(memory), 문화(culture), 즐거움(pleasure), 자연(nature), 참여(participation)를 테마로 하는 5개의 숲길이 조성되고, 부전천 및 전포천 복원과 각종 편의

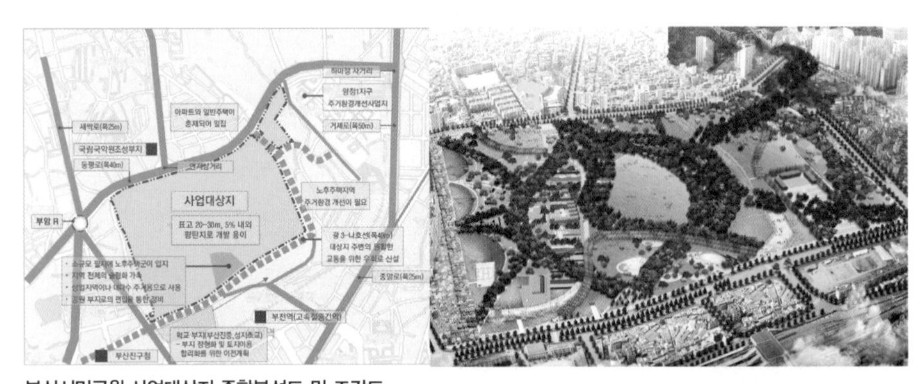

부산시민공원 사업대상지 종합분석도 및 조감도

자료 : 부산시, 부산시민공원 내부자료

시설 등이 설치될 예정이다. 세계적인 공원으로 조성하기 위해 미국 필드오퍼레이션社 제임스코너가 기본계획(기본구상) 변경 및 기본설계에 참여하였다. 특히 주목할 점은 시민, 전문가, 언론, 시의회 등 사회 각계각층의 다양한 의견을 수렴 반영하기 위한 라운드테이블(round table)을 구성하였다는 점이다. 이를 통해 미군부대 내 설치되었던 기존 건축물의 존치 등 시민의 의견이 반영될 수 있는 논의기구를 설치·운영하고 있다는 점에서 향후 유사 사례를 위한 좋은 선례가 되고 있다.

하야리아 라운드 테이블과 건축물 보존

하야리아 라운드 테이블은 부산시가 옛 하야리아 미군기지 터를 부산시민공원으로 조성함에 있어 시의원, 언론, 전문가, 시민단체, 장애인단체 등 30명의 전문위원을 통한 각계각층의 다양한 의견을 시민공원 조성에 반영하기 위해 2010년 도입한 논의기구다. 하야리아 라운드 테이블(Round Table)은 2010년 구성 이후 2012년 2월말까지 총 1~10차 라운드테이블과 1~8차 녹지분과 위원회 개최를 개최하였다. 라운드 테이블을 통해 결정한 주요 의결 사항은 공원설계에 시민의견 반영, 절·성토 계획 재검토, 보존건축물 선정, 수목 재활용 방안, 공원시설, 수경시설 공모 / 심사, 공원 건축물 디자인 검토 등이 이루어졌다.

기존 하야리아 미군기지 내 건축물과 시설물 가운데 필수건축물 22개동과 필수시설물 10개소 선정은 라운드테이블 3차와 5차 회의를 통해 결정되었다. 3차 회의 때는 역사문화자산적 가치(조사자료 활용), 형태 및 경관적가치, 보존 및 활용적 가치, 기존계획의 정합성, 오염지역 등을 평가하여 33개 시설을 보존가능 시설로 분류하였으며 5차 회의를 통해 건축물 보존(안)을 확정하였다.[3] 필수보존 대상 28개 건축물은 마권판매소, 위관급관사(3), 극장, 하사관관

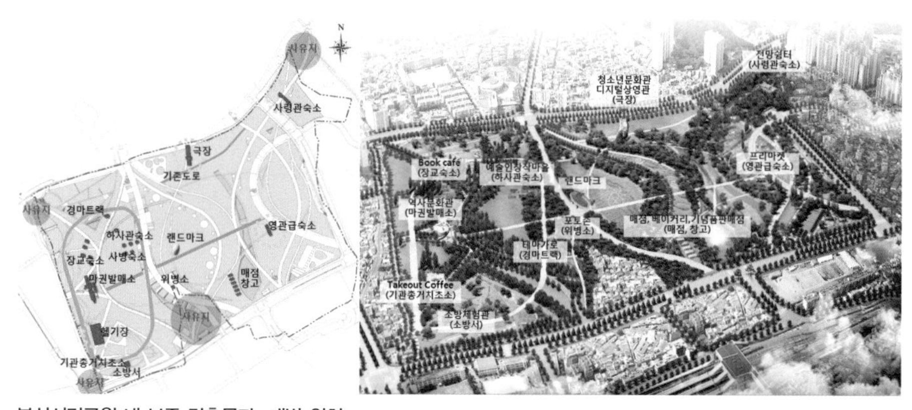

부산시민공원 내 보존 건축물과 개별 위치

자료 : 부산시, 부산시민공원 내부자료

3 전문연구기관의 역사문화자산 조사와 5차례에 걸친 라운드테이블회의 및 분과회의, 시민여론조사를 거쳤다.

사(15), 퀀셋막사(5), 사령관관사, 종교시설, 사령부이고, 10개 시설물은 경마트랙, 일본육군 상징석, 헬기장, 교회종탑, 임시군속 훈련소 표지석, 손도장표시, 전봇대, 굴뚝, 국기게양대, 철조망 등이다. 선택보존 대상 12개 건축물은 퀀셋막사(6), 학교, 소방서, 통신수송대, 독신자 숙소(2), 유치원이며, 8개 시설물은 기존도로(4), 위병소(2), 마사흔적지, 수영장 등으로 이들 건축물은 부산시민공원 설계방향에 따라 선택적으로 보존여부가 결정된다.

하야리아 라운드 테이블의 성과는 다른 유사 프로젝트에도 긍정적인 영향을 미치고 있다. 부산의 또 다른 원도심 도시재생사업이라고 할 수 있는 북항 재개발사업에 있어서도 라운드 테이블이 출범되었기 때문이다. 북항 재개발사업의 사업 주체인 부산항만공사도 '북항 라운드테이블'(2012년 6월 26일)을 출범시켰다. 시민과 전문가 등 38명의 위원이 참가하는 라운드 테이블은 도시계획·디자인, 문화예술·프로그램 기획, 환경·복지·시민참여 등 3개 분과로 나눠 활동하며 북항재개발 과정에서 공공성을 확보하기 위한 활동을 할 예정이다.[4] 특히 부산항만공사는 라운드 테이블을 통해 협의 또는 조정된 내용을 사업시행자인 부산항만공사(BPA)와 민간 투자사업자는 사업에 반영한다는 규정을 명문화하였다.

4. 창조적 재생으로서의 부동산 개발의 방향

우리나라 부동산개발의 방향과 관련해 최근 정부의 2013년 국토교통부의 업무보고는 시사하는 바가 크다. 부동산 개발의 방향을 가늠할 수 있는 내용이 제시되었기 때문이다. 정부는 앞으로 신도시나 대규모 택지지구 개발을 지양하는 대신 쇠퇴한 기존 도시를 되살리는 도시재생 방식의 정책 방향을 발표했다.

국토교통부는 낙후·쇠퇴된 지방 거점 도시를 지원해 전국에 10~20개의 중추도시권을 조성하기로 했다. 기존 도심의 재개발·재건축을 활성화해 지방 구도시를 되살리는 '도시재생' 방식을 택했다. 주요 지방 거점 도시를 집중 개발하거나 비슷한 규모의 중소 도시를 연계해 개발하는 방식으로 중추도시권이 육성된다. 또한 중추도시권은 이전과 같이 정부가 나서 특정지역이나 도시를 선정하지 않고 추진 지방자치단체의 자발적인 신청을 토대로 대상을 선정하는 선 지역합의·후 계획 확정 방식으로 진행 된다.

4 북항 재개발에 있어서도 쇠퇴산업지로서 북항이 보유하고 있는 자원(부두, 물량장, 물류창고, 화물철도, 안벽(해안선), 각종 크레인(갠트리크레인, 트랜스퍼크레인, 하버크레인 등), 포크 리프트, 컨테이너 박스, 사일로, 컨베이어 벨트, 냉동공장의 얼음 투입기, 부두 야드의 화물과 컨테이너 박스, 화물선과 여객선 등)에 대한 선별적 보전 방안 등이 검토될 필요가 있음을 강동진(2012), "쇠퇴산업지, 도시의 새로운 가능체", 「Urban Review」2012 가을호(통권 27호), 한국도시설계학회, p.9에서는 강조하고 있다.

지역불균형 해소차원에서 지방 중추도시를 선정하고 이들 도시의 쇠퇴된 구도심을 도시재생을 통해 활성화 시켜 거점도시화 하고 사회·경제적 영향력으로서의 효과가 주변 도시로 파급(spill over effect)5될 수 있도록 하겠다는 것이다. 기존 대도시 역시 공동화되고 활기를 잃어가고 있는 구도심을 활성화시키기 위한 조치는 지방 중추도시의 활성화 방안과 크게 다르지 않을 것이란 측면에서 대도시 내 부동산개발 방향 역시 도시재생이라는 큰 틀 안에서 진행될 것으로 보인다. 즉, 뉴어버니즘에 기초한 복합개발(Mixed Use Development)과 이를 통한 콤팩트 시티(compact city) 형성과 보행자 중심의 도심 활성화 방안으로서의 워커블 어버니즘을 통한 역세권 개발 및 도심의 경쟁력 확보 등은 향후 부동산 개발의 트렌드라고 할 수 있다. 특히, '도시재생 활성화 및 지원에 관한 특별법'이 2013년 6월 제정됨에 따라 도심에서의 각종 도시재생사업이 활성화 될 예정이며 이에 따른 부동산개발 역시 증가할 것으로 예상된다.

기존 도심의 활성화를 위한 창조적 도시재생으로서의 부동산 개발은 따라서 개별 건축물의 건축 또는 개별 부동산개발 사업에 국한되지 않는다. 창조적 도시재생은 도심의 새로운 랜드마크로서 도시경쟁력을 제고시킴과 동시에 새로운 문화 콘텐츠의 조성이라는 의미를 갖는다. 창조적 도시재생으로서의 부동산 개발은 창조계급(Creative Class)6의 탄생과 이를 통한 창조도시(Creative City)의 형성에 효과적일 수 있다는 점에서 도시경쟁력 확보 차원에서도 중요한 역할을 수행할 수 있을 것으로 판단된다. 또한, 선진국의 경우 도시재생을 국가정책으로 추진하고 있고 장소 중심의 재생사업을 시행하며, 중앙-지방, 민·관·학의 협력체계 구축을 통해 추진되고 있음에 따라 도시재생으로서의 부동산 개발은 그 의미와 역할에 있어 이전보다 더욱 강조될 것으로 보인다. 더욱이 앞으로 공공성이 반영된 부동산개발로서의 도시재생사업 추진과 관련해 이에 대한 다양한 접근과 모색이 요구된다고 할 수 있다.

5 어떤 요소의 경제활동이 그 요소의 생산성 또는 다른 요소의 생산성에 영향을 줌으로써 경제 전체의 생산성을 증가시키는 효과를 일컫는 말로 특정 지역에 나타나는 현상이나 혜택이 흘러 넘쳐 다른 지역에까지 퍼지거나 영향을 미치는 것을 의미한다. 즉, 중추도시를 거점으로 도시재생을 통한 활성화의 영향력이 주변 도시에 긍정적인 영향을 미치는 효과라고 할 수 있다.

6 리차드 플로리다에 의해 주창된 창조계급(Creative Class)은 과학자, 기술자, 건축가, 디자이너, 작가, 예술가, 음악 등 창조성을 중요한 업무 요소로 활용하고 있는 창조산업에 종사하는 사람들을 일컫는다.(서정렬·김현아 (2008, 도시는 브랜드다:랜드마크에서 퓨처마크로, 삼성경제연구소, p.86에서 재인용))

25장

도시재생과 법제도

김남철·강성권

1. 도시재생 특별법이 세상에 빛을 보다

부산에서 도시재생의 제도적 필요성을 제기하고 적극 추진한 것은 어쩌면 필연적인 일이다. 대부분의 도시들이 경험했지만 부산에서 재개발, 재건축 사업은 수도권과는 달리 수익성 등의 문제로 추진이 어려운 곳이 많았다.

따라서 이러한 재개발 위주의 도시개발 사업에 대한 반성과 방향 전환에 대한 논의가 부산에서 활발히 제기된 것은 당연한 일이다. 특히 재개발 추진 지연으로 인한 주민들의 재산상의 불이익은 물론, 이웃 주민간의 반목과 갈등은 지역공동체의 분열을 가져오는 심각한 걱정거리였다. 특히 이러한 요구와 갈등이 2010년 지방선거를 통해서도 매우 강하게 표출되기도 하였다.

이러한 시민적 요구를 수렴한 부산시는 2010년 7월에 창조도시본부를 만들고 외부전문가를 본부장으로 영입하는 등 민간의 창의적 도시재생 방식을 접목하기 위한 적극적인 노력을 하였다. 2009년부터 구상해 온 산복도로르네상스 프로젝트를 본격 추진하는 한편, 도시서민 주거환경 개선을 위한 특별법 제정 지원을 위한 태스크포스팀을 부산시, 부산시의회, 부산발전연구원, 전문가, 시민단체와 함께 꾸려서 본격적인 활동을 시작하였다.

이 결과를 바탕으로 2010년 11월에 허남식 부산광역시장은 당시 한나라당 최고·중진 연석회의에 참석하여 도시빈민층 문제에 대한 특단의 대책 차원에서 특별법 제정과 특별회계 설치를 제안하게 된다. 한나라당에서는 이를 적극 수용하여 그해 연말에 서병수 의원을 위원장으로 도시재생특별위원회를 꾸려 특별법 제정을 위한 대장정에 들어가게 되었다.

그러나 이듬해 8월까지 위원회에 참가한 수도권 의원들의 뉴타운 중심의 해결대안 강조, 국토부 담당부서의 도정법과 도촉법 통합을 위한 빗나간 대안 제시 등 위원회의 운영은 진지했으나, 도시재생법안 제정의 원래 의미는 빗나가고 있었다.

이즈음에 투트랙 전략이 부산시의 의견으로 위원회에 제시되었다. 하나는 당장의 화급한 사안인 도정법과 도촉법을 통합하여 수도권 중심의 뉴타운을 해제하기 용이한 '도시재정비 및 주거환경정비법'과 '도시재생 특별법'을 별도로 제정하자는 것이 그 대안이었다. 위원장의 적극 수용과 위원들의 의견일치로 전자의 법안은 일사천리로 제정되었다. 그 이후에야 국토부의 도시재생 전담부서가 이 위원회의 담당부서로 나서기 시작하면서 비로소 도시재생에 관한 논의는 속도를 붙기 시작하였다.

결국 공식회의 18차례와 비공식 실무회의까지 포함하면 20여 차례의 산고 끝에 마련된 법안은 결국 2011년 여야의 예산결산 갈등으로 국회는 공전되고, 이듬해의 총선으로 인한 추진동력의 상실로 인해 국회 국토해양위원회의 법안소위원회의 벽을 넘지 못하고 말았다.

제 19대 국회로 과제가 넘어 온 도시재생의 제도화 문제는 2012년 12월 대선과정에서 중요한 쟁점으로 부각된다. 그 이후 2013년 박근혜 정부가 출범하고 새 정부의 국정과제에 반영되어 다시 조명되기 시작하였다. 결국 새누리당의 서병수 의원을 중심으로 발의한 법안(서병수 의원 등 34인, 의안번호 1900066)을 모태로 기존의 유사제출 법안[1]을 통합하여 위원회의 대안으로 조정하여 비로소 특별법이 세상에 빛을 보게 된다.

도시재생 활성화 및 지원에 관한 특별법 추진일지(부산시의 활동을 중심으로)

일 자	주요 추진사항
'10. 9.	부산시 도시빈민층 주거환경개선 특별법 제정 지원팀 구성 -시, 의회, BDI, 도시재생 전문가
'10. 10. 8	현기환, 정의화, 장재원, 김정훈, 이종혁 의원 등 지역 국회의원 방문 - 도시빈민층 거주지역 주거환경개선 특별법 제정 필요성 및 당위성 설명
'10. 10	국회 행정안전위원회 부산시 국정감사 특별법 제정 건의
'10. 10. 21	현기환 의원 10년 국토부 국정감사시 법제정 촉구 질의 - 뉴타운 사업지연 도시슬럼화 가속화 ▷도시빈민층 주거환경개선 특별법 제정 등 법적 정비 필요
'10. 11. 10	허남식 부산시장 한나라당 최고·중진연석회의 특단의 대책 건의 - 한나라당이 중심이 되어서 도시빈민층 문제를 해결하기 위해서, 특히 도시빈민층의 주거환경개선을 위해서 특별법도 만들고 특별회계도 설치를 해서 국가차원에서 특단의 조치 필요 - 한나라당 안상수 대표 : 특위 구성 등 조치키로 결정
'10. 12	도시서민 주거재생 특별법 제정 지원 TF팀 확대개편 - 3개팀(총괄지원팀, 법안연구팀, 자문위원) 25명
'10. 12. 14	도시서민 주거재생 특별법 제정 지원 TF팀 1차 회의 개최 - '11.1부터 6월까지 총 6차례 회의 개최

1 원도심 활성화를 위한 법률안(양승조 외 11인), 구도심 재생 활성화 및 지원에 관한 특별법안(박주선 외 15인), 도시재생에 관한 특별법안(안민석 외 10인)

도시재생 활성화 및 지원에 관한 특별법 추진일지(부산시의 활동을 중심으로)

'10. 12. 30	한나라당 도시재생 특별위원회 구성 – 위원장 : 서병수 의원, 간사 : 김기현 의원 – 위　원 : 27명(국회의원 17, 전문위원 10) ▷국토부, 부산, 서울 참석
'11. 1. 20	한나라당 도시재생 특별위원회 제1차 회의 – 특위 구성 취지 및 운영방향 등 설명 – 도시재생 추진실태 및 개선방안 발표(국토부, 부산시 행정부시장)
'11. 2	도시서민 주거재생을 위한 공공지원 특별법 초안 마련(부산시, 부발연)
'11. 2. 15	한나라당 도시재생 특위위원장 방문 부산시 특별법안 제출 및 설명 – 시 본부장, 김남철 부산대 법학전문대 교수, 강성권 BDI 연구실장
'11. 2. 16	한나라당 도시재생 특위 제2차 회의 – 서울시 도시재생 추진현황 및 건의, 대전시 무지개프로젝트 추진 보고
'11. 2. 23	한나라당 도시재생 특위 제3차 회의(현장방문) – 서울 서초구 방배2동 재건축사업구역, 은평구 은평뉴타운 방문
'11. 3. 12	(재)한국토지공법확회 제75회 학술대회 – 주제 : 도시서민 주거재생 공공지원의 토지공법적 과제 – 도시서민 주거재생 공공지원을 위한 특별법 제정방향(발제 영산대 박규환 교수)
'11. 4	도시쇠퇴·낙후지역 도시재생에 관한 특별법 수정안 마련
'11. 4. 27	한나라당 도시재생 특위 방문 부산시 수정법안 제출 및 설명
'11. 5. 4	국토해양부 방문 우리시 법(안) 설명 및 협조 요청
'11. 6. 8	한나라당 도시재생 특위 부산시 법안 공식 제출
'11. 6. 21	한나라당 도시재생 특위 마련한 도시재생법 초안에 대한 부산시 수정안 및 검토의견 제출·설명
'11. 6. 24	한나라당 도시재생 특위 제4차 회의 – 당 특위 마련 도시재생법안 검토 및 논의 – 뉴타운 등의 문제해결을 단기 추진과제로 선정
'11. 6. 30	한나라당 도시재생 특위 제5차 회의 – 국토부의 도정법과 도촉법 개정방향 설명 및 토의
'11. 7. 6	한나라당 도시재생 특위 제6차 회의 – 정비사업 관련 통합법률 제정 및 제도개선 추진방향 보고 및 토의 – 재개발·재건축, 뉴타운 등의 문제를 우선 해결하기 위한 "도시재생 및 주거환경개선법" 제정 결정 – 현행 도시문제 해결과 지속가능한 도시발전을 지향할 수 있는 도시 재생법(안) 마련(국토해양부 도시재생과)
'11. 7. 13	한나라당 도시재생 특위 제7차 회의 – 단기 추진과제 "도시재생 및 주거환경정비법(안)" 검토 및 토의
'11. 7. 20	한나라당 도시재생 특위 제8차 회의 – 단기 추진과제 "도시재생 및 주거환경정비법(안)" 검토 및 토의 – 도시재생법 추진방향 발제
'11. 7. 27	한나라당 도시재생 특위 제9차 회의 – 단기 추진과제 "도시재생 및 주거환경정비법(안)" 당 정책위 위원과 수도권 의원 설명 및 최종 의견 수렴
'11. 8. 4	한나라당 도시재생 특위 제10차 회의 – 도정법과 도촉법 통합법 "도시재정비 및 주거환경정비법(안)" 마련(정부입법) ▷ 8.12 입법예고, 10.18 국무회의 통과, 11.17 국토해양위 심의 – 도시재생을 위한 새로운 법 제정 본격 논의 결정
'11. 8. 17	한나라당 도시재생 특위 제11차 회의 – 국내 도시재생 추진현황 및 문제점, 해외선진국의 도시재생사례 발표 – 도시재생법 제정의 시급성과 입법추진의 기본조건 및 당면과제에 대한 공감대 형성, 향후 추진방향 및 주요일정 논의

도시재생 활성화 및 지원에 관한 특별법 추진일지(부산시의 활동을 중심으로)

'11. 8. 24	한나라당 도시재생 특위 제12차 회의 – 국내의 도시쇠퇴 실태 및 문제점에 대한 진단 및 재생기법 발표 – 공공지원 강화, 지원전략 유형화 등 법률안에 담을 주요내용 논의
'11. 8. 31	한나라당 도시재생 특위 제13차 회의 – 대구를 중심으로 한 지방 대도시 쇠퇴분석 및 재생전략 발표 – 도시재생계획 수립·운영, 공공의 역할 및 재원조달 방안 등 논의
'11. 9. 7	한나라당 도시재생 특위 제14차 회의 – 지방 중소도시의 쇠퇴현황 분석 및 재생전략 발표 – 공공 및 유휴건축물 활용방안, 맞벽건축 등 건축규제 활용한 재생방안
'11. 9. 14	한나라당 도시재생 특위 제15차 회의 – 도시재생 공공재원 확보 및 운영 전략 등 설명 및 토의
'11. 9. 15	도시서민 주거재생 지원을 위한 특별법 제정 세미나 개최 – 도시재생특별법 제정방향(국토부 이상훈 과장) 등 3개 주제 발표 및 토론 – 주최 : 부산시, BDI
'11. 9. 21	한나라당 도시재생 특위 제16차 회의 – 도시재생법 주요내용(안)에 대한 설명 및 토의
'11. 9. 28	한나라당 도시재생 특위 제17차 회의 – 도시재생법 주요내용(안)에 대한 설명 및 토의
'11. 10. 4	국토해양부 주관 1차 도시재생법(안) 검토 회의 – 국토해양부, 전문위원, 부산시(본부장), 도시재생사업단
'11. 10. 11	국토해양부 주관 2차 도시재생법(안) 검토 회의 – 국토해양부, 전문위원, 부산시(본부장), 도시재생사업단
'11. 10. 27	한나라당 도시재생 특별위원회 제18차 회의 – 도시재생 활성화 및 지원에 관한 특별법(안) 마련 ▷지원법, 일반법을 특별법으로 수정, 의원입법 발의
'11. 11. 8	2012년도 도시재생 예산 2천억원 편성(국토해양위)
'11. 11. 11	한나라당 현기환 의원 법안 대표발의 – 발의의원 : 13명(현기환, 서병수, 유지준, 유재중, 장제원, 김세연, 정의화, 허원제, 김무성, 허태열, 권영진, 강길부, 이주영)
'11. 12. 21	국회 국토해양위원회 법안심의 참석 – 법안 심의의결 후 국토해양위원회 법안소위원회 상정
'11. 12. 27	국회 서병수·현기환 의원 방문 연내 법제정 협조요청 – 상임위 법안소위원회 계류
'11. 12. 29	국회 상임위 법안소위원회 심의 → 논의 되지 못함
'12. 5월	제18대 국회 무산 ⇒ 폐기
'12. 7. 9	도시재생 활성화 및 지원에 관한 특별법안(대안) 국토교통위 제안으로 회부
'12. 12	대선후보 공약 채택
'13. 1	국정과제에 국가 재생선도지역 지정 등 반영
'13. 3	부산시 도시재생 추진방안 제출(국토부)
'13. 4.4	국토교통부 업무보고에 반영
'13. 4. 12	관련법안에 대한 공청회 개최
'13. 4. 24	국토교통위원회 전체회의 의결(대안가결)
'13. 4. 30	법제사법위원회 및 국회 본회의 의결(가결)
'13. 6. 4	법 제정
'13. 12. 5	법 시행

자료: 부산시 '도시재생 특별법 추진일지', '도시재생 특별법 추진현황' 등 내부자료 재정리

2. 도시정비 및 개발에 관한 현행 법률

도시재생과 관련하여 다각도의 노력 끝에 2013년 6월 4일 「도시재생 활성화 및 지원에 관한 특별법(이하 "도시재생특별법")」이 제정되어 2013년 12월 5일부터 시행된다.

이 법이 제정되기 이전에는 도시재생을 포함한 도시정비에 관한 법률로 일반법으로서 「도시 및 주거환경정비법」, 「도시개발법」이 있고, 이 법률들을 통한 도시재정비사업을 촉진하는 의미에서 「도시재정비 촉진을 위한 특별법」이 제정되어 2006년 7월부터 시행되고 있었다. 도시재생특별법의 제정은 이와 같은 도시재생관련 3개 법들로는 해결하기 어려운 문제를 해결하기 위한 방안으로 마련된 것이었으므로, 이하에서는 도시재생특별법 제정 이전의 3개 법률의 제정목적과 주요내용을 간략히 검토하기로 한다.

도시 및 주거환경정비법[2]

제1조(목적) 이 법은 도시기능의 회복이 필요하거나 주거환경이 불량한 지역을 계획적으로 정비하고 노후·불량건축물을 효율적으로 개량하기 위하여 필요한 사항을 규정함으로써 도시환경을 개선하고 주거생활의 질을 높이는데 이바지함을 목적으로 한다.

제2조 제2호 "정비사업"이라 함은 이 법에서 정한 절차에 따라 도시기능을 회복하기 위하여 정비구역안에서 정비기반시설을 정비하고 주택 등 건축물을 개량하거나 건설하는 다음 각목의 사업을 말한다. 다만, 다목의 경우에는 정비구역이 아닌 구역에서 시행하는 주택재건축 사업을 포함한다.

가. 주거환경개선사업 : 도시저소득주민이 집단으로 거주하는 지역으로서 정비기반시설이 극히 열악하고 노후·불량건축물이 과도하게 밀집한 지역에서 주거환경을 개선하기 위하여 시행하는 사업

나. 주택재개발사업 : 정비기반시설이 열악하고 노후·불량건축물이 밀집한 지역에서 주거환경을 개선하기 위하여 시행하는 사업

다. 주택재건축사업 : 정비기반시설은 양호하나 노후·불량건축물이 밀집한 지역에서 주거환경을 개선하기 위하여 시행하는 사업

라. 도시환경정비사업 : 상업지역·공업지역 등으로서 토지의 효율적 이용과 도심 또는 부도심 등 도시기능의 회복이나 상권활성화 등이 필요한 지역에서 도시환경을 개선하기 위하여 시행하는 사업

2 법률 제11580호, 2012.12.18, 일부개정, 2013.9.19 시행.

도시개발법[3]

제1조(목적) 이 법은 도시개발에 필요한 사항을 규정하여 계획적이고 체계적인 도시개발을 도모하고 쾌적한 도시환경의 조성과 공공복리의 증진에 이바지함을 목적으로 한다.

제2조(정의) ① 이 법에서 사용하는 용어의 뜻은 다음과 같다.

1. "도시개발구역"이란 도시개발사업을 시행하기 위하여 제3조와 제9조에 따라 지정·고시된 구역을 말한다.
2. "도시개발사업"이란 도시개발구역에서 주거, 상업, 산업, 유통, 정보통신, 생태, 문화, 보건 및 복지 등의 기능이 있는 단지 또는 시가지를 조성하기 위하여 시행하는 사업을 말한다.

도시재정비 촉진을 위한 특별법[4]

제1조(목적) 이 법은 도시의 낙후된 지역에 대한 주거환경개선과 기반시설의 확충 및 도시기능의 회복을 위한 사업을 광역적으로 계획하고 체계적이고 효율적으로 추진하기 위하여 필요한 사항을 정함으로써 도시의 균형발전을 도모하고 국민의 삶의 질 향상에 기여함을 목적으로 한다.

제2조(용어의 정의) 이 법에서 사용하는 용어의 정의는 다음과 같다.

1. "재정비촉진지구"라 함은 도시의 낙후된 지역에 대한 주거환경개선과 기반시설의 확충 및 도시기능의 회복을 광역적으로 계획하고 체계적이고 효율적으로 추진하기 위하여 제5조의 규정에 의하여 지정하는 지구를 말한다. 이 경우 지구의 특성에 따라 다음 각 목의 유형으로 구분한다.
   가. 주거지형 : 노후·불량주택과 건축물이 밀집한 지역으로서 주로 주거환경의 개선과 기반시설의 정비가 필요한 지구
   나. 중심지형 : 상업지역·공업지역 등으로서 토지의 효율적 이용과 도심 또는 부도심 등의 도시기능의 회복이 필요한 지구
   다. 고밀복합형: 주요 역세권, 간선도로의 교차지 등 양호한 기반시설을 갖추고 있어 대중교통 이용이 용이한 지역으로서 도심 내 소형주택의 공급 확대, 토지의 고도이용과 건축물의 복합개발이 필요한 지구

3 법률 제11690호, 2013.3.23, 일부개정, 2013.3.23 시행.
4 법률 제11294호, 2012.2.1, 일부개정, 2012.8.2 시행.

2. "재정비촉진사업"이라 함은 재정비촉진지구 안에서 시행되는 다음 각 목의 사업을 말한다.

가. 도시 및 주거환경정비법에 따른 주거환경개선사업ㆍ주택재개발사업ㆍ주택재건축사업ㆍ도시환경정비사업ㆍ주거환경관리사업 및 가로주택정비사업

나. 도시개발법에 따른 도시개발사업

다. 전통시장 및 상점가 육성을 위한 특별법에 따른 시장정비사업

라. 국토의 계획 및 이용에 관한 법률에 따른 도시·군계획시설사업

기존법의 의미

도시재생에 관하여는 기본적으로 도시 및 주거환경정비법과 도시개발법의 두 개의 법률이 있는데, 이 두 개의 법률에 근거한 도시재생사업을 촉진하기 위하여 도시재정비촉진을 위한 특별법(이하 '도시재정비촉진특별법'이라 한다)을 제정하게 된 것이다.

그런데 도시재정비촉진특별법에 의한 촉진사업에는 도시 및 주거환경정비법ㆍ도시개발법상의 사업이 모두 포함되어 있다. 이와 같이 결국 도시 및 주거환경정비법ㆍ도시개발법의 내용이 도시재정비촉진특별법에 중복적으로 규정되고 있는 것은, 도시재정비촉진특별법이라는 특별법을 통하여 도시 및 주거환경정비법ㆍ도시개발법에 의한 사업이 기대한 만큼의 실효를 거두지 못한 문제를 해결하기 위한 것으로 이해된다.

그러나 근본적인 해결방안은 도시 및 주거환경정비법 및 도시개발법의 개정을 통해서 해결하였어야 한다고 판단된다. 따라서 이 경우 특별법제정의 실익이 별로 없었다고 평가할 수 있다.

3. 도시재생'지원사업'을 위한 특별법 제정

이상에서 검토한 기존의 도시재생 관련법으로는 도시서민층의 열악한 주거문제 해결에 한계가 있어, 새로운 도시재생방식 도입 등 도시서민층 주거재생을 위한 특별법 제정이 요구되었다.

현재 전국적으로 문제가 되고 있는 것은 도시빈민층이 도시 전역에 광범위하게 산재하고 있다는 점이다. 이들은 특히 재개발·재건축, 주거환경개선, 도시환경정비, 뉴타운 등 도시정비예정지구에 집중되고 있다. 부산시의 경우 도시정비예정지구 492개 구역 30.6㎢에 걸쳐 약 150만 명의 빈곤층이 거주하고 있는 것으로 나타나고 있다.

그런데 기존의 시장위주의 물리적 도시정비방식으로는 이와 같은 저소득층 주거환경 개선이 어렵다. 지금까지 높은 분양가 등으로 원주민 재정착율이 10%대 안팎에 불과하고, 사업성이 낮아 공공의 지원 없이는 도시정비사업 자체가 불가능한 경우가 많았다.

아울러 문제가 되고 있는 것은 이와 같은 사정으로 재개발·재건축, 뉴타운 사업이 지연됨에 따라 도시슬럼화가 가속되고 있다는 점이다. 이러한 쇠퇴지역은 도시빈곤의 섬으로 전락하고, 범죄발생률이 높아지며, 사회양극화 현상이 심화되고, 결국엔 지역공동체가 붕괴되는 등의 문제를 상시 안고 있다.

이와 같은 도시쇠퇴지역의 문제는 과거 정부주도로 막대한 재정을 투입한 농어민문제보다 훨씬 심각한 도시의 새로운 사회·경제적 문제로 대두되고 있는데, 문제는 고령화, 저출산 대책 등 사회복지비 부담증가 등으로 지방자치단체의 재정상황이 갈수록 악화되고 있는 현 시점에서는 지방자치단체가 자체적으로 이 문제를 해결하기는 한계가 있다는 점이다.

이에 따라 지역특성에 맞는 새로운 도시재생방식을 도입할 필요가 있다. 즉 종래의 전면철거 위주의 방식을 탈피하여, 지역특성에 맞는 물리적, 사회·문화·경제적 통합재생방식을 도입할 필요가 있는 것이다.

문제는 재원이다. 이미 언급한 바와 같이, 이러한 도시재생을 위해서는 기존의 법제도만으로는 어렵고, 또한 지방자치단체의 재정력만으로는 해결되기 어렵다. 따라서 국가와 지방자치단체의 공동의 지원책 마련과 제도적·재정적 측면에서의 국가의 역할 확대 등의 특단의 대책이 마련될 필요가 있다.

이에 따라 그 동안 기존의 법령만으로는 도시재생사업을 추진하기 어렵기 때문에 이에 관한 별도의 특별법 제정이 불가피하다는 논의가 여러 차례 전개된 바 있다. 이러한 논의의 주된 내용은 특별법에는 새로운 도시재생방식을 도입하고, 도시재생을 위한 공공의 역할을 강화하는 규정을 두며, 재원확보를 위한 특별회계 또는 기금설치 및 재원조달 방안 등도 마련되어야 한다는 것이었다.

기존 법률의 문제점

도시재생과 관련된 기존의 법률들은 시대적 여건에 따라 단편적, 개별적으로 제정·통합되어 왔다. 그런데 문제는, 상위도시계획과의 연계 없이 개별 사업단위의 문제해결방식을 취하여 왔다는 점이다. 그 결과 불필요한 사업 중복, 개별법에 의한 산발적 추진, 관련법간의 일관성 부족 등의 문제가 발생하였다.

특히 공공재원이 부족하고 공공부문 지원에 대해 명목적으로만 규정하고 있다는 문제가 있다. 구체적으로는 도시재정비촉진특별법상 특별회계에 관한 규정은 있으나 미미한 적

립액으로 실질적으로 기능을 못하고 있고, 기반시설 설치 등에 관한 공공 지원에 대한 기준이 없어 실제로는 예산상의 문제로 대규모 재정비촉진사업 진행시 기반시설 확보가 어려운 실정이다.

그리고 거의 대부분의 도시재정비사업이 사업성에 의존한 민간개발 위주로 이루어지고 있고, 아파트 위주의 재정비사업으로 인하여 도시경관이 획일화되고 있으며, 전면철거에 따른 사회문제가 발생하는 등의 문제도 있다.

아울러 정비사업의 법체계가 대도시 위주로만 되어 있어, 지방도시에 대한 차별화된 전략이 부재하다는 점도 문제로 지적될 수 있다.

이상의 문제를 해결하게 위해서는 도시정비를 위한 통일적 법제를 마련하여 종합적인 도시재생이 기능하도록 하고, 이를 위한 공공의 새로운 역할 정립 및 지원책을 마련하여야 하며, 특히 지역별 차별화된 재생전략이 가능하도록 법제를 개선할 필요가 있다는 점이 꾸준히 지적되어 왔다.

도시재생특별법안을 만들기 위한 대안적 노력들

기존의 도시 및 주거환경정비법을 개정하는 방안

도시 및 주거환경정비법에는 이미 주거환경개선사업, 도시환경정비사업 등이 규정되어 있으므로 도시 및 주거환경정비법의 일부개정을 통하여 도시쇠퇴지역의 재생에 관한 문제를 해결하는 방안이다.

이 방안은 기존의 법률을 일부만 개정하면 되므로 별도의 입법이 필요 없다는 장점이 있다.

그러나 도시 및 주거환경정비법상의 주거환경개선사업 등은 이미 존재하는 사업이고, 이는 도시재생사업과는 다른 개념이고, 아울러 도시재정비촉진특별법까지 제정되어 도시정비를 촉진하려 하였으나, 이미 언급한 바와 같은 문제(시장위주의 물리적 도시정비방식으로는 저소득층 주거환경 개선 불가 등)를 해소하지는 못한 상태라는 점을 고려하면, 여기에 도시 및 주거환경정비법의 개정을 통하여 “도시쇠퇴지역의 재생 등을 포함한 도시재생” 등을 규정한다고 해서 도시정비가 촉진될 수 있을지 의문이기도 한다.

아울러 기존의 도시정비와는 다른 개념인 ‘도시재생’ 등을 추가하였을 때 도시 및 주거환경정비법의 정체성이 문제될 수도 있겠다.

결국 이 방안은 기존의 법률과는 잘 부합하지 않는 제도를 추가하게 됨으로써 실효성 없는 ‘누더기입법’이 될 소지가 크다. 결국, 현행 법률로도 해결이 되지 않는 문제를 현행 법률의 연장선상에서 현행 법률의 개정을 통해 해결하는 데에는 한계가 있다고 판단된다.

도시재생 지원사업에 관한 규정을 개정 또는 삽입하는 방안

도시쇠퇴지역을 포함한 도시재생의 가장 커다란 문제는 일단 이에 대한 재원이 부족하다는 것이라고 보고, 현행 법제의 틀에서 이에 관한 내용만 추가하는 방안이다.

현재 도시 및 주거환경정비법과 도시개발법이 존재하고, 이 법에 의한 사업을 촉진하기 위하여 도시재정비촉진특별법이 이미 존재하고 있으므로, 도시재정비촉진특별법상 특별회계에 관한 규정을 실질적으로 대폭 개정하거나 또는 공공의 재정지원에 관한 규정을 새로 신설하는 방안이다.

이 방안의 장점은 간단하게 규정을 개정하면 된다는 점이다. 그러나 이미 도시재정비촉진특별법상의 특별회계에 관한 규정이 제 기능을 하지 못하고 있으므로, 규정을 개정한다고 하여 실효성이 담보될 것이라고 보장하기 어렵다는 점이 단점이다. 아울러 도시쇠퇴지역의 재생을 포함한 도시재생의 문제는 단순히 공공부문에 의한 재정지원만으로 해결될 수 있는 것은 아니라고 판단된다. 따라서 도시재생에 관한 보다 근본적인 시각에서의 접근이 필요하다.

기본법과 구체화법률로 재정비하는 방안

선행연구에 의하면, 도시재생에 관하여 '기본법'을 제정하고, 이러한 기본법의 내용을 구체화하는 법률로, 기존의 세 개의 법률을 주거환경정비법과 도시개발 및 정비법으로 나누어 규정하는 방안이 제시된 바 있다. 구체적으로는 다음 그림과 같다.

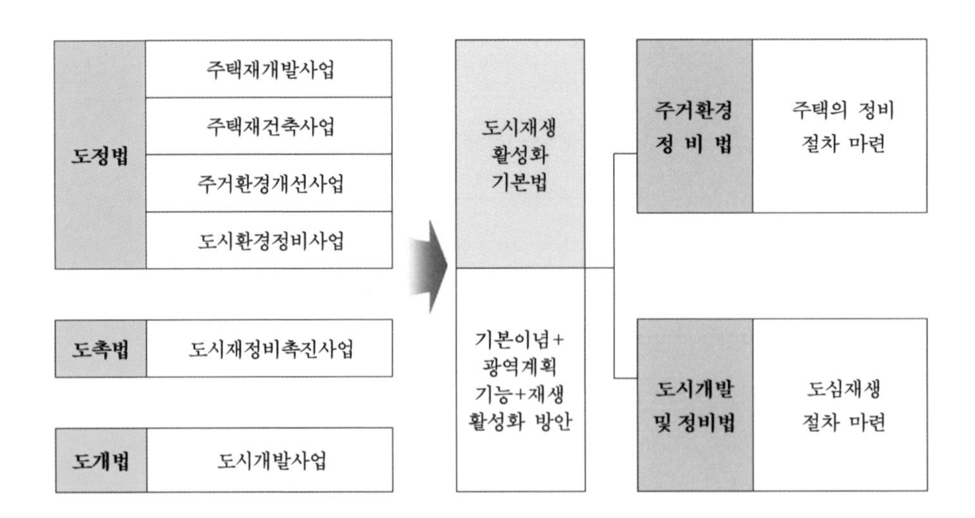

이 방안의 장점은 도시재생에 대한 입법이 체계적으로 구성될 수 있다는 점이다. 그러나 단점으로는 이와 같은 입법적 체계를 구성하려면 기존의 입법체계를 완전히 재구성하여야 하므로 많은 시일이 소요된다는 점을 들 수 있다. 아울러 우리나라 입법체계에서 기본법이 남발된다는 문제, 그리고 도시재생을 위해서는 일단 정부의 지원이 필요한 것인데, 이를 달성하기 위하여 전체 법제를 손질하여야 하는 부담이 있다는 점도 문제로 지적될 수 있다.

도시재생도 큰 틀에서는 도시개발에 포함되므로, "도시재생 기본법" 보다는 각종의 도시개발·재개발·정비 등을 아우르는 "도시개발기본법"이 오히려 필요하다고 생각된다. 도시재생의 문제는 이와 같은 도시개발기본법 아래에서 하나의 법률로도 가능하다고 판단되고, 따라서 이를 굳이 두 개의 법률로 구분하여야할 실익은 별로 없다고 생각된다. 그러나 장기적으로는 "기본법–구체화법률"의 시스템으로 입법체계를 정비하는 것은 바람직한 방향이라고 할 수 있다.

별도의 법률을 제정하는 방안

도시 및 주거환경정비법만으로는, 예컨대 '상업성이 떨어지는 도시쇠퇴지역의 도시환경개선'을 효과적으로 추진하기 어렵다. 이는 지금까지의 도시 및 주거환경정비법 제정 이후의 경과과정을 살펴보더라도 잘 알 수 있다. 아울러 도시재정비촉진특별법까지 제정된 상황에서도 도시재정비촉진특별법상의 특별회계가 제 기능을 수행하지 못하고 있는 한계를 노정하고 있다. 결국 도시를 사회적·문화적·경제적으로 재생하는 사업은 기존의 법률로만 해결하기 어려운 일종의 '새로운 도시재생' 방식이라고 할 수 있다. 따라서 이를 위해서는 –기존 법률의 개정 보다는– 새로운 별도의 입법이 필요하다.

별도의 법률을 제정하는 방안은 기존 법제를 통한 기존의 도시정비 및 개발사업을 그대로 유지하면서도, 새로운 방식의 도시재생 및 이에 대한 별도의 지원이 가능해짐에 따라 새로운 사업에 대한 효율성을 기대할 수 있고, 특히, 기존 법제의 개정으로 기존의 도시정비방식의 일환으로 도시재생이 이루어지는 경우 기존의 정비사업이나 개발사업에 매몰되어 사업의 실효성을 담보하기 어렵다는 문제가 발생할 우려가 있지만, 별도의 입법으로 하는 경우, 당장 시급한 쇠퇴지역재생이 기존의 정비사업 등과는 '별도로' 가능할 수 있게 되고 이를 통하여 당장 도시서민들에게 혜택이 돌아갈 수 있으며 도시환경도 밝아지게 되는 효과를 기대할 수 있다.

그러나 단점으로는 도시정비에 관한 문제가 하나의 법률이 아닌 여러 개의 법률로 분산됨으로 인하여 복잡함을 초래한다는 점을 들 수 있다. 그러나 법률 간의 내용이 다르기 때문에 법률간 저촉의 문제는 없다.

현재 도시정비예정지구의 정비사업이 추진되지 못하고 있는 문제가 현안이고 시급히 해결되어야할 과제라는 점에서, 별도의 법률 제정은 의미가 있다. 기존의 정비방식으로는 기대하기 어려운 사업이라는 점이 충분히 고려될 필요가 있다. 특히 이러한 별도 법률에서는 기존의 법률들과의 차별화가 문제인데, 이를 위해서는 '도시재생'이 어떤 사업인가에 대한 정의가 중요하다. 별도 법률의 규정들이 기존 세 개의 법률의 내용과 중복적으로 규정하거나 내용적으로 배치되지 않도록 하여야 할 것이다.

이처럼 당시 부산시에서는 현행 법률의 장단점을 분석하여 기존의 도시 및 주거환경정비법을 개정하는 방안, 도시재생 지원사업에 관한 규정을 개정 또는 삽입하는 방안, 기본법과 구체화법률로 재정비하는 방안, 별도의 법률을 제정하는 방안 등을 검토한 결과 현재의 보갑적이고 시급한 문제점을 해결하는 법제적 대안은 별도의 특별법을 제정하는 것이 최선의 대안이라는 결론을 도출하였던 것이다.

4. 도시재생 활성화 및 지원에 관한 특별법의 제정

도시쇠퇴지역의 재생을 위한 논의 및 이를 위한 특별법 제정을 위한 노력 끝에 2013년 6월 4일 「도시재생 활성화 및 지원에 관한 특별법(이하 "도시재생특별법")」이 제정되어 2013년 12월 5일부터 시행된다. 이하에서는 이 법의 제정이유와 주요내용을 간략히 살펴본다.

제정이유

전체 인구의 91퍼센트와 각종 산업기반이 도시에 집중되어 있는 우리나라의 경우 도시의 주거·경제·사회·문화적 환경을 건전하고 지속가능하게 관리하고 재생하는 것이 국가경제 성장과 사회적 통합의 안정된 기반을 구축하는데 필수불가결 한 과제임에도 불구하고 현행 제도로는 도시재생에 필요한 각종 물리적·비물리적 사업을 시민의 관심과 의견을 반영하여 체계적·효과적으로 추진하기 어려우므로, 계획적이고 종합적인 도시재생 추진체제를 구축하고, 물리적·비물리적 지원을 통해 민간과 정부의 관련 사업들이 실질적인 도시재생으로 이어지도록 함으로써 궁극적으로 지속적 경제성장 및 사회적 통합을 유도하고 도시문화의 품격을 제고하는 등 국민 삶의 질을 향상시키는 데 기여하고자 하는 것이 이 법의 제정 목적이다.

주요내용

이 법은 “도시재생”을 인구의 감소, 산업구조의 변화, 도시의 무분별한 확장, 주거환경의 노후화 등으로 쇠퇴하는 도시를 지역역량의 강화, 새로운 기능의 도입·창출 및 지역자원의 활용을 통하여 경제적·사회적·물리적·환경적으로 활성화시키는 것으로 정의하고 있다(제2조 제1호).

국토교통부장관으로 하여금 도시재생을 종합적·계획적·효율적으로 추진하기 위하여 국가도시재생기본방침을 10년마다 수립하고, 필요한 경우 5년마다 그 내용을 재검토하여 정비하도록 하고 있다(제4조).

도시재생에 관한 정책을 종합적이고 효율적으로 추진하기 위하여 국무총리 소속으로 도시재생특별위원회를 두도록 하고, 도시재생전략계획과 도시재생활성화계획의 심의 등을 위해 지방자치단체에 지방도시재생위원회를 둔다(제7조 및 제8조).

도시재생전략계획 및 도시재생활성화계획의 수립 지원, 도시재생사업시행의 지원, 전문가 육성·파견 등을 위해 도시재생지원기구(중앙)와 도시재생지원센터(지방)를 설치한다(제10조 및 제11조).

전략계획수립권자는 도시재생전략계획을 10년 단위로 수립하고, 필요한 경우 5년 단위로 정비한다(제12조).

전략계획수립권자는 도시재생활성화지역에 대해 도시재생활성화계획을 수립할 수 있고, 구청장 등은 도시재생활성화지역에 대해 근린재생형 활성화계획을 수립할 수 있다(제19조).

국가 또는 지방자치단체는 도시재생활성화를 위해 도시재생기반시설의 설치·정비에 필요한 비용 등에 대하여 그 비용의 전부 또는 일부를 보조하거나 융자할 수 있다(제27조).

전략계획수립권자는 도시재생활성화 및 도시재생사업의 촉진과 지원을 위하여 도시재생특별회계를 설치·운영할 수 있다(제28조).

국토교통부장관은 도시재생활성화를 위해 관련 정보 및 통계를 개발·검증·관리하는 도시재생종합정보체계를 구축하여야 한다(제29조).

도시재생사업의 촉진을 위해 건폐율, 용적률, 주차장 설치기준 및 높이 제한 등의 건축규제에 대한 예외를 둘 수 있도록 하였다(제32조)

국토교통부장관은 도시재생이 시급하거나 도시재생사업의 파급효과가 큰 지역을 직접 또는 전략계획수립권자의 요청에 따라 도시재생 선도지역으로 지정할 수 있도록 하고(제33조), 제33조에 따라 지정된 도시재생 선도지역에 대하여 도시재생전략계획의 수립 여부와 관계없이 도시재생활성화계획을 수립할 수 있도록 하였다(제34조).

5. 향후 법 운영 방향과 과제

도시재생이 신도시·신시가지 위주의 개발사업에 비해 상대적으로 낙후되어 있는 원도심에 대해 새로운 방식으로 도시기능을 회복하고 부흥시키는 것이기 때문에 재개발·재건축과는 큰 차이가 있다. 불량주거지역을 개선하고 새로운 주거시설을 설치하는 방식은 비슷하나, 쇠퇴도심 또는 산업집적지 등에 새로운 도시기능 부여를 통한 도시의 경제적 활력을 회복시키는 도시경제기반재생형이나, 쇠락하는 근린주거지의 거주환경과 생업, 생활여건을 복합적으로 개선하여 지역활성화를 도모하는 근린재생형은 추진방식에 있어서도 많은 방법론적 차이를 보일 것이다.

앞으로 도시재생특별법을 운영할 때 도시경제기반형과 같은 항만재개발사업이나 산업단지지정 등 경제적 파급효과가 큰 대규모 사업 유치로 도시경제기반을 확충하는 사업에 치중하다보면 당초 특별법 제정 취지가 다소 왜곡될 수 있다. 특별법은 생활환경개선사업, 주차장, 놀이터, 문화시설 등 기초생활인프라, 복지사업, 마을기업 등 커뮤니티 활성화, 전통시장, 도심 쇠퇴상가 등 골목상권 살리기, 공동체의 사회적 자본을 기반한 지역사업 및 프로그램, 주민의 연계계획 수립, 프로그램을 통한 사회적·경제적 장소재생 등의 근린재생형과 조화로운 운영이 필요하다는 것을 충분히 인식할 필요가 있다. 특히 이 부분은 부산에서 최초에 문제를 제기할 당시에는 도시서민과 빈곤층을 위한 주거재생의 필요성 때문이었다는 것을 유념할 필요가 있다. 그러나 법제정의 마지막 과정에서 수도권 등의 일부 논자들이 주장하는 경제적 잠재력이 있는 쇠퇴거점시설을 활성화시키자는 의견을 반영하여 경제기반형 사업방식으로 삽입, 보완한 사실을 상기할 필요가 있다. 따라서 당장 가시적 성과가 보일 수 있는 이 경제기반형 사업에 정부지원이 집중된다거나 하는 우를 범해서는 않된다는 것이다.

도시재생특별법의 제정효과는 기존 법제를 통한 도시정비 및 개발사업을 그대로 유지하면서도 도시쇠퇴지역에 대한 환경개선과 이에 대한 별도의 지원이 가능해짐에 따라 새로운 방식의 도시재생사업에 대한 효율적인 집행을 기대할 수 있게 되었다는 점이다. 특히 이 사업을 통하여 당장 도시환경개선이 필요하지만 기존의 법제로는 기대할 수 없었던 쇠퇴지역에 대한 재생이 가능해짐으로써 도시서민들에게 혜택이 돌아갈 수 있으며 도시환경도 개선된다는 점에 큰 의의가 있다.

다만 이 특별법이 효과적으로 시행되기 위해서는 ① 도시재생계획(국가도시재생기본방침–도시재생전략계획–도시재생활성화계획) 및 도시재생선도지역의 지정이 체계적·합리적으로 이루어져야 하고, ② 특별법에 별도의 규정은 없지만, 기존 도시계획과의 조화도 필요하다고 생각된다. ③ 아울러 특별법상 추진체계들이 형식적으로 조직되는 것이 아니라, 상호 유기적이고 효율적으로 운영될 수 있도록 그 운영의 묘를 살리는 문제도 매우 중요하다. ④ 그리고 무엇보다도 중요한 점은 국가의 재정지원 문제이다. 특히 특별회계가 유명무실해지면 이 법의 제정이 사실상 의미가 없어진다는 점에서 특별회계가 효과적으로 운용될 수 있도록 여기에 무엇보다도 많은 노력을 기울여야 할 것이다. ⑤ 끝으로 특례가 규정될 수 있는 도시재생선도지역의 지정과 여기에서의 도시재생사업을 성공적으로 시행하는 것이 중요하다. 이 법의 시행에 따라 선도지역의 지정과 사업시행이 선행될 것으로 예상되는데, 이 사업의 성과가 향후 이 법의 운영을 좌우하게 될 소지가 매우 크다고 판단된다.

향후 각 지자체 마다 도시재생사업을 추진하는 과정에서 고려해야 할 점은 먼저 그 지역 실정에 맞는 특성화된 도시재생사업이 추진되어야 한다. 도시재생지역의 특수성을 고려하여 성공적인 사업이 추진되려면 해당지역에 대한 면밀한 현황 진단을 통해 진행되어야 한다. 또한 도시재생사업을 시행한다고 하더라도 외국의 통합적 도시재생방식처럼 우리도 경제·사회·문화·커뮤니티 회복을 위한 통합적 접근이 필요하다.

특별법 시행으로 도시재생을 위한 종합적 계획수립이 가능하겠지만 재정여건이 열악하고 추진역량이 성숙되지 못한 중소도시는 사업추진의 성과를 창출하기에는 한계가 많을 것이다. 이러한 사업대상지역도 국가지원과 아울러 지역차원의 체계적인 지원방안도 마련되어야 한다. 도시재생사업을 성공적으로 추진하기 위해서 가장 중요한 것은 지역주민의 참여이다. 지역주민과 상인, 건축주, 시민단체와 공공기관간의 거버넌스를 구축하여 사업의 기획단계에서부터 참여하는 시스템을 마련해야 한다.

도시쇠퇴지역의 재생을 포함한 도시재생의 문제는 궁극적으로는 도시개발, 도시재개발, 도시정비, 도시재생을 아우르는 큰 틀에서의 접근으로 해결하여야 문제라고 생각된다. 그러나 이에는 오랜 시일이 소요될 것이고, 이에 대한 사회적 합의도 필요하므로, 우선 재생이 필요한 도시의 쇠퇴지역에 희망을 줄 수 있는 “도시재생 활성화 및 지원에 관한 특별법”을 유효적절하게 운영하면서, 향후 도시재생에 관한 법체계 전반에 대해서 보다 입체적·통합적으로 구성하는 방안도 고민해 나갈 필요가 있을 것이다.

26장

앞서가는 공공정책

김형균·김혜민

1. 디테일에 스며든 도시역사

근대화, 산업화를 거치면서 도시공간은 다양한 형태의 개발사업으로 대개조의 과정을 겪었다. 그러나 오늘날 도시에 대한 기존 도시개발정책은 한계에 봉착하고 있다. 제조업 중심의 경제구조에서 지식기반사회로 변모하면서 고용없는 성장이 일반화되었고 그 결과 일자리 감소와 빈곤층 실업이 가속화되고 있다. 자본의 무한투입과 도심 외곽팽창을 기본으로 한 지금까지의 도시화 과정은 도시 내 소지역간 격차를 가속화시켜 전통산업에 기반한 도시의 급격한 쇠퇴와, 원도심과 신도시 사이의 양극화를 초래했다. 그 결과 노후공업지역은 점점 더 쇠퇴하고, 노후주거지역은 인구감소로 슬럼화가 진행되는 양상을 보이고 있다. 부산 역시 예외는 아니다. 산업구조의 변화와 신도시·신시가지 위주의 도시확장으로 인해 기존 도심 및 공업지역, 상업지역이 상대적으로 낙후되어 가는 상황에 놓여있다. 해방과 전쟁, 피난, 난개발 등 일련의 과정을 거치며 형성된 원도심과 경제개발과 압축성장의 시대적 과제를 안고 있는 사상공단, 신평공단 등 공업지역이 그러하다.

우리는 역사성이 있는 도시는 그 기원을 보여주는 도심이 잘 보존되어 있다는 점에 주목해야 한다. 특히 선진도시란 역사가 단순히 보존된 도시가 아니라, 현대적 공공정책이 역사를 배려하는 도시라고 할 수 있다. 도시는 "기억으로 넘쳐흐르는 파도에 스펀지처럼 흠뻑 젖었다가 팽창"[1]하는 것으로 역사는 도시생활의 디테일한 곳곳에 스며있다.

1 "도시의 과거는 마치 손에 그어진 손금들처럼 거리 모퉁이에, 창살에, 계단 난간에, 피뢰침의 안테나에, 깃대

시간이 흐르면서 도시 규모는 변할지라도 도심 형태는 변함없이 유지되어야 하는데, 이는 바로 원도심이 전체 도시의 구심체가 되기 때문이다. 물리적 공간을 창의적으로 활용하는 것은 물론 기존 도시의 경제적, 사회적 여건과 특성을 살려 지속가능성을 높일 수 있는 종합적이고 포괄적인 도시재생정책이 마련되어야 하는 이유도 이 때문이다. 한편 공업화 시대 중추 기능을 해왔던 낙동강을 낀 공업지역은 1980년대 이후 산업구조 고도화로 공간적 쇠퇴와 인구유출을 겪고 있다. 세계 유수 도시들이 강을 도시발전의 주요 자원으로 삼고 있음에 비춰볼 때 낙동강을 낀 공업지역의 창조적 재생은 더욱 절실하다.

찰스 랜드리가 지적했듯이 앞으로의 도시계획은 도시 전략개념으로 전환해야 한다. 도시 전략은 전통적으로 마을을 계획하는 차원의 아이디어보다도 그 범위가 넓고, 보다 넓은 전문지식, 지표, 기준을 포함하는 것이 되어야만 한다. 그리고 그것은 환경시스템이 갖는 의의와 지역에 미치는 영향력, 창의적 필요성 등을 의식할 필요가 있다는 점에서 보다 전략적인 것이 될 필요가 있다.[2] 본 고에서는 부산시 사례를 통해 이러한 도시재생정책 흐름과 이에 따른 지방정부의 공공정책과 전략을 소개하고자 한다.

2. 도시재생정책 흐름과 부산시의 전략

한국사회에서 도시개발은 공공이 주도했다. 서양에서 자연스럽게 이루어지는 교외화와는 달리 한국에서는 공공의 정책적 주도하에 인위적으로 교외화가 이뤄졌다. 그 결과 주택공급을 위한 외곽 신도시 개발로 양질의 주거지는 충분히 공급되었으나, 이러한 신도시에 입주하지 못한 저소득층이 구도심에 밀집하면서 도시 쇠퇴를 초래하였다. 그러나 아이러니하게도 이러한 쇠퇴지역의 재생을 위해서는 공공이 아닌 커뮤니티를 비롯한 민간의 역할과 참여가 필연적이다. 종전에는 산업화에 대한 부작용을 전면재개발(Urban Renewal), 도시재개발(Urban Redevelopment)과 같은 자산주도형 도시재생(property-led urban regeneration)으로 해소하고자 하였다. 반면 오늘날의 도시재생은 도시를 단순히 공간적 관점에서 바라보는 것이 아니라 사회·문화적 관점에서 통합적 도시기능 회복을 지향해야 하는 시점에 놓여있다. 도시재생을 도시계획적 관점에서 접근하면 주거환경 개선, 경제활성화, 주민복지를 주요내용으로 한다는 점에서 외부투입형에 가깝다. 이러한 관점에서는 공공의 주도로 사업추진이 가능하다. 그러나 '오래 전에 경제재건 명분을 상실한 곳에 인프라를 갖추기 위해서 1,000억 달러가 넘는

에 쓰여 있으며 그 자체로 긁히고 잘리고 조각나고 소용돌이치는 모든 단편들에 담겨있다". 이탈로 칼비노(이현경 역). 보이지 않는 도시들. 민음사. 2007:18

2 찰스 랜드리(임상오 역). 창조도시, 해남. 2008:390-392.

돈을 투자한다는 것은 결코 합리적이지 않다'[3]는 에드워드 글레이저의 지적이 굳이 아니더라도, 글로벌 경제위기와 경기침체로 이러한 방식의 지방정부 주도의 재정투자 중심의 방식은 더 이상 유효한 방식이 되지 못한다.

반면 창조도시론적 관점에서는 지역 고유의 유무형의 특성과 자산을 통해 도시를 재생하고자 한다는 점에서 내발적 발전전략을 취한다. 상생적 지역주의와 삶의 질 향상, 파트너십에 기초한 내발적 발전이 핵심이 되는 것이다. 이러한 관점에서는 지역의 사회적 자본을 토대로 한 다양한 주체의 참여가 동반되어야 한다. 그러나 서구에서 커뮤니티나 비영리조직과 같은 지역의 사회적 자본을 토대로 도시재생을 추진해 온 것과는 달리, 공공과 민간의 각종 개발사업으로 인해 커뮤니티가 급속도로 와해된 한국 사회에서는 이러한 민간주도의 사회자본 중심의 추진체계를 구성하기가 쉽지 않다. 이와 관련하여 창조도시적 접근방식의 특징을 랜드리는 다음과 같이 제시하고 있다.[4] 첫째, 가치와 가치기준을 동시에 창출해야 하며 둘째, 하드웨어적인 해결에서 소프트웨어적인 해결로, 셋째, 적은 것으로 보다 많은 것을 하며 넷째, 다문화적으로 생활하고 다섯째, 다양한 비전을 평가하며 여섯째, 옛 것과 새 것을 상상력 풍부하게 재결합하여 마지막으로 학습하는 도시가 되어야 한다는 것이다. 따라서 공공은 도시재생을 위한 지원자 역할에 충실해야 하며, 동시에 어떻게 도시재생 추진체계를 구조화하며, 시민사회 참여와 커뮤니티를 회복시킬 것인가에 대한 과제를 안고 있다.

도시 다양성은 민간 조직들이 공공기능의 공적인 틀 바깥에서 계획하고 고안하면서 만들어내는 것이다. 도시계획과 설계의 주된 책임은 – 공공정책과 기능으로 할 수 있는 한 – 이런 광범위한 비공식적 계획과 구상 기회들이 공적 기획들의 번창과 더불어 꽃을 피우기에 적합한 장소로 도시를 발전시키는 것이다. 이러한 도시다양성에 나쁜 영향을 미치는 힘은 첫째, 도시에서 눈에 띄게 성공을 거둔 다양성이 스스로 파괴되는 경향, 둘째, 도시의 규모가 큰 단일 요소들이 다양성을 악화시키는 경향, 셋째, 인구 불안정성이 다양성 증대를 방해하는 경향, 마지막으로 공공 및 민간자본이 발전과 변화를 좌지우지하는 경향 등을 들 수 있다.[5]

따라서 이제는 새로운 방식의 정책과 제도가 필요하다. 쇠퇴지역에 대한 종합적이고 체계적인 지원 프로그램 부재, 산발적인 사업시행, 지역특성을 감안하지 않은 사업추진 등은 도시를 되살리는 데 한계를 노정할 수밖에 없다. 에드워드 글레이저는 국가정책은 가난한 사람들이 특정지역에 머물도록 장려하기보다는 그들이 선택한 거주지와 상관없이 그들에게 경쟁에 필요한 기술을 제공하는 것을 목표로 삼아야 한다고 주장한다.[6] 또한 찰스 랜드리는

3 에드워드 글레이저(이진원 역), 도시의 승리. 2012:451.
4 찰스 랜드리, 전게서. 375
5 제인 제이콥스(유강은 역), 미국 대도시의 죽음과 삶. 2010:325–326.
6 에드워드 글레이저, 전게서. 451.

창조도시를 위해서는 도시계획의 관점에서 어떻게 하면 폭넓은 '공공선'의 편익을 가져오는 값싼 가치의 비용을 유지할 수 있는가 하는 것이 관건이 된다고 지적한다.[7] 결국 도시재생을 위한 공공정책은 장기적이고 구체적인 비전을 수립하고, 도시를 구성하는 다양한 주체들이 자발적으로 참여해 노후·쇠퇴한 물리적 공간을 고쳐가며 사는 것, 그리고 도시를 다양한 콘텐츠로 채워나가는 활동을 장려하는 것이어야 한다.

이러한 관점에서 도시재생은 크게 세 가지의 프레임 속에서 전개될 필요가 있다. 활력을 잃고 공동화된 원도심과 공업지역의 성장 모멘트를 되찾는 것이 그 하나요, 도심 내부의 쇠락화된 주거 밀집 공간의 활력을 살리는 것이 다른 하나요, 도시의 기본 유니트로서의 공동체를 복원하는 것이 또 다른 하나다. 이를 실천하기 위해서는 연계, 융합, 참여가 도시재생의 주요 키워드가 되고 있다.

이러한 도시발전여건의 변화에 대응하는 부산시의 창조적 도시재생의 전략은 크게 두 가지로 압축된다.

첫째, 사회포용형(social inclusion) 창조적 재생이다. 도시 취약지역과 계층의 재생 프로그램에 있어 전통적인 물리적 방식이 아닌, 사회문화적이고 경제적인 복합재생을 지향하는 방식이다. 전통적으로 취약지역에 대한 공공의 개입은 오랫동안 있어왔다. 그러나 대부분 물리적 주거환경 개선과 공공재원 투입방식의 행정주도형 사업이 주를 이루다 보니 주민들이 체감하는 효과는 여전히 허기진 상태다. 이처럼 주민 참여와 협력과는 상관없이 이루어지는 공공정책은 많은 비판에 직면하게 된다. 글레이저의 경우 신자유주의적 관점에서 이러한 무분별한 취약지역 구제정책을 비판하고 있다.[8] 이러한 한계를 극복하기 위해 사회포용형 재생정책은 문화와 예술이라는 일차적 주민소통전략을 필두로 소지역 단위 경제의 회생이라는 목표를 지향하게 된다. 그 방법론으로서는 마을이나 소지역 공동체를 기반으로 한 주민참여형 마을만들기 방식이 확산되고 있다. 여러 가지 한계에도 불구하고 결국 도시정의의 관점에서 공공정책은 취약계층과 장소를 위한 투자와 지원을 강화하는 방향으로 나아가야 한다.[9] 부산시는 취약계층, 취약지를 대상으로 한 사회적 약자를 포용할 수 있는 창생전략

7 찰스 랜드리, 전게서. 180.

8 그의 논지는 전통적인 빈곤기능론의 색채를 띠고 있다. "가난한 사람을 돕는 것은 소박한 정의에 해당하는 반면 가난한 장소를 돕는 것은 이보다 더 정당화하기 어렵다. 아울러 장소에 투자한다고 해서 그곳에 사는 사람들이 항상 혜택을 입는 것은 아니다. 한편 가난이 도시의 쇠퇴를 야기할 수 있지만 가난이 도시가 잘 기능하고 있다는 것을 보여줄 때도 종종 있다. 도시는 가난한 사람들이 살기 좋은 곳이기 때문에 가난한 사람들을 끌어모은다". 에드워드 글레이저, 전게서. 449-452.

9 비록 무정부주의적인 도시르네상스적 접근을 하고 있는 멈퍼드의 표현을 빌리자면 '메갈로 폴리스가 티라노폴리스로 바꾸지 않으려면' 도시의 무한대적인 팽창을 막고 도시취약지에 대한 사회적 배려가 우선되어야 하는 것이다. 루이스 멈퍼드(박홍규 역). 메트로폴리탄 게릴라. 텍스트. 2010:202-204.

으로, 사회포용형 창생전략을 추구하며, 산복도로 르네상스 프로젝트, 행복마을만들기, 커뮤니티 뉴딜과 같은 사업이 이에 해당한다고 볼 수 있다.

둘째, 사회확산형(social diffusion) 창조적 재생이다. 이는 이미 창의적 에너지가 충분한 곳의 확산적 재생방식이다. 창의성은 흥미로운 환경을 조성하게 되고, 그것은 결국 외부효과를 창출하여 다른 영역의 상상력으로 충만한 활동을 촉진할 수 있다. 이 원동력은 종종 예술가들에 의해서 창출되기도 한다. 예술가들은 실제로 탐험가이고, 지역의 고급화 과정에 시동을 거는 재생자이며, 또한 황폐한 지역에 활기를 불어넣고, 카페, 레스토랑, 상점 등과 같은 지원시스템의 발전을 가져온다. 중산계급의 사람들은 공포라든가, 황폐한 지역에 대한 혐오감, 또는 동료집단으로부터의 압력 등의 이유로 처음에는 이러한 리스크를 부담하려 들지 않는 않는데, 예술가에 의해서 그런 '불쾌감'이 억제되고, 안전하다고 판단된 이후에야 비로소 이 두 번째 집단이 도래하게 된다.[10] 이러한 관점에서 부산시가 추구하는 사회확산형 창생은 창조계층, 핫플레이스를 대상으로 하며 창조계층 확산을 위한 창생전략으로, 강동권 창조도시 조성, 창의문화촌 조성사업, 대학로 문화기획 지원사업, 문화예술지구(원도심창작공간 또따또가) 사업이 이에 해당한다.

창조적 도시재생전략

구분	지향	대상	지역	방식	부산시 사업(사례)
사회포용형 창생 (social inclusion)	사회적 약자 포용	취약계층	취약지	공공지원 중심 마을만들기	산복도로르네상스 행복마을만들기 도시활력증진사업 커뮤니티뉴딜
사회확산형 창생 (social diffusion)	창조계층 확산	창조계층	핫플레이스	민간지원중심 장소만들기	강동권 창조도시 창의문화촌 조성 대학로 문화지원 문화예술지구사업

3. 쇠퇴주거지역의 창조적 재생 모델 – 산복도로 르네상스 프로젝트

산복도로는 부산의 대표적 서민주거지이자 부산이라는 도시의 근대화 과정을 고스란히 담고 있는 곳이다. 산과 바다로 이루어진 부산의 지형적 특성을 가장 두드러지게 보여주는 곳이며, 해방·전쟁을 거치며 인구가 급증했던 우리의 근대사가 도시공간 안에 그대로 투영

10 찰스 랜드리, 전게서. 179-180. 물론 이러한 창조적 공간의 효과들이 계획적 공간 조성의 의도한 결과인지, 아니면 계획되지 않은 문화공간의 의도되지 않은 결과인지에 대한 것은 다양한 논의가 있다. S. Zukin&L. Braslow. The life cycle of New York's creative district: Reflections on the unanticipated consequences of un-planned cultural zones. City, Culture and Society. Vol2, Issue3, September 2011:131-140

되어 있는 곳이기도 하다. 사업성이 있었다면 진작 민간이 주도하는 개발사업이 휩쓸었을 이들 지역은 다행인지, 불행인지 산발적인 주택개량이 이루어지기는 했지만 예전 모습에서 크게 바뀌지 않은 상태로 남아 있다. '재개발'되지 않은 마을 구석구석에는 신도시에는 없는 부산만의 스토리가 있고, 커뮤니티가 남아있고, 바다가 한눈에 들어오는 경관이 유지되고 있다. 이렇게 남겨지고 유지되어온 것들을 폐기처분하지 않고 '재생'해보자는 데에서 시작된 것이 산복도로 르네상스 프로젝트다. 이 사업은 착수하기 전에 사전연구 차원의 준비가 다양한 방식으로 이루어졌다. 먼저 연구기관에서 기본구상과 현장중심형 아젠다 설정에 대한 다양한 시도를 하였다.[11] 이를 바탕으로 대규모의 마스터플랜을 공간, 문화, 생활의 재생방안을 중심으로 수립하였다.[12] 추진방식은 전통적인 관주도의 주거환경개선형이 아니라, 주민참여형 마을만들기 방식으로 설정하여 이에 대한 종합계획[13]을 주민참여하에 수립하였다. 이 사업 추진에 필요한 분야별 다양한 계획도 수립하였는데 산복도로 생활자료관(아카이브) 기본계획[14], 가파른 계단과 고지대로 이루어진 산복도로 주민의 이동편의를 위해 새로운 교통수단을 다양하게 모색해보는 계획[15], 그리고 에코뮤지엄 개념을 현지에 맞게 변용한 생활사 박물관 계획[16] 등을 수립하였다. 이러한 공공주도의 공적 계획을 수립하는 가운데 민간에서도 활발한 논의와 연구가 진행되었다.[17]

11 부산발전연구원, 산복도로 르네상스 기본구상. 2010. 이 구상을 가다듬으면서 지역대학생으로 이루어진 청년프런티어를 조직하여 산복도로 현장 중심의 다양한 지역밀착형 아젠다를 도출하였다. 산복도로 청년프런티어 활동자료집. 2009.

12 부산광역시. 산복도로 르네상스 마스터플랜, 2011.

13 부산광역시. 마을만들기 실행계획 종합보고서. 2012.

14 산복도로 지역공동체의 지속가능한 행복을 위한 소통공간으로서의 생활자료관을 구축하는 비전을 세우고 이곳 주민들의 삶과 추억과 이야기를 담아내는 공간과 서비스가 이루어지는 것을 지향하고 있다. 부산광역시. 산복도로 생활자료관(아카이브) 기본계획. 2012.

15 원도심 산복도로 일원의 18개소에 해당하는 긴 계단길과 경사지를 대상으로 각 지역의 특성을 분석하여 과좌식 모노레일, 현수식 모노레일, 경사형 엘리베이터 등 3가지의 구상안에 대한 타당성 검토를 진행하였다. 또한 장래 교통수단을 통한 북항망양선의 타당성 검토를 하였다. 부산광역시. 산복도로 일원 신교통수단 설치 타당성 검토용역. 2012.

16 범천범일권, 수정좌천권, 대청영주초량권 등 3개 권역 14개소의 비교적 산복도로의 정체성이 보존된 지역에 대한 분석을 통해 중점지구 연계지구, 확산지구를 허브와 노드를 설정하고 트레일로 연계하는 계획을 수립하였다. 부산광역시. 산복도로 생활사박물관 타당성 조사. 2012.

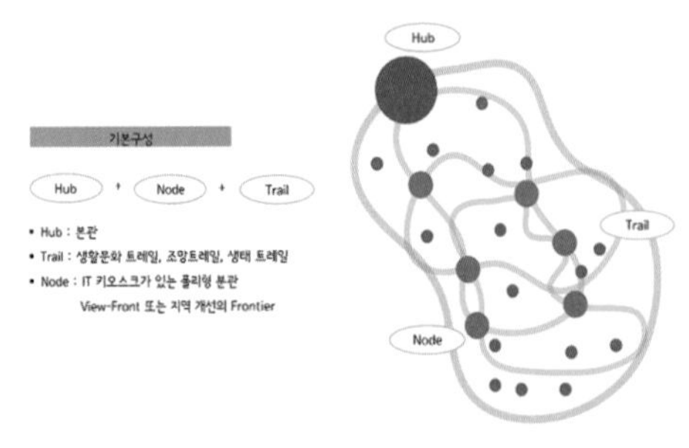

산복도로 르네상스 프로젝트 추진개요

구분	내용
대상지역	원도심 산복도로 일원 주거지역 –6개 자치구(중·서·동·부산진·사하·사상구), 54개동, 634천 명
사업구역	3개 권역, 9개 사업구역(구봉산, 구덕·천마산, 엄광산 권역)
사업방향	공간·생활·문화재생을 통한 자력수복형 종합재생
사업방법	권역별 순차적 시행
사업기간	10개년 사업(2011~2020)
사업비	1,500억 원
주요사업	· 마을공동체 활성화 : 주민협의회 구성 및 운영, 마을계획가·마을활동가 지원, 마을만들기 교육, 마을만들기 지원조례 제정, 주민주도형 커뮤니티 활동 · 기반시설 개선 : 고지대 보행환경 개선(도로정비, 노후불량계단 정비, 고지대 진입도로 개설), 주민편의시설 확충(소공원 및 쉼터, 도로경관 조명, 테마가 있는 골목길), 공동이용시설 조성(커뮤니티센터, 건강지원센터, 작은도서관) · 자립기반 구축 : 마을만들기(마을공동작업장, 커뮤니티문화센터, 마을카페, 휴게쉼터, 공부방), 커뮤니티비즈니스 창업 지원 · 문화·생활의 활기 : 폐공가를 활용한 문화시설 조성(감내어울터, 작은미술관, 작은도서관, 문화학습관), 유네스코 국제 워크캠프, 찾아가는 원스톱 의료지원, 마을축제, 창조문화프로그램 · 스토리텔링형 공공건축 조성 : 금수현의 음악살롱, 장기려의료센터, 밀다원 시대(일자리지원센터, 북카페, 도서관), 김민부 전망대, 이바구공작소(아카이브센터), 유치환의 우체통
추진경과	· 2009. 8~2010. 1 산복도로르네상스 기본구상 · 2010. 2~2011. 2 산복도로르네상스 마스터플랜 수립 · 2010. 6 〈산복도로포럼〉 구성·운영 · 2011. 산복도로르네상스 1차년도(영주·초량) 사업시행 · 2012. 산복도로르네상스 2차년도(아미·감천) 사업시행 · 2013. 산복도로르네상스 3차년도(범일·범천) 사업시행

자료: 부산광역시 내부자료(2013)

산복도로 지역은 인구감소와 같은 사회적 쇠퇴, 공간적으로 노후화된 주거환경의 문제, 빈곤층의 증가와 같은 과제를 중첩적으로 안고 있다. 그렇기에 공공정책에 대한 수요가 다양하고 요구 또한 매우 높은 곳이다. 따라서 각 단위사업을 주거환경개선과 같은 공간적 측면만이 아닌, 커뮤니티 활성화 및 지역잠재력 극대화를 위한 문화사업 등으로 다양화하여 복합적으로 추진하고 있다. 특히 공공이용시설 등 물리적 시설물은 공공이 주도하여 건립하지만 시설의 운영과 이용은 주민이 주도하고 지역자원을 활용하여 콘텐츠를 채워야 한다는 점에서 커뮤니티 활성화와 조직화가 병행될 필요가 있었다. 따라서 연차별 사업에 착수하기에 앞서 사업대상지 내 마을별로 주민협의회를 구성·운영하고, 마을아카데미를 병행하여 관심도 및 참여도를 제고하였으며, 마을계획가·마을활동가를 투입하여 마을만들기를 지원하고 있다. 초기 단계에서는 마을계획가·마을활동가가 주도적 역할을 수행하면서 주민들은 다소 수동적인 참여형태를 보였고, 마을의 공간적 개선에 집중하였다. 그러나 점

17 부산발전연구원 부산학연구센터. 부산의 산동네: 부산을 읽는 상징적 텍스트. 2008; 부산구술사 연구회(외). 이향과 경계의 땅: 부산의 아미동, 아미동 사람들. 부산대학교 한국민족문화연구소 로컬리티 HUCO 총서1. 2011; (사)한국민속학회(외). 헌마을과 새마을:개발과 생태의 민속학. 2011.

차 지역사회에 대한 관심도가 제고되고 지역잠재력에 대한 공감대가 형성되면서 주민주도의 커뮤니티 활동이 활성화되기 시작했다.[18] 마을합창단을 구성하여 매주 합창교실을 운영하기도 하고, 마을신문을 제작하고 마을축제를 개최하기도 하였다. 그리고 현재는 주민협의회와 마을계획가·마을활동가가 중심이 되어 주민공동체 사단법인을 설립하는 등 주민조직화가 새로운 모습으로 진화하고 있다. 부산시에서는 2012년 마을만들기 지원조례를 제정하여 이러한 활동을 제도적으로 적극 지원하고 있다.

공간적으로 산복도로는 급경사도로, 마을 중심도로 및 주거지 진입도로, 노후화된 주택 등 산복도로 개통 당시의 원형이 남아있는 지역이다. 무계획적이고 불규칙한 도시형태와 낡은 주거환경은 거주민들에게는 불편함을 주지만, 부산이라는 도시에 있어서는 도시가 겪은 시대상과 도시정비의 역사를 보여주는 상징성을 지닌 곳이기도 하다. 이에 부산시에서는 마을의 원형은 보존하되 주차시설, 보도시설, 공동화장실, 폐·공가 등 기초적인 주거환경에 대해서는 개선사업을 추진 중이다. 산복도로 지역은 역세권이 아닌 까닭에 주민 상당수가 시내버스와 마을버스를 이용하지만 보도시설 및 보행환경이 열악해 불편을 호소하고 있어, 보도설치 및 정비, 공용주차장 확충, 고지대 진입도로 개설, 버스정류장 개선 등을 추진 중이다.

한편 인구감소와 부동산경기 침체로 인한 폐공가와 유휴지 증가로 마을이 슬럼화되면서 이에 대한 정비 필요성이 제기되었다. 부산시는 부산항 및 산복도로 조망이 가능한 지역은 전망대 및 주민어울림 마당 등을 조성해 산복도로의 경관을 보존하고, 폐공가를 활용한 마을공동체 창업을 지원하여 주민일자리 및 소득창출과 연계하고 있다. 이러한 공공의 지원이 이루어지면서 주민협의회에서도 자발적으로 폐공가를 정비하여 활용하는 사례가 늘고

주민기자단이 취재하고 발간하는 마을신문

18 산복도로 르네상스 사업에 참여한 마을활동가들의 다양한 시선과 주민들과의 어려웠던 친화과정은 여전히 마을만들기의 과제로 남아있다. 그러나 무엇보다 재생사업의 주체와 자산은 결국 사람임을 또한 여실히 보여준다. 부산광역시. 산복도로를 말하다. 2013.

있는데, 주거지역내 방치되어 있는 폐가를 주민협의회에서 소유주의 동의를 얻어 철거·정비하여 상자텃밭으로 조성하여 텃밭음악회를 열고, 생태교육, 상자텃밭 분양행사를 여는 등 주민주도의 활동이 이루어지기도 한다.

마을의 낙후된 시설을 창조적으로 활용한 대표적 사례가 사하구 감천문화마을이다. 감천문화마을의 재생은 문화와 예술이 어떻게 도시재생의 선도기능을 하는가를 분명히 보여주고 있다. 마을미술 프로젝트를 통해 공공예술가들이 마을에 들어오면서 재생의 계기를 마련하게 된다.[19] 이어 주민들의 적극적인 참여를 통해 협의회가 협동조합으로까지 진화발전하고 있다.[20] 이어서 행정의 적절한 역할[21]들에 관한 좋은 사례로 기록될 만하다. 특히 이 마을에 위치한 감내어울터는 마을재생의 상징적인 거점공간이라 할 수 있다. 감천문화마을의 인구가 감소하면서 마을 내에 소재한 낡은 목욕탕이 몇 년 째 폐업하여 방치되어 있던 것을 부산시에서 매입하여 리모델링 후 커뮤니티센터(감내어울터)로 조성하였다. 감내어울터는 기존의 공중목욕탕 시설물을 그대로 활용하여 독특한 내부공간을 유지하고 있으며, 도자공방·카페·갤러리·문화강좌시설·방문객 쉼터 등 다양한 용도로 사용되고 있다. 예술작가와 주민이 상주하며 관광객에게 도자기, 천연염색, 목공예 등 다양한 체험프로그램을 제공하고, 갤러리에서는 작품을 전시한다. 카페에서는 주민이 제작한 공예품과 커피를 판매하고 여기서 나온 수익을 마을공동체를 위한 사업에 재투자한다. 매주 마을기자단과 마을합창단이 모이는 마을사랑방이기도 하며 유네스코 국제 워크캠프의 숙소로 활용되기도 한다.

산복도로는 고지대 및 경사지의 지형적 특성으로 풍부한 경관적 가치를 지닌 곳이기도 하지만, 경사지라는 특성으로 인해 산복도로 곳곳에 옹벽이 산재해있다. 특히 좁은 골목길

방문객이 증가하는 마을 폐공가를 활용한 마을공동체 창업 지원 (감천문화마을 감내카페)(ⓒ부산광역시 자료)

주거지역 내 폐공가를 정비하여 상자텃밭조성(동구 초량6동) (ⓒ부산광역시 자료)

19 문화체육관광부. 2009 마을미술 프로젝트. 2009.

20 감천문화마을 운영협의회. 감천문화마을 이야기. 두손컴. 2011.

21 부산광역시. 감천2동 방가방가프로젝트 기초조사. 2010.

감천문화마을 감내어울터 갤러리

감천문화마을 감내어울터 입구
(ⓒ 부산광역시)

과 빈집, 고령자가 많은 탓에 주민들의 불편해소 및 낙후 이미지 개선을 위한 야간조명(보안등 및 보행등)을 비롯한 경관개선의 필요성이 타 지역보다 높다. 이에 회색빛의 옹벽에 작가들과 주민들이 참여하여 작품을 설치하거나, LED조명을 부착한 조형물 설치를 통해 환경적 쾌적성과 안전성을 높이고 있다. 또한 2012년 감천문화마을 순환로에 LED조명을 설치하여 쾌적한 보행환경을 제공하고, 마을의 친환경적 이미지를 높였다. 이를 계기로 2012년에는 산복도로 야간경관 기본계획을 수립하고 2013년부터 연차적으로 야간경관 개선사업을 추진해나갈 예정이다.

그 외에도 산복도로와 인연이 있는 인물과 스토리를 주제로 스토리텔링형 공공건축물을 조성했다.[22] 금수현의 음악살롱(커뮤니티 문화센터), 장기려의료지원센터, 밀다원 시대(일자리지원센터, 북카페, 도서관), 이바구공작소(아카이브센터), 유치환의 우체통(전망대) 등 산복도로에 거주했거나 인연이 있는 유명인들을 기리고 재조명할 수 있는 커뮤니티 공간이 마련되어 있다.

이러한 하드웨어적인 재생사업 뿐 아니라 주민역량을 강화하여 커뮤니티를 활성화하고, 소득창출로 연계할 수 있는 다양한 형태의 교육사업이 진행되었다. 주민참여를 통한 도시재생을 위해서는 사업에 대한 주민의 이해도가 높아야 하며, 함께 만드는 도시재생에 대한 가치를 공유해야 한다. 따라서 마을만들기 아카데미와 같은 주민교육 프로그램 운영을 통해서 사업에 대한 공감대를 높이고, 지역문제에 대한 올바른 인식과 자긍심을 가지고 실천적인 대안을 모색할 수 있도록 하고 있다.[24] 특히 산복도로는 서민밀집 주거지인 까닭에 자력수복형의 재생을 위해서는 지역주민의 소득증대 및 일자리 창출이 병행되어야 한다는 점에서 마을기업창업학교, 도시재생 전문인력 양성과정과 같은 교육프로그램이 운영되고 있다.

22 시민들을 대상으로 다양한 산복도로의 스토리텔링 원자료를 모으는 작업을 하였다. 산복도로의 다양한 삶의 31가지 이야기들을 모았다. 부산광역시. 산복도로 이야기. 2013.

감천문화마을에서 개최되는 유네스코 국제 워크캠프[23] (ⓒ 부산광역시)

4. 노후공업지역의 창조적 재생모델 : 강동권 창조도시 조성사업

창의적인 프로젝트는 어디엔가 거점을 마련할 필요가 있다. 이들은 도시 주변부, 과거 항만이나 공장지역이었다가 그 용도가 변경된 지역에서 쉽게 구할 수 있다. 저렴한 공간은 재정적 부담을 줄이고 실험을 장려하는데 혁신적으로 전환될 수 있다. 옛 공업용 건축물을 재이용하는 것은 도시재생의 보편화된 기법이 되었지만, 오늘날에도 그 가치는 조금도 줄어들지 않는다.[25] 창조성 발현을 위한 거점 즉, 창조환경은 문화적으로 주의깊은 '기술자들'이 동일한 작업분야에서 일하는 사람들과 '서로 만나서 자극을 주고받는 기회'를 제공할 뿐만 아니라, 다른 문화분야의 종사자들과도 협동할 수 있는 장소(places)를 말한다. 자원의 물량이 빈약하거나 잘 알려지지 않은 곳에서는 집중화(clustering)와 브랜드화(branding) 전략이 유리할 것이다.[26]

부산시는 이러한 창조적 환경의 조건을 갖추고, 브랜딩 전략수립이 필요한 대상지로 낙동강을 끼고 있는 부산의 전통적 공업지역에 주목하였다. 북구, 사상구, 사하구는 1970년대 신발, 섬유, 합판 등을 생산하는 대표적 공업지역이었으나, 1980년대 산업구조의 고도화로 제조공장의 쇠퇴와 불량·노후주거지역 혼재로 부정적 이미지가 형성되기 시작했다. 이와 함께 인구유출 및 노령화, 문화시설 부족 등으로 낙후지역이라는 인식이 증가하면서 이들 지역의 변화를 위한 특화발전전략 수립이 요구되었다. 이들 지역에는 산업여건 변화에도 불구하고 감동진, 구포장터, 홍티포구, 하단포구 등 지역발전의 주요한 자산이 산재해 있어 이러한

23 사하구 감천동 문화마을에서 2011, 2012년도 연이어 열린 유네스코 주최의 워크캠프는 전국의 다양한 워크캠프 중에서 참가자들이 주민들과 직접 어울리며 지역밀착형 사업을 추진한 가장 모범적인 사례로 손꼽힌다. 유네스코 한국 위원회. UNESCO International Workcamp. 2011,2012 report.

24 부산광역시. 마을만들기 주민교육 아카데미 결과보고서. 2011.

25 찰스 랜드리, 전게서. 177-178.

26 찰스 랜드리, 전게서. 200.

낙동강 연안의 공통적인 지역자원의 동질성을 살린 광역적 발전정책수립 필요하다. 이에 부산시는 노후화된 공업시설 등 지역 산업자원을 재생하여 창조도시 거점으로 조성하고자 하는 강동권 창조도시 조성 사업을 시행하게 되었다.[27] 플로리다는 숙련된 거주자들을 유치할 수 있는 비전으로 시내에서 일어나는 예술, 대안적 삶의 용인, 그리고 즐거움을 강조하는 것을 들고 있는데,[28] 강동권 창조도시 조성도 플로리다의 이러한 시각과 맥락을 같이 한다.

강동권 창조도시조성 사업은 공업시설과 배후주거시설의 조화를 지향한다. 강동권은 낙동강 동쪽에 해당하는 북구·사상구·사하구 등 3개구를 대상으로 하며, 기존 산업단지를 첨단·생태산업단지로 재생하고자 하는 공간재생, 지역의 역사·문화자원복원, 문화예술지구 조성을 통한 문화재생, 낙후된 주거지의 물리적, 사회적, 경제적 재생을 지향하는 생활재생을 주요 사업으로 하고 있다.

'생활의 매력이 넘치는 강동권의 가치 재창출'을 비전으로 하며, 기존의 구별단위 발전전략, 동서균형 발전전략, 물리적 환경재생 중심에서 탈피하여 통합적 종합발전전략, 내발적 발전전략, 창조적 환경재생을 기본방향으로 한다. 추진전략은 창조환경(생태, 주거, 경관) 분야에서는 풍부한 자연환경과 물, 숲의 복원을 통한 '공간 재창조', 창조산업(산업, 문화, 관광) 분야에서는 지역산업 육성(제조) 및 신산업 발굴로 문화, 관광 '일자리 창출', 창조주체(교육, 컨설팅, 네트워크) 분야에서는 교육·컨설팅 기회제공 및 공공-기업-대학간 '인재 네트워크'를 내용으로 한다.

2012년 추진사업은 60억 규모로, 북구의 창조문화활력센터 조성, 사상구의 창조적 녹색공간 조성(컨테이너 아트터미널 'CATs'), 하단 문화회랑 조성, 에코팩토리 존 조성 사업을 추진 중이다. 창조문화활력센터는 북구 덕천동 덕천교차로 인근에 젊은이들이 문화와 예술에 대한 열정을 나눌 수 있는 공간을 창조하고 인근 대학과 민관협치로 활력센터를 건립하고 운영하는 것을 주요내용으로 한다. 창조적 녹색공간 조성(컨테이너 아트터미널)은 사상구 사상역 앞 광장로 일원에 나들숲과 어울리는 젊음의 문화공간 및 교통요지에 삶이 살아 숨쉬는 대안문화 공간을 조성하는 사업이다. 하단 문화회랑 조성은 사하구 하단동 하단유수지를 서민의 위한 공간 및 인근 하단포구와 어우러진 이야기가 있는 사색공간으로 조성하는 사업이다. 에코팩토리 존 조성은 사하구 다대동 기계공단 일원에 산업공단의 색채와 숲이 어우러진 에코 환경조성 및 하늘과 지상에서 보는 창조적 에코팩토리 존을 창조하는 내용을 담고 있다.

27 생활의 매력이 넘치는 강동권의 가치재창출을 비전으로 제시하면서 총 26개의 단위사업에 2,454억원 규모의 계획을 수립하여 2012년부터 60억원씩 재정투자와 다양한 민간투자가 이루어지고 있다. 부산광역시. 강동권 창조도시 조성 마스터플랜. 2011.

28 글레이저, 전게서. 456.

강동권 창조도시 조성 추진 개요

구분	내용
대상지역	부산광역시 강동권(북구, 사하구, 사상구)
사업방향	· 공업화시대 이후 쇠퇴한 강동권의 새로운 발전전략과 정체성 부여 · 낙동강 연안 강동권의 동질성을 살린 광역적 발전전략 · 지역적, 역사·문화적 자산을 활용한 지속가능한 창조도시
사업방법	6개 분야 26개 사업 연차적 시행
사업기간	2012~2021
사업비	2,454억 원
주요사업	· 문화·생태 창조사업(11개 사업) : 창조문화활력센터 조성, 사상나들숲 조성, 신발박물관 건립, 대천천 창조커뮤니티조성, 화명고수부지 그린웨이, 삼락·감천생태하천 조성, 다대포해안관광도시 조성, 감동진문화포구 재창출, 모래톱포구 어촌체험 공간조성, 아트팩토리, 만세운동길 역사테마 가로조성사업 · 창조상징공간 조성사업(6개 사업) : 다문화특화거리조성을 통한 외국인 문화지원 사업, 로컬푸드 브랜드화 사업, 화단 문화회랑 조성, 명품 멋·맛의 문화특화거리 조성, 디지털Art대학문화거리조성, 덕천동 '창조의 거리' 조성 · 단지구조 재생사업(4개 사업) : 에코팩토리존 조성, 미혼자전용 임대아파트 건립, 사상공업지역 스마트밸리 조성, 신평장림 1984클러스터 사업 · 생활재생사업(1개 사업) : 주거지 재생시범사업 · 권역연계사업(1개 사업) : 낙동강 에코컬처(Eco-Culture) 네트워크 · 창조프로그램 지원사업(3개 사업) : 창조 사회적 기업 지원, 창조경영 아카데미 추진, 창의인재 네트워크 사업
추진경과	· 2010. 1 〈부산창조도시포럼〉 구성·운영 · 2010. 3~6 창조마을 조성을 위한 아이디어 공모(학장천, 구포시장, 장림포구) · 2010. 3~7 강동권 창조도시 구상을 위한 기초조사 · 2010. 8~9 창조도시 발전전략 수립 · 2011. 1~12 강동권 창조도시조성 마스터플랜 수립 · 2012. 1 강동권 창조도시조성 1차년도 사업시행

자료: 부산광역시 내부자료(2013)

컨테이너 아트터미널(CATs) 조감도
(© 부산광역시 자료)

5. 틈새낙후지역의 창조적 재생모델 : 행복마을만들기와 커뮤니티 뉴딜

부산시는 해방, 전쟁 등으로 인한 도시형성과정의 특수성으로 무계획적인 도시확산이 이루어졌고, 정책이주지역은 빈곤계층이 밀집하면서 도시틈새 낙후지역이 급증했다. 뿐만 아니라 1990년대부터 신도시 및 신시가지 개발사업이 동부산권에 집중되면서 부산의 동서간 불균형 문제가 높아졌고 보다 적극적인 도시재생전략이 요구되었다. 2010년부터 시작된 행복마을만들기는 도시 내 취약계층의 인위적·자연적 집중으로 발생한 빈곤과 계층간 갈등 등 각종 사회적 문제를 종래의 물리적 환경개선이 아닌 마을단위의 사회·문화적 시각의 종합적 접근방식을 통해 해결하고자 하는 사업이다.

본 사업은 「2020부산광역시 도시 및 주거환경정비 기본계획」에 포함되지 않은 틈새 낙후지역을 대상으로 하는데, 인구수 1000~2000명 정도(2~3개통) 규모로 지형적, 사회·문화적으로 구획가능한 마을을 사업단위로 한다. 행복마을만들기 사업의 지원 마을 선정을 위해서 크게 세 가지 측면을 고려하게 되는데, 첫째, 마을 자체적으로 해결이 어려운 문제가 있거나, 사회·경제적 어려움에 직면한 마을을 우선지원하게 된다. 둘째, 주민 스스로의 자구노력이 있거나, 추진의지가 강한 곳이어야 한다. 셋째, 약간의 지원으로 마을의 미래지향적 변화가 가능한 곳이어야 한다.[29]

사업내용은 마을여건과 상황, 보유자원에 따라 다양하게 나타나는데, 크게 세 가지 유형으로 나눌 수 있다. 첫째, 마을 내 공공기반을 조성한다. 대상지역 대부분이 공간적으로 열악한 주거환경을 가진 곳인 까닭에 주민공동체 형성을 위한 커뮤니티 공간이 필요한 경우가 많다. 행복센터, 작은도서관, 공동작업장, 마을텃밭 등이 이에 해당한다. 둘째, 주민역량을 강화한다. 마을주민과 지역사회가 스스로 생활공간과 사회경제적 삶의 질을 높여나가기 위해 공동체를 형성하고 자력으로 마을문제를 해결할 수 있어야 한다. 평생학습교육, 공동체 활성화 프로그램, 마을리더 양성 프로그램 등이 이에 해당한다. 셋째, 마을의 활력을 증진시키는 활동이 진행된다. 문화활동을 통해 마을의 잠재력과 가치를 찾아내어 자긍심을 높이고, 주민의 경제적 기반을 강화하기 위해 커뮤니티 비즈니스 등을 활성화한다.[30]

커뮤니티 뉴딜 사업은 빈곤 취약지역의 복합재생사업을 체계적으로 추진하기 위하여 시작하였다. 먼저 결핍조사를 실시한 후, 각 마을로 투입될 활동가 양성교육을 실시하고, 다음에는 마을 특성과 결핍내용에 걸맞는 마중물 사업을 실시하여 마을별 재생사업의 적합도를 판단한 후 본격적으로 시내 전역 결핍 상위 20% 마을까지 단계적으로 복합적인 재생

29 부산광역시. 행복마을만들기 사업매뉴얼. 2011.

30 부산광역시. 부산, 행복마을만들기. 2012.

행복마을만들기 추진 개요

구분	내용
대상지역	저소득층 틈새주거지역 *「2020 부산광역시 도시 및 주거환경정비 기본계획」에 포함되지 않은 지역
추진목표	함께 어울러 살고 싶은 행복한 마을 조성 · 공간기반조성(Community Infra) : 물리적 재생 · 주민역량강화(Community Human) : 사회·문화적 재생 · 마을경제력증대(Community Business) : 경제적 재생
사업기간	2010~(마을당 최소 3년 이상 지원)
사업비	143억('10년 36억, '11년 64억, '12년 43억)
주요사업	· 3개 분야 – 물리적, 사회·문화적, 경제적 통합재생 · 삶의 질을 개선하는 커뮤니티 공간기반 조성사업 : 장기미집행 도시계획시설의 해소를 위한 사업이 아닌 마을 주민의 생활환경을 개선할 수 있는 공동체 공간기반을 확보하는 물리적 재생사업 · 공동체 형성·복원을 위한 주민역량강화 사업 : 마을공동체를 형성·복원할 수 있는 사업으로서 지역 정체성 회복을 통한 주민화합과 애향심, 주민역량 강화를 위한 사회·문화적 재생사업 · 경제적 재생 : 지역공동체사업의 발굴로 주민 스스로 경제적 자활을 이룰 수 있는 경제적 재생사업
추진경과	· 2010년 4개 마을 추진 : 아미농악 행복마을, 야시고개 행복마을, 괘내 행복마을, 까치고개 행복마을 · 2011년 11개 마을 추진 : 한마을 행복마을, 부산진성 역사문화 행복마을, 주공1단지 행복마을, 1·3세대가 함께하는 살기좋은 행복마을, 기찻길옆 유쾌한 행복마을, 양달 행복마을, 철쭉 행복마을, 재반무지개 행복마을, 모래톱 행복마을, 선두구동 행복마을, 온골 행복마을 · 2012년 7개 마을 추진 : 닥밭골 행복마을, 오색빛깔 행복마을, 머드레 행복마을, 본동 행복마을, 공창 행복마을, 참살이 행복마을, 삼어 행복마을

자료: 부산광역시 내부자료(2013)

사업을 추진하는 추진단계를 설정하였다. 먼저 건물노후도 등 물리적 요인, 범죄율 등 안전요인, 기초생활 수급자 등 사회적 요인, 학업성취도 등 교육적 요인 등 40여 개의 결핍인자를 바탕으로 부산형 결핍지수(BMDI : Busan Multi Deprivation Index) 를 개발하여 부산 시내 4,500개의 통단위까지 결핍정도를 분석하였다.[31] 한편 마을별 활동을 추진할 마을활동가에 대한 집중 양성 교육을 위해 6개월 과정의 활동가 양성 프로그램을 2012년도부터 운영하여 현재 20명 가까운 활동가가 시범마을에서 다양한 마을활동을 벌이고 있다.

6. 성숙형 도시의 과제

부산시는 재생방식에 있어서 기존 시장위주 개발논리를 극복하고 전면철거형 일괄 개발의 한계를 넘어서기 위해 '깨어진 유리창(Broken window)' 법칙에 주목하였다. 즉 '깨어진 유리창'

31 부산광역시. 커뮤니티 뉴딜 기본계획. 2013.

의 확산을 막고 수리하기 위해 공공이 적극적으로 개입하고, 자력수복형의 도시재생을 꾀하고 있다. 또한 기존 공간개발에서 탈피하여 장소발견으로 전환한다. 이는 곧 터의 생명력과 문화·역사를 적극 발굴하고 스토리와 콘텐츠의 결합을 지향하는 것이다. 결국 이는 성장형 도시에서 성숙형 도시로의 전환을 위해 '투자'에 대한 인식 변화를 필요로 하게 된다. 창조적 도시재생을 위한 도시관리비용에 대한 인식을 비용(cost)에서 투자(investment)로 전환하게끔 한다. 이를 위해 마을 커뮤니티 형성을 통한 자구노력, 마을기업·사회적 기업 등 비즈니스형 자립, 중앙정부·타공공기관의 정책지원 활용, 기업체 기부·지원·프로보노의 참여를 적극 유도하고 있다. 따라서 향후 다양하게 조성될 재생시설의 관리주체는 공공행정기관(시, 자치구), 민간단체(NGO, NPO), 마을기반협의체, 전문수익업체, 민간기업 등으로 다양화할 것으로 예상하고 있다.

상당수 지방자치단체가 도시재생을 위한 각종 정책을 추진하고 있지만, 여전히 물리적 정비 위주로 이루어지는 경향이 강하다. 이는 도시재생에 대한 명확한 지향이나 도시의 미래가치를 인식하고 있지 못하기 있기 때문이기도 하지만, 현행의 도시정비방식과 예산구조의 한계에도 그 원인이 있다. 기존의 도시계획과는 달리 사회·문화적 재생까지 포함하는 창조적 재생정책은 사업효과를 가시적으로 확인하기가 쉽지 않고, 사업추진에 장기간이 소요되기 때문에 제도적 기반과 안정적 예산이 수반되지 않으면 안 된다. 사회학적으로 보자면 도시재생은 단순한 물리적 개발이나 경제적 수단으로만 해결될 수 없는 복합적 문제를 가지고 있기 때문에 융합적 처방을 필요로 하지만, 개별 사업법적 성격을 가지고 각 부처별 회계 단위에 맞추어 소관 사업으로 제각각 진행되는 현행의 제도로는 이러한 처방을 기대하기 어렵다. 도시재생에 대한 방향성만 모색할 것이 아니라 현장에서 정책화할 수 있도록 구체적인 실행체계를 구성하고 지원시스템을 마련하는 것이 한층 더 필요한 때다.

공동작업장, 방과후 학습교실, 어르신 행복교실 운영을 위한 행복센터(사상구 괘내 행복마을)
(© 부산광역시 자료)

커뮤니티실, 도서관, 소극장 등으로 이용가능한 무지개 다목적관 조성(해운대구 재반무지개 행복마을)
(© 부산광역시 자료)

1장

김병수, "왜 동네 중심의 공동체 활동인가?" '포럼2 도시계획, 공간에서 사람으로', 2012 AURI 건축도시포럼 자료집, 2012.09.12

김민수, "부산, 그 삶과 되살림의 이야기", 『부산의 도시재생』, 부산발전연구원, 2012.

김민수, "해운대 복합산업단지", 『세계의 도시디자인』, 대한국토·도시계획학회, 2010.

김찬호·서수정, 주거지재생 패러다임의 전환 –단독주택지 재생, 건축도시공간연구소(AURI), 2012.

Scott James C., 전상인 옮김, 『 국가처럼 보기(SEEING LIKE A STATE)』, 에코리브르, 2010.

2장

http://www.wikipedia.org

http://www.arcspace.com/features/lab–architecture–studio/federation–square/

http://en.wikipedia.org/wiki/Federation_Square

4장

국토해양부 도시재생사업단, http://kourc.or.kr/tb/jsp/intro/intro03.jsp?lCnt=m1&mCnt=m3

박미경, 지속가능한 구릉지형 주거지의 소규모 정비방안, 경성대학교 석사학위논문, 2012

이석환, 「노산동에 꽃이 피다」, 에세이, 2012.7

이석환, 창조적 융합산업 개념을 적용한 도시농업의 장소적 가치, 한국산학기술학회, 2012.2

부산시, 「서금사 도시재정비촉진계획」, 2008

한국토지주택공사, http://www.lh.or.kr/lh_html/lh_citycont/pdf/04_거점개발카다록.pdf

5장

심은정, 기존 주택 5채 엮어 '문화골목' 조성, 부산건축사신문, 2008.11.07

안용대, 단독주택에 살고 싶다, 공감 그리고, 2012년 겨울호

오호근, 건축, 도시·사람·문화와 만나다, 건축문화, 2007.12

이정선, 쌈지길, 건축과 환경 C3, 2005.06

정기황, 전통문화지구 보존정책의 장소산업적 접근에 대한 비판적 고찰, 서울학연구, 2011.02

6장
강동진, 『빨간 벽돌창고와 노란전차 』, 비온후, 2008.4
동구청, 『부산진 일신여학교 수리 보고서』, 2006
문화재청, 『한국의 근대건축유산』, 2004.11
부산광역시, 『근대문화유산조사 및 목록화사업보고서』, 2005.2
이동현, 『부산의 근대역사건조물 실태와 활용방안에 관한 연구, 부산발전연구원』, 2003.11
최선주, 『일본의 근대건축물 보전연구』, 서울시정개발연구원, 2000.8
片野 博, 『北九州市の建築』, (財)北九州都市協會, 1989.
吉田桂二, 『保存과 創造의 연결』, 建築資料硏究所, 1997.11
大河直躬 編, 『都市の歷史とまちづくり』, 學藝出版社, 2000.10
淸水眞一外 3人 編, 『역사성 있는 건물의 활용방법』, 學藝出版社, 2001.6
木村勉外 1人, 『修復, 理工學社』, 2001.9
田原幸夫, 『建築の保存デザイン』, 學藝出版社, 2003.06
三宅理一外2人 編, 『近代建築遺産의 繼承』, 鹿島出版社, 2004.12
砂田光紀, 『九州遺産』, 弦書房, 2005.
鈴木博之, 『現代の建築保存論』, 王國社, 2005.11
大河直躬 外 1人, 『歷史的 遺産의 保存 活用과 마을만들기』, 學藝出版社, 2006.3
大橋龍太, 『英國の建築保存と都市再生』, 鹿島出版會, 2007.2,
UNESCO, Socialand Human Sciences Sector, 2007
www. icomos. org/ charte adopted by the grneral assembly of ICOMOS/THE NARA DOCUMENT ON AUTHENTICITY (1994)
www. icomos. org/ charte adopted by the grneral assembly of ICOMOS/ICOMOS Seminar on 20th Heri-tage

7장
강동진, "산업유산 재활용을 통한 지역재생 방법론 연구 – 산업 유형별 비교를 중심으로", 『한국도시설계학회지』 11권 1호, 2010
강동진, "부산 남선창고 이대로 둘 것인가? : 산업유산 재활용을 통한 지역재생 가능성 탐색", 『한국도시설계학회지』 9권 1호, 2008
강동진, 『빨간벽돌창고와 노란전차: 산업유산으로 다시 살린 일본 이야기』, 증보판, 비온후, 부산, 2008
부산항만공사, 부산 북항 역사문화 잠재자원 발굴 및 활용방안 수립용역 보고서(연구: 경성대학교 산학협력단), 2013

8장
2009지방자치단체 공공디자인세미나, 문화체육관광부, 2009.6.4
공공디자인을 말하다, 2007대한민국공공디자인엑스포 공공디자인심포지엄, 2007.10
남궁지희, "가로환경 평가체계에 관한 기초 연구", 『대한건축학회논문집』, 제25권 제11호, 2009.11
박상필, "경관, 새로운 도시경쟁력의 요소", 부산발전연구원 BDI포커스, 2011.1
사토 마사루, 활기차고 쾌적한 도시환경을 만들기 위한 경관정책, 도시경관 강연 및 토론회, 부산광역시 도시경관기획단, 2009.5.25

신현아, 「도시 관광요소로서 가로경관과 보행환경에 대한 연구」, 서울시립대석논, 2009.12
윤여현, 「경관디자인이 관광지 이미지 및 추천의도에 미치는 영향」, 부경대석논, 2010.2
정유경, "도시특성화를 위한 가로경관디자인 사례분석 연구", 「디지털디자인학연구」 Vol.9, No.3, 2009.11
최인규, 『공공디자인 펀더멘털』, 시공문화사, 2008
홍상희, "한·일 가로경관법 현행법제도 비교에 의한 한국 가로공공물디자인과 가로경관디자인의 과제 도출", 「한국디자인문화학회지」 Vol.15, No.4, 2009.12

9장

공공디자인 매뉴얼, 한국공공디자인학회, 2007
윤지영, 『도시디자인/공공디자인』, 미세움, 2011
Yi-Fu Tuan, 『Space and Place』, Minnesota Press, 1977
Matthew Carmona &, 『Public Places/Urban Spaces』, Architectural Press, 2003
Kevin Linch, Image of City, 1960, Cambridge, MA:MIT Press

10장

「산복도로 르네상스 마스터플랜」, 부산광역시, 2011
「부산광역시 도시색채계획」, 부산광역시, 2009
「부산 산복도로 야간경관 기본계획」, 부산광역시, 2012
「골목, 디자인으로 변화하다-염리동 소금길」(서울디자인재단 작성)(http://blog.naver.com/iloveddp/100185858854)

11장

김진범·김은란·장은교·이승욱, 『'살고 싶은 도시만들기' 활성활를 위한 마을계획 제도 도입 방안』, 국토연구원, 2008
두산국어사전편찬위원회, 두산국어사전, 2012
이호, '살고 싶은 마을만들기' 『도시와 빈곤』 81, 2006, pp.46-60
정석, 「마을단위 도시계획 실현 기본방향(Ⅰ) : 주민참여형 마을만들기 사례연구」. 서울시정개발연구원, 1999
진영환·류승한·정윤희·김은란, 「시민이 참여하는 살고 싶은 도시만들기: 전략편」. 국토연구원, 2008
초의수·김해몽·홍재봉·박미경, 「부산의 마을만들기 모형분석과 좋은 마을만들기 매뉴얼 작성」. 부산발전연구원, 2010
Argawal, S. and Brunt, P. 2006. Social exclusion and English seaside resorts. London: Basil Blackwell.
Barton. H, "the neighborhoods as ecosystem". Hugh Barton ed. Sustainable Communities: the Potential for Eco-Neighborhoods. Earthcan Publications Ltd, 2000, pp.86-104
Stepney, P & Keith Popple, Social Work and the Community. Houndmills: Palgrave and Macmillan, 2008
ODPM, Bring Britain Together: National Strategy for Neighbourhood Renewal, 2004
______, Sustainable Communities : People, Places and Prosperity, 2005
Taket, A., V. R. Crisp, A. Nevill, Greer Lamaro, Melisa Graham and S. Barter Godfery, Theorising Social Exclusion. Oxon: Routledge, 2009
Todman, Lynn. 2004. Reflections on Social Exclusion: What is it? How is it Different from US Conceptu-

alizations of Disadvantage? And, Why Might Americans Consider Integrating it into US Social Policy Discourse. City Futures: an international conference on globalism and urban change, Chicago, US, 8-10 July 2004.

渡?俊一. 2001. "市場による都市づくり?政府による都市づくり?市民社會による都市づくり". 「都市計劃」 234. p.3.

12장

김종해. "Si kahn의 지역복지 실천 전략에 대해", 「상황과 복지」 제 11권: 251-257. 2002

류승일. "지역사회복지관의 주민조직화사업-정겨운동네 만들기를 위한 학마을공동체". 학장복지관 내부 자료. 2012

윤원근. "K. Marx와 M. Weber의 사상에 나타난 독일 지적 전통의 공동체 지향성에 대한 연구". 한국사회학회. 『1993년 후기사회학대회 발표문 요약집』: 1~9. 1993

최병두. "공동체 이론의 전개과정과 도시 공동체 운동", 「도시연구」 6: 32~50. 2000

Kretzmann, J.P. and J.L. McKnight. 1993. Building Communities from the Inside out.

Nisbet, R.A., "Community" in R.A. Nisbet, 1967; 지승종 역, "공동체이론의 역사", 신용하 편, 『공동체이론』, 문학과 지성사, 1986

13장

[논문]

박지선, 전은주, EU사회적 기업들의 지역네트워킹에 관한 연구, EU 연구 제30호, 2012. 2

임기택, 영국도시재생 파트너쉽의 클러스터화 과정에 관한 연구, 대한건축학회논문집계획계 제26권 제5호(통권259호), 2010.5

정철모, 선진국의 도시재생을 위한 파트너쉽제도에 관한 연구, 한국도시행정학회 도시행정학보 제22집 제1호 2009.4

최조순, 김태영, 김종수, 도시재생과 사회적 기업의 역할, 한국도시행정학회 도시행정학보 제24집 제1호 2011.3

[저서 및 보고서]

김진범, 정유희, 이승욱, 진영환 저, 도시재생을 위한 커뮤니티 비즈니스 지원 방안에 관한 연구, 국토연구원, 2009.12

구자인, 유정규, 곽동원, 최태영, 저, [창조적도시재생시리즈 20] 마을만들기, 진안군 10년의 경험과 시스템, 2012.2

도시재생사업단, 새로운 도시재생의 구상, 한울, 2012

박용규, 최숙희, 주영민, 커뮤니티 비즈니스와 지역경제 활성화, 삼성경제연구소 Issue Paper, 2009.9

양재섭, 도시재생정책의 국제비교 연구-영국과 일본을 중심으로, 서울시정개발연구원, 2006

염철호, 차주영, 박인석, 지역기반 건축 도시프로그램 지원 네트워크 구축 및 코디네이터 기능 활성화 방안 연구, 건축도시공간연구소, 2009.05

이영범, 김은희 저, [창조적도시재생시리즈 19] 사회적 기업을 이용한 주거지 재생, 국토연구원, 2011.11

정윤희, 이영아, 이진희, 박근현, 김범진, 취약계층을 배려한 도시재생정책 방향에 관한 연구, 국토연구원, 2010.12

조상규, 권영상, 김찬호, 주거지 재생의 공익성 향상을 위한 공공의 역할, 건축도시공간연구소, 2011.12

[기타]

이호, 주민공동체 형성을 위한 마을만들기, 전국 마을만들기 운동 활동가 교육 자료집, 한국 YMCA전국연맹, 민주화운동기념사업회, 2008(전국 마을만들기 운동활동가 교육 자료집 gov.seoul.go.kr/files/2012/03/4f5ee79c7a12b7.44904735.pdf)

녹색사회연구소, 성북주거복지센터, 주거권운동네트워크, 한국도시연구소, 구가도시건축연구소, 장수마을(삼선4구역) 대안개발계획 2차년도 보고서, 2009.12

도시재생사업단, 도시재생 모델 정립방안-자력수복형 도시재생 사례를 중심으로, 도시재생 테스트베드 추진을 위한 세미나 자료집, 2010.8

박인규, 마을만들기의 현황과 과제, 희망을 만드는 마을사람들, 2007,

http://www.maeul.kr/board/view.php?&bbs_id=maeul_data&page=5&doc_num=25&PHPSESSID=f89e8cef56ec697b3c15de175fda6658)

부산시 창조도시 기획과, 부산시 마을만들기 유형별 추진현황 발표자료(2013)

부산시, '커뮤니티 뉴딜사업 기본계획' 발표 자료(2013)

14장

김윤호, "커뮤니티 비즈니스의 개념 정립에 관한 연구-사회적 기업과의 구분을 목적으로", 『한국사회와 행정연구』 제21권 제1호, 2010.5

김진범 외, 『도시재생을 위한 커뮤니티 비즈니스 지원방안 연구』, 국토연구원, 2009

김해창, "어메니티를 통한 저탄소도시", 『시민이 행복한 도시 부산 이렇게 바꾸자』, 부산경실련, 2010

김해창, 『일본 저탄소사회로 달린다』, 이후, 2009

모성은, "커뮤니티 비즈니스의 대외사례와 시사점", 『월간 자치발전』, 한국자치발전연구원, 2010.5

이철호, "창조도시의 담론과 사례-세계성과 지역성", 한국창조도시학회 창립 학술대회 논문집, 2010

송성준, "부산시 도시개발 행정의 문제점과 대책", 자치21 발표자료집, 2011.9

정선철, 경향마당 '신수동행복마을주식회사를 아시나요', 경향신문, 2010.8.19

한승욱 외, 『지역밀착형 커뮤니티 비즈니스를 통한 지역재생 방안』, 부산발전연구원, 2011

細內信孝, 『がんばる地域のコミュニティビジネス』, 學陽書房, 2008

김해창, 『저탄소 대안경제론』, 미세움, 2013

16장

김정하, "아미동의 종교와 민간신앙", 『이향과 경계의 땅, 부산의 아미동, 아미동 사람들』, 부산구술사연구회·부산대학교 한국민족문화연구소, 2011

마이크 데이비스Mike Davis, 『슬럼, 지구를 뒤덮다』, 김정아 역, 돌베개, 2009

에드워드 렐프Edward Relph, 『장소와 장소상실』, 김덕현 외 역, 논형, 2008

미셸 마페졸리Michel Maffesoli, 『영원한 순간』, 신지은 역, 이학사, 2010

가스통 바슐라르Gaston Bachelard, 『공간의 시학』, 곽광수 역, 동문선, 2003

박찬국, 『들길의 사상가, 하이데거』, 동녘, 2004

오토 프리드리히 볼노Otto Friedrich Bollnow, 『인간과 공간』, 이기숙 역, 에코리브르, 2011

신지은, 「장소의 상실과 기억 : 조르쥬 페렉(Georges Perec)의 장소기록에 대하여」, 『한국사회학』 제45집, 2011

이진경, 『근대적 주거공간의 탄생』, 그린비, 2007

발레리 줄레조Valérie Gelézeau, 『아파트공화국』, 길혜연 역, 후마니타스, 2007
최병두, 『근대적 공간의 한계』, 삼인, 2002
이 푸 투안Yi-Fu Tuan, 『공간과 장소』, 구동회·심승희 역, 대윤, 2007
이 푸 투안Yi-Fu Tuan, 『토포필리아』, 이옥진 역, 에코리브르, 2011
마르틴 하이데거Martin Heidegger, 『존재와 시간』, 이기상 역, 까치, 2007

18장

데이비드 아커 & 에릭 요컴스탈러, 브랜드리더십, 브랜드앤컴퍼니, 2001
박찬일, "해외의 도시브랜 개발 사례", 도시문제, 3월호, 2007, pp.60-74
부산발전연구원, 부산시 도시마케팅 추진방안 연구, 2010
이재순·김미경·박송희·오동훈(2008), "도시브랜드 개발유형에 따른 도시마케팅 특성에 관한 연구", 『도시행정학보』, 21(3), 한국도시행정학회, 2008
인천발전연구원, 인천 도시브랜드 가치 제고를 위한 브랜드경영 추진방안, 2010

19장

김효정 외, 「문화를 통한 지역개발 정책」, 한국문화관광연구원, 2007
노병일·전영신, "지역중심 미술: 미술과 복지의 랑데부(rendez-vous)", 『지역학연구』 제3권 제1호, 2004
백영제·김다희·이명희, 『감천문화마을이야기』, 두손컴, 2011
세계미술용어사전, 월간미술 엮음, 1999
장형복, 『甘川2洞 鄕土誌』, 감천2동 향토회, 2004
한국문화관광연구원, 「커뮤니티 아트의 진흥 방안 연구」, 2007
The New England Council, The Creative Economy Initiative, The New England Council, 2000

21장

류동길, 「주민참여를 통한 항만형 도시재생사업의 활성화 방안」, 대구대학교 박사학위, 2009
김철환, 해양한국 12 '북항재개발', 도심재생 빠진 기형적 형태, 2008
김형찬, 「산복도로변 주거지 지속가능한 재생방안에 관한 연구」, 동의대학교 석사학위 논문, 2010
이선주·김성길, "부산시 북항의 항만 재개발 개선 방안에 관한 연구", 「한국습지학회지」 제9권 제3호, 2007, pp.63-74
김형균 외, "산복도로 르네상스 기본구상", 부산발전연구원, 2010
김영기, "도시재생과 중심시가지 활성화", 난부시시케 2009
이우종, "우리나라 도시재생의 나아갈 방향", 「도시정보」 vol 325, 2009
송문섭, 「도시재생사업과 명소화전략의 연계방안에 관한 연구」, 광운대학교 석사논문, 2008
이정헌, "부산시 도시재생사업의 현황과 과제", 한국주택학회 학술대회 발표논문집, 2009
팽재신, 「항만재개발 지구내 해양문화지구의 기능과 시설에 관한연구」, 연세대학교 석사, 2008
김미리·최보윤, 「세계디자인 도시」, 2010
송희영, "지역의 역사문화자원을 활용한 문화콘텐츠기획 연구", 「예술경영연구」 vol 24, 2012

22장

고정민, 『창조지구, 문화생산의 전위』, 커뮤니케이션북스, 2009

26장

루이스 멈퍼드(박홍규 역), 『메트로폴리탄 게릴라』, 텍스트, 2010

에드워드 글레이저(이진원 역), 『도시의 승리』, 2012

이탈로 칼비노(이현경 역), 『보이지 않는 도시들』, 민음사, 2007

제인 제이콥스(유강은 역), 『미국 대도시의 죽음과 삶』, 그린비, 2010

찰스 랜드리(임상오 역), 『창조도시』, 해남, 2008

감천문화마을 운영협의회, 『감천문화마을 이야기』, 두손컴, 2011

부산구술사 연구회(외), 『이향과 경계의 땅: 부산의 아미동, 아미동 사람들』, 부산대학교 한국민족문화연구소 로컬리티 HUCO 총서1, 2011

문화체육관광부, 『2009 마을미술 프로젝트』, 2009

부산광역시, 『감천2동 방가방가프로젝트 기초조사』, 2010

부산광역시, 『산복도로 르네상스 마스터플랜』, 2011

부산광역시, 『강동권 창조도시 조성 마스터플랜』, 2011

부산광역시, 『마을만들기 주민교육 아카데미 결과보고서』, 2011

부산광역시, 『행복마을만들기 사업매뉴얼』, 2011

부산광역시, 『마을만들기 실행계획 종합보고서』, 2012

부산광역시, 『부산, 행복마을만들기』, 2012

부산광역시, 『산복도로 생활자료관(아카이브) 기본계획』, 2012

부산광역시, 『산복도로 이야기』, 2013

부산광역시, 『산복도로 생활사박물관 타당성 조사』, 2012

부산광역시, 『산복도로 일원 신교통수단 설치 타당성 검토용역』, 2012

부산광역시, 『산복도로를 말하다』, 2013

부산광역시, 『커뮤니티 뉴딜 기본계획』, 2013

부산발전연구원, 『산복도로 청년프런티어 활동자료집』, 2009

부산발전연구원 부산학연구센터, 『부산의 산동네: 부산을 읽는 상징적 텍스트』, 2008

한국민속학회(외). 『헌마을과 새마을:개발과 생태의 민속학』, 2011

UNESCO International Workcamp, 『2011,2012 report』

S. Zukin&L. Braslow. The life cycle of New York's creative district: Reflections on the unanticipated consequences of unplanned cultural zones. City, Culture and Society. Vol2, Issue3, September 2011:131-140

집필진 소개 | 1. 현·전직 2.대표저서 3. 관심분야

김 민 수 1. 경성대학교 도시공학과 교수, 경성대학교 대학원장, 대통령직속 국가건축위원회 위원 역임
2. "도시건축 콘트롤수법에 관한 연구"
3. 도시설계 및 공간문화에 관심

우 신 구 1. 부산대학교 건축학과 교수, 광복로시범가로사업 추진위원장 역임
2. 『부산도시기록』, 『부산건축기본계획』
3. 도시재생, 마을만들기, 도시공간의 리서치와 실천에 관심

윤 성 융 1. 서호엔지니어링㈜ 대표이사, 동아대학교 조경학과 겸임교수
2. "도시전철역 출입구의 랜드스케이프 디자인 방안 연구", "부산광역시 도시공원의 방재력 평가와 방재공원의 계획에 관한 연구"
3. 커뮤니티 디자인을 통한 도시공원 재생, 소공원 활성화 방안에 관심

이 석 환 1. 경성대학교 도시공학과 교수, 대한국토·도시계획학회 부회장 역임
2. 『장소성의 이해와 해석』, 『노산동에 꽃이 피다』
3. 장소가치 재창조와 도시재생, 장소만들기와 도시설계에 관심

안 용 대 1. ㈜가가건축사사무소 대표, 동아대학교 건축학부 겸임교수
2. "Out of Studio 8인의 도시건축이야기",
3. 우리 사회의 건강성을 담아내는 품격있는 도시, 건축에 관심

김 기 수 1. 동아대학교 건축학과 교수, (사)한국근대건축보존화(DOCOMOMO) 부회장
2. 2009년 동아대학교박물관 설계, 영도대교 복원공사 등 근대건축물의 설계 및 보수공사 자문위원으로 활동
3. 역사·문화시설의 활용에 관한 연구에 관심.

강 동 진 1. 경성대학교 도시공학과 교수, 문화재청 문화재전문위원
2. 『빨간벽돌창고와 노란전차 : 산업유산으로 다시 살린 일본 이야기』, 『부산 북항 재개발사업 역사문화 잠재자원 발굴 및 활용방안 수립』
3. 역사문화와 접목한 도시설계, 문화지향적 지역재생에 관심

박 부 미 1. 동서대학교 환경디자인전공 교수, 미국 BIF LA 아트디렉터
2. 『공간을 위한 디자인/디자인을 위한 공간』, "지역의 공공디자인을 위한 문화색채연구"
3. 공공디자인평가, 환경을 위한 색채팔레트에 관심

윤 지 영 1. 동서대학교 환경디자인전공 교수, ㈜미래공간 디자인연구소 소장 역임
2. 〈부산시 도시디자인 브랜드 개발〉, 『도시디자인, 공공디자인』
3. 문화콘텐츠가 풍부한 도시환경 디자인, 생태적으로 건강한 공간 디자인에 관심

김 정 아 1. 영산대학교 실내환경디자인학과 교수, (전)㈜서울건축종합건축사사무소 근무
2. "산업화가 전통주거공간에 미치는 영향에 있어서 사회문화적 매개변인들에 대한 분석", "프랑스 파리시와 리용 시의 야간경관개발방식에 대한 비교연구"
3. 도시환경디자인, 실내건축설계에 관심

초 의 수 1. 신라대학교 사회복지학과 교수, 부산발전연구원 선임연구위원 역임
2. "지역사회복지의 로컬 거버넌스 영향요인에 대한 연구", 『부산의 마을만들기 모형분석과 좋은 마을만들기 매뉴얼 작성』
3. 지역사회정책, 지역사회복지에 관심

유 동 철 1. 동의대학교 사회복지학과 교수, 시민이 운영하는 '우리마을' 대표
2. "부산진구 지역사회복지의 문제구조화 분석에 관한 연구", 『인권관점에서 보는 장애인복지』
3. 지역사회복지와 공동체, 장애인과 인권에 관심

양 재 혁 1. 동의대학교 건축학과 교수, 부산광역시 마을만들기 위원
2. "마을만들기 사업의 추진과정에 대한 정성적 평가", "행정지원 마을만들기 사업 평가에 관한 연구"
3. 마을공동체 조직화, 마을활동가와 전문가 네트워킹 구축에 관심

김 해 창 1. 경성대학교 환경공학과 교수, 희망제작소 부소장 역임
2. 『저탄소 경제학』, 『저탄소 대안경제론』
3. 탈원전, 탈자동차, 사회적 경제, 도농상생 등 저탄소 대안경제에 관심

한 영 숙 1. 싸이트플래닝 건축사사무소 대표, 건축사
2. 『산복도로르네상스 실행계획』, 『부산진 역사문화 가도 조성계획』
3. 공공공간의 사회문화적 가치, 시민과 함께하는 도시건축디자인에 관심

신 지 은 1. 부산대 한국민족문화연구소 HK조교수
2. "사회성의 공간적 상상력 : 신체-공간론을 통해 본 공간적 실천", "Le flâneur moderne: l'existence erratique sur la frontière entre la solitude et l'être-ensemble"
3. 일상생활의 사회학, 공간 사회학 등에 관심

장 희 정 1. 신라대학교 국제관광학과 교수, 한국슬로시티본부 사무국장
2. 『슬로매니지먼트』, 『슬로시티에 취하다』
3. 도시재생지역 주민역량교육, 슬로투어리즘, 생태관광 등에 관심

곽 준 식 1. 동서대학교 경영학부 부교수, 부산브랜드관리사회 회장
2. 『마케팅리더십』, 『브랜드, 행동경제학을 만나다』
3. 브랜드, 행동경제학(소비자 선택 심리)에 관심

이 명 희 1. 동서대학교 디자인학부 교수, 감천문화마을 계획가
2. "지역경관 아이덴티티 형성을 위한 환경색채 개선에 관한 연구", "지역활성화를 위한 문화콘텐츠 서비스디자인"
3. 서비스디자인, 커뮤니티디자인에 관심

주 유 신 1. 영산대학교 영화영상학과 교수, 서울국제여성영화제 프로그래머 역임
2. 『알고 누리는 영상문화』, "민족 영화 담론, 그 의미와 이슈들"
3. 영화를 통한 역사쓰기와 스토리텔링에 관심

이 정 은 1. 울산박물관 학예사, 동아대학교 박물관 특별연구원 역임
2. 『Behind the Scenes at the National Museum of Korea – Exhibition Analysis based on the Audience Researches(박사, University of Leicester, UK)』
3. 박물관 교육, 박물관 관람객 개발 및 전시분석, 지역박물관의 역할과 발전방향에 관심

이 철 호 1. 부산대학교 국제대학원 교수 및 원장, 대통령직속 지역발전위원회 창조지역특위 위원 역임
2. "창조계급과 창조자본 : R. 플로리다 이론의 비판적 이해", "청년문화예술 진흥을 위한 일자리 창출"
3. 국제공간의 탈근대적 변용, 비교도시지역에 관심

주 수 현 1. 부산발전연구원 선임연구위원, 한국전기연구원 선임연구원 역임
2. 『부산지역 전략산업 경쟁력 분석』, 『부산지역 창조산업 육성』
3. 지역경제 및 기업연구, 전략산업 및 산업연관구조에 관심

서 정 렬 1. 영산대학교 부동산·금융학과 교수, 부산시 창조도시 정책자문위원 역임
2. 『리셋 주택의 오늘 내일의 도시』, "도시걷기의 인문학적 접근과 도시공간의 경쟁력 강화방안", 『주거 3.0 : 100세 주거 전세는 없다』
3. 워크블어버니즘(도시걷기)과 도시재생, 문화콘텐츠로서의 부동산개발 등에 관심

김 남 철 1. 부산대학교 법학전문대학원 교수, 대통령소속 지방분권촉진위원회 실무위원 역임
2. "환경친화적 도시개발을 위한 법적 과제", "지역균형발전의 법적 문제"
3. 지방자치법, 토지공법 등에 관심

강 성 권 1. 부산발전연구원 연구위원, 부산지방분권협의회 위원 역임
2. 『영남경제공동체 실현 기본구상』, 『국가경쟁력 향상과 동남권 발전을 위한 지방행정체제개편 방안』
3. 인권도시만들기, 지역행복생활권 구성 및 연계협력사업 발굴에 관심

김 형 균 1. 부산발전연구원 선임연구위원, 부산광역시 창조도시본부장 역임
2. 『산복도로 르네상스 기본구상』, 『강동권 창조도시 기본계획』
3. 사회문화적 도시재생과 공유경제, 사회적 투자에 관심

김 혜 민 1. 부산광역시 창조도시기획과 주무관
2. "지속가능한 도시를 위한 창조적 도시재생정책에 관한 연구", "일본 커뮤니티 비즈니스 조직의 제도화에 관한 연구"
3. 주민참여, 도시재생 정책, 사회적경제에 관심

도시재생 실천하라 – 부산의 경험과 교훈

2014년 1월 5일 1판 1쇄 인쇄
2014년 1월 15일 1판 1쇄 발행

지은이 김형균 외 27인
펴낸이 강찬석
펴낸곳 도서출판 미세움
주 소 150-838 서울시 영등포구 신길동 194-70
전 화 02-844-0855 팩 스 02-703-7508
등 록 제313-2007-000133호

ISBN 978-89-85493-69-7 03540

정가 25,000원